统计热力学

刘志荣 编著

北京大学出版社
PEKING UNIVERSITY PRESS

图书在版编目(CIP)数据

统计热力学/刘志荣编著. —北京：北京大学出版社，2021.11
北京大学化学专业课教材
ISBN 978-7-301-32670-1

Ⅰ.①统… Ⅱ.①刘… Ⅲ.①统计热力学–高等学校–教材 Ⅳ.①O414.2

中国版本图书馆CIP数据核字（2021）第213861号

书　　名	统计热力学
著作责任者	刘志荣　编著
责任编辑	郑月娥　王斯宇
标准书号	ISBN 978-7-301-32670-1
出版发行	北京大学出版社
地　　址	北京市海淀区成府路205号　100871
网　　址	http://www.pup.cn　电子信箱：wangsiyu@pup.cn
电　　话	邮购部62752015　发行部62750672　编辑部62764976
印刷者	北京溢漾印刷有限公司
经销者	新华书店
	787毫米×1092毫米　16开本　16.75印张　424千字
	2021年11月第1版　2021年11月第1次印刷
定　　价	55.00元

代序：统计热力学的前生的前生

艾　琳

"热是人类最早发现的一种自然力，是地球上一切生命的源泉。"

——恩格斯

统计热力学的前生的前生，是热力，即关于热与能量的性质与利用。

人类从洪荒蒙昧、野蛮无知，一路进化到文明社会，其间经历了狩猎采集向农耕、游牧再向工业时代的转化。在漫长的历史岁月中，人类的每一次跨越，每一次进步，都有一只强劲的命运之手——热力，在不断引导着人类前进的轨迹，在启迪、激荡着人类参悟科技的玄机。热力与人类文明进步休戚相关，它直接促使人类从石器时代进入青铜文明，又从铁器时代逐渐推入信息文明。这中间，热力贯穿于整个人类历史，是人类发展历史的见证。

中国古代的热力技术曾长时间处于世界领先地位。作为热力学与统计热力学的学习者，我们需要回溯一下人类不同的文明（特别是中华文明）在茫茫历史长河中与热力的不断探索、交锋，从中了解古人的智慧，并以旧日的成就为根基，用全新的创造力迎接未来。

一、石器时代

标志：打制石器。

时间：距今约 300 万年至距今约 4000 年。

人类还是人猿之时，就懂得选择山洞为居所，除了安全，山洞避风抗寒也是一个巨大的因素。那时人猿身上还有毛发御寒，但随着人类的迁移和进化，毛发逐渐退化了，人类开始需要保持体温，树叶树枝制成的树叶衣以及用兽皮简单加工后制成的兽皮衣应运而生。

钻木取火的发明意味着人类第一次控制热力，不仅可以用它御寒、驱逐猛兽，还吃上了熟食，这为人类文明揭开了新的一页。从此，尝到甜头的人类在热力的探索和改进上越走越远。古人发明了用树枝沾上动物油脂制成的简易火把，让夜晚不再只有黑暗；学会了加热岩石，再泼冷水让它爆裂，从而制造出石刀、石斧、石铲、石镰等农业工具，刀耕火种顺势而生；还能利用数百度的高温烧制一些简单的生活陶器，极大地改善了人们的生活。彼时还发明了堆烧法烧制木炭。所谓炭，乃是木质原料经不完全燃烧或于隔绝空气的条件下，热解后所余之深褐色或黑色燃料。炭比木柴好烧，但制作时，薪材受热的温度、时间及氧气等炭化条件不易掌握，故所烧出之炭相对量少且质地较差。堆烧法制炭为后来冶铜事业的发展打下了一个良好的技术基础。

我们知道城市的出现是人类进入文明社会的标志之一，要建造城市和高大的房屋，就需要有建筑材料。一般烧制红砖 900℃就够了，而质量较差的早期砖头 600～700℃即可。因为有制陶技术储备，早期的红砖和瓦在石器时代就已经出现了。目前我国还珍藏着 5500 年前的"红烧陶块"（安徽省考古所）、约 5000 年前的现代形体概念上的"烧结土坯砖"（浙江省考古所及良渚文化遗址)、4100年前用还原法烧制的青灰色“陶板砖”(国家考古所及山西襄汾陶寺遗址)、3900年前的烧结屋面瓦(郑州商城遗址)。砖瓦的发明,是人类建筑史上一个巨大的进步,也是热力的又一个伟大奇迹!草苫泥垒砖从此变为砖木结构,人类的居住条件产生了质的飞跃。

二、青铜时代

标志:青铜器。

时间:公元前4000年至公元初。

铜原本以化合态“隐身”于孔雀石中,其被发现的途径也尚未明确,或许是古人偶然用其砌成炉灶,添了把柴火,结果发现从石灶中产生了最早的金属铜。总之,人们从新石器时代晚期的采石中发现某些颜色醒目的“岩石”(天然金属及其矿石)可以烧熔改铸,加上烧陶所发展起来的高温技术,同时对炭的性能逐渐熟悉,万事俱备,冶金技术的出炉便水到渠成了。考古界曾在仰韶发现了冶炼铜器的遗迹,可推断出中国最早的冶铜器应是仰韶晚期的制品,距今约六千年,这也标志着中国冶金业在那时的诞生。但仰韶时的冶铜制品数量甚少,铜的熔点也不是很高(约为1083℃),而青铜合金的熔点更低,彼时工匠们仅用堆烧法制炭即可满足冶铜业的少量燃料需求。

燃料在冶金中占有特殊的地位,炭既是一种发热剂,也是一种还原剂。随着商周时期对青铜器的大量需求,工匠们需求高温高热的燃料,对木炭的量与质的要求亦随之提高,堆烧法制炭已远远满足不了供给,这就必然会引起烧炭技术以及管理的相应变革,变革的结果就是窖烧炭的出现。《周礼·地官司徒》即云“掌炭,掌灰物炭物之征令。以时入之”。用炭窑作炭、烧炭在当时已成为专门的职业,有专人从事,并专设掌管烧炭的官职。这种用炭窑烧取的炭,才是真正意义上的合格的木炭。可以说,中国真正成熟的制炭技术至迟可上溯至商周之际,也因此,冶铜铸造业才得以辉煌于商周时期。

金属工匠是古代最“勇武”、最有技术含量的职业之一。干这一行不仅需要力气,还需要有许多“学问”和经验,比如选料、下料、加热的火候、锤打的技巧等,无一不是他们对热能的利用和理解。他们仅凭手中的铁锤和火钳就可以制作出各式各样精美的食器、酒器、水器、乐器等铜器,青铜铸造的刀、枪、钺等兵器也纷纷在炭火中诞生,部落之间的战争武器由原始的弹弓、石、骨、蚌、竹、木等进入了更加残酷的时代。青铜铸币逐渐代替了贝币,而神仙方士的炼丹术也伴随着窑烧炭的出现悄悄萌芽。随着青铜铸造业的繁荣,中国已然成为人类古代文明的中心之一,其中,热力技术的发展功不可没。

三、铁器时代

标志:铁器。

时间:公元前1400年起。

从野蛮进入文明时代的今天,人类才走过了万年左右历史,但恰恰就是这万年左右历史所创造的辉煌,远远超越了人类之前数百万年间创造的所有成果之总和,极其关键的原因就是发明了冶铁。

1. 煤与鼓风机具

铁器时代是指人们开始使用铁来制造工具和武器的时代。1972年在石家庄藁城台西商代遗址中发现的铁矿石和铁矿渣,为世界最早的铁矿渣,证明在3400多年前的先辈已掌握了冶铁技术。但这些人类早期炼得的熟铁通常叫块炼铁,它是铁矿石在800～

1000℃的条件下，用木炭直接还原得到的。生产时因为温度低而形成不了液态，炼成后的铁疙瘩凝固在炉壁，必须破坏炉膛才能取出，完全不能连续生产，不仅费时费工，且杂质又多，质柔不坚。种种缺点，注定块炼铁不可能大量推广。冶炼时要想获得液态铁，首先需要解决高温熔化问题。但在彼时，要想获得高温是很困难的，必须找到一种燃烧时能比木炭放出的热量更高的燃料。再者，木炭资源有限，即便有炭窑制作炭，仍然满足不了冶金业对量的需求。

幸运的是，公元前1世纪，中国人已经发现了煤并应用于炼铜。《山海经·山经》记载“女床之山”“女儿之山”“多石涅”。“石涅”就是煤。女床之山在今陕西，女儿之山在今四川，说明当时这些地区已经发现了煤，这是我国关于煤的最早记载。

当时煤已成为一种重要的热能产品，它能持久燃烧，且比木炭放出的热量更高，但普通煤炭的火焰温度在没有风箱帮助的情况下很难达到铁的熔点(1535℃)。工匠们想到了利用鼓风技术。中国的鼓风技术在青铜时期就有了。最早的鼓风工具是一个牛皮大囊，其两端细、中间鼓起，外形和当时的一种称为“橐”的盛物容器相类似，因此又称之为“橐”。手握住橐的把手，一张一合，风就被送入炉膛，这种古老的设备能够使炉中的火焰熊熊燃烧起来。最初是一人一橐，效率很低。经过改进，多管鼓风法应运而生——即把许多橐排起来，通过几个进风管，一起向炉里鼓风，这个工具叫做“排橐”。排橐加大了炼铁炉内的风量，提高了风压，增强了风力在炉里的穿透能力。生铁的冶炼温度是1150～1300℃，排橐能将高炉内燃煤的温度升高到1200℃以上。排橐技术与煤炭资源完美组合，生铁终于诞生了。液态的铁水汇流于炉底，冷却成块，这就是生铁。其非金属夹杂比较少，质地比较硬，冶炼和成形率比较高，从而产量和质量都大大提高。因出炉产品呈液态，还可以直接浇铸成型。生铁如此美好，想不出风头都不行，于是冶炼开始盛行。

使用排橐，所需人力仍然相当可观。传说工匠在冶铸“干将”“莫邪”两把宝剑时，使童女童男三百人鼓橐装炭，金铁乃濡，遂以成剑。再往后，工匠们改用马力代替人力，称为“马橐”。据古书记载，熔化一次矿石，需要上百匹的马来拉鼓风机，场面十分壮观！老子曾经说：“天地之间，其犹橐龠乎？虚而不屈，动而愈出。”橐龠，就是古代的一种鼓风器。这句话的意思是说：天地之间其实就像一个很大的皮革做的鼓风器，里面充满了空气而不会塌下来。它越是活动，放出的空气就越多。老子生活于公元前571年至公元前471年，可见那时就已经普遍开始使用风箱了。

由块炼铁到生铁是炼铁技术史上的一次飞跃，更是热力利用上的一场大胜利。

铁比铜坚硬、韧性高，锋利且质轻，远胜石器和青铜器。因此，铁器在春秋战国时期的农业、手工业中迅速繁荣，尤其是在轻便、结实的铁犁、铁叉、铁锄等农业用具得到推广后，农业生产效率大大地提高了，加速了人们对土地的开发和利用，农业生产进入了一个全新的领域。高生产力全面带动了经济、文化、军事和政治的突变，百家争鸣、百花齐放，华夏文明进入了历史上最灿烂的黄金时期之一。大量的精铁被更广泛地应用到军事武器的制造上。掌握了铁制武器的种族对没有铁器的种族的杀伐和征战，几乎可以说是如入无人之境。《管子·海王》篇载：“桓公曰：‘然则吾何以为国?’管子对曰：‘唯官山海可耳。’”“官山海”即管山和海。管海就是管制盐业，管山就是管制矿山，包括铜铁。齐桓公之所以能成为春秋第一霸主，除了对周天子的“尊王攘夷”，最关键的还有齐桓公实行了“官山海”，尤其是冶铁的富国强兵措施。也可以说，以生铁铸造为代表的热力技术极大地推动了铁器在神州大地上的应用和普及，也改变了齐国的命运。

冶铁事业的蓬勃发展带动了铅、银、金等冶金业的全面兴起，合金钱币代替贝币、金属称量货币。最迟在春秋、战国时期(公元前722～前221年)，我国已大量使用各种形态(布、刀、圆钱和蚁鼻钱)的青铜铸币和“郢爰”(金币)。热力技术直接改变了以物易物的落后面貌，对金融业的发展、文化流通发挥了重要的历史作用。

铁器的使用，为后世带来无比深远和广泛的影响，它深深地改写了人类的命运，当然，其更深层的原因是热力的进一步发展改写了人类的命运。

再往后，随着热力技术的突飞猛进，中国的砖瓦、陶器烧制水平也达到了当时的世界前列。秦砖汉瓦横空出世，其品质已非早期的红砖瓦可比。秦砖汉瓦是非常结实的青灰砖、青灰瓦，上绘精美纹饰，制作难度更大，一般要到1300℃的高温才能烧制出来，也就是说，必须是进入铁器时代的温度才能使它诞生。秦朝时烧制陶器的水平也令人惊叹，如兵马俑是几个部件拼接起来的，烧制后泥坯要收缩，尺寸和火候稍有不对，就无法拼接得严丝合缝。

行文至此，我们来做个小结：在人类早期文明中，可以根据一个文明能够把火烧到什么温度来大致地判断其文明水平——能够把火烧到1000℃，就有可能进入青铜时代；能烧到1300～1500℃，就有可能进入铁器时代；能够把火烧到更高温度，那么就有可能进入到更加高等的文明阶段。因此说，通过几块残砖破瓦烂陶片，我们就能大致推算出其所在的文明阶段。见微知著，绝非虚言。

2. 焦炭

自打进入铁器时代，我国冶金、制陶业在很长一段时间里用的燃料都是煤，但煤也有一身“臭毛病”：一是杂质多，且冶炼过程中杂质会渗入金属中引发热脆和冷脆；二是煤的气孔度小，热稳定性差，容易爆裂，影响料柱的透气性。于是，能工巧匠们又绞尽脑汁，终于探索到了另一种燃料——焦炭。焦炭是煤干馏所得，它保留了煤的长处，又避免了煤的缺点。

冶炼用焦最早见于明末清初方以智的《物理小识》，其中记载，用焦“煎矿煮石”“殊为省力”。直到今天，焦炭仍是冶金生产的主要燃料。

3. 火器

古代热技术的兴旺发达，刺激了热兵器的发明。提起热兵器，不得不提一下炼丹术。

在中国两千多年的古代封建社会中，金丹术曾经相当活跃。炼丹家们炼制金丹的目的是追求长生不老或发财致富。这种超越现实、充斥幻想的努力，失败是不可避免的，但是，他们却阴差阳错地发明了火药。他们将某些金属和非金属矿物按一定比例混合后加热，反复炼化，所得的化合物称“金丹”。为了促进金丹炼成，虔诚的炼丹家们规定了种种操作规程，形成一些特殊操作术语。在大量实验的过程中，他们偶然发现硫的性质活泼，着火后容易飞升，难以控制；硝的化学性质更为活泼，将硝涂在木炭上，一下子就会产生火焰。炼丹家们在提取砷的时候，又发现“炸鼎”现象，也就是炼制过程中发生了威力巨大的爆炸。这些现象使人们获得了一个重要的认识：硫、硝、炭三种物质按一定比例混合的混合物具有易燃烧爆炸的性质，人们便称其为“火药”。

火药发明出来后，最开始被制成烟花爆竹以趋鬼避邪，后又演变成一项娱乐活动以增添节日的喜庆气氛，王安石《元日》中的“爆竹声中一岁除，春风送暖入屠苏”描绘的即是此景。火药热力之猛厉，迅速引起了统治阶级以及兵工匠们的注意。于是，这种炼丹炉中的奇观再次变身，一种惊世骇俗的杀人新武器——火器开始兴起。

唐末天佑年间(904～906)，在战争中开始出现火药箭，还出现“发机飞火”的记载，即用抛石机投掷火药包，作燃烧性兵器；宋朝时火药配方明确载入官修史书并公布于世，从京城到地方设立火药武器制造机构，各型火药武器大量研发、制造、装备部队，并应用于军事战争；宋神宗赵顼时，边防军中已大量配备火药弓箭、火药火炮箭等兵器，火药的使用日益频繁。《宋会要》记载神宗时为解决火药生产需求，官府招募商人一次购买硫磺10万斤。为部署熙州、河州地区的防务，宋廷一次就从京城调拨运送神臂火药箭10万支、火药弓箭2万支、火药火炮箭2000支、火弹2000枚等火药武器。金末抗击蒙古军时，曾使用震天雷、飞火枪等火器。宋代出现了类似近代炮弹的铁火炮，却仍用抛石机投射，又发明了突火枪，以巨竹为筒，发射“子窠”，类似于后世枪炮，却尚未使用金属发射管。到元、明又发明了铜铁铸造的管状火器——铳和炮。火器的发明与使用，使两宋时期进入了火器与冷兵器并用的新时代。

早期火器威力有限，应用的规模不是很大，仅仅是在关键性战役中起到威胁敌人的作用，不可能取代冷兵器。但由此带来的人类军事史上的革命性变革，为近现代军事技术的迅猛发展打下了坚实的基础，也成了后来多个国家改朝换代的历史爆竹。

4. 热力浸透下的日常生活

中国古代的热力技术曾长时间处于世界领先地位，但祖先们在热能的探索上似乎永不满足。热能的应用不仅体现在陶农兵钱布、金银货币等国家重器上，甚至浸透到了生活的方方面面和角角落落。上至庙堂之高，下处江湖之远，似乎各行各业的人都在热衷于研究、探索、利用热能。

先秦时期，人们就认识到了低温可以持久保鲜食物，冰块可以延长食物的“鲜”。但要做到一年四季都有冰可用，就不简单了。《周礼》中有记载，周王室曾成立专门的机构——“冰政”，来确保夏季时有冰块可以使用，在冰政处工作的官员被称为“凌人”。冬天，凌人须带领众人到湖面上采冰，或集水冷冻成冰，然后开凿出一间带保温功能的大密室储存冰块，可谓费时费力，工程很是庞大。是以当时只有王公贵族方有机会在夏天用上冰块，布衣白丁根本用不起。

我国古人甚至对热气球进行过猜想式的实验。在汉武帝时，淮南王刘安所著的《淮南万毕术》云：“艾火令鸡子飞”。《太平御览·羽族部》引注云：“取鸡子去其汁，然（燃）艾火，纳空卵中，疾风因举之飞。”宋朝苏轼在《物类相感志》中云：“鸡子开小窍，去黄白了，入露水，又以油纸糊了，日中晒之，可以自升起，离地三四尺。”

东汉唯物主义思想家王充对自然科学现象进行了大量观察与研究后，写成《论衡》一书，记录了他对冷热现象的一系列思辨性解释，如对“神异瑞草”的批判。当时流传某儒者家厨中能自动长出一种神异瑞草，可“扇暑而凉”，使食物不臭。王充以“冷不自生”驳斥之，他断言：在大气（太平之气）中，不可能自动产生某种机制（指神异瑞草），使温度降到低于周围环境的温度，如果违反“冷不自生”这一规律，那么就使火自燃于灶，使饭自蒸于甑，一切都会自动发生升温现象。用现代语言表述，就是会得到某种“第二类永动机”。王充的观点，完全符合当今的热力学第二定律，而且在语言表述上也几乎相同，令人惊叹。

到了五代时期，热能已经被运用到了军事通信领域，即利用热空气浮升的原理制作信号灯。传说当时有位莘七娘，在一次作战时曾利用竹篾扎成架子，糊上纸做成灯笼形，下面用松脂点燃，利用热空气上升的力量使灯飞上高空，作为军事信号，当时又称为“松脂灯”。后来至南宋时，在范成大的《石湖居士诗集》中曾写道“掷烛腾空稳”，并注曰：“小球灯时掷空中”。这种小球灯在民间流传较广，又被称为“孔明灯”。

古人还利用热产生的空气对流制作灯具。走马灯的构造是在一个立轴的上部横装一个叶轮,叶轮的下边装有烛座;当烛燃烧时,空气受热后上升,冷空气下沉,造成了气流,令轮轴转动。轮轴上有剪纸,古人尤喜欢在灯的各个面上绘制古代武将骑马的图画,烛光将剪纸的影投射在屏上,画中人便似乎在你追我赶一样,变成了一幅幅活着的动画片,故名走马灯。从原理上看,走马灯正是现代燃气涡轮工作原理的原始应用,是现代燃气涡轮机的萌芽。

我国古代已经利用空气导热性能差的特点制造出了保温器。南宋的洪迈在《夷坚甲志》中记载"……得古瓦瓶于土中……置书室养花,方冬极寒,一夕忘去水,意为冻裂,明日视之,凡他物有水者皆冻,独此瓶不然。异之,试之以汤,终日不冷……惜后为醉仆触碎。视其中,与常陶器等,但夹底厚二寸……"。此器保温的原理,是由于夹底之间有二寸厚的空气层,减弱了热的传导,这不就是现代的保暖瓶嘛。若得此保温器,说不定可以随地享受热汤热水了。正是热能技术的发明与应用,才把人类生活从野蛮时代推向了文明的殿堂。

纵观整部铁器时代燃料史,由木柴到木炭到煤再到焦炭,每一次改革,都是一次华丽的蜕变。尤其是以煤与鼓风机具这对组合为代表的热能技术的出现,是人类继烧陶之后运用热能改造自然、创造财富的又一辉煌成就。它直接导致了工具的变革,对生产力的发展、社会生活面貌的改变产生了革命性的作用。

四、蒸汽时代

标志:蒸汽机。

时间:18 世纪 60 年代~19 世纪 70 年代。

1785 年,英国的瓦特改良了蒸汽机,之后出现了蒸汽机车、蒸汽火车、蒸汽轮船,为人们的生活和生产带来了极大的便利。随着蒸汽机的广泛应用,英国率先完成了工业革命,也就是人们常说的第一次科技革命,英国很快成为世界的霸主,法、德、美、俄、日等国也纷纷加入工业革命的行列。

此时的中国皇帝乾隆骄傲自大,自认为"天国物产丰盈,无须与外国互通有无"。而乾隆之后的历代大清皇帝同样故步自封,出于统治稳定的考量,甚至开始收紧政策,因为怕西来思想腐蚀士大夫,怕传教士破坏对儒家基础的膜拜!然后驱逐传教士,打压西方科技,回到冷兵器时代,最后完全闭关。社会的封闭性和人们思维方式的保守性,习惯于单一的、区域性的文化氛围,排斥外来科学文化的撞击,再加上研究方法的不科学性,使得近代的中国热力乃至整个社会长期以固有模式缓慢地发展,没能推动综合国力的增长,也因此,大清"完美"地避开了蒸汽时代的所有发展机遇,泱泱华夏积攒了数千年的活力随之一起冷却。

率先完成工业革命的西方资本主义国家逐步确立起了对世界的统治,在世界范围内大肆抢占商品市场,1840 年发动了对中国的鸦片战争并大败中国。一个曾经辉煌无比的超级大国堕入深渊,世界形成了西方先进、东方落后的局面。

热力的落后,注定了挨打的结局!

五、电气时代

标志:电灯、电话、汽车、飞机。

时间:19 世纪 70 年代~20 世纪初。

19 世纪 80 年代中期,德国发明家卡尔·本茨提出了以汽油为燃料的轻内燃发动机的设计,之后,以内燃机为动力的内燃机车、远洋轮船、飞机等也不断涌现出来,向全世界宣告了又一项崭新的热能技术的崛起。

一百多年前，伏打发明了发电装置——伏打电堆。稳定电流的出现宣告了人类电气时代的到来。自此，电灯、电话等无数电器如雨后春笋般被发明出来。美国马萨诸塞州的“鲸油之都”新贝德福德，那时被称为“点燃世界的城市”，而且还是当时全世界人均收入最高的城市，并拥有美国最赚钱的街道，但却因爱迪生发明了电灯而急速衰落。另一方面，内燃机的发明推动了石油开采业的发展和石油化学工业的产生。石油也像电力一样成为一种极为重要的新能源。在石油和电力两大能源的加持下，西方资本主义经济迅速发展，世界经济格局、资本主义世界市场最终形成。

此时的中国正处在强弩之末的晚清，内部腐败不堪，时局动荡，所有的能量都消耗殆尽。洋务运动使当时的中国勉强挣扎了几下，就如一根刚划着的火柴般很快湮灭在黑暗之中。中国和第二次世界性技术能源革命也擦肩而过。手握强悍能源的帝国主义乘机掀起瓜分中国的狂潮，中国毫无还手之力，完全沦为半殖民地半封建社会。

六、原子能时代

标志：核电站广泛发展、利用。

时间：20世纪中期。

要推动热力的发展，就需要有开放意识和创新精神，吸收世界最新研究成果，开拓研究和应用的新领域。

20世纪四五十年代，第三次世界性技术能源革命开始，苏联、美国先后建成了核电站。核电站的广泛发展、利用标志着原子能时代的到来。以原子能技术、航天技术和电子计算机的运用为代表的第三次科技革命开始兴起，它将人类社会带入了原子能与电子信息时代。而中国也终于搭上了这趟车。1964年，中国高浓铀-235研制成功，合格的原子弹部件也生产出来了。当年10月16日，巨大的蘑菇云在新疆罗布泊荒漠腾空而起，“东方巨响”震惊了世界。中国第一颗原子弹爆炸成功，也打破了超级大国的核垄断和核讹诈。这一天，距离先祖第一次与火结缘已经过去了数万年。但我们对热力的追求，却从来未曾停止。

原子弹是人类制造出来的第一代核武器，氢弹是第二代核武器。其中，除了从裂变到聚变的进步外，氢弹的爆炸威力也比原子弹大得多。1967年6月17日，中国第一颗氢弹的蘑菇云在西部升起，无数国人为之动容。

原子弹、氢弹试爆成功后，我国的国防科技发展进入了一个新的阶段，人民解放军有了核反击能力，为我国的国防安全提供了有力的保证。截至2019年12月，我国47台运行核电机组（不包含台湾核电信息）累计发电量为3481.31亿千瓦时，约占全国累计发电量的4.88%。截至2019年6月13日，中国已建成核电站19个，建设中的有3个，正在投入使用的18个。

在这一轮的热力大比拼中，我们终于重振大国雄风，有了崛起于世界东方的希望。

七、关于中国热力发展史的小结

中国古代的热力探索有着世界其他国家无法比拟的悠久历史，曾经创造了灿烂辉煌的成就，为现代基础学科的形成奠定了坚实的基础，为中华文明和世界文明做出了重要的贡献，值得我们骄傲。

纵观中国五千年的热力兴衰史，它的发生与发展、进退和起落都是与中华民族的兴衰和荣辱息息相关的。从农耕时代到工业时代到原子时代，热力不断推动人类创造新的世界。它以改变一切的力量，不断重塑我们的社会结构和生活形态，在全球范围掀起一场又一场影响人类所有层面的深刻变革，并深深地沸腾着中国的未来。昨天是今天的历史，今天是明天的历史。现在，疾步快走的我们正站在一个新的时代到来的前沿，锲而不舍，金石可镂，努力！

八、热力学、统计热力学的发展轮廓

现代科学的思想可溯源至古希腊，并从15世纪开始于欧洲复兴。它关注事物本身的确定性，关注真理的内在推演，强调通过实验、分析、归纳而逐步上升到公理，再进行演绎，从而形成了严谨的研究方法和传统。所以说，科学精神就是理性精神，而理性科学则开始于自然的发明。

大千世界，浩如烟海，存在着比恒河沙数还多的各种各样的微观客体，如分子、原子、电子、光子等等，它们各以某种状态聚集群居。通常我们把大量微观客体的集合称作宏观系统。广义而言，热力学是研究有关热(能量)的科学，是研究宏观物体热现象的理论。具体地讲，热力学不追究物质的微观结构，也不追究个别微粒运动的特殊经历或规律，更不追究热现象的根源，而是以大量实验总结出的定律为依据，就事论事地对某宏观物体描述出我们能直接或间接观察到的热现象，再经过严密的逻辑推理和数学演绎，总结出物体热现象的规律，即宏观系统的能量内涵、能量转换以及能量与物质间相互作用的规律。它是唯象理论，因而具有高度的普遍性和可靠性。

很早很早以前，人类就已经知道物体有冷热的区别，并且发现冷热不同的物体互相接触后，会产生一系列神奇的变化。譬如，当温度发生变化时，物体会由一种状态变成另一种状态，其力学、电磁学、光学、热学、化学等性质，如体积、密度、压强、比热、熔点、颜色、沸点、气味、导热性、黏滞性、延展性、溶解性、液体的表面张力、介质的极化强度或磁化强度及导体的电阻等都将随之变化。当时的人们认识了热的规律后并加以应用，但对热的本质的认识还是粗略和模糊的，有时候完全是凭借直觉或本能来跟热打交道。彼时人们还无法对热进行科学的、准确的分析与判别，就如中国远古的燧人氏学会了钻木取火，他们以为木能生火，却不知生火的真实原因不在于木而在于钻。而在热学兴起之前的西方，对热的理解也走过了很长的弯路，他们迷信错误的热质说，认为热是一种可以透入一切物体之中的、不生不灭的气体，当它从一个物体上跑到另外一个物体上，就导致了温度的变化。甚至化学家拉瓦锡都曾认为“热”和金属、碱土、空气一样，也是一种气体元素。

在温度计发明之前，人们靠经验和感觉来表述温度的高低，比如说“真冷”“好冷”“有点冷”“快冷死了”。我国古人还发明了一种判别窑火温度的泥坯样品——“照子”，在烧制的过程中，窑工可以通过铁钩取出照子，观察其烧结程度，就可以判别窑内达到了什么温度。毫无疑问，这种技术全靠窑工的经验积累，无法定量，更无法精确地测量温度。时间到了1593年，伽利略利用热胀冷缩的原理，发明了泡状玻璃管温度计。这是世界上第一支标有刻度的温度计——气体温度计。

在蒸汽时代的早期，人类制造出了蒸汽机，并累积了大量的实验和观察，对热的本质展开了研究和争论。1824年，现代热力学的奠基人之一卡诺提出了有名的“卡诺循环”，以讨论热机的效率，但其推理是建立在错误的热质说基础上的。历史的车轮转到了1840年，热质说依旧是当时的主流说法，但英国物理学家焦耳却发现，通电导体发热所产生的热量和电流大小的平方成正比，如果导体材质、大小、形状都确定了，二者的比值就是一个常数，也就是后来我们称之为电阻的数值。于是，焦耳提出，“热”是一种能量，而电流通过电阻所放出的热量，后来就叫做焦耳热。1845年，焦耳发表了用机械生热法求得热功当量的结果，此时的人们终于真正认识了热力。克劳修斯则是第一位把热力学第一定律用数学形式表达出来的人。

1848年，开尔文①(Kelvin，热力学温标的单位K即来自他的名字)根据卡诺定理，规定了温标，并提出了热力学第二定律的一种说法(不可能以热的形式将单一热源的能量转变为功，而不发生其他变化。即第二类永动机是不可能造成的)。1850年，克劳修斯以能量守恒和转换的观点重新分析了与热机效率相关的卡诺定理，提出了熵的概念，并给出了热力学第二定律的另一种说法(熵增原理)。

上述两个定律构成了热力学的最重要的基础，至此，热力学基本建立。1912年，能斯特又补充了一个关于低温现象的热定理，指出温度的绝对零点的不可能达到性，这就是热力学第三定律。

热力学用现代科学的思维，以从实验观测中分析总结得到的基本定律为基础和出发点，应用数学方法，通过逻辑演绎，从而得出有关物质各种宏观性质之间的精确关系和宏观物理过程进行的方向及限度，由它引出的结论具有不可思议的高度可靠性和普遍性。

与此同时，人类还从另一条路线对热展开研究，在解读热的微观本质上取得了重大突破，产生了统计热力学。

早在1687年，牛顿发表《自然哲学的数学原理》，提出了著名的牛顿三定律，奠定了经典力学的基础。在某种意义上，整个自然界可以描述成一个自动运转的大机械钟，能够用数学公式来精确描述与预测。这种思想的极端就是拉普拉斯所提出的、后来被称为拉普拉斯妖(物理学四大神兽之一)的假说：宇宙现在的状态就是过去的结果，同时也是未来的原因，一切都是可预测的，未来早已注定。在经典力学的长期应用中，人们渐渐发现似乎物理学上的所有问题，从恒星运动到苹果砸人，都可以用一个统一的机制来解释，那就是一个或多个小球受到各种各样的力，然后在牛顿定律的指导下产生各种各样的运动("万物皆小球")。很自然地，人们想到热是不是也可以通过牛顿定律来解释呢？这就是所谓的气体分子动力论(kinetic theory of gases)，认为宏观的气体是由大量的小球构成的，每个小球的运动都由牛顿定律所描述，而所谓的热、压力等物理量都是大量微观小球运动的宏观表现。

采用牛顿定律来解释热现象会面临一个问题，那就是小球(分子)的数目实在是太大了。1 mol气体所含有的分子数量比全宇宙的恒星数还多，它们之间以及它们与环境之间存在着错综复杂的相互作用，使得这些分子不停地进行着无规则运动，起起伏伏，瞬息万变，利用牛顿定律来预测它们的运行轨迹是不可能完成的任务。不过非常幸运的是，并不需要详尽知道每一个分子的状况，我们其实只需要知道它们的某些分布就可以解释一系列的关于热的性质。麦克斯韦率先引进了概率的有效描述方法，于1859年发现了平衡态下气体分子的速度分布律。玻尔兹曼于1871年得到气体在重力场中的平衡分布，并把它推广为普适的能量分布律，即玻尔兹曼分布，是统计热力学中的重要定律。玻尔兹曼还进一步在1872年提出H定理，证明处于非平衡态的气体总有要趋于平衡态的趋势。这个定理指明了过程的方向性，和宏观的热力学第二定律相呼应。

① 即威廉·汤姆逊(William Thomson)，授勋时改名为开尔文(注意不要与约瑟夫·约翰·汤姆逊，即J. J. Thomson混淆，后者是电子的发现者)。除了在热力学理论上的奠基性贡献以外，开尔文还在工程上有很高造诣：他解决了长距离海底电缆通信的一系列理论和技术问题，协助装设了第一条大西洋海底电缆。1900年，开尔文发表了题为"在热和光动力理论上空的19世纪的乌云"(俗称"两朵乌云")的著名演讲，认为以太理论和黑体辐射理论是经典物理中尚待解决的两个问题。正是这两朵小乌云所引起的讨论和研究，发展出20世纪物理学两个最重要的突破：相对论和量子力学。

统计热力学的魅力就在于,所有的结论都是基于简单清晰的想法(思想)进行严格理论推导而得出来的,这些理论具有坚实的数学基础。难怪爱因斯坦都说,就算有一天相对论完了,统计热力学还完不了。事实可能确实如此,至少,当牛顿定律“完了”的时候(进入量子力学),统计热力学还在(从经典统计自然而然地进入量子统计)。

我们对这个世界的认知从来都是先透过现象再洞察本质,这也是人们认识事物的内在性质与客观规律的必经之路。也因此,统计热力学能充分彰显科学思想的伟力,在解决实际问题方面具有广阔的发展前途。

刘志荣的这本《统计热力学》,介绍的就是统计热力学的基本原理。统计热力学涉及大量的数学推导,很多相关的教科书都写得晦涩难懂,让读者(比如我)很是痛苦。也许写书的教授们对此也是心知肚明,也在不断努力把书写得易懂一些。例如,有一本牛津大学的教材就叫《统计热力学:生存指南》,来教导学生在统计热力学课的生存之道。刘志荣的这本《统计热力学》也是这种努力的结果,试图以吸引人的、不枯燥的方式来写。可以看出,他在努力地(挣扎着)解释统计热力学具体内容背后的思想与想法,并穿插相关的科学趣闻与轶事,以增加这本书的可读性。不过,我数了数,书里的公式还是多了些。俗话说,书上每多一个公式,就会减少一半读者。因此,这本《统计热力学》的读者数目将会是……。好吧,我衷心希望还是有读者会喜欢这本书(至少有我这第一个读者了)。

2021 年 3 月

符号列表

$\langle * \rangle$：任一量 * 的统计平均值

P：概率

p：(1) 概率密度；(2) 动量；(3) 压强

t：时间

$\boldsymbol{r}_i$：第 i 个粒子的位置矢量

$\boldsymbol{v}_i$：第 i 个粒子的速度矢量

$\boldsymbol{p}_i$：第 i 个粒子的动量矢量

E：系统能量

$\widetilde{E}$：系综总能量

g_i：相格 i 的简并度，即其所包含的量子态的数目

V：(1) 体积；(2) 粒子的势能函数，此时一般带自变量，如 $V(\boldsymbol{r})$

N_{A}：阿伏伽德罗常数。数值约等于 6.02214076×10^{23}

N：系统的粒子数目

$\widetilde{N}$：系综中系统的数目

n：(1) 物质的量；(2) 能级的占据粒子数，此时一般带下标或自变量，如 n_i 或 $n(\boldsymbol{r})$、$n(\boldsymbol{p})$

n_i：能级 i 的占据粒子数

U：内能

S：熵

H：焓

$\hat{H}$：哈密顿算符

A：亥姆霍兹自由能

G：吉布斯自由能

C_V：等容比热

C_p：等压比热

W：(1) 功；(2) 系统宏观态所对应的微观状态数目

δW：无穷小过程中对系统所做的(可逆)功

δQ：无穷小过程中的可逆热

m：质量

k_{B}：玻尔兹曼常数。$k_{\mathrm{B}}\equiv\dfrac{R}{N_{\mathrm{A}}}=1.38064852(79)\times10^{-23}\ \mathrm{J/K}$

R：理想气体常数

h：量子力学中的普朗克常数。数值约为 $6.62607015\times10^{-34}\ \mathrm{J\cdot s}$

$\hbar$：普朗克常数除以 2π，即 $\hbar=\frac{h}{2\pi}$

e：(1) 自然对数的底，即自然常数，其值约等于 2.718281828459…；(2) 基本电荷，其值约等于 $1.60217663410\times10^{-19}$ C

T：温度(使用热力学温标)

Z：单分子配分函数

I：(1) 转动惯量；(2) 核自旋

Q：正则配分函数

Z_{φ}：位形积分

E_{c}：能带底部极小值

E_{v}：能带顶部极大值

D：扩散系数

E_{a}：活化能

υ_{f}：液体分子的自由体积

M：磁化强度

α：与粒子数守恒条件相关的拉格朗日乘子，等于$\frac{\mu}{k_{B}T}$

β：与能量守恒条件相关的拉格朗日乘子，等于$\frac{1}{k_{B}T}$

θ：(1) 特征温度；(2) 球坐标中的分量

μ：化学势

ε：单粒子能量(能级)

χ：磁化率

ψ：量子力学波函数

ω：振动的角频率

Ω：(1) 状态空间体积；(2) 微正则系综在指定能量下允许的量子态的总数目

Ξ：巨正则配分函数

目　　录

第一章　引言：为什么需要统计热力学？ …………………………………… (1)
　第 1 节　我们为什么需要统计热力学？ …………………………………… (1)
　第 2 节　什么是统计热力学？ …………………………………… (2)
　第 3 节　统计热力学的简明历史 …………………………………… (2)
　第 4 节　概率论：贝叶斯学派的角度 …………………………………… (3)
　习题 …………………………………… (5)
第二章　独立粒子系统的经典统计 …………………………………… (7)
　第 1 节　统计热力学基本假设 …………………………………… (7)
　第 2 节　等概率原理的简单应用以及大数定律的重要影响 …………………………………… (8)
　　2.2.1　简单例子 …………………………………… (8)
　　2.2.2　粒子越多，统计越简单 …………………………………… (10)
　第 3 节　独立粒子系统的经典统计：麦克斯韦-玻尔兹曼分布 …………………………………… (12)
　第 4 节　热力学第零定律的解释以及 β 与温度之间的关系 …………………………………… (16)
　　2.4.1　热力学第零定律的解释 …………………………………… (16)
　　2.4.2　β 与温度的关系 …………………………………… (17)
　　2.4.3　温度的深刻含义 …………………………………… (20)
　第 5 节　热力学第一与第二定律：功、热、熵 …………………………………… (22)
　　2.5.1　内能与热力学第一定律 …………………………………… (22)
　　2.5.2　广义力、功、热 …………………………………… (23)
　　2.5.3　热、熵与玻尔兹曼公式 …………………………………… (26)
　　2.5.4　热力学第二定律 …………………………………… (28)
　　2.5.5　亥姆霍兹自由能与化学势 …………………………………… (29)
　第 6 节　能量均分原理 …………………………………… (30)
　　2.6.1　理想气体的平移能量 …………………………………… (30)
　　2.6.2　旋转能量 …………………………………… (31)
　　2.6.3　谐振子的能量 …………………………………… (31)
　　2.6.4　能量均分原理的失效 …………………………………… (33)
　第 7 节　麦克斯韦-玻尔兹曼分布的几个应用例子 …………………………………… (34)
　　2.7.1　为什么月球上没有大气层？ …………………………………… (34)
　　2.7.2　气压随海拔高度的变化 …………………………………… (35)
　　2.7.3　郎之万顺磁性理论 …………………………………… (37)
　习题 …………………………………… (38)

第三章　量子统计 …… (41)
第1节　引言：我们为什么需要量子统计？ …… (41)
第2节　量子统计根源之分立能级 …… (42)
3.2.1　薛定谔方程 …… (42)
3.2.2　三维盒子中的自由粒子 …… (43)
3.2.3　一维谐振子 …… (44)
3.2.4　刚性转子 …… (45)
3.2.5　氢原子的电子能级 …… (46)
第3节　量子统计根源之全同粒子不可分辨性 …… (47)
3.3.1　全同粒子的不可分辨性与波函数的交换对称性 …… (47)
3.3.2　本征波函数的对称性 …… (48)
3.3.3　费米子与玻色子 …… (48)
3.3.4　费米-狄拉克统计的一个后果：泡利不相容原理 …… (50)
第4节　量子态与状态空间体积之间的对应关系 …… (52)
3.4.1　相格数目与状态空间体积元成正比 …… (53)
3.4.2　相格数目与状态空间体积元之间的比例系数 …… (54)
第5节　量子统计：费米-狄拉克分布、玻色-爱因斯坦分布 …… (56)
3.5.1　三种分布 …… (56)
3.5.2　量子统计下的性质 …… (60)
第6节　量子统计的应用例子 …… (62)
3.6.1　金属中的自由电子气：闪电般的速度 …… (62)
3.6.2　白矮星的秘密 …… (66)
3.6.3　玻色-爱因斯坦凝聚 …… (68)
习题 …… (70)
第四章　单组分理想气体 …… (73)
第1节　引言：理想气体与稀疏占据条件 …… (73)
第2节　单分子配分函数 …… (74)
4.2.1　配分函数及其与热力学量之间的关系 …… (74)
4.2.2　配分函数的应用例子：单原子理想气体 …… (77)
4.2.3　配分函数的分解定理 …… (79)
第3节　双原子分子的性质 …… (81)
4.3.1　平动与电子运动的贡献 …… (81)
4.3.2　振动的贡献 …… (82)
4.3.3　转动的贡献 …… (84)
4.3.4　同核双原子分子：核交换对称性的要求 …… (86)
4.3.5　同核双原子分子的例子：H_2、N_2、O_2 以及氧同位素的发现 …… (88)
第4节　多原子分子的性质 …… (89)
4.4.1　转动的贡献 …… (89)
4.4.2　振动的贡献 …… (91)
4.4.3　小结 …… (92)

习题 …… (92)
第五章　理想气体混合物 …… (94)
第1节　非反应性理想气体混合物 …… (94)
5.1.1　混合物的性质加成 …… (94)
5.1.2　混合熵 …… (95)
5.1.3　吉布斯佯谬 …… (96)
第2节　反应性理想气体混合物 …… (99)
5.2.1　理想气体化学反应的平衡常数 …… (99)
5.2.2　例子1：理想解离气体与莱特希尔方程 …… (102)
5.2.3　例子2：理想电离气体与萨哈方程 …… (103)
习题 …… (105)
第六章　系综理论 …… (107)
第1节　系综的思想 …… (107)
6.1.1　引言：为什么需要系综？ …… (107)
6.1.2　系综的思想 …… (107)
6.1.3　系综的定义 …… (108)
6.1.4　系综的分类 …… (110)
第2节　正则系综 …… (110)
6.2.1　正则系综分布 …… (111)
6.2.2　正则配分函数 …… (113)
6.2.3　与独立粒子系统结果的联系 …… (114)
6.2.4　正则系综下的量子统计 …… (116)
6.2.5　内能的涨落 …… (116)
第3节　巨正则系综 …… (118)
6.3.1　巨正则分布 …… (118)
6.3.2　巨正则配分函数、熵、化学势 …… (120)
6.3.3　与经典和量子统计分布的联系 …… (122)
6.3.4　粒子数的涨落 …… (124)
第4节　其他系综 …… (126)
6.4.1　微正则系综 …… (126)
6.4.2　统计系综之间的联系及其等效性 …… (127)
习题 …… (127)
第七章　非理想气体 …… (129)
第1节　非理想气体的正则系综分析 …… (129)
7.1.1　引言：理想气体与非理想气体 …… (129)
7.1.2　正则配分函数与位形积分 …… (129)
7.1.3　位形积分的计算 …… (130)
7.1.4　维里状态方程 …… (132)
第2节　非理想气体的分子模型 …… (132)
7.2.1　分子模型1：硬球模型 …… (132)

7.2.2 分子模型2：弱吸引的硬球 …… (134)
7.2.3 范德华方程 …… (135)
7.2.4 分子模型3：范德华力与伦纳德-琼斯势 …… (136)
习题 …… (139)
第八章 固体 …… (140)
第1节 引言：固体的性质比理想气体还简单 …… (140)
8.1.1 固体比热的杜隆-珀蒂定律 …… (140)
8.1.2 固体中各种运动模式的贡献 …… (141)
第2节 固体的比热 …… (142)
8.2.1 晶体的振动 …… (142)
8.2.2 固体比热的正则系综分析 …… (145)
8.2.3 爱因斯坦模型 …… (146)
8.2.4 德拜模型 …… (147)
8.2.5 固体的振动熵 …… (151)
第3节 固体的状态方程 …… (151)
8.3.1 德拜状态方程 …… (151)
8.3.2 格留乃斯关系式 …… (154)
8.3.3 热膨胀与非简谐近似 …… (156)
第4节 半导体中电子和空穴的平衡分布 …… (157)
8.4.1 能带理论简介 …… (157)
8.4.2 电子空穴浓度积 …… (159)
8.4.3 本征半导体与掺杂半导体 …… (161)
习题 …… (164)
第九章 输运性质 …… (166)
第1节 平均自由程 …… (166)
9.1.1 引言：统计热力学能够研究输运性质 …… (166)
9.1.2 平均自由程 …… (166)
9.1.3 自由程的分布 …… (169)
第2节 气体的输运性质 …… (172)
9.2.1 几种输运性质 …… (172)
9.2.2 一个近似的普适分析 …… (173)
9.2.3 气体的黏度 …… (175)
9.2.4 气体的热导率 …… (177)
9.2.5 黏度与热导率之间的联系：普朗特数 …… (178)
9.2.6 扩散 …… (180)
9.2.7 补充说明：更加严格的输运理论 …… (181)
第3节 固体的输运性质 …… (182)
9.3.1 热导率：声子与自由电子的贡献 …… (182)
9.3.2 电导率 …… (183)
9.3.3 为什么金属的导热性能好？ …… (185)

9.3.4　金属的热导率与电导率间的联系：洛伦兹数 …………………… (186)
习题 …………………………………………………………………………… (187)
第十章　化学动力学 ………………………………………………………… (189)
第1节　化学动力学的简单碰撞理论 ……………………………………… (189)
10.1.1　化学反应的唯象描述 ………………………………………………… (189)
10.1.2　平均碰撞次数 ………………………………………………………… (189)
10.1.3　能成功引发化学反应的碰撞 ………………………………………… (191)
10.1.4　反应速率 ……………………………………………………………… (192)
第2节　过渡态理论 …………………………………………………………… (193)
10.2.1　过渡态与反应速率 …………………………………………………… (193)
10.2.2　过渡态理论的经典统计解读：平衡流与反应速率 ………………… (196)
习题 …………………………………………………………………………… (197)
第十一章　液体的性质 ……………………………………………………… (199)
第1节　液体的囚胞理论 ……………………………………………………… (199)
11.1.1　引言：液体没有理想模型 …………………………………………… (199)
11.1.2　囚胞理论与自由体积 ………………………………………………… (199)
11.1.3　液-气平衡 …………………………………………………………… (201)
11.1.4　液相与气相中的反应动力学差别：熵的影响 ……………………… (203)
第2节　液体的分布函数方法 ………………………………………………… (204)
11.2.1　相关函数与径向分布函数 …………………………………………… (204)
11.2.2　径向分布函数与流体热力学性质之间的关系 ……………………… (207)
11.2.3　径向分布函数的求解 ………………………………………………… (209)
习题 …………………………………………………………………………… (210)
第十二章　相变 ……………………………………………………………… (211)
第1节　一维伊辛模型 ………………………………………………………… (211)
12.1.1　引言：相变存在吗? ………………………………………………… (211)
12.1.2　铁磁体相变与伊辛模型 ……………………………………………… (211)
12.1.3　一维伊辛模型的求解 ………………………………………………… (213)
第2节　伊辛模型的平均场近似求解 ………………………………………… (216)
12.2.1　平均场近似 …………………………………………………………… (216)
12.2.2　相变与相变温度 ……………………………………………………… (217)
12.2.3　铁磁体与对称性自发破缺 …………………………………………… (218)
第3节　关联长度与重整化群理论 …………………………………………… (220)
12.3.1　关联长度的发散 ……………………………………………………… (220)
12.3.2　重整化群理论 ………………………………………………………… (221)
习题 …………………………………………………………………………… (222)
第十三章　统计热力学方法在其他领域的应用 …………………………… (223)
第1节　统计热力学应用到其他领域的可能性 ……………………………… (223)
第2节　个人收入与财富的分布 ……………………………………………… (224)
13.2.1　个人收入：指数分布 ………………………………………………… (224)

13.2.2 长尾现象 …… (228)
第3节 贫富不均的产生 …… (228)
习题 …… (230)
附录 …… (231)
附录A 概率论基础 …… (231)
A1 多变量的联合概率 …… (231)
A2 条件概率 …… (231)
A3 连续变量的概率密度 …… (232)
A4 平均值、方差、标准偏差 …… (233)
A5 变量代换 …… (233)
附录B 高斯积分 …… (234)
附录C 配分函数与热力学量之间的关系 …… (235)
索引 …… (236)
A 名词索引 …… (236)
B 背景与扩展阅读框索引 …… (240)
参考文献 …… (242)
Ⅰ 教科书 …… (242)
Ⅱ 各章内容所参考的刊物论文 …… (243)

第一章　引言：为什么需要统计热力学？

第1节　我们为什么需要统计热力学？

本书将要介绍的内容，是统计热力学。而统计热力学的缘起，则是热力学。大多数读者对热力学的相关概念与内容是非常熟悉的，例如热力学第一定律（能量守恒）、热力学第二定律（熵增原理）、热力学第三定律（绝对零度不可达到）。基于热力学三大定律，就可以推导出一个庞大的、严格的、完整的理论体系，可谓是博大精深。这在化学的其他分支里是很难见到的。有了这么强大的热力学，统计热力学还能给我们带来什么新的认识呢？或者不客气地说，我们为什么还需要统计热力学？

首先，热力学是宏观唯象理论，从热力学理论得到的结论与物质的具体结构（微观结构）无关。单纯根据热力学理论不可能导出系统的具体物性。例如，问这样一个问题：理想气体的比热是多少？热力学只能告诉我们一种理想气体的比热与其温度有关但与其压强无关，但并不能给出比热的具体数值。再问一个更加具体的问题：为什么氧气（O_2）与二氧化氮（NO_2）气体的比热不同？单纯依靠热力学回答不了这个问题。不过，也许有读者会给出如下的朴素回答：因为它们一个是由 O_2 分子组成而另一个是由 NO_2 分子组成的。没错，这个回答抓住了统计热力学的核心要点！这就是微观的角度：构成气体的是很多很多的分子，它们的微观性质的不同，自然就导致了系统宏观性质的不同。热力学直接在宏观层次上来描述系统的普适性质，而统计热力学则从微观角度出发来理解（解释）系统的宏观性质。

其次，热力学描述的是系统的平均性质，或者说是（粒子数或体积）无穷大系统的性质，即所谓的热力学极限。它不能解释有限系统的性质的涨落。例如，由几个分子所组成的系统，温度怎么定义？这种性质涨落的现象，随着现代科学实验技术（特别是单分子实验）的发展，已经可以在实验室中被观察并精确测量，因而需要理论上的解释与分析。由于统计热力学是从微观角度出发，因此不但能描述系统的平均性质，而且能描述有限系统的性质的涨落。

从微观角度出发来理解系统的性质，并不是统计热力学独有的研究角度，而是已经深深地渗透到现代化学学科的所有分支里。当我们谈起氢气的燃烧时，我们的理解绝不限于一种无色无味的低密度透明气体在另一种无色无味的透明气体中产生淡蓝色火焰并生成无色无味的液体，而更可能是 $2H_2+O_2 \Longrightarrow 2H_2O$。从更广的范围看，很多科学与工程学科都采用了这种微观角度，将其作为基本研究范式的不可或缺的根基。著名科学家理查德·费曼（Richard Phillips Feynman）曾经提出过一个极具科幻色彩的问题：

> “如果在一场大灾变中所有的科学知识都被毁了，只有一句话可以传送给下一代的智慧生物，那你会选择哪句话呢？”

不同的人也许会给出不同的答案。费曼给出的答案是：原子论。也就是说，所有东西都是由原子构成的，原子就是一些很小很小的颗粒，处于不断的运动中，挨近时会互相吸引，挨得太近则会互相排斥。基于这样一句话，应用你的想象力与思考，你就能解读得到非常多的关于世界的信息。这就是微观角度的威力！

第 2 节　什么是统计热力学？

有了上面的认识，我们就可以进一步来具体解释什么是统计热力学。

系统通常是由大量微观粒子所组成的。在宏观上，往往只需要少数的几个量（例如，温度、压强、密度等）就可确定系统的状态（即热力学状态）；在实验上能够被测量的量的数目一般也是相对有限的，很少能测量上百万个物理量。而在微观上，原则上可以对系统所有微观动力学变量（即组成系统的所有粒子的位置与速度）进行描述，这种状态被称为微观状态。例如，在牛顿力学中，每个粒子具有三个位置分量（x，y，z）与三个速度分量（v_x，v_y，v_z），因此由 N 个粒子组成的系统就需要 $6N$ 个变量来确定其微观状态。即使宏观上很小的系统仍会包含巨大数量（例如，$N \sim 10^{20}$ 量级）的粒子，因而微观状态的自由度远大于宏观状态的自由度。

系统的宏观性质是由粒子的微观运动造成的。从微观的角度考察大量粒子集合运动的影响，就可确定系统的宏观状态（性质）。例如，宏观上的气体压强，从微观上讲就是由气体粒子在容器壁上的撞击所造成的撞击力。由于系统的粒子数目通常很大，因此几乎在任何极短时间内都有大量粒子撞击在容器壁上，给出近似恒定的压力（压强）。而如果系统的粒子数目不大，则在不同时间会有明显不同数量的粒子撞击容器壁，出现压强的涨落现象。

统计热力学研究的就是这种从微观到宏观的联系，可以定义为：

> 从粒子的微观性质出发，以粒子遵循的力学定律为理论基础，用统计的方法推求大量粒子运动的平均结果，以得出平衡系统的各种宏观性质。

这里有两个关键。一个是（微观）力学定律，它是统计热力学的出发点。不同的力学定律会给出不同的统计热力学规律。例如，如果粒子遵循的是牛顿力学，则得到经典统计（如麦克斯韦-玻尔兹曼分布）；如果粒子遵循的是量子力学，则得到量子统计（如玻色-爱因斯坦分布或费米-狄拉克分布）。另一个是统计，它是从微观力学定律出发推导求解系统最终性质（如状态方程）所使用的有效方法（详见第二章），这也是统计热力学中“统计”二字的来源。

简单地说，统计热力学能够给热力学提供一个坚实的微观基础，甚至扩展其适用范围。如果用一个富有煽动力的标语来描述，可以是：

> “给我一个微观作用，还你一个宏观世界！”

第 3 节　统计热力学的简明历史

一个学科的发展总是涉及诸多的人物与事件。这里我们并不讨论统计热力学的详细历史，而是简单列出几个最重要的节点。

统计热力学可以看作是在原子论的思想基础上发展起来的（而热力学则是在没有用到原子论假设的情况下发展起来的），原子论最早可以追溯到古希腊的德谟克利特的学说。当然，就如化学有时被回溯至炼金术，这种追溯的联系其实是很弱的。

统计热力学比较有价值的最初尝试，是丹尼尔·伯努利（Daniel Bernoulli）在1738年根据气体分子碰撞容器壁的模型推导出了描述理想气体压强性质的玻意耳定律：$p_2/p_1=V_1/V_2$。在推导中，伯努利假设所有分子的运动速度是一样的，这是不对的，但其关于压强的结论（$p_2/p_1=V_1/V_2$）是正确的。

统计热力学的一个坚实的结果，是詹姆斯·克拉克·麦克斯韦（James Clerk Maxwell）在1859年利用概率论（统计）给出了理想气体的分子速度分布规律，即麦克斯韦速度分布律。

统计热力学的本质性进展，或者简单地说，统计（热）力学的建立，始于路德维希·玻尔兹曼（Ludwig Boltzmann）在19世纪70年代（1870s）的工作。他以原子论为基础来理解热力学定律的本质，取得了很多重要进展，不但将麦克斯韦的速度分布律推广到保守力场作用下的普适情况，得到了我们现在广泛使用的麦克斯韦-玻尔兹曼分布律，而且给出了熵的微观解释（对于19世纪的科学家而言，熵是很神秘的；即使是现在，熵仍然比能量更难理解，很多读者在学习热力学过程中应该深有体会）。直到现在，很多统计热力学教科书的理论框架都是以玻尔兹曼的熵公式为中心展开的。以原子论为基础来理解世界，现在被认为是理所当然的。然而，在玻尔兹曼所在的年代，这些说法是具有极大争议的。玻尔兹曼的工作就受到奥斯特瓦尔德（物理化学的创始人之一）以及马赫（科学家兼哲学家，马赫数因其得名，其科学哲学也很有影响力，即列宁所批判的马赫主义）的激烈反对。从历史发展看玻尔兹曼当然是对的，但争论在当时并没有解决，直到玻尔兹曼在1906年自杀时也没有定论。

统计热力学的另一个重要人物是约西亚·威拉德·吉布斯（Josiah Willard Gibbs）。他是物理化学的一位集大成者，在热力学与统计热力学中都有重要贡献。在统计热力学中，他提出了系综的概念，认为系统的宏观性质可以从其很多不同微观态的副本的平均值计算得到，从而为处理复杂系统提供了一个非常漂亮的框架。统计力学（statistical mechanics）的名称也是吉布斯在1884年最先提出的。从某种角度上说，到吉布斯这里，经典统计基本完成。

到了20世纪，科学上的一个重大突破是量子力学的出现。与此相对应的，当用量子力学代替牛顿力学用于统计热力学的理论中时，就产生了量子统计，即在20世纪20年代提出的玻色-爱因斯坦统计与费米-狄拉克统计。

第4节　概率论：贝叶斯学派的角度

统计热力学的数学基础是概率论。在现代的概率论中，主要有两个学派，一个是频率学派，另一个是贝叶斯学派。早年间主流是频率学派。但现在，贝叶斯学派的影响越来越大。例如，数学家杰恩斯（E. T. Jaynes）在其影响颇大的著作《概率论沉思录》（英文原名 *Probability Theory: The Logic of Science*，因此更准确的翻译应该是《概率论：科学的逻辑》）中从贝叶斯学派的观点出发，将概率和统计推断融合在一起，系统阐述了贝叶斯概率论作为多个科学学科的数学基础的可能性。在统计热力学中应用贝叶斯学派的概率论，理论上更为漂亮,应用上更为方便。因此,本书将主要采用贝叶斯学派的概率论角度。为方便读者,这里对概率论以及贝叶斯学派的观点加以简单介绍。

我们先来看概率的定义。考虑如下简单例子:

例 1.1 袋子中有 500 个小球,其中 300 个是红球、200 个是蓝球。小球除了颜色有差别以外其他性质都是一样的。现在从里面随机摸出一个小球,很显然只能有两种结果:要么是红球,要么是蓝球。我们用符号(变量)a 来代表摸出小球的颜色,因此 a 有两个分立取值{红、蓝}。将摸球结果为 a 的概率记为 $P(a)$。现在的问题是:概率 $P(a)$的含义是什么?

解答: 对于频率学派而言,概率 $P(a)$是通过如下过程来理解(定义)的:从袋子中随机摸出一个小球,记录它的颜色,再把它放回去,又随机摸出小球,记录颜色,…,如此重复 N 次,其中摸球结果为 a 的次数记为 N_a。则在这 N 次摸球中,结果 a 出现的频率是 N_a/N。频率学派将概率定义为频率在 N 无穷大时的极限:

$$P(a)=\lim_{N\to\infty}\frac{N_a}{N} \tag{1.1}$$

而对于贝叶斯学派而言,概率 $P(a)$是这样定义的:从袋子中随机摸出一个小球,但只摸一次,摸出来后捏在手里不让你看到小球颜色,并问你有多大信心认为摸出的这个小球的颜色为 a?也就是说,此时的小球或为红球或为蓝球,但由于你缺乏辨认结果的必要信息,并不能得到确定的结论,只能在最合理的考虑下给出尽可能合理的推断。简而言之,贝叶斯学派将概率 $P(a)$定义为我们在某种信息不完备的情景下对结果 a 的信念的程度。

在上述的摸球例子(以及几乎所有其他的例子)中,频率学派与贝叶斯学派所给出的最终结果是一致的:$P(a=\text{红})=60\%$,$P(a=\text{蓝})=40\%$。但两者背后的思想是不同的。频率学派倾向认为"事件本身具有某种客观的随机性";而贝叶斯学派则倾向认为"观察者知识不完备",因此概率出现的根本原因不在于事件本身是否具有随机性,而是来源于"观察者在当前条件下不能确切知道事件的结果",观察者只能试图通过已知信息来推断(猜测)事件的结果。

贝叶斯学派的观点乍看有些主观的意味,但在很多情况下应用起来更为灵活合理。例如,在摸出一个小球握在手里,看不到小球颜色时可得出结果 $P(a=\text{红})=60\%$,但如果此时再把手张开,看到小球颜色为红色,那 $P(a=\text{红})$会是多少呢?贝叶斯学派认为此时 $P(a=\text{红})=100\%$。注意手张开前后小球都是同一个小球,并没有发生任何变化,那它的概率怎么会变化呢?应用贝叶斯学派的观点就很好理解这个现象了:概率的变化并不是因为小球发生了变化,而是证据(已知观察信息)发生了变化,即信念随着证据的出现而改变。贝叶斯学派的概率论角度还有一个额外好处:它不要求事件发生很多次(在上面的例子中不要求摸很多次球)。这在一些场合下是非常有用的。比如,《红楼梦》作者曹雪芹的生日在 1715 年 5 月 28 日的概率是多少?很显然,曹雪芹只有一个,而且其生日本身是没有随机性的。但由于信息的缺乏,红学家们并没能考证出曹雪芹生日的确切结果,但确实能推断出几个可能日期,根据贝叶斯学派的概率论观点是可以给出某种形式的曹雪芹生日的概率的,因为它反映的是我们对结论的信心程度,而且还可以随着所得资料的增多而发生变化。另外还可以举生活中的一个常见例子——天气预报:今天是 2020 年 2 月 4 日,明天下雨的概率是多少?此时我们关心的是具体某一天(2020 年 2 月 5 日)下雨的情况,而非很多个某一天

（例如近二十年的所有 2 月 5 日）的下雨情况。因此，天气预报中的概率采用的是贝叶斯学派的观点。

关于本书所涉及的概率论的其他基础知识，有需要的读者可参考附录 A 的内容。

习　　题

1.1　袋子中有五个小球。其中三个是红球，上面有号码（数字）1，2，3；其余两个是蓝球，上面有号码 1，2。小球除了颜色与编号有差别以外其他性质都是一样的。（1）摸一个球，是红球的概率是多少？（2）让一个色盲随便挑一个编号为 2 的球出来，这个球是红色的概率是多少？

1.2　坐标轴上有一条处于[0，2]区间的线段，用一把无穷薄的刀随机砍下去。记 $f(x)=P(x\in[-1,x])$，即砍中位置在 $[-1,x]$ 范围内的概率。请求解 $f(x)$ 及其导数 $\frac{\mathrm{d}f(x)}{\mathrm{d}x}$ [这个就是概率密度 $p(x)$]的结果。

1.3　连续变量 x 在[0，2]之间均匀分布，即 $p_X(x)=0.5$。则 $y=x^2$ 也是随机分布的。请问 y 的概率密度 $p_Y(y)$ 是多少？$p_X(x)$ 是否等于 $p_Y(y(x))$？

1.4　一所学校里面有 60%的男生，40%的女生。男生总是穿裤子，女生则一半穿裤子一半穿裙子。有了这些信息之后我们可以容易地计算“随机选取一个学生，他（她）穿裤子的概率和穿裙子的概率是多大”，这就是“正向概率”的计算。现在，假设你走在校园中，迎面走来一个穿裤子的学生，请推断出其是男生的概率是多大？（后者即为“逆向概率”的问题。计算机可利用这个逻辑来做推断与识别。）

1.5　二元变量的概率密度 $p(x,y)$ 的含义是：变量 x 的值处于 $[x,x+\mathrm{d}x]$ 且变量 y 的取值处于 $[y,y+\mathrm{d}y]$ 时对应的概率为 $p(x,y)\mathrm{d}x\mathrm{d}y$。$p(x)$ 的含义是：变量 x 的取值处于 $[x,x+\mathrm{d}x]$（不管其他变量如 y 的取值如何）时对应的概率为 $p(x)\mathrm{d}x$。现已知 $p(x,y)=\frac{1}{2\pi\sigma^2}\mathrm{e}^{-\frac{x^2+y^2}{2\sigma^2}}$。

（1）请求解 $p(r)$ 的表达式。其中 $r=\sqrt{x^2+y^2}$。

（2）利用（1）中结果解释打靶时虽然瞄准靶心（10 环），但结果命中 10 环的次数往往要比命中较低环数（如 7 环或 8 环）的次数少。

1.6 摸球骗局。规则如下：有10个红色乒乓球和10个白色乒乓球一起放入口袋中。你出10元钱参与摸乒乓球，从口袋中这20个乒乓球中摸出10个乒乓球，如果摸出乒乓球的颜色为4红6白，5红5白或6红4白，则视为你输，这10元钱归他所有。如果你摸出3红7白或7红3白，则奖励你20元钱，如果是2红8白或8红2白则奖励你100元钱，如果是1红9白或9红1白则奖励你1000元钱，如果是10红或10白则奖励你10 000元钱。请计算你平均的盈亏。

背景知识：

排列： 从 m 个不同元素中，任取 n（满足 $n \leqslant m$）个元素按照一定的顺序排成一列。$\mathrm{P}_m^n = \dfrac{m!}{n!}$。

组合： 从 m 个不同元素中，任取 n（满足 $n \leqslant m$）个元素并成一组（即不管其取出的顺序）。$\mathrm{C}_m^n = \dfrac{m!}{n!\,(m-n)!}$

参考思路：

(1) 从 m 个红色乒乓球（可分辨，可认为是有号码）中摸出 i 个球（不计顺序），有多少种可能？

(2) 从 m 个红色乒乓球中摸出 i 个球并从 m 个白色乒乓球中摸出 $n-i$ 个球，有多少种可能？这其实等于从 m 个红色乒乓球和 m 个白色乒乓球中的袋子中摸出 i 个红球与 $n-i$ 个白球的可能。

(3) 从 $2m$ 个乒乓球中摸出 n 球（不管颜色），有多少种可能？

(4) 从 $2m$ 个乒乓球（红白各半）中摸出 n 球，结果为 i 个红球与 $n-i$ 个白球的概率？

(5) 根据概率计算你平均的盈亏。

1.7 英国的乐透国家彩票（UK National Lottery）的规则是：玩家从1到49的数字中选择6个号码，如果与最终开奖时随机抽出的6个号码（1到49号小球摸出6个）完全匹配（不计顺序），即可获得头奖。

(1) 请推导玩家获得头奖的概率的计算式。

(2) 玩家A选的是1,2,3,4,5,6；玩家B选的是17,29,26,45,8,31，哪一个获奖概率大（或一样大）？

第二章　独立粒子系统的经典统计

第1节　统计热力学基本假设

热力学的基础与出发点是热力学三大定律，牛顿力学的基础则是牛顿三大定律。与它们类似，统计热力学也可以基于少数的几个假设，应用数学方法进行演绎推导，从而构建起一个宏大完整的学科。不过不同的是，对于统计热力学应该采用哪些基本假设，并没有共识。不同的教科书经常会采用不同的方案，利用不同方案进行演绎推导的过程也不尽相同，对读者的背景与基础知识的要求也有差别。当然，它们在理论上最终是等价的。这与热力学第二定律具有不同表述但彼此等价的情形类似。

在本书中，我们采用的统计热力学基本假设包含如下三条：

1. 系统的微观状态可以由相关力学定律描述。
2. 等概率原理(principle of equal a priori probability)：对于处在平衡状态的孤立系统，系统各个可能的微观状态出现的概率是相同的。
3. 系统的热力学性质等于其系综平均。

第一条假设给出了组成系统的粒子的微观行为所遵循的准则。在经典统计中，这就是假设粒子行为遵循牛顿力学(经典力学)；而在量子统计中，这就是假设粒子行为遵循量子力学(例如薛定谔方程或狄拉克方程)。这种假设是很容易理解与接受的。它确定了系统的"微观状态"的含义，即系统有哪些微观状态，或者说，什么是系统的一个微观状态，以及一个微观状态随着时间将怎样演化成另一个状态。在牛顿力学中，系统的微观状态指的是所有粒子的位置与速度(或动量)$\{\boldsymbol{r}_i, \boldsymbol{v}_i\}$($i=1,2,\cdots,N$，其中$N$代表系统的粒子数目)。在量子力学中，微观状态指的是系统所有粒子所处的量子本征态。

第二条假设在统计热力学中处于核心地位，非常重要。这个假设背后的思想与贝叶斯学派的概率论(参见第一章内容)很类似，在这里指的是：在与一些已知宏观量(例如粒子总数、总能量、总体积等等)约束条件保持一致的前提下，假设所有可能的微观状态都具有同样的出现概率。基于这个简单假设，我们就可以从系统微观状态的概率密度出发计算系统的各种宏观性质。这个基本假设乍看有些可疑，不如第一条假设那样可信。但实际上它是非常坚实可靠的，原因是"微观状态"一词(通过第一条基本假设)本身已经包含有大量的对系统性质的认识与信息。例如，考虑一个一维粒子在长度为L的(一维)盒子中运动，根据牛顿力学，位置x与速度v_x是表征系统微观状态的合适的量；如果我们不关心速度的分布，则根据第二条基本假设，不同微观状态(x值)的概率密度是一样的，即

$$p(x)=\begin{cases}\dfrac{1}{L} & (0\leqslant x\leqslant L)\\ 0 & (x<0 \text{ 或 } x>L)\end{cases} \tag{2.1}$$

这里 $0\leqslant x\leqslant L$ 是因为粒子必须限制在盒子里，即利用贝叶斯概率论来确定概率时的已知信息。根据贝叶斯概率论的观点，公式(2.1)成立并不需要各态遍历假设[①](这在很多系统中是一个过分严苛的假设)，也就是说，它并不要求在观察时间内粒子能够跑遍盒子的所有位置；它之所以成立，是因为我们只知道粒子在盒子里，对其他信息一无所知(我们并没有对粒子位置进行任何测量)，因此在符合牛顿力学的前提条件下所能得到的最合理的结果就是公式(2.1)。第二条假设虽然针对的是孤立系统，但对于非孤立系统，我们只要把系统与环境一起考虑构成一个大的孤立系统，也可以进行分析。

第三条假设涉及系综的概念，主要用于分析粒子间有相互作用的系统。我们在前几章中只考虑独立粒子系统的性质，暂不需要用到这条假设。因此将系综的概念及这条假设留到第六章再详细介绍。

第 2 节　等概率原理的简单应用以及大数定律的重要影响

鉴于等概率原理在统计热力学中的重要性，以及很多读者对此不甚熟悉，我们下面利用它来分析更多具体例子。

2.2.1　简单例子

先看一个很简单的例子。

例 2.1　口袋中有两个硬币。求系统可能的状态及其概率。

解答：每个硬币有正面朝上与反面朝上两种状态，因此系统共有 4 种微观状态：正正、正反、反正、反反。根据等概率原理，每个微观状态的概率为 1/4。如果只关心有多少个硬币正面朝上(例如，进行实验观察时不能区分是哪个硬币朝上)，则共有 3 种状态(我们称为宏观状态)：正面朝上硬币数 =2,1,0，对应概率为 1/4,1/2,1/4。

在这个例子中，只有硬币数目为 2 这个宏观量约束条件。接下来，我们考虑一个有粒子数与能量约束的例子：

例 2.2　有两个可分辨粒子(暂记为 A 与 B)组成一个孤立系统；每个粒子有三个能级(可能的单粒子微观状态)，$\varepsilon_i=0,1,2$。已知系统的总能量为 $E=2$(已知宏观量约束)。求系统可能的状态及其概率。

解答：每个粒子有 3 个可能状态，因此两个粒子组合起来有 9 个状态。但由于总能量 $E=2$ 的约束，只有 3 种组合(系统的微观状态)是允许的(满足约束)，具体的能级占据情况如图 2.1 所示。根据等概率原理，每个微观状态的概率为 1/3。如果只关心能级上有多少个粒子，则有 2 种宏观状态：(1) $\varepsilon_i=0$ 与 $\varepsilon_i=2$ 能级各有一个粒子，状态概率为 2/3；(2) $\varepsilon_i=1$ 能级上有两个粒子，状态概率为 1/3。这里所谓的粒子可分辨指的是"A 在 $\varepsilon_i=2$ 且 B 在 $\varepsilon_i=0$"(图 2.1 左栏)与"A 在 $\varepsilon_i=0$ 且 B 在 $\varepsilon_i=2$"(图 2.1 中栏)在微观上是两个

① 认为一个孤立系统从任一初态出发，经过足够长的演化时间后将经历一切可能的微观状态。

不同的状态。牛顿力学就具有这样的性质。量子力学则具有不同的性质，我们将在后续章节中介绍。

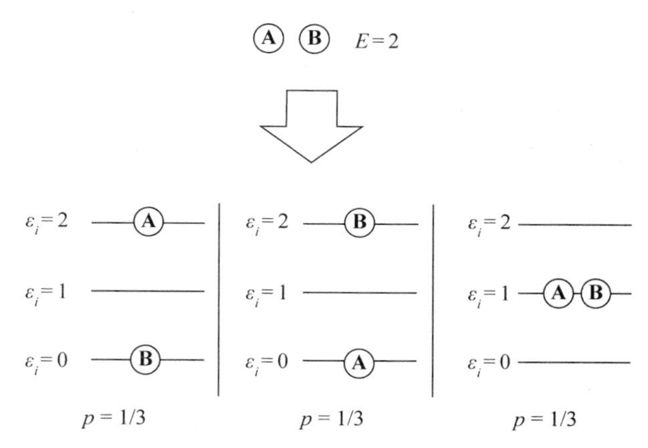

图 2.1　两个三能级粒子组成的孤立系统在 $E=2$ 下的微观状态及其概率。

从这两个例子可以知道，由于每个可能的微观状态出现的概率相同，因此一个宏观状态的概率是与其所包含的微观状态数目成正比的。这种分析可以推广到更复杂的系统，例如：

例 2.3　有 6 个可分辨粒子组成一个孤立系统；每个粒子有 7 个能级，$\varepsilon_i=0,1,\cdots,6$。已知系统的总能量为 $E=6$。求系统可能的状态及其概率。

解答：此时系统的微观状态有很多，我们就不一一列举了。根据排列组合的知识，我们可以计算出每种宏观状态的能级排列情况、所包含的微观态数目，以及概率，结果如表 2-1 所示。

表 2-1　六个七能级粒子在 $E=6$ 下的能级占据情况(宏观状态)及其概率。每个♠代表一个粒子

$\varepsilon_i=6$	♠										
$\varepsilon_i=5$		♠									
$\varepsilon_i=4$			♠	♠							
$\varepsilon_i=3$					♠	♠					
$\varepsilon_i=2$			♠			♠	♠♠	♠♠♠	♠	♠♠	
$\varepsilon_i=1$		♠		♠♠	♠♠♠	♠	♠♠		♠♠♠♠		♠♠♠♠♠♠
$\varepsilon_i=0$	♠♠♠♠♠	♠♠♠♠	♠♠♠♠	♠♠♠	♠♠	♠♠♠	♠♠	♠♠♠	♠	♠♠♠♠	
微观态数目	6	30	30	60	60	120	90	20	30	15	1
宏观态概率	0.013	0.065	0.065	0.130	0.130	0.260	0.195	0.043	0.065	0.032	0.002

从表 2-1 的结果中我们可以看出两个重要的性质。首先，虽然一共有 11 种可能的宏观状态(能级占据情况)，但它们的概率是不均匀的，其中概率最大的一种情况就占了 26%的可能性。其次，虽然系统平均每个粒子的能量是 1，但粒子最可能出现的能级并不是 $\varepsilon_i=1$，而是能级越低，粒子出现的可能性似乎越大。例如，能级 $\varepsilon_i=0$ 上粒子出现的概率最大。

2.2.2 粒子越多,统计越简单

这种分析可以继续推广到粒子数更多的情况。如果照搬这种列表的方法,表的列数会越来越多,结果似乎会越来越复杂,例如,如果有 10^{20} 个粒子将会怎样?幸运的是,当粒子非常多时,系统的性质反而会变得非常简单。考虑下面的例子:

例 2.4 黑胡椒粉与白胡椒粉的故事。有一瓶黑胡椒粉与一瓶白胡椒粉,所含胡椒粉颗粒除颜色有差异以外其他性质都是相同的。黑胡椒粉颗粒数目与白胡椒粉的相等(记为 N)。我们把它们倒在一起进行非常充分的搅拌,再将一半装回原来的黑胡椒粉瓶子(瓶A),另一半装回原来的白胡椒粉瓶子(瓶 B)。请问现在瓶 A 中黑胡椒粉(数目记为 n)的比例$\left(\frac{n}{N}\right)$是多少?

解答:很显然,平均比例$\left\langle\frac{n}{N}\right\rangle$应该是 50%。但是,由于混合搅拌过程的随机性,这个比例应该有一定的概率分布。那么,我们有多大的信心认为这个比例处于 49%与 51%之间,或者,49.999%与 50.001%之间?这个问题的答案其实与粒子数目有关。如果 $N=1$,则只有两种可能:$\frac{n}{N}=0\%$与$\frac{n}{N}=100\%$,概率各为 0.5。如果 $N=2$,则只有三种可能:$\frac{n}{N}=0\%$,50%,100%,概率分别为$\frac{1}{6}$,$\frac{2}{3}$,$\frac{1}{6}$,似乎$\frac{n}{N}$的分布随着粒子数的增加有向$\frac{n}{N}=50\%$靠拢的趋势。在一般情况下,瓶 A 中有 n 个黑胡椒粉颗粒的排列组合数目,等于从 N 个黑胡椒粉颗粒中选出 n 个放进瓶 A 的排列组合数目$\left(\mathrm{C}_N^n=\frac{N!}{n!\,(N-n)!}\right)$乘以从 N 个白胡椒粉颗粒中选出 $N-n$ 个放进瓶 A 的排列组合数目(C_N^{N-n})的乘积,即 $P\left(\frac{n}{N}\right)\propto \mathrm{C}_N^n\mathrm{C}_N^{N-n}$;再考虑到从 $2N$ 个(不管黑白)胡椒粉颗粒中选出 N 个放进瓶 A 的排列组合数目(C_{2N}^N),因此最终得到 $P\left(\frac{n}{N}\right)=\frac{\mathrm{C}_N^n\mathrm{C}_N^{N-n}}{\mathrm{C}_{2N}^N}$。数值计算结果如图 2.2 所示。确实,随着粒子数 N 的增加,$\frac{n}{N}$的分布越来越向其平均值$\left\langle\frac{n}{N}\right\rangle=50\%$靠拢。在 N 非常大时,$P\left(\frac{n}{N}\right)$变成一个非常非常尖锐的峰[参见图 2.2(c)]。此时,虽然严格讲$\frac{n}{N}$仍然是个随机数,但实际上它偏离平均值的概率几乎可以忽略不计,随机性基本消失了。如果我们把结果列成类似于表 2-1 的形式,分布的尖锐峰将对应表里概率值最大的一列,我们只要考虑这一列的贡献,这种做法在一些教科书里被称为攫取最大项法。

这个结果对理解统计热力学具有重大的意义。在微观上,某一个胡椒粉颗粒在搅拌、分装过程中经历了非常复杂的历程,不断受到其他颗粒的碰撞,它最终出现在哪一个瓶子里具有很大的不确定性,基本是完全随机的。想要通过求解牛顿方程(如通过计算机进行分子动力学模拟)来精确确定它的命运是很难的。但是,当我们关心很多粒子的结果$\left(\text{例如比例}\frac{n}{N}\right)$,在粒子数很多的情况下反而变得很容易,结果几乎是完全确定的,没有任何随机性。我们不需要追踪每一个胡椒粉颗粒的运动,也不需要管胡椒粉颗粒是三角形的、四

方形的、还是二十面体形的，就可轻松得出非常有把握的答案。在大量粒子下，个体（微观状态）是不确定的，但整体（宏观状态）是确定的，随机性消失了！特别是在通常的系统里，分子数目高达 10^{20}，情况就更是如此了。这就给我们的研究带来极大的方便。

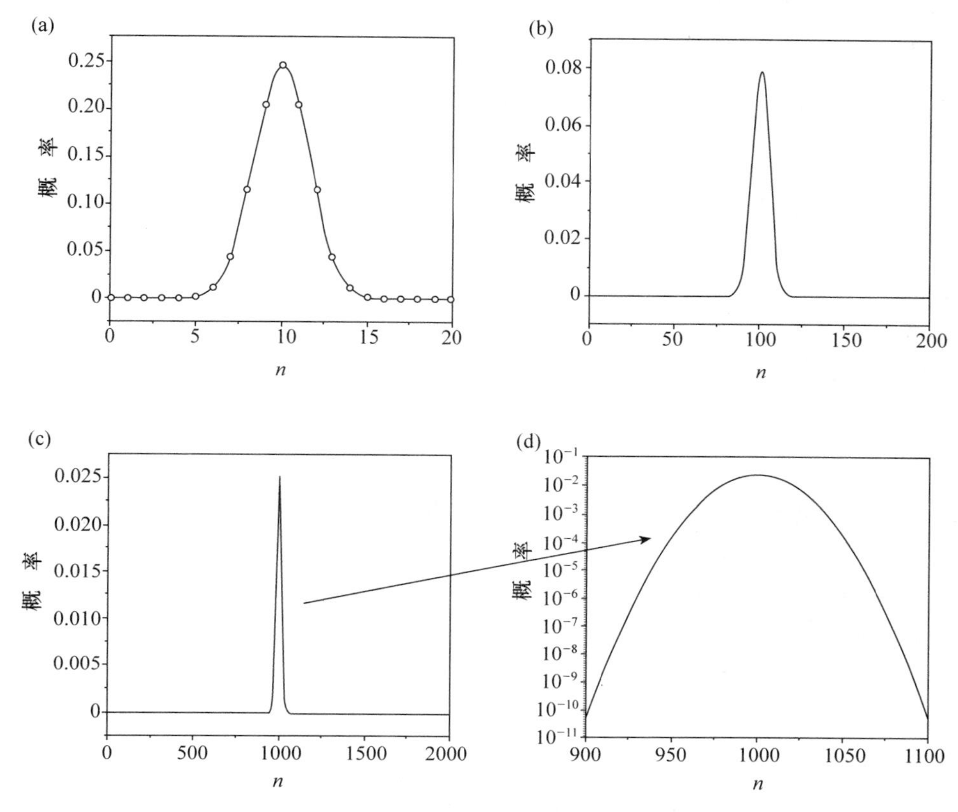

图 2.2　混合后瓶中黑胡椒粉的比例的概率分布。

横轴表示一个瓶中黑胡椒粉的颗粒数目 n。一个瓶中的总颗粒数目（不管黑白）为(a) 20；(b) 200；(c)(d) 2000。

这种神奇的现象背后有着深刻的数学原理：大数定律（law of large numbers）（参见扩展阅读：大数定律）。这个定律指出，随机事件在大量重复出现的条件下，往往呈现几乎必然的统计特性，或者说，事件出现的频率将无穷接近于该事件发生的概率。这将导致随机性的消失。这个原理在现实社会中有重要应用，例如，它是近代保险业赖以建立的数理基础。风险来源于不确定性，可用概率分布的方差来描述。单个个体事件（如某个人是否会遭遇车祸，你的手机屏幕是否将摔碎）是随机的，但对于有大量个体（投保人）组成的群体，结果中就几乎没有不确定性。博彩业依据的也是类似的原理（扩展阅读：赌王的故事）。

扩展阅读：大数定律

大数定律的最早形式是雅各布·伯努利（Jakob Bernoulli）（他是根据气体分子碰撞模型推导玻意耳定律的丹尼尔·伯努利的伯父）提出的。他发现，要准确预言单个随机事件的后果是困难的，但对于多个随机事件的总后果，却可以像“先知”一样进行准确的预言。

扩展阅读：赌王的故事(虚拟)

(财大气粗的王子找到赌王。)

王子：你的身家有多少?

赌王：50亿。

王子：我和你玩一把。我们掷个硬币，如果正面朝上我给你100亿，如果反面朝上你给我50亿。怎么样?你的胜率很高哦。

(如果你是赌王，你赌不赌?)

赌王：王子啊，我们开赌场的不追求一锤子买卖，而是"小刀锯大树"。这样吧，我们抛1000次硬币，每出现一次正面朝上你给我1000万，每出现一次反面朝上我给你500万。怎么样?胜率与你刚才的方案一样哦。

王子：……

(如果你是王子，你赌不赌?)

第3节 独立粒子系统的经典统计：麦克斯韦-玻尔兹曼分布

第1节给出的热力学基本假设看起来很简单，它能产生什么重要的结果呢?接下来我们将看到，应用这些简单假设，我们很快就可以推导出麦克斯韦-玻尔兹曼分布，并从中收获很多出乎意料的深刻认识。

考虑一个由大量独立可分辨粒子所组成的系统(例如理想气体)，它具有确定的粒子数N，内能E(即孤立系统的粒子数与能量守恒)。我们暂时假设所有粒子都是同一种类的。我们将单个粒子的状态空间，例如由位置矢量$\boldsymbol{r}\equiv(x,y,z)$与动量矢量$\boldsymbol{p}\equiv(p_x,p_y,p_z)\equiv(mv_x,mv_y,mv_z)$所张成的六维状态空间$(\boldsymbol{r},\boldsymbol{p})$，分割成一个个小的格子(即单个粒子的可分辨的微观状态，也称相格)[①]，如图2.3，其对应能量(能级)不失一般性，可记为：$\varepsilon_1,\varepsilon_2,\varepsilon_3,\cdots$。也就是说，在经典力学下本来状态空间是连续的，但为了方便分析我们将其分割成一些分立的格子，落在同一格子里的状态都认为是相同的状态，用同一个能量来表征。由于我们总是可以把格子分割得很小，因此这种离散化所带来的误差可以控制得任意小，完全可以忽略。相格数目可以是无穷多，也可以是有限的(类似于例2.2与2.3)。不同相格的能量ε_i之间可以不同，也可以相同。

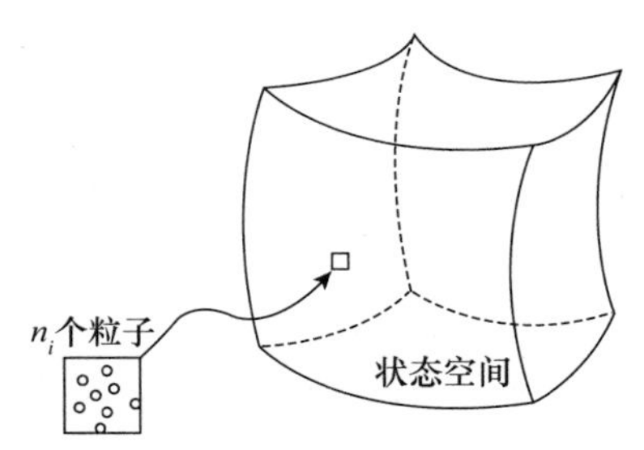

图2.3 相空间与相格示意。

① 在力学中，动量比速度更适合用来描述状态空间。

粒子落在哪个相格具有随机性。我们将每个格子里的粒子数目记为 $n_1, n_2, n_3, \cdots$。由于粒子数守恒与能量守恒，$\{n_1, n_2, n_3, \cdots\}$应该满足如下约束条件

$$\begin{cases} \sum_i n_i = N \\ \sum_i n_i \varepsilon_i = E \end{cases} \tag{2.2}$$

或者说，只有满足约束条件(2.2)的$\{n_1, n_2, n_3, \cdots\}$才有非零的概率 $P(n_1, n_2, n_3, \cdots)$。根据等概率原理，每个可能的微观状态[这里指将 N 个可分辨粒子在满足公式(2.2)的前提下分配到一些相格里以后所产生的状态，参见简化情况下的前一节中的例 2.2]出现的概率是相同的。因此满足约束条件(2.2)的$\{n_1, n_2, n_3, \cdots\}$的概率 $P(n_1, n_2, n_3, \cdots)$与其所包含的微观状态的数目成正比。在大数定律的条件下，与胡椒粉的例子类似，我们只需要考虑概率最大的$\{n_1, n_2, n_3, \cdots\}$，即概率密度曲线(曲面)$P(n_1, n_2, n_3, \cdots)$的那个最尖锐的峰。

数学背景：排列组合 1

【1】排列 N 个可分辨的小球，可能出现的情况总数为：$N!$。

- 证明思路：从 N 个小球挑出一个放到第一个位置，有 N 种可能；再从剩下的 $N-1$ 个小球挑出一个放到第二个位置，有 $N-1$ 种可能；……因此总的排列方法有 $N \times (N-1) \times (N-2) \cdots \times 2 \times 1 \equiv N!$

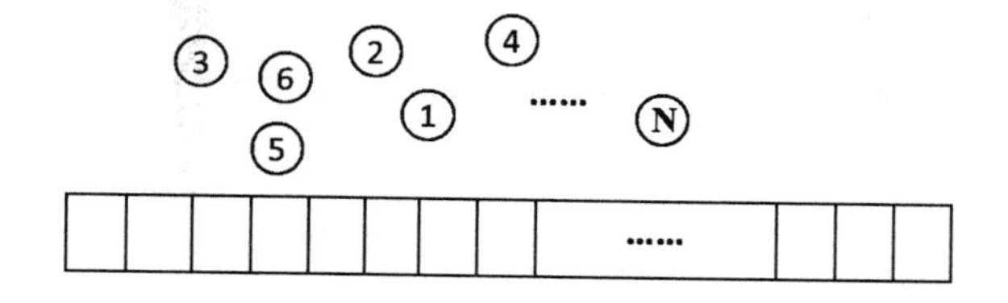

【2】把 N 个可分辨的粒子(小球)按 $\{n_1, n_2, n_3, \cdots\}$ 的要求放进一些可辨别的盒子(不计粒子在同一个盒子中的次序)的可能放法为：

$$\mathrm{P}(n_1, n_2, n_3, \cdots) = \frac{N!}{n_1! \times n_2! \times n_3! \times \cdots} = \frac{N!}{\prod_i n_i!}$$

- 证明思路：如考虑粒子在同一个盒子中的次序(见下图，斜线代表盒子之间的隔板)，则总放法为 $N!$；但 n_i 个粒子在第 i 号盒子里的不同次序有 $n_i!$ 种，它们对应的其实是相同的放置结果，应该除去。

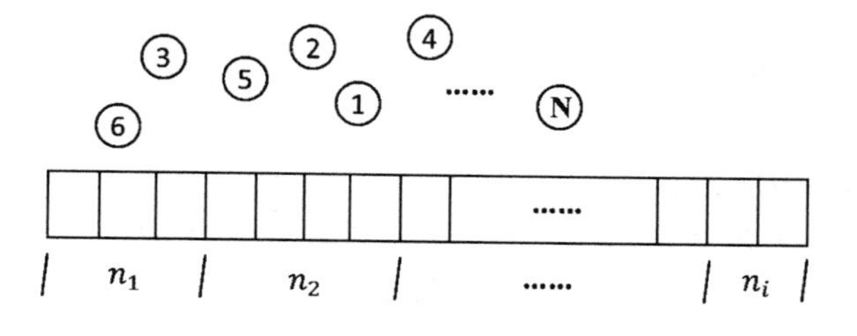

根据排列组合的知识(参见数学背景：排列组合 1)，在不考虑约束条件(2.2)的条件下，有

$$P(n_1,n_2,n_3,\cdots)=\frac{N!}{\prod_i n_i!} \tag{2.3}$$

这里没对概率进行归一化。但由于我们只需要考虑概率 $P(n_1,n_2,n_3,\cdots)$ 最大处所对应的 $\{n_1,n_2,n_3,\cdots\}$，有没有归一化并不影响最后的结果。这样，我们面临的任务就是求解公式(2.3)在约束条件(2.2)下的极大值。这是一个约束条件下的极值问题，可以应用数学上的拉格朗日乘子法来求解(参见数学背景)。不过，公式(2.3)中包含阶乘，通常数值很大，例如，100！计算结果有 158 位数字：

100！=93326215443944152681699238856266700490715968264381621468592963895217599993229915608941463976156518286253697920827223758251185210916864000000000000000000000000

分析起来不方便。因此我们改求其对数 $\ln P(n_1,n_2,n_3,\cdots)$ 的极值[对数函数是递增函数，因此 $f(x)$ 极值的位置 x_0 与 $\ln f(x)$ 极值的位置是相同的]，应用拉格朗日乘子法，引入无约束极值函数：

$$f'(n_1,n_2,n_3,\cdots;\alpha,\beta)=\ln P(n_1,n_2,n_3,\cdots)-\alpha\left(\sum_i n_i-N\right)-\beta\left(\sum_i n_i\varepsilon_i-E\right) \tag{2.4}$$

其中拉格朗日乘子 α 与 β 前面取负号是为了与文献做法一致，同时能使最后的结果分析更加

数学背景：拉格朗日乘子法(Lagrange multiplier method)

n 元函数 $f(x_1,x_2,\cdots,x_n)$ 在 m 个约束条件

$$\begin{cases} g_1(x_1,x_2,\cdots,x_n)=0 \\ g_2(x_1,x_2,\cdots,x_n)=0 \\ g_m(x_1,x_2,\cdots,x_n)=0 \end{cases}$$

的限制之下的极值问题等价于如下函数

$$f'(x_1,x_2,\cdots,x_n,\lambda_1,\lambda_2,\cdots,\lambda_m)=f(x_1,x_2,\cdots,x_n)+\sum_{j=1,\cdots,m}\lambda_j g_j(x_1,x_2,\cdots,x_n)$$

在没有任何约束条件下的极值问题(其中 λ_j 被称为拉格朗日乘子)，即有

$$\begin{cases} \dfrac{\partial f'}{\partial x_i}=\dfrac{\partial f}{\partial x_i}+\sum_j \lambda_j \dfrac{\partial g_j}{\partial x_i}=0 \\ \dfrac{\partial f'}{\partial \lambda_j}=g_j=0 \end{cases}$$

数学背景：斯特林(Stirling)公式

斯特林公式是用来求阶乘近似值的数学公式。当 N 很大时，

$$\ln N!\approx N\ln N-N$$

它在统计热力学推导过程中经常被用到，非常重要。

➤ 证明思路：$\ln N!=\sum_{n=1}^{N}\ln n\approx\int_0^N \ln x\,\mathrm{d}x=(x\ln x-x)|_0^N$

方便。由于我们考虑的是由大量粒子组成的系统($N\gg1$)，因此一般情况下 n_i 较大，此时利用斯特林公式($\ln N!\approx N\ln N-N$，参见数学背景)对阶乘进行近似，公式(2.4)变成

$$f'(n_1,n_2,n_3,\cdots;\alpha,\beta)=\ln\frac{N!}{\prod_i n_i!}-\alpha(\sum_i n_i-N)-\beta(\sum_i n_i\varepsilon_i-E)$$

$$\approx N\ln N-N-\sum_i(n_i\ln n_i-n_i)-\alpha(\sum_i n_i-N)-\beta(\sum_i n_i\varepsilon_i-E) \tag{2.5}$$

$f'(n_1,n_2,n_3,\cdots;\alpha,\beta)$的无约束极值要求对所有自变量$(n_1,n_2,n_3,\cdots;\alpha,\beta)$的偏导数为零。$f'$对 n_i 求偏导数，得

$$\frac{\partial}{\partial n_i}f'(n_1,n_2,n_3,\cdots;\alpha,\beta)=-\ln n_i-\alpha-\beta\varepsilon_i=0 \tag{2.6}$$

解得

$$n_i=\mathrm{e}^{-\alpha-\beta\varepsilon_i} \tag{2.7}$$

f'对 α 求偏导数，得

$$\frac{\partial}{\partial\alpha}f'(n_1,n_2,n_3,\cdots;\alpha,\beta)=-(\sum_i n_i-N)=0 \tag{2.8}$$

这其实就是粒子数守恒的约束条件。将公式(2.7)代入，得

$$\sum_i\mathrm{e}^{-\alpha-\beta\varepsilon_i}=N \tag{2.9}$$

即

$$\mathrm{e}^{-\alpha}=\frac{N}{\sum_i\mathrm{e}^{-\beta\varepsilon_i}} \tag{2.10}$$

α 起着某种归一化常数的作用：不管 β 与$\{\varepsilon_i\}$的值如何，我们总可以根据公式(2.10)调整 α 值使粒子数守恒的条件$\left(\sum_i n_i=\sum_i\mathrm{e}^{-\alpha-\beta\varepsilon_i}=N\right)$满足。在后续章节中我们将看到 α 与化学势有关。将公式(2.10)代回公式(2.7)，可从 n_i 表达式中消去 α

$$n_i=N\frac{\mathrm{e}^{-\beta\varepsilon_i}}{\sum_i\mathrm{e}^{-\beta\varepsilon_i}} \tag{2.11}$$

f'对 β 求偏导数，得

$$\frac{\partial}{\partial\beta}f'(n_1,n_2,n_3,\cdots;\alpha,\beta)=-(\sum_i n_i\varepsilon_i-E)=0 \tag{2.12}$$

将公式(2.11)代入，得

$$\frac{\sum_i\varepsilon_i\mathrm{e}^{-\beta\varepsilon_i}}{\sum_i\mathrm{e}^{-\beta\varepsilon_i}}=\frac{E}{N} \tag{2.13}$$

原则上，β 可由上式解方程得出，除了与$\{\varepsilon_i\}$有关，还受粒子平均能量$\left(\frac{E}{N}\right)$影响。但是，与前面 α 的情况不同，从公式(2.13)不容易解析求解出 β。由于在其他量确定的情况下，β 与 E 有一一对应的关系，因此我们有更方便的处理方法，就是把 β 看作比 E 更基本的量。或者说，不是认为 E 已知并从公式(2.13)求解 β，而是认为 β 已知并从公式(2.13)计算求解 E(这就很容易了)，即系统能量 E 是β 的函数。数学上可以证明，E 是β 的单调函数，随 β 的

下降而上升。到这里,我们得到的主要结果是公式(2.11)。在下一节中,我们将给出 β 与温度之间的关系,从而得到麦克斯韦-玻尔兹曼分布的完整形式。

第 4 节　热力学第零定律的解释以及 β 与温度之间的关系

我们在前一节中考虑了一个由大量独立粒子组成的系统,具有确定的粒子数 N 与内能(粒子总能量)E,相格能量(能级)为 $\varepsilon_1,\varepsilon_2,\varepsilon_3,\cdots$。一方面,$\{\varepsilon_1,\varepsilon_2,\varepsilon_3,\cdots\}$ 反映了系统的某些性质。例如,对于单原子理想气体,单粒子状态空间中任一点$(\boldsymbol{r},\boldsymbol{p})$处的能量可写成

$$\varepsilon(\boldsymbol{r},\boldsymbol{p})=V(\boldsymbol{r})+\frac{m}{2}|\boldsymbol{v}|^2=V(\boldsymbol{r})+\frac{|\boldsymbol{p}|^2}{2m} \tag{2.14}$$

等号右边第二项是动能函数,其中 m 是粒子本身的性质。等号右边第一项 $V(\boldsymbol{r})$是单粒子势能函数。当理想气体被限制在一定的体积(如一个密闭容器)内时,如果 $\boldsymbol{r}$ 位于这个体积内则有 $V(\boldsymbol{r})=0$,否则 $V(\boldsymbol{r})=+\infty$,或者说,分子不允许跑出这个体积。另一方面,$N$ 与 E 反映了系统的另外一些性质。例如,我们可以通过向一个密闭容器里扔一些粒子与能量来调控 N 与 E 的值。怎样往里"扔一些能量"呢?我们可以通过传热的方法,此时系统的能量 E 会增加或减少,但由于容器体积不变,$\{\varepsilon_1,\varepsilon_2,\varepsilon_3,\cdots\}$ 并不受影响[公式(2.14)],宏观上也没有体积功。

2.4.1　热力学第零定律的解释

考虑两个各自由大量独立粒子组成的系统 A 与 B,如果它们各自是孤立系统,应用前一节的公式(2.11),得到

$$\begin{cases} n_i^{(\mathrm{A})}=N_{\mathrm{A}}\dfrac{\mathrm{e}^{-\beta_{\mathrm{A}}\varepsilon_i^{(\mathrm{A})}}}{\sum\limits_i \mathrm{e}^{-\beta_{\mathrm{A}}\varepsilon_i^{(\mathrm{A})}}} \\ n_j^{(\mathrm{B})}=N_{\mathrm{B}}\dfrac{\mathrm{e}^{-\beta_{\mathrm{B}}\varepsilon_j^{(\mathrm{B})}}}{\sum\limits_j \mathrm{e}^{-\beta_{\mathrm{B}}\varepsilon_j^{(\mathrm{B})}}} \end{cases} \tag{2.15}$$

此处用上标或下标 A 与 B 来区分系统 A 与系统 B 的相关的量,$\Sigma_{i\in\mathrm{A}}$ 与 $\Sigma_{j\in\mathrm{B}}$ 分别表示对系统 A 与 B 的能级求和。如果我们允许它们彼此交换能量,但不允许交换粒子,也不改变各自的能级$\{\varepsilon_i^{(\mathrm{A})}\}$与$\{\varepsilon_j^{(\mathrm{B})}\}$,则单独的 A 或 B 都不是孤立系统(因为它们之间可以有能量交换)。但 A 与 B 合起来可视作一个新的孤立系统,可利用类似于前一节的方法进行分析。此时它们所受的约束条件如下:

$$\begin{cases} \sum\limits_{i\in\mathrm{A}} n_i^{(\mathrm{A})}=N_{\mathrm{A}} \\ \sum\limits_{j\in\mathrm{B}} n_j^{(\mathrm{B})}=N_{\mathrm{B}} \\ \sum\limits_{i\in\mathrm{A}} n_i^{(\mathrm{A})}\varepsilon_i^{(\mathrm{A})}+\sum\limits_{j\in\mathrm{B}} n_j^{(\mathrm{B})}\varepsilon_j^{(\mathrm{B})}=E_{\mathrm{A}}^{(0)}+E_{\mathrm{B}}^{(0)} \end{cases} \tag{2.16}$$

其中 $E_{\mathrm{A}}^{(0)}$ 与 $E_{\mathrm{B}}^{(0)}$ 分别是系统 A 与 B 在被允许交换能量之前各自的能量。采用类似于前一节的分析,不难得到如下结果:

$$
\begin{cases}
n_i^{(A)} = N_A \dfrac{e^{-\beta_{AB}\varepsilon_i^{(A)}}}{\sum\limits_i e^{-\beta_{AB}\varepsilon_i^{(A)}}} \\
n_j^{(B)} = N_B \dfrac{e^{-\beta_{AB}\varepsilon_j^{(B)}}}{\sum\limits_j e^{-\beta_{AB}\varepsilon_j^{(B)}}}
\end{cases}
\tag{2.17}
$$

对比结果(2.11)、(2.15)与(2.17)，可发现它们的形式都是类似的，只是指数上的 β 可能不同。进一步地，我们可以得到如下几个结论：

(1) 如果两个系统原来的 β_A 与 β_B 不同($\beta_A \neq \beta_B$)，则接触(允许能量交换)平衡后它们的 β 会变得相同(即 β_{AB})。由于系统能量是 β 的函数，接触后系统间发生了能量的交换，系统 A 与 B 的能量都发生了变化(但总和不变)。

(2) 如果两个系统原来的 β_A 与 β_B 相同($\beta_A = \beta_B$)，则接触平衡后它们的 β 不会发生任何变化($\beta_{AB} = \beta_A = \beta_B$)。或者说，只需要取 $\beta_{AB} = \beta_A = \beta_B$ 就能使约束条件(2.16)全部满足。系统 A 与 B 的能量都不变化，系统间没有发生能量交换。

(3) 如果系统 A、B 分别与 C 达到上述的接触平衡，则 A 与 B 必然也达到接触平衡。

这其实就解释了热力学第零定律：如果两个热力学系统分别与第三个热力学系统处于热平衡(温度相同)，则它们彼此也必定处于热平衡。或者说，如果我们把这种允许交换能量但不交换粒子也不改变能级的接触定义为热接触，我们实际上是从统计热力学的基本假设出发证明了热力学第零定律。而且，β 必然与温度之间存在一一对应的关系(单值函数)。

2.4.2　$\boldsymbol{\beta}$ 与温度的关系

那么，β 与温度之间到底是什么关系呢？

事实上，热力学第零定律为温度的测量方法提供了基础，但它只能用来确定哪些系统的温度是一样的(热接触时不发生变化的系统具有相同的温度)，但它不能唯一确定温度的数值。后者是温标的问题。例如，我们常用的热力学温标其实就是利用了理想气体系统达到热平衡时满足 $\dfrac{p_1 V_1}{n_1} = \dfrac{p_2 V_2}{n_2}$ 的性质[注意符号 V 有时用来代表体积，有时用来代表势能函数，但后者一般带自变量，如公式(2.14)中的 $V(\boldsymbol{r})$，以便于区分]，因此对理想气体定义温度 $T \equiv \dfrac{pV}{nR}$，再利用理想气体系统作为某种温度计来校准其他系统①。温标不是唯一的，例如，如果 T 是热力学温标，那 T^2 或 $\ln T$ 也是某种合理的温标。

基于这个理解，接下来我们将用下述方法确定 β 与温度之间的关系：考虑一个最简单的理想气体系统(单原子理想气体)，微观上的能级分布由公式(2.11)描述，具有某个 β 值；然后我们计算这个系统的宏观压强 p，利用 $T \equiv \dfrac{pV}{nR}$ 得到其热力学温度 T；这样就可以建立这个系统的 β 与 T 之间的映射(函数关系)。由于前面已经论证过 β 相同的两个系统温度必然相同，任意一个具有某个 β 值的系统与具有相同 β 值的单原子理想气体(这里作为温度计

① 更严格地讲，是先利用理想气体定义 $T \propto \dfrac{pV}{N}$，再规定水的三相点的温度为 273.16 K。

使用)将具有相同的温度,因此从单原子理想气体得到的 $\beta \sim T$ 关系对所有系统都将成立(图 2.4)。

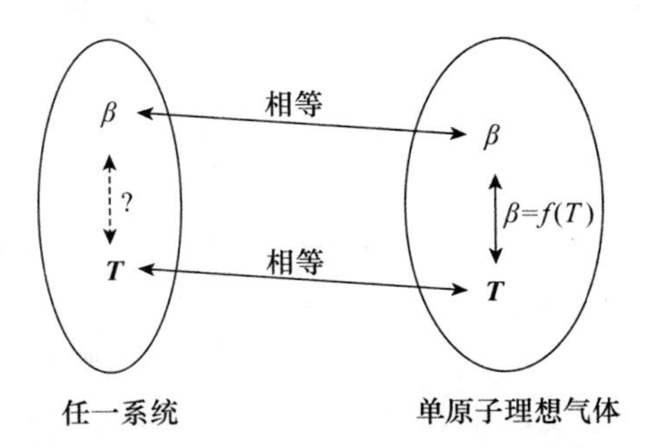

图 2.4 单原子理想气体得到的 $\boldsymbol{\beta} \sim \boldsymbol{T}$ 关系对所有系统都成立。

对于单原子理想气体,粒子能量只包含动能

$$\varepsilon(\boldsymbol{r}, \boldsymbol{p}) = \frac{|\boldsymbol{p}|^2}{2m} \tag{2.18}$$

其中 $\boldsymbol{r}$ 必须落在装气体的容器里面。为了后面的运算方便,我们把离散化形式的公式(2.11)变成连续化分布

$$n(\boldsymbol{r}, \boldsymbol{p}) = N \frac{\mathrm{e}^{-\beta\varepsilon(\boldsymbol{r}, \boldsymbol{p})}}{\int_V \mathrm{d}^3\boldsymbol{r} \int_{-\infty}^{+\infty} \mathrm{d}^3\boldsymbol{p}\, \mathrm{e}^{-\beta\varepsilon(\boldsymbol{r}, \boldsymbol{p})}} \tag{2.19}$$

其中 $\mathrm{d}^3\boldsymbol{r} \equiv \mathrm{d}x\mathrm{d}y\mathrm{d}z$, $\mathrm{d}^3\boldsymbol{p} \equiv \mathrm{d}\boldsymbol{p}_x \mathrm{d}\boldsymbol{p}_y \mathrm{d}\boldsymbol{p}_z$, $\int_V \mathrm{d}^3\boldsymbol{r}$ 代表对气体所在体积进行积分。由于公式(2.18)中 $\varepsilon(\boldsymbol{r}, \boldsymbol{p})$ 只与 $\boldsymbol{p}$ 有关[简记为 $\varepsilon(\boldsymbol{p})$],公式(2.19)的结果只依赖于 $\boldsymbol{p}$,且分母中对 $\boldsymbol{r}$ 的积分得到气体的体积 V

$$n(\boldsymbol{r}, \boldsymbol{p}) = \frac{N}{V} \frac{\mathrm{e}^{-\beta\varepsilon(\boldsymbol{p})}}{\int_{-\infty}^{+\infty} \mathrm{d}^3\boldsymbol{p}\, \mathrm{e}^{-\beta\varepsilon(\boldsymbol{p})}} \tag{2.20}$$

物理背景:动量定理

- 经过任一过程(时间从 t_1 变到 t_2),物体动量的变化等于在这个过程中它所受合外力 $\boldsymbol{f}(t)$ 的冲量,即

$$\Delta\boldsymbol{p} \equiv \boldsymbol{p}(t_2) - \boldsymbol{p}(t_1) = \int_{t_1}^{t_2} \boldsymbol{f}(t)\mathrm{d}t$$

- 证明思路:对牛顿定律 $\boldsymbol{f}(t) = m\boldsymbol{a} = \frac{\mathrm{d}\boldsymbol{p}}{\mathrm{d}t}$ 积分即得。

气体在容器壁上产生的压强在微观上是由气体粒子撞击容器壁所产生的撞击力所导致的,可定义(计算为)在某个很短时间(Δt)内气体粒子在容器壁单位面积上产生的平均撞击力。这个撞击力可以利用物理学上的动量定理(见物理背景:动量定理)通过撞击前后分子系统的动量变化来计算。假设容器有一面右壁与 x 轴垂直,则如图 2.5 所示,在 Δt 时间内,盒子右壁附近厚度为

$$\Delta x = v_x \Delta t \tag{2.21}$$

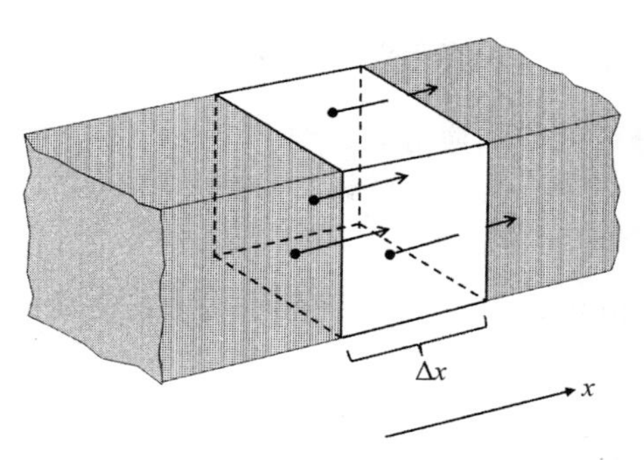

图 2.5　在 Δt 时间内，只有靠近容器壁的一个薄层内的粒子才会撞上容器壁。

的薄层内的速度为 $v_x>0$ 的粒子将会撞上右壁，并反弹回来，速度变为 $-v_x$，每个粒子的动量变化为 $-2mv_x$。因此，由于与面积为 S 的右壁碰撞而引起的所有气体分子的动量变化总和为

$$\sum \Delta p_x=\int_{-v_x \Delta t}^{0} \mathrm{d}x \int_S \mathrm{d}y \mathrm{d}z \int_0^{+\infty} \mathrm{d}p_x \int_{-\infty}^{+\infty} \mathrm{d}p_y \mathrm{d}p_z(-2mv_x) n(\boldsymbol{r}, \boldsymbol{p}) \tag{2.22}$$

其中 $\int_S \mathrm{d}y\mathrm{d}z$ 表示积分薄层的 y 与 z 的范围与碰撞右壁相同，$\sum \Delta p_x$ 代表所有与右壁碰撞的所有分子的动量变化总和。将公式(2.20)代入并积分，得

$$\begin{aligned}
\sum \Delta p_x &=\int_{-v_x \Delta t}^{0} \mathrm{d}x \int_S \mathrm{d}y \mathrm{d}z \int_0^{+\infty} \mathrm{d}p_x \int_{-\infty}^{+\infty} \mathrm{d}p_y \mathrm{d}p_z(-2mv_x) \frac{N}{V} \frac{\mathrm{e}^{-\beta\varepsilon(\boldsymbol{p})}}{\int_{-\infty}^{+\infty} \mathrm{d}^3 \boldsymbol{p}\, \mathrm{e}^{-\beta\varepsilon(\boldsymbol{p})}} \\
&=\int_0^{+\infty} \mathrm{d}p_x \int_{-\infty}^{+\infty} \mathrm{d}p_y \mathrm{d}p_z (v_x S\Delta t)(-2mv_x) \frac{N}{V} \frac{\mathrm{e}^{-\beta\varepsilon(\boldsymbol{p})}}{\int_{-\infty}^{+\infty} \mathrm{d}^3 \boldsymbol{p}\, \mathrm{e}^{-\beta\varepsilon(\boldsymbol{p})}} \\
&=-2S\Delta t \frac{N}{V} \int_0^{+\infty} \mathrm{d}p_x \int_{-\infty}^{+\infty} \mathrm{d}p_y \mathrm{d}p_z \frac{p_x^2}{m} \frac{\mathrm{e}^{-\beta\varepsilon(\boldsymbol{p})}}{\int_{-\infty}^{+\infty} \mathrm{d}^3 \boldsymbol{p}\, \mathrm{e}^{-\beta\varepsilon(\boldsymbol{p})}} \\
&=-2S\Delta t \frac{N}{V} \frac{\int_0^{+\infty} \mathrm{d}p_x \int_{-\infty}^{+\infty} \mathrm{d}p_y \mathrm{d}p_z \frac{p_x^2}{m} \mathrm{e}^{-\frac{\beta}{2m}(p_x^2+p_y^2+p_z^2)}}{\int_{-\infty}^{+\infty} \mathrm{d}p_x \mathrm{d}p_y \mathrm{d}p_z\, \mathrm{e}^{-\frac{\beta}{2m}(p_x^2+p_y^2+p_z^2)}} \\
&=-2S\Delta t \frac{N}{V} \frac{\int_0^{+\infty} \mathrm{d}p_x \frac{p_x^2}{m} \mathrm{e}^{-\frac{\beta}{2m}p_x^2}}{\int_{-\infty}^{+\infty} \mathrm{d}p_x\, \mathrm{e}^{-\frac{\beta}{2m}p_x^2}}
\end{aligned} \tag{2.23}$$

利用分子上积分函数的偶函数性质，以及数学上高斯函数数值积分的性质 $\left(\int_{-\infty}^{+\infty} \mathrm{e}^{-ax^2} \mathrm{d}x=\sqrt{\frac{\pi}{a}}, \int_{-\infty}^{+\infty} x^2 \mathrm{e}^{-ax^2} \mathrm{d}x=\frac{1}{2a}\sqrt{\frac{\pi}{a}}\right.$，参见附录 B$\left.\right)$，上式最终得到

$$\sum \Delta p_x=-S\Delta t \frac{N}{V} \frac{\int_{-\infty}^{+\infty} \mathrm{d}p_x \frac{p_x^2}{m} \mathrm{e}^{-\frac{\beta}{2m}p_x^2}}{\int_{-\infty}^{+\infty} \mathrm{d}p_x\, \mathrm{e}^{-\frac{\beta}{2m}p_x^2}}=-S\Delta t \frac{N}{V\beta} \tag{2.24}$$

根据动量定理，动量的变化等于所受外力对时间的积分，

$$\sum \Delta p_x = \int_0^{\Delta t} f_x(t)\mathrm{d}t = \bar{f}_x \Delta t \tag{2.25}$$

这里 $\bar{f}_x$ 表示右壁对气体分子的平均撞击力。结合公式(2.24)与(2.25),得到

$$\bar{f}_x = -S\frac{N}{V\beta} \tag{2.26}$$

根据牛顿定律,力的作用是相互的,粒子对右壁的平均撞击力为 $-\bar{f}_x$,因此压强

$$p = \frac{-\bar{f}_x}{S} = \frac{N}{V\beta} \tag{2.27}$$

代入理想气体热力学温度的定义,得

$$T \equiv \frac{pV}{nR} = \frac{N}{nR\beta} \tag{2.28}$$

其中 R 是理想气体常数,n 是气体的摩尔数,通过阿伏伽德罗常数 N_A 与粒子数 N 联系起来:$N = nN_\mathrm{A}$。因此

$$\beta = \frac{N}{nRT} = \frac{N_\mathrm{A}}{RT} = \frac{1}{k_\mathrm{B}T} \tag{2.29}$$

这里定义

$$k_\mathrm{B} \equiv \frac{R}{N_\mathrm{A}} = 1.38064852(79)\times 10^{-23}\ \mathrm{J/K}$$

称为玻尔兹曼常数,是统计热力学中最重要的常数。

2.4.3 温度的深刻含义

至此,我们就得到了经典统计的主要结果,麦克斯韦-玻尔兹曼分布(Maxwell-Boltzmann distribution,简称 M-B 分布)

$$n_i = N\frac{\mathrm{e}^{-\frac{\varepsilon_i}{k_\mathrm{B}T}}}{\sum_i \mathrm{e}^{-\frac{\varepsilon_i}{k_\mathrm{B}T}}} \tag{2.30}$$

考虑到它仅仅是从几个非常简单的基本假设(主要是等概率原理)推导出来的,因此这是很惊人的、不可思议的结果。薛定谔在其经典专著《统计热力学》中对此给出了精辟的总结:“本质上讲,统计热力学中只有一个问题,即确定给定能量 E 如何分布在 N 个全同系统上。……能量的卓越作用在于它是一个运动常量——一个永远存在并且一般地说是唯一的运动常量。”

这个结果有助于我们深入理解温度的本质。它给出的是大量粒子在不同能级上的分布情况,而温度是其中的主要参数。温度不同,粒子的分布就不同;或者反过来说,分布不同,温度就不同。例如,考虑下面这个例子:

例 2.5 有一个由大量独立粒子组成的系统,具有 101 个等距离分布的单粒子能级($\varepsilon_i = 0,1,2,\cdots,100$)。当粒子的平均能量为 30 时(即 $E = 30N$),能级上的粒子分布大致为图 2.6 中哪个曲线?

解答: 根据 M-B 分布,占据粒子数随能级 ε_i 呈指数变化,或者单调下降$\left(\beta = \frac{1}{k_\mathrm{B}T} > 0\right.$,类似图 2.6b$\left.\right)$,或者单调上升$\left(\beta = \frac{1}{k_\mathrm{B}T} < 0\right.$,类似图 2.6c$\left.\right)$,不会出现中间能级粒子数出现极

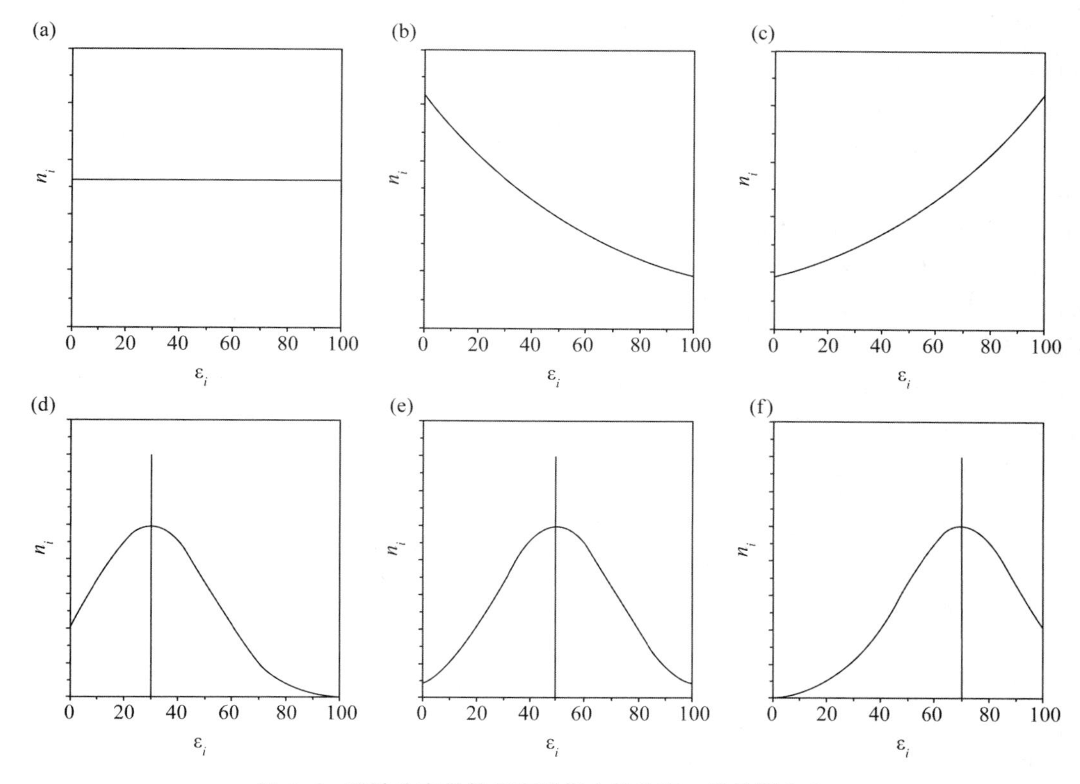

图 2.6 哪种分布是粒子在能级上的分布？详见例 2.5。

大值或极小值的情形，因此可以排除图(d)～(f)。系统的能量 E 与 β 有关，或者说，β 与 E 有关。明显，(a)所有能级上的粒子数相等，因此粒子的平均能量是 50；(b)中能量低的粒子多，平均能量肯定小于 50；(c)的平均能量则肯定大于 50。因此，这道选择题的答案是(b)。

在这个例子中，能级是在 0 与 100 之间等距离分布的，在粒子的平均能量是 30 时，粒子的分布是怎样的呢？如果不理解 M-B 分布，很容易误解应该是 30 左右的能级上粒子数最多，即(d)。这就像说某个考试，可能的分数是 0 到 100 分，结果是平均分数 30 分，难道不应该是 30 分左右人数最多吗？即一般所说的高斯分布？在微观世界里，由于粒子的等同性与总能量的守恒要求，最后的分布其实是 $\varepsilon_i=0$ 的粒子数比 $\varepsilon_i=30$ 的粒子数多，如图 2.6(b)所示。

因此，温度在微观上是对粒子在不同能级(能量)上的排布方式的一种表征。在一些初等的教材里，经常把温度解释成对热运动激烈程度的表征，容易让人理解成粒子在那里乱窜，即通过速度或动能来衡量。但温度的含义比这个理解要更深更广，它对所有的能量形式(能级)都可以进行衡量，并不局限于动能。如果一个系统没有动能，例如，只有自旋自由度，但自旋向上与自旋向下的能量是不同的(这可以通过施加一个外磁场来实现，例如核磁共振就与这个现象相关)，此时 M-B 分布也可以描述其中的分布情况，也照样有温度的概念。

系统的粒子经常同时具有多种运动模式，例如，分子会平动、转动、振动。如果这些运动模式之间的耦合很弱(即能量很难从一种模式转化成另一种模式)，但在同一种模式内部很快达到平衡，此时就有可能在一定的时间内每个运动模式有自己的温度，但模式之间的温度不同。这在表面看起来很奇怪，不是有些分子温度高有些分子温度低，而是分子的振动温度高平动温度低，不同的温度共存于相同的分子上。但如果基于对温度的本质认识，就能理解这种现象了。

对温度本质的认识还有助于我们理解负温度的概念。在例 2.5 中，如果粒子的平均能量是 70，则分布将如图 2.6(c)所示，此时的温度 T(或 β)就是负的。这好像不合理，热力学第三定律不是说绝对零度($T=0$)不可达到吗？怎么会出现负温度呢？其实，负温度并不违反热力学第三定律，因为热力学第三定律只说绝对零度不能达到，并没有说负温度不能达到。而且，从 $T>0$ 变化到 $T<0$ 其实不需要经过 $T=0$。从 M-B 分布看，负温度描述的是这样一种现象：越高的能级上面粒子数越多。这在能级 ε_i 不存在上限(例如平动能量)时其实是不能实现的，因为它会导致平均能量无穷大的结果；但对能级数目有限的系统，例如例 2.5 或者上述的自旋自由度，负温度是可以实现的。负温度时系统能量其实比正温度时更高[请比较图 2.6(b)与(c)]，因此当我们从某个正温度出发，不断往系统里输送能量，T 先是上升，最后达到正无穷[此时 $\beta=\frac{1}{k_\mathrm{B}T}=0$，分布如图 2.6(a)所示]，但它与负无穷是等价的($T=+\infty$ 与 $T=-\infty$ 时都有 $\beta=0$)，然后从负无穷进入负温度的范围并不断上升并逼近 $T=0$。从 M-B 分布公式角度就更好理解了，里面出现的项是 $\mathrm{e}^{-\beta\varepsilon_i}=\mathrm{e}^{-\frac{\varepsilon_i}{k_\mathrm{B}T}}$，$T=0$ 是它的一个奇点(分母不能为 0)，但 $\beta=0$ 或 $T=+\infty$ 或 $-\infty$ 是正常的点(此时 $\mathrm{e}^{-\beta\varepsilon_i}=\mathrm{e}^{-\frac{\varepsilon_i}{k_\mathrm{B}T}}=1$)，$T=+\infty$ 与 $T=-\infty$ 的效果完全是相同的。在微观上，β 其实比 T 更为基本。

负温度在实验上是可以实现的，最常用的方法是利用自旋自由度来实现。此时只需要先加一个磁场实现通常的正温度平衡，再突然翻转磁场，使 ε_i 变号，就得到负温度。另外，激光工作时也是高的能级上面粒子多，可以看作是一种近似的负温度。

第 5 节　热力学第一与第二定律：功、热、熵

2.5.1　内能与热力学第一定律

通过上面几节，我们得到了独立可分辨粒子在孤立系统中的能级分布(麦克斯韦-玻尔兹曼分布)。热力学中的内能 U，在牛顿力学或量子力学中对应于系统的总能量 E。因此，我们就可以写出内能在麦克斯韦-玻尔兹曼分布下的微观表达式

$$U(T)=E=\sum_i n_i\varepsilon_i=N\frac{\sum_i \varepsilon_i \mathrm{e}^{-\frac{\varepsilon_i}{k_\mathrm{B}T}}}{\sum_i \mathrm{e}^{-\frac{\varepsilon_i}{k_\mathrm{B}T}}} \tag{2.31}$$

也就是说，只要我们知道了能级 $\{\varepsilon_i\}$ 与温度 T，就可利用上式计算内能。进一步地，可求出与内能、温度直接相关的各种性质，例如，等容比热[①]

① 等压比热需要考虑能级 $\{\varepsilon_i\}$ 随系统的变化，此处暂不考虑。

$$C_V=\frac{\partial U(T)}{\partial T}=N\frac{\partial}{\partial T}\left(\frac{\sum_i \varepsilon_i e^{-\frac{\varepsilon_i}{k_B T}}}{\sum_i e^{-\frac{\varepsilon_i}{k_B T}}}\right)$$

$$=N\frac{\sum_i \varepsilon_i e^{-\frac{\varepsilon_i}{k_B T}}\left(\frac{\varepsilon_i}{k_B T^2}\right)}{\sum_i e^{-\frac{\varepsilon_i}{k_B T}}}-N\frac{\sum_i \varepsilon_i e^{-\frac{\varepsilon_i}{k_B T}}\times\sum_i e^{-\frac{\varepsilon_i}{k_B T}}\left(\frac{\varepsilon_i}{k_B T^2}\right)}{\left(\sum_i e^{-\frac{\varepsilon_i}{k_B T}}\right)^2}$$

$$=\frac{N}{k_B T^2}\left[\frac{\sum_i \varepsilon_i^2 e^{-\frac{\varepsilon_i}{k_B T}}}{\sum_i e^{-\frac{\varepsilon_i}{k_B T}}}-\left(\frac{\sum_i \varepsilon_i e^{-\frac{\varepsilon_i}{k_B T}}}{\sum_i e^{-\frac{\varepsilon_i}{k_B T}}}\right)^2\right]=\frac{N}{k_B T^2}(\langle\varepsilon^2\rangle-\langle\varepsilon\rangle^2) \tag{2.32}$$

其中$\langle\varepsilon\rangle=\frac{\sum_i \varepsilon_i e^{-\frac{\varepsilon_i}{k_B T}}}{\sum_i e^{-\frac{\varepsilon_i}{k_B T}}}$是粒子的平均能量，$\langle\varepsilon^2\rangle=\frac{\sum_i \varepsilon_i^2 e^{-\frac{\varepsilon_i}{k_B T}}}{\sum_i e^{-\frac{\varepsilon_i}{k_B T}}}$是粒子的能量平方($\varepsilon_i^2$)的平均值。这个结果有助于我们理解比热的微观来源：除了因子$\frac{N}{k_B T^2}$以外，它主要来源于粒子能量分布的标准偏差[①](分布宽度)$\langle\varepsilon^2\rangle-\langle\varepsilon\rangle^2$。并不是说能量越高的系统比热越大。

统计热力学的第一条基本假设是说系统的微观状态可以由相关力学定律描述。而在相关的力学定律(牛顿力学或量子力学)中，能量是守恒的。我们前面的推导中就是把这个性质作为微观状态必须满足的约束条件，结合等概率原理(统计热力学第二条基本假设)，才推导出了麦克斯韦-玻尔兹曼分布。因此，热力学第一定律(能量守恒)在统计热力学中可看作是基本的假定(或者说是基本假定的简单推论)，而非推导出来的结果。

2.5.2　广义力、功、热

虽然在统计热力学中能量的守恒是很明显的，但我们还需要进一步考虑宏观的功与热在微观图像(能级$\{\varepsilon_i\}$与占据数$\{n_i\}$)下的对应。事实上，在微观上对功与热进行区分并不是一件容易的事情，甚至可以说，这是统计热力学中最难理解的要点之一。比如，在牛顿力学中，就只有功的概念而没有热的概念，系统的能量变化等于外力对系统所做的功。而在热力学中，系统的能量变化等于环境对系统所做的功与传给系统的热量之和。对比两者，容易知道牛顿力学中的功应该有一部分在宏观热力学中被归为功，而另一些被归为热。但它们是怎样区分的呢？下面我们对此进行详细的分析。

在我们的统计热力学模型中，基本的性质是能级$\{\varepsilon_i\}$、粒子数N与总能量E(或温度T)。能级$\{\varepsilon_i\}$是由相关力学定律描述的，受系统的外参量(如体积、电场、磁场等)及粒子内

---

① 这里需要区分能级的分布与粒子能量(所在能级)的分布。以抛硬币为例，能级的分布$\{\varepsilon_i\}$指的是硬币有两个面(正面与反面)，粒子能量(所在能级)的分布指的是所有硬币的{正面：反面}分布，比如说，100个银币有40个是正面朝上，60个是反面朝上。周恩来轶事“中国的银行存款是18元8角8分”与此有异曲同工之妙。

部相互作用(如理想气体中分子内部各原子之间的相互作用)所决定。例如,公式(2.14)给出了单原子理想气体在牛顿力学下的能级情况。在量子力学里,能级则是由哈密顿量及边界条件决定。假设我们能够通过某些结构(例如活塞)可控地改变系统的某些参量(如体积),从而改变系统的能级$\{\varepsilon_i\}$,通过考察由此导致的内能$U=\sum_i n_i\varepsilon_i$的变化,就可以定义(宏观)广义功,以及相应的广义力(如压强)。

考虑下面的牛顿力学例子:

例 2.6 有一个粒子在长度为 L 的一维盒子中运动,状态空间由位置 x 与动量 p_x 表征。我们将状态空间均匀分割成一些相格(见图 2.7 左边)。如果我们缓慢地压缩盒子,相格会怎样变化?

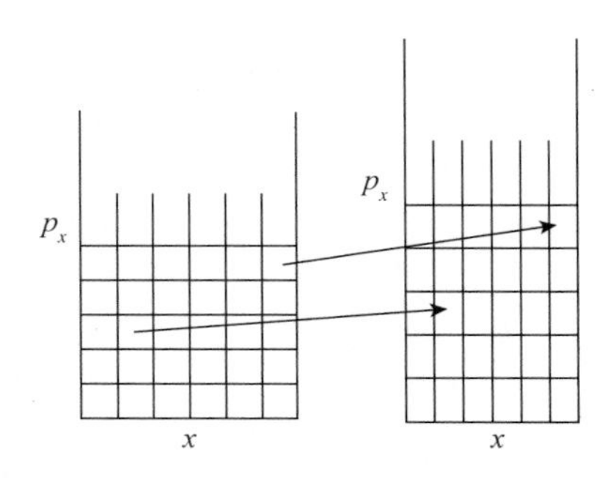

图 2.7 一维粒子的状态空间(相格)在体积压缩下的变化。

解答: 我们将盒子壁想象成硬壁。当硬壁固定不动时,粒子会在左右壁反复碰撞,能量(能级)不变。但当硬壁向内缓慢运动(压缩盒子)时,粒子碰撞后速度大小会增加,导致它的能量升高。具体地,假设左壁不动,右壁在 t_0 时间内向左移动了 ΔL,即平均移动速度 $v_W=\frac{\Delta L}{t_0}$。移动速度很慢,即 t_0 很大,ΔL 很小。对于一个速度为 v 的粒子,与左右壁各撞一次跑完一圈的时间为$\frac{2L}{v}$,因此与右壁碰撞的次数是 $t_0/\frac{2L}{v}=\frac{t_0 v}{2L}$。根据弹性碰撞理论(参见物理背景:完全弹性碰撞),每次与质量无穷大的右壁碰撞,粒子速度增加 $2v_W$。总的增加速度为 $\frac{t_0 v}{2L}\cdot 2v_W=v\frac{\Delta L}{L}$。因此,可认为粒子的速度/动量在这个过程中线性增加$\left[\text{即 } v\to\left(1+\frac{\Delta L}{L}\right)v\right]$(如图 2.7 中箭头所示),所在的能级 ε_i 在体积压缩下发生了上移。在后续内容中(参见第三章第 4 节),我们将知道,相格体积在这个变化过程中保持恒定,因此,当体积发生压缩时相格的长度变小,高度变大,位置也相应发生移动。

物理背景:完全弹性碰撞

两个小球质量为 m_1,m_2,初始速度为 v_{10},v_{20}。则发生完全弹性碰撞后的速度为

$$\begin{cases} v_1=\dfrac{(m_1-m_2)v_{10}+2m_2v_{20}}{m_1+m_2} \\ v_2=\dfrac{(m_2-m_1)v_{20}+2m_1v_{10}}{m_1+m_2} \end{cases}$$

在牛顿力学中，由于状态的连续性，相格的划分存在一些不确定性。在量子力学中，由于状态的分立，相格的划分更为简单。例如，根据量子力学原理，边长为 L 的三维立方盒子($V=L^3$)中的自由粒子的能级为(详见 3.2.2 节)：

$$\varepsilon_i=\frac{h^2}{8mL^2}(n_x^2+n_y^2+n_z^2)=\frac{h^2}{8mV^{2/3}}(n_x^2+n_y^2+n_z^2) \tag{2.33}$$

其中量子数 $n_x,n_y,n_z=1,2,3,\cdots$；h 为普朗克常数。从中可以清楚地看出能级 ε_i 随体积 V 的变化而变化。读者可以自行证明例 2.6 的结果与公式(2.33)是一致的。

内能的微观表达式是 $U=\sum_i n_i\varepsilon_i$。因此，内能的变化有两种途径：一种是通过改变系统参量，从而改变能级 ε_i，就如前面的改变体积的例子所示。在这个过程中对内能变化的贡献就可定义为功。另一种途径就是不改变能级 ε_i(或者说，不改变能影响系统能级 ε_i 的参量)，例如改变 n_i，就如我们在上一节中论证热力学第零定律时讨论过的热接触。这可以用图 2.8 来示意性说明。图中不同阶梯代表不同能级，小球代表能级上的粒子，系统内能等于所有小球的势能之和。楼梯下面安有杠杆，用手压杠杆可以抬高或降低各阶梯的高度，从而改变内能，此为做功过程；也可以胡乱敲打楼梯使各阶梯发生轻微的颤动，从而使小球随机在不同能级间发生跃迁，此为热量的传递过程。

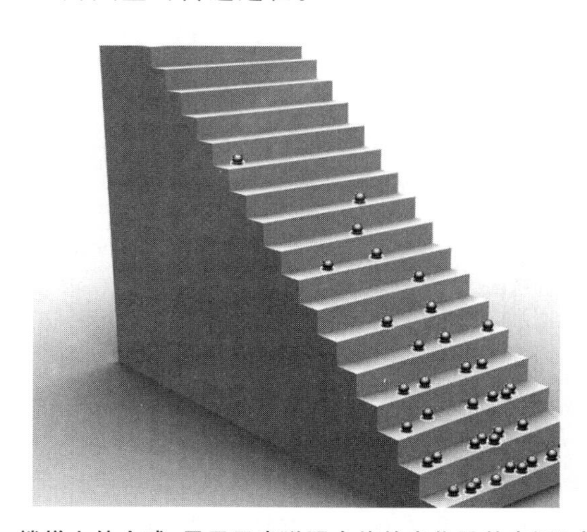

图 2.8　楼梯上的小球，用于示意说明内能的变化及其来源(功与热)。

改变系统参量(记为 y_λ)从而改变能级 ε_i 时(例如，使第 i 个能级的值从 ε_i 变化到 $\varepsilon_i+\delta\varepsilon_i$)，如果过程发生得无穷缓慢，则一个最初处于第 i 个能级的粒子在这个过程中不会(因为系统参量的变化而)改换它所处的能级(即仍处于第 i 个能级)，这是由力学定律中的绝热定理所保证的。因此，n_i 不会发生变化，在这个无穷小过程中对系统所做的(可逆)功为

$$\delta W=\sum_i n_i\delta\varepsilon_i \tag{2.34}$$

有了可逆功的微观表达式，就可进一步求出广义力(如压强)的一般性微观表达式：

$$F_\lambda=\frac{\partial U}{\partial y_\lambda}=\frac{\delta W}{\delta y_\lambda}=\frac{\sum_i n_i\delta\varepsilon_i}{\delta y_\lambda}=\sum_i n_i\frac{\partial\varepsilon_i}{\partial y_\lambda} \tag{2.35}$$

它可以用来求系统的状态方程。例如下面的单原子理想气体的例子：

例 2.7 单原子理想气体用边长为 L 的三维立方盒子($V=L^3$)中的自由粒子来描述，其能级由公式(2.33)给出。请利用广义力的表达式(2.35)来求压强。

解答： 此处 y_λ 为体积 V。由公式(2.33)，有

$$\frac{\partial \varepsilon_i}{\partial V}=-\frac{2}{3V}\frac{h^2}{8mV^{2/3}}(n_x^2+n_y^2+n_z^2) \tag{2.36}$$

因此广义力

$$F_V=\sum_i n_i\frac{\partial \varepsilon_i}{\partial V}=-\frac{2N}{3V}\frac{\sum\limits_{n_x,n_y,n_z}\frac{h^2}{8mV^{2/3}}(n_x^2+n_y^2+n_z^2)\mathrm{e}^{-\beta\frac{h^2}{8mV^{2/3}}(n_x^2+n_y^2+n_z^2)}}{\sum\limits_{n_x,n_y,n_z}\mathrm{e}^{-\beta\frac{h^2}{8mV^{2/3}}(n_x^2+n_y^2+n_z^2)}} \tag{2.37}$$

为了计算方便，我们可以在 $\beta\frac{h^2}{8mV^{2/3}}\ll 1$ 时通过变换

$$\begin{cases} x=\left(\beta\dfrac{h^2}{8mV^{\frac{2}{3}}}\right)^{\frac{1}{2}}n_x \\ y=\left(\beta\dfrac{h^2}{8mV^{\frac{2}{3}}}\right)^{\frac{1}{2}}n_y \\ z=\left(\beta\dfrac{h^2}{8mV^{\frac{2}{3}}}\right)^{\frac{1}{2}}n_z \end{cases} \tag{2.38}$$

把公式(2.37)中的求和变成积分：

$$F_V=-\frac{2N}{3V\beta}\frac{\int_0^{+\infty}(x^2+y^2+z^2)\mathrm{e}^{-\beta(x^2+y^2+z^2)}\mathrm{d}x\mathrm{d}y\mathrm{d}z}{\int_0^{+\infty}\mathrm{e}^{-\beta(x^2+y^2+z^2)}\mathrm{d}x\mathrm{d}y\mathrm{d}z}=-\frac{N}{V\beta} \tag{2.39}$$

因此压强(其中负号是为了与通常压强为正的定义一致)

$$p=-F_V=\frac{N}{V\beta}=\frac{Nk_\mathrm{B}T}{V}=\frac{nRT}{V} \tag{2.40}$$

与理想气体状态方程一致。

这个结果我们在前面研究 β 与温度关系时已推导过一次，但这里是从另一角度再重新推导一次，而且这个思路更加普适(不依赖于速度，可适用于固体等系统)。

2.5.3 热、熵与玻尔兹曼公式

有了可逆功的公式(2.34)，就可以推导可逆热的微观表达式。对于一个无限小过程，内能的变化：

$$\delta U=\delta\sum_i n_i\varepsilon_i=\sum_i n_i\delta\varepsilon_i+\sum_i\varepsilon_i\delta n_i \tag{2.41}$$

扣掉可逆功的贡献，就得到可逆热：

$$\delta Q=\delta U-\delta W=\sum_i\varepsilon_i\delta n_i \tag{2.42}$$

根据热力学中熵的定义，熵变为

$$\delta S=\frac{\delta Q}{T}=\frac{1}{T}\sum_i\varepsilon_i\delta n_i \tag{2.43}$$

这个表达式很普适，但使用起来还不方便，因为在热力学中我们知道熵是状态的函数，熵变与连接两个状态的具体路径无关，而上式还看不出这个特性。对于准静态过程，系统在任何时刻都无穷接近于平衡状态，总是满足麦克斯韦-玻尔兹曼分布

$$n_i(T,V,\cdots)=N\frac{\mathrm{e}^{-\frac{\varepsilon_i}{k_\mathrm{B}T}}}{\sum_i \mathrm{e}^{-\frac{\varepsilon_i}{k_\mathrm{B}T}}} \tag{2.44}$$

此处特意把系统的宏观变量$(T,V,\cdots)$显式写出来，以表示它们在准静态过程中是可以变化的，进而影响n_i的取值。由上式可得

$$\frac{\varepsilon_i}{k_\mathrm{B}T}=-\ln\frac{n_i}{N}-\ln\sum_i \mathrm{e}^{-\frac{\varepsilon_i}{k_\mathrm{B}T}} \tag{2.45}$$

把它代回δS的公式(2.43)，得

$$\delta S=k_\mathrm{B}\sum_i\left(-\ln\frac{n_i}{N}-\ln\sum_j \mathrm{e}^{-\frac{\varepsilon_j}{k_\mathrm{B}T}}\right)\delta n_i=-k_\mathrm{B}\sum_i\ln\frac{n_i}{N}\delta n_i-k_\mathrm{B}\ln\sum_j \mathrm{e}^{-\frac{\varepsilon_j}{k_\mathrm{B}T}}\sum_i\delta n_i \tag{2.46}$$

利用变化过程中粒子数守恒$\left(\sum_i\delta n_i=0\right)$的性质，上式最后一项为零。再利用

$$\sum_i\delta\left(n_i\ln\frac{n_i}{N}\right)=\sum_i\left(\ln\frac{n_i}{N}\delta n_i+n_i\frac{1}{n_i}\delta n_i\right)=\sum_i\ln\frac{n_i}{N}\delta n_i \tag{2.47}$$

式(2.46)进一步变成

$$\delta S=-k_\mathrm{B}\sum_i\delta\left(n_i\ln\frac{n_i}{N}\right)=\delta\left[-k_\mathrm{B}N\sum_i\left(\frac{n_i}{N}\ln\frac{n_i}{N}\right)\right] \tag{2.48}$$

这是一个全微分的形式。对其沿任一路径积分的结果将只与初态与末态有关。忽略一个可能的常数，得到

$$S=-k_\mathrm{B}N\sum_i\frac{n_i}{N}\ln\frac{n_i}{N} \tag{2.49}$$

它与N成正比。如果定义单个粒子在能级上的占据概率

$$p_i=\frac{n_i}{N} \tag{2.50}$$

则有

$$S=-k_\mathrm{B}N\sum_i p_i\ln p_i \tag{2.51}$$

公式(2.49)或(2.51)给出了麦克斯韦-玻尔兹曼分布下熵的微观定义。现在，我们就有了内能、功、热、熵的微观定义。以它们为基础，几乎所有的热力学的结果都可以有微观统计表示。

前面公式(2.3)给出的其实是系统在$\{n_i\}$下所包含的微观状态(排列组合)的数目，为了与常用文献一致，我们引入一个新的符号W来表示它

$$W=P(n_1,n_2,n_3,\cdots)=\frac{N!}{\prod_i n_i!} \tag{2.52}$$

利用斯特林公式及粒子数守恒的条件，它可以写成

$$\ln W \approx N\ln N - N - \sum_i (n_i \ln n_i - n_i) = \sum_i n_i \ln N - N - \sum_i n_i \ln n_i + N = -\sum_i n_i \ln \frac{n_i}{N} \tag{2.53}$$

对比公式(2.9),得

$$S = k_B \ln W \tag{2.54}$$

它给出了宏观的熵与微观的状态数之间的联系。虽然这个公式在这里是在独立可分辨粒子的麦克斯韦-玻尔兹曼分布下得到的,但我们在后续章节中将证明,这个公式在统计热力学中普遍成立。它被称为玻尔兹曼(熵)公式,有时被誉为“统计力学中最著名的公式”。玻尔兹曼的墓碑上就刻了这个公式(图 2.9)。有些教科书把它作为统计热力学的基本假设,用于替代等概率原理,也一样可以推导出所有的结果。玻尔兹曼公式在历史上影响很大,香农提出的信息熵就受到它的启发。

图 2.9 玻尔兹曼的墓碑上刻了熵公式。

2.5.4 热力学第二定律

利用玻尔兹曼熵公式,就可给出热力学第二定律的统计表述:对于孤立系统,系统的可及微观状态数 W 在可逆过程中保持不变,但在不可逆过程中增大,直到达到最大值。

为什么会有这个结果呢?这可用如下两个角度来理解。

首先,从麦克斯韦-玻尔兹曼分布的推导过程看,平衡时 W 总是在指定约束(例如 V,E 等)下达到最大值。因此,当某一约束(如约束体积的隔板,或约束能量的绝热板)去掉以后,W 可在约束减少的情况下寻找最大值,最后的值必然大于或等于初始的值。因此 W 在宏观过程中不会减少。

其次,不同方向的宏观变化所导致的微观状态数有增有减,微观状态数多的宏观变化有更大的概率被采纳(实现)。通常系统包含的粒子数巨大,不同方向的概率差别悬殊,导致在现实中观察到的孤立系统的熵不会减少。这是热力学第二定律成立的最本质的原因。例如,考虑下面的例子:

例 2.8 有一根装有理想气体分子的管子,右端有一活塞(见图 2.10)。最初状态是 $L=1$ m。如果允许活塞自由无摩擦滑动,考虑这样两种可能:向左滑动 1 Å($L_1=1-10^{-10}$ m);向右滑动 1 Å($L_2=1+10^{-10}$ m)。请分析这两种可能后果的概率,并解释热力学第二定律为什么总是成立的。

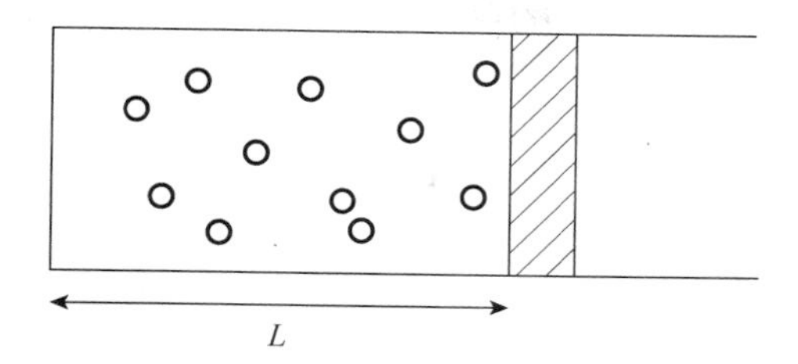

图 2.10　气体在真空中的自发膨胀。

解答：对于一个分子而言，其微观状态数与其所能待的位置成正比，即 $W \propto L$。分子的速度（内能、温度）与活塞位置无关，此处可不考虑。如果管子中只有一个气体分子，则向右与向左移动的概率之比为

$$\frac{W_2}{W_1} = \frac{L_2}{L_1} \approx 1.0000000002 \tag{2.55}$$

即向右移动与向左移动的概率几乎是一样的，都可能发生。如果管子中有 N 个气体分子，每个分子的微观状态数与 L 成正比，因此系统的总的微观状态数 $W \propto L^N$。如果管子中有 1 mol 气体，则

$$\frac{W_2}{W_1} = \left(\frac{L_2}{L_1}\right)^{N_A} = e^{N_A \ln\frac{L_2}{L_1}} \approx e^{1.20\times10^{14}} \approx 10^{5.20\times10^{13}} \tag{2.56}$$

这个概率比值是一个巨大的数（1 后面带着 52 万亿个零！注意这不是 52 万亿）。因此，在此情况下活塞会向右滑动，或者说向真空自发膨胀，而非自发收缩。

统计热力学帮助我们更好地理解热力学第二定律：宏观孤立系统的熵不是不会减少，而是减少的概率实在太小了。对于上面例子中的 1 mol 气体，平均 100000…（52 万亿个 0）个宇宙中只有一个宇宙中发生了气体自发收缩，其余宇宙中都是自发膨胀。

2.5.5　亥姆霍兹自由能与化学势

有了内能、功、热、熵的微观定义，就可以推导其他热力学量的微观表达式。例如，亥姆霍兹自由能

$$A = U - TS = \sum_i n_i \varepsilon_i + k_B T N \sum_i \frac{n_i}{N} \ln \frac{n_i}{N} \tag{2.57}$$

将麦克斯韦-玻尔兹曼分布代入对数里的 n_i，得

$$A = \sum_i n_i \varepsilon_i + k_B T N \sum_i \frac{n_i}{N} \ln \frac{e^{-\frac{\varepsilon_i}{k_B T}}}{\sum_i e^{-\frac{\varepsilon_i}{k_B T}}} = -N k_B T \ln \sum_i e^{-\frac{\varepsilon_i}{k_B T}} \tag{2.58}$$

引入

$$Z = \sum_i e^{-\frac{\varepsilon_i}{k_B T}} \tag{2.59}$$

称为单分子配分函数。它是统计热力学中一个重要的量，起着与热力学中的母函数类似的作用，在第四章中会有详细介绍。A 与 Z 之间有简单的关系

$$A = -N k_B T \ln Z \tag{2.60}$$

化学势

$$\mu = \frac{\partial A}{\partial N}\bigg|_{V,T} = -k_{\mathrm{B}} T \ln \sum_i \mathrm{e}^{-\frac{\varepsilon_i}{k_{\mathrm{B}}T}} \tag{2.61}$$

求偏导数时 V 保持不变，即$\{\varepsilon_i\}$保持不变。

第 6 节　能量均分原理

利用麦克斯韦-玻尔兹曼分布，就可以证明经典系统的一个重要性质——能量均分原理：每一个以二次函数形式出现在能量表达式中的自由变量，对粒子平均能量的贡献都是$\frac{k_{\mathrm{B}}T}{2}$。

2.6.1　理想气体的平移能量

假设势能处处为零，只考虑粒子的平移动能，有

$$\varepsilon(\boldsymbol{r},\boldsymbol{p}) = \frac{p_x^2 + p_y^2 + p_z^2}{2m} = \frac{1}{2}mv^2 \tag{2.62}$$

自由变量 p_x, p_y, p_z 都是以二次函数的形式出现。假设相格足够密集，求和可以变成积分，则粒子的平均能量可写成

$$\frac{E}{N} = \frac{\int_V \mathrm{d}^3\boldsymbol{r}\int_{-\infty}^{+\infty}\mathrm{d}^3\boldsymbol{p}\,\varepsilon(\boldsymbol{r},\boldsymbol{p})\,\mathrm{e}^{-\frac{\varepsilon(\boldsymbol{r},\boldsymbol{p})}{k_{\mathrm{B}}T}}}{\int_V \mathrm{d}^3\boldsymbol{r}\int_{-\infty}^{+\infty}\mathrm{d}^3\boldsymbol{p}\,\mathrm{e}^{-\frac{\varepsilon(\boldsymbol{r},\boldsymbol{p})}{k_{\mathrm{B}}T}}} \tag{2.63}$$

$\boldsymbol{r}$ 积分对分子分母的贡献可以消去。另外，考虑到 p_x, p_y, p_z 在其中的对称性，并利用高斯积分的结果（参见附录 B），有

$$\frac{E}{N} = 3\,\frac{\int_{-\infty}^{+\infty}\mathrm{d}p_x\,\frac{p_x^2}{2m}\mathrm{e}^{-\frac{p_x^2}{2mk_{\mathrm{B}}T}}}{\int_{-\infty}^{+\infty}\mathrm{d}p_x\,\mathrm{e}^{-\frac{p_x^2}{2mk_{\mathrm{B}}T}}} = \frac{3}{2}k_{\mathrm{B}}T \tag{2.64}$$

虽然最初的能量表达式(2.62)与粒子质量 m 有关，但最终的平均能量却与 m 无关，而且以二次函数形式出现的自由变量 p_x, p_y, p_z 在其中的贡献都是$\frac{1}{2}k_{\mathrm{B}}T$。

粒子的平均动能与 m 无关，但平均速度却与 m 有关。例如，均方根速率

$$v_{\mathrm{rms}} = \sqrt{\langle v^2\rangle} = \sqrt{\frac{2\langle\varepsilon\rangle}{m}} = \sqrt{\frac{3k_{\mathrm{B}}T}{m}} = \sqrt{\frac{3RT}{M}} \tag{2.65}$$

利用这个式子，可以很容易地根据分子量 M 和温度 T 计算平衡的热运动速度。例如，空气分子平均分子量为 29，在室温(300 K)下的速度为 $v_{\mathrm{rms}}=506\ \mathrm{m/s}$。分子质量越大，热运动速度越小。这是一个基本的性质，在同位素的分离方法中尤其有用（特别是在同位素的化学性质非常接近从而难以通过化学方法分离时）。

即使在有外势场 $V(\boldsymbol{r})$ 存在的情况下[见公式(2.14)]，每一个动量(速度)自由度对能量的贡献也是 $\frac{1}{2}k_{\mathrm{B}}T$：

$$
\begin{aligned}
\frac{E}{N} &= \frac{\int_V \mathrm{d}^3\boldsymbol{r}\int_{-\infty}^{+\infty}\mathrm{d}^3\boldsymbol{p}\left[V(\boldsymbol{r})+\frac{p_x^2+p_y^2+p_z^2}{2m}\right]\mathrm{e}^{-\frac{\varepsilon(\boldsymbol{r},\boldsymbol{p})}{k_{\mathrm{B}}T}}}{\int_V \mathrm{d}^3\boldsymbol{r}\int_{-\infty}^{+\infty}\mathrm{d}^3\boldsymbol{p}\,\mathrm{e}^{-\frac{\varepsilon(\boldsymbol{r},\boldsymbol{p})}{k_{\mathrm{B}}T}}} \\
&= \frac{\int_V \mathrm{d}^3\boldsymbol{r}\int_{-\infty}^{+\infty}\mathrm{d}^3\boldsymbol{p}\,V(\boldsymbol{r})\mathrm{e}^{-\frac{\varepsilon(\boldsymbol{r},\boldsymbol{p})}{k_{\mathrm{B}}T}}}{\int_V \mathrm{d}^3\boldsymbol{r}\int_{-\infty}^{+\infty}\mathrm{d}^3\boldsymbol{p}\,\mathrm{e}^{-\frac{\varepsilon(\boldsymbol{r},\boldsymbol{p})}{k_{\mathrm{B}}T}}}+\frac{\int_V \mathrm{d}^3\boldsymbol{r}\int_{-\infty}^{+\infty}\mathrm{d}^3\boldsymbol{p}\,\frac{p_x^2+p_y^2+p_z^2}{2m}\mathrm{e}^{-\frac{\varepsilon(\boldsymbol{r},\boldsymbol{p})}{k_{\mathrm{B}}T}}}{\int_V \mathrm{d}^3\boldsymbol{r}\int_{-\infty}^{+\infty}\mathrm{d}^3\boldsymbol{p}\,\mathrm{e}^{-\frac{\varepsilon(\boldsymbol{r},\boldsymbol{p})}{k_{\mathrm{B}}T}}} \\
&= \frac{\int_V V(\boldsymbol{r})\mathrm{d}^3\boldsymbol{r}\,\mathrm{e}^{-\frac{V(\boldsymbol{r})}{k_{\mathrm{B}}T}}}{\int_V \mathrm{d}^3\boldsymbol{r}\,\mathrm{e}^{-\frac{V(\boldsymbol{r})}{k_{\mathrm{B}}T}}}+\frac{\int_{-\infty}^{+\infty}\mathrm{d}^3\boldsymbol{p}\,\frac{p_x^2+p_y^2+p_z^2}{2m}\mathrm{e}^{-\frac{p_x^2+p_y^2+p_z^2}{2mk_{\mathrm{B}}T}}}{\int_{-\infty}^{+\infty}\mathrm{d}^3\boldsymbol{p}\,\mathrm{e}^{-\frac{p_x^2+p_y^2+p_z^2}{2mk_{\mathrm{B}}T}}} \\
&= \langle V(\boldsymbol{r})\rangle+\frac{3}{2}k_{\mathrm{B}}T
\end{aligned}
\tag{2.66}
$$

其中 $\langle V(\boldsymbol{r})\rangle$ 是平均势能。势能的高低对动能的分布并没有影响。例如，在固体表面吸附气体分子的问题中，可认为被吸附在固体表面的气体分子比气态中的分子势能低，但它们的平均动能或速度却是一样的。

2.6.2　旋转能量

在牛顿力学中，刚体的旋转能量可写成(假设势能为零)：

$$
\varepsilon(\boldsymbol{\theta},\boldsymbol{\omega})=\frac{I_1\omega_1^2+I_2\omega_2^2+I_3\omega_3^2}{2} \tag{2.67}
$$

其中 I_1,I_2,I_3 是刚体三个旋转主轴的转动惯量，$\boldsymbol{\theta}=(\theta_1,\theta_2,\theta_3)$ 是旋转角度，$\boldsymbol{\omega}=(\omega_1,\omega_2,\omega_3)$ 是角速度，$\boldsymbol{\omega}=\frac{\mathrm{d}\boldsymbol{\theta}}{\mathrm{d}t}$。与平动 $(\boldsymbol{r},\boldsymbol{p})$ 类似，转动的相空间是由 $(\boldsymbol{\theta},\boldsymbol{\omega})$ 构成的。利用与平动完全类似的推导过程，可得到刚体的平均转动动能

$$
\frac{E}{N}=\frac{\int_0^{2\pi}\mathrm{d}^3\boldsymbol{\theta}\int_{-\infty}^{+\infty}\mathrm{d}^3\boldsymbol{\omega}\,\varepsilon(\boldsymbol{\theta},\boldsymbol{\omega})\mathrm{e}^{-\frac{\varepsilon(\boldsymbol{\theta},\boldsymbol{\omega})}{k_{\mathrm{B}}T}}}{\int_0^{2\pi}\mathrm{d}^3\boldsymbol{\theta}\int_{-\infty}^{+\infty}\mathrm{d}^3\boldsymbol{\omega}\,\mathrm{e}^{-\frac{\varepsilon(\boldsymbol{\theta},\boldsymbol{\omega})}{k_{\mathrm{B}}T}}}=\frac{3k_{\mathrm{B}}T}{2} \tag{2.68}
$$

与转动惯量 I_1,I_2,I_3 无关。而平均角速度(均方根角速度)则为

$$
\omega_{\mathrm{rms}}=\sqrt{\langle\omega^2\rangle}=\sqrt{k_{\mathrm{B}}T\left(\frac{1}{I_1}+\frac{1}{I_2}+\frac{1}{I_3}\right)} \tag{2.69}
$$

这个结果在与分子旋转相关的研究中(如 NMR 弛豫、荧光各向异性)有重要应用。

2.6.3　谐振子的能量

对于一个一维谐振子，不能忽略势能的影响，有

$$
\varepsilon(x,p)=\frac{1}{2}kx^2+\frac{p^2}{2m} \tag{2.70}
$$

其中 k 为弹性常数。与前类似,有

$$\frac{E}{N}=\frac{\int_{-\infty}^{+\infty}\mathrm{d}x\,\mathrm{d}p\left(\frac{1}{2}kx^2+\frac{p^2}{2m}\right)\mathrm{e}^{-\frac{1}{k_\mathrm{B}T}\left(\frac{1}{2}kx^2+\frac{p^2}{2m}\right)}}{\int_{-\infty}^{+\infty}\mathrm{d}x\,\mathrm{d}p\,\mathrm{e}^{-\frac{1}{k_\mathrm{B}T}\left(\frac{1}{2}kx^2+\frac{p^2}{2m}\right)}}=k_\mathrm{B}T \tag{2.71}$$

位置的涨落

$$x_\mathrm{rms}=\sqrt{\langle x^2\rangle}=\sqrt{\frac{k_\mathrm{B}T}{k}} \tag{2.72}$$

这个结果对经典统计下的任何种类的谐振子都是适用的,例如钟摆、一个振动中的粒子或是被动的电子振荡器(图 2.11)。

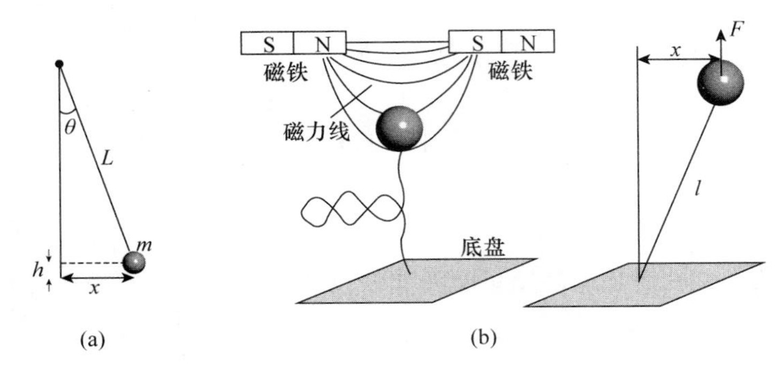

图 2.11　(a)钟摆与(b)磁镊示意。

例 2.9　钟摆与磁镊　钟摆[图 2.11(a)]在重力 mg(其中 g 为重力加速度)作用下发生摆动,摆长 L。将平衡位置设为坐标原点,水平方向的坐标为 x,垂直方向的坐标为 h。则势能

$$V(x)=mgh=mg(L-L\cos\theta) \tag{2.73}$$

其中摆角 θ 满足 $\sin\theta=x/L$。将表达式展开至非零最低阶,得

$$V(x)\approx\frac{mg}{2L}x^2 \tag{2.74}$$

满足谐振子形式,因此位置的涨落

$$\sqrt{\langle x^2\rangle}=\sqrt{\frac{k_\mathrm{B}TL}{mg}} \tag{2.75}$$

对于生活中的宏观钟摆,由于 k_B 的值非常小,位置涨落与 L 相比是非常小的。

单分子实验中的磁镊[图 2.11(b)]通过磁铁吸引顺磁小球(拉力记为 F),而顺磁小球则通过长度为 l 的高分子(比如蛋白质或 DNA)连接到底盘上,可看作一个倒过来的钟摆,因此有

$$V(x)\approx\frac{F}{2l}x^2 \tag{2.76}$$

位置的涨落

$$\sqrt{\langle x^2\rangle}=\sqrt{\frac{k_\mathrm{B}Tl}{F}} \tag{2.77}$$

在实际实验中,可通过显微镜对加了荧光标记的小球进行观察,从而测量$\sqrt{\langle x^2\rangle}$;而 l 是已知的。因此,可利用它们来计算未知的拉力 F:

$$F=\frac{k_B Tl}{\langle x^2\rangle} \tag{2.78}$$

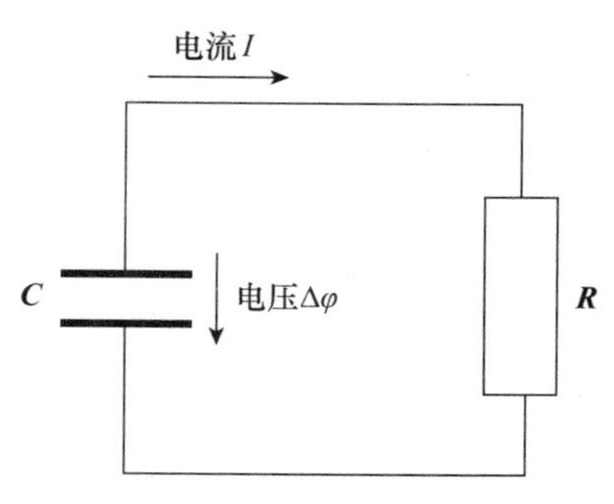

图 2.12　电路示意。

例 2.10　电路中的热噪声　对于图 2.12 中的电路,通过导线(及电阻 R)自由移动的电子如果在电容器(电容为 C)的两极数量不相等,则会产生电势差(电压)$\Delta\varphi$,造成势能的上升

$$V(\Delta\varphi)=\frac{1}{2}C(\Delta\varphi)^2 \tag{2.79}$$

因此它也是一种等价的谐振子。应用前面的结果,得到平衡时电路中的电压涨落为

$$\sqrt{\langle(\Delta\varphi)^2\rangle}=\sqrt{\frac{k_B T}{C}} \tag{2.80}$$

这种噪声是平衡系统在统计热力学下的本征性质,是不能够消除的,对通信系统性能构成了上限,在精密的单分子电子学实验中也是影响结果的重要因素。表 2-2 给出了一些典型参数下的结果。

表 2-2　电路中的热噪声

电容 **C**	1 fF	10 fF	100 fF	1 pF	10 pF	100 pF	1 nF
电压涨落 $\sqrt{\langle(\Delta\boldsymbol{\varphi})^2\rangle}$	2 mV	640 μV	200 μV	64 μV	20 μV	6.4 μV	2 μV
电子数涨落	12.5	40	125	400	1250	4000	12 500

2.6.4　能量均分原理的失效

能量均分原理的结果推导依赖于一个关键假设:对能级的求和可以变成积分。这个假设在经典力学(牛顿力学)中总是成立的,因为相格的划分本来就是对连续的状态空间进行离散化,当然可以重新变成积分。但是,这样推导出来的结果在一些情况下是与实验结果不相符的。例如,能量均分原理预测平动动能引起的比热为$\frac{3Nk_B}{2}=\frac{3nR}{2}$,但热力学第三定律指出温度 T 趋向于 0 时比热为 0,两者明显不符。这是怎么回事呢?答案是当能级确实是

分立的而热能 $k_B T$ 比能级间的差距要小得多的时候，能级求和将不能用积分代替，能量均分原理失效。事实上，此时需要量子力学。这是量子力学发展的原因之一。

第7节 麦克斯韦-玻尔兹曼分布的几个应用例子

2.7.1 为什么月球上没有大气层？

为什么地球上有大气层而月球上没有？大气层是被引力吸引而形成的环绕星球的气体层。一个星球能否形成大气层，最主要的条件是引力的大小，也就是说星球表面必须有足够大的万有引力吸引住气体，不让气体逃逸进太空。因此，简单地说，月球之所以没有大气层，是因为它的引力太小，不足以捕获气体作为大气层；地球的引力足够大，因此有大气层。引申出去，火星引力也比较小(直径约为地球的一半)，但是比月球大，因此具有稀薄的大气；木星是太阳系最大的行星(质量是其他七大行星总和的2.5倍还多)，引力非常大，因此有很厚的大气层。

有了麦克斯韦-玻尔兹曼分布，我们就可以对上述问题进行更深入的定量探讨。

我们知道，航天器环绕地球、脱离地球和飞出太阳系所需要的最小发射速度分别被称为第一宇宙速度(7.9 km/s)、第二宇宙速度(11.2 km/s)和第三宇宙速度(16.7 km/s)。与此类似，气体分子的运动速度只要大于第二宇宙速度，就可以脱离地球的引力逃逸进茫茫太空。更普适地，根据万有引力定律，任一星球上的第二宇宙速度可由下面的公式计算：

$$v_2 = \sqrt{\frac{2GM}{R}} \tag{2.81}$$

其中 G 是万有引力常量，M 与 R 分别是星球的质量与半径。对于月球，第二宇宙速度是2.4 km/s，大约是地球上的18%。这个差别好像不是特别悬殊，它能对大气层的存在产生不同的结果吗？

根据麦克斯韦-玻尔兹曼分布，气体分子平动速度的概率分布为

$$p(v_x, v_y, v_z) = \left(\frac{m}{2\pi k_B T}\right)^{\frac{3}{2}} e^{-\frac{m(v_x^2+v_y^2+v_z^2)}{2k_B T}} \tag{2.82}$$

如果我们只关心速度大小 v 的分布 $p(v)$，考虑到 (v_x, v_y, v_z) 空间中具有相同 v 值的点组成一个半径为 v 的球面，得

$$p(v) = 4\pi\left(\frac{m}{2\pi k_B T}\right)^{\frac{3}{2}} v^2 e^{-\frac{mv^2}{2k_B T}} \tag{2.83}$$

其中 $4\pi v^2$ 是球面的面积。因此速度大于某一固定值 v_0 的概率由下式计算

$$P(v > v_0) = \int_{v_0}^{+\infty} p(v)\,dv = \int_{v_0}^{+\infty} 4\pi\left(\frac{m}{2\pi k_B T}\right)^{\frac{3}{2}} v^2 e^{-\frac{mv^2}{2k_B T}} dv \tag{2.84}$$

这个积分没有简单的解析结果。但我们可以利用高斯积分的近似性质

$$\begin{aligned}\int_{x_0}^{+\infty} x^2 e^{-x^2} dx &= -\int_{x_0}^{+\infty} \frac{x}{2} de^{-x^2} = -\frac{x}{2}e^{-x^2}\Bigg|_{x_0}^{+\infty} + \int_{x_0}^{+\infty} e^{-x^2} d\frac{x}{2} \\ &= \frac{x_0}{2}e^{-x_0^2} + \frac{1}{2}\int_{x_0}^{+\infty} e^{-x^2} dx \approx \frac{x_0}{2}e^{-x_0^2}\end{aligned} \tag{2.85}$$

得到

$$P(v>v_0)\approx\sqrt{\frac{2mv_0^2}{\pi k_BT}}\,e^{-\frac{mv_0^2}{2k_BT}} \tag{2.86}$$

这个式子可以用来估计大气分子中速度大于第二宇宙速度的分子比例。

假设大气温度是 $T=300$ K，大气分子平均相对分子质量为 29，则由上一节中的公式(2.65)，分子平均速度为 $v_{rms}=506$ m/s。对于地球，第二宇宙速度是 11.2 km/s，把它作为 v_0 代入公式(2.86)，得到地球上速度大于第二宇宙速度的大气分子比例为

$$P(v>v_0)_{地球}\approx 7.0\times10^{-318} \tag{2.87}$$

考虑到地球的年龄(46 亿年，相当于 2.4×10^{15} 分钟)，上述的比例是很低的，可认为地球上的大气是不能逃离地球的。对于月球，第二宇宙速度是 2.4 km/s，有

$$P(v>v_0)_{月球}\approx 1.5\times10^{-14} \tag{2.88}$$

这个比例比地球的结果大得多。月球的年龄与地球接近。假设每一分钟都有这个比例的大气分子逃逸，那么，月球上即使曾经存在原始大气层，也会在其后的岁月里消失殆尽，导致现在的月球上没有大气层。

2.7.2　气压随海拔高度的变化

大气压强是随海拔高度而发生变化的，高度越高气压越低。这个现象在生活中有广泛应用。例如，目前绝大多数飞行器的高度测量都是通过气压计来实现的。无人机的自动悬停功能也是利用气压计来提供高度信息。这个现象背后的原因是麦克斯韦-玻尔兹曼分布。

有质量的物体都会受到重力的作用，气体分子也不例外。当重力的影响不能忽略时，分子的能量

$$\varepsilon(\boldsymbol{r},\boldsymbol{p})=mgz+\frac{p_x^2+p_y^2+p_z^2}{2m} \tag{2.89}$$

其中 g 是重力加速度。mgz 是重力势能，z-轴取为向上方向，z 为海拔高度。根据麦克斯韦-玻尔兹曼分布，粒子数分布

$$n(\boldsymbol{r},\boldsymbol{p})\propto e^{-\frac{\varepsilon(\boldsymbol{r},\boldsymbol{p})}{k_BT}}=e^{-\frac{mgz}{k_BT}}e^{-\frac{p_x^2+p_y^2+p_z^2}{2mk_BT}} \tag{2.90}$$

这里我们假设温度不随海拔高度而变化。上式对 $\boldsymbol{p}$ 积分，得到 $\boldsymbol{r}$ 空间的粒子数分布

$$n(\boldsymbol{r})=\int n(\boldsymbol{r},\boldsymbol{p})\mathrm{d}^3\boldsymbol{p}\propto e^{-\frac{mgz}{k_BT}} \tag{2.91}$$

由于气体压强与密度成正比，因此

$$p(\boldsymbol{r})\propto n(\boldsymbol{r})\propto e^{-\frac{mgz}{k_BT}} \tag{2.92}$$

或写成

$$p(z)=p_0e^{-\frac{mgz}{k_BT}} \tag{2.93}$$

其中 p_0 是重力势能参考零点(海拔零点)处的压强。因此，气压随着海拔高度的上升而呈指数下降。对实际测量数据的分析如图 2.13 所示，可看到实测数据与理论结果符合很好。

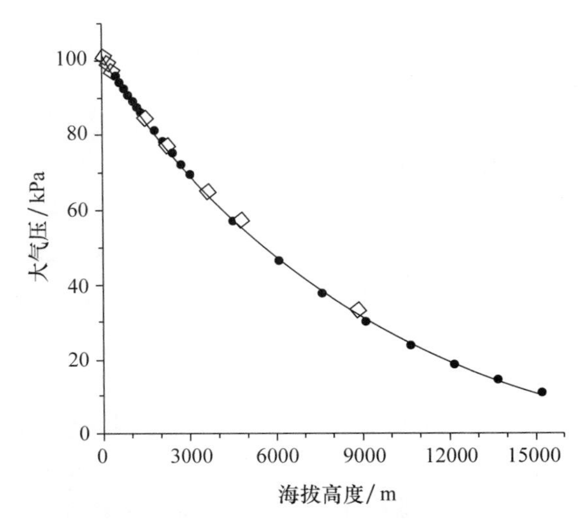

图 2.13　气压随海拔高度的变化。

图中圆点是不同大气高度的测量结果，菱形是中国部分城市的海拔与气压数据(海拔最高的三个菱形依次对应于珠穆朗玛峰、安多与拉萨)，曲线是用公式对圆点数据的拟合结果。

利用公式(2.93)，除了可以通过测量气压 p 来计算海拔 z 以外，还可以分别测量 p 和 z 来得到 k_B(假设我们不知道 k_B 的值)。佩兰(Jean-Baptiste Perrin)在 1908 年就利用这种方法测量了玻尔兹曼常数及阿伏伽德罗常数。

如果气体中包含两种分子 A 与 B，它们的质量不同。则它们的粒子数密度随高度 z 增加而降低的程度是不同的，因此会在不同的高度处富集(图 2.14)：

$$\frac{n_A(z)}{n_B(z)}=\frac{n_{A,0}}{n_{B,0}}e^{-(m_A-m_B)\frac{gz}{k_BT}} \tag{2.94}$$

直接利用重力的这种效果来实现不同质量气体分子的分离是不现实的，因为重力的作用过于微弱，在生产中的效率太低。但是，却可以通过人造重力，即离心机的方法来产生很大的离心力，从而实现同位素的分离。这就是离心机是浓缩铀生产的关键设备的原因。

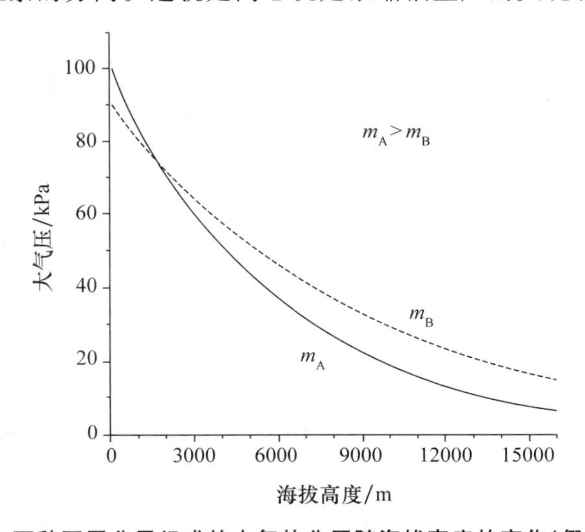

图 2.14　两种不同分子组成的大气的分压随海拔高度的变化(假想情形)。

2.7.3　郎之万顺磁性理论

磁化率 χ 是物质的磁化强度(单位体积内的总磁矩)$\boldsymbol{M}$ 对外磁场 $\boldsymbol{H}$ 的导数

$$\chi \equiv \frac{\partial \boldsymbol{M}}{\partial \boldsymbol{H}} \tag{2.95}$$

根据 χ 的数值,可以把物质的磁性质分成三类: $\chi>0$ 且数值很大(铁磁),$\chi>0$ 而且数值很小(顺磁),$\chi<0$ 而且数值很小(逆磁)。铁磁与顺磁物质都会受到磁场的吸引(虽然后者要弱得多)。顺磁物质的磁化率与绝对温度成反比

$$\chi = \frac{C}{T} \tag{2.96}$$

该定律被称作居里定律(是由居里夫人的丈夫皮埃尔·居里发现的)。从微观机制上讲,含有未成对电子的分子具有非零的分子磁矩,在外加磁场中分子磁矩将倾向于沿磁场方向排列,从而产生顺磁性。郎之万(Paul Langevin)利用麦克斯韦-玻尔兹曼分布提出了分子顺磁性理论。

假设系统的原子或离子具有固定大小的磁矩 μ,方向随机,磁矩之间无相互作用。在外磁场下的能量(此处只考虑势能,动能对结果没有影响)根据电磁学理论可写成

$$\varepsilon(\boldsymbol{\mu}) = -\mu_0 \boldsymbol{\mu} \cdot \boldsymbol{H} = -\mu_0 \mu H \cos\theta \tag{2.97}$$

其中 μ_0 是真空磁导率,是个已知常数。θ 是磁矩 $\boldsymbol{\mu}$ 与磁场 $\boldsymbol{H}$ 之间的夹角。根据麦克斯韦-玻尔兹曼分布,粒子的分布满足

$$n(\boldsymbol{\mu}) \propto \mathrm{e}^{-\frac{\varepsilon(\boldsymbol{\mu})}{k_B T}} \tag{2.98}$$

这里 $\boldsymbol{\mu}$ 的大小是固定的,只有方向可以变化,即单粒子的状态空间是由 $\boldsymbol{\mu}$ 的方向构成的。采用球坐标并取沿外磁场方向为 z-轴,$\boldsymbol{\mu}=(\boldsymbol{\mu}\sin\theta\cos\varphi, \mu\sin\theta\sin\varphi, \mu\cos\theta)$,则系统在磁场方向的磁化强度为

$$M = N\langle \mu\cos\theta\rangle = N\frac{\int_0^{\pi}\int_{-\pi}^{\pi} \mu\cos\theta\, \mathrm{e}^{\frac{\mu_0\mu H\cos\theta}{k_B T}} \sin\theta\,\mathrm{d}\theta\,\mathrm{d}\varphi}{\int_0^{\pi}\int_{-\pi}^{\pi} \mathrm{e}^{\frac{\mu_0\mu H\cos\theta}{k_B T}} \sin\theta\,\mathrm{d}\theta\,\mathrm{d}\varphi} \tag{2.99}$$

其中的积分不难解析求出,得

$$\begin{aligned} M &= N\mu \frac{\left(\frac{k_B T}{\mu_0\mu H}\right)^2 \left(\frac{\mu_0\mu H}{k_B T}\mathrm{e}^{\frac{\mu_0\mu H}{k_B T}} - \mathrm{e}^{\frac{\mu_0\mu H}{k_B T}} + \frac{\mu_0\mu H}{k_B T}\mathrm{e}^{-\frac{\mu_0\mu H}{k_B T}} + \mathrm{e}^{-\frac{\mu_0\mu H}{k_B T}}\right)}{\frac{k_B T}{\mu_0\mu H}\left(\mathrm{e}^{\frac{\mu_0\mu H}{k_B T}} - \mathrm{e}^{-\frac{\mu_0\mu H}{k_B T}}\right)} \\ &= N\mu\left(\frac{\mathrm{e}^{\frac{\mu_0\mu H}{k_B T}} + \mathrm{e}^{-\frac{\mu_0\mu H}{k_B T}}}{\mathrm{e}^{\frac{\mu_0\mu H}{k_B T}} - \mathrm{e}^{\frac{-\mu_0\mu H}{k_B T}}} - \frac{k_B T}{\mu_0\mu H}\right) \end{aligned} \tag{2.100}$$

当外磁场很小时,$\frac{\mu_0\mu H}{k_B T}$可看作小量,上式展开至$\frac{\mu_0\mu H}{k_B T}$的非零最低阶,有

$$M \approx N\frac{\mu_0\mu^2 H}{3k_B T} \tag{2.101}$$

因此

$$\chi \equiv \frac{\partial M}{\partial H} = N \frac{\mu_0 \mu^2}{3k_B T} \tag{2.102}$$

可看出,χ 是正的,而且与 T 成反比,这就证明了居里定律。而且,通过这个公式,可以利用对 χ 的测量来确定分子磁矩 μ 的值。真实系统的结果如表 2-3 所示,验证了结果的可靠性。

表 2-3 稀土离子的顺磁性与磁矩

离子	Ce^{3+}	Pr^{3+}	Nd^{3+}	Eu^{3+}	Gd^{3+}	Er^{3+}
$\boldsymbol{\mu}/\boldsymbol{\mu}_B$(实验)[a]	2.4	3.5	3.5	3.4	8.0	9.5
$\boldsymbol{\mu}/\boldsymbol{\mu}_B$(理论)[b]	2.54	3.58	3.62	0	7.94	9.59

[a] 测量 χ 并利用公式(2.102)

[b] 根据原子的电子结构理论结果:$\mu/\mu_B = g_J \sqrt{J(J+1)}$

习 题

2.1 抛 5 个硬币,根据统计热力学基本假设计算分别有 0,1,2,3,4,5 个硬币正面朝上的组合数与概率。

2.2 (等概率原理在生活中的类比)有个足球队参加了两场比赛,得了两分积分。已知每场比赛输球、平局、赢球时所获得的积分分别为 0,1,2。请问这两场比赛的可能结果有几种?概率各为多少?

2.3 一维情况,已知速度满足麦克斯韦分布:$p(v_x) = \sqrt{\frac{m}{2\pi k_B T}} e^{-\frac{mv_x^2}{2k_B T}}$,求解动能 $\varepsilon = \frac{mv_x^2}{2}$ 的分布 $p_\varepsilon(\varepsilon)$。(提示:利用附录 A5 的背景知识)

2.4 请编写一个计算机程序计算 $n=1\sim100$ 时阶乘 $n!$ 的精确数值,并考察其对数值与斯特林公式的差别,即验证斯特林公式的近似程度。

2.5 推导允许能量交换时的公式(2.17)。

2.6 请证明:如果两个系统原来的 β_A 与 β_B 相同($\beta_A=\beta_B$),则接触平衡后它们的 β 不会发生任何变化($\beta_{AB}=\beta_A=\beta_B$)。[提示:只需要证明取 $\beta_{AB}=\beta_A=\beta_B$ 就能使约束条件(2.16)全部满足。]

2.7 接上题,请证明:如果两个系统原来的 β_A 与 β_B 相同($\beta_A=\beta_B$),则接触平衡后系统 A 与 B 的能量都不变化,系统间没有发生能量交换。

2.8 请证明比热的公式 $C_V = \frac{N}{k_B T^2}\langle(\varepsilon - \langle\varepsilon\rangle)^2\rangle$。

2.9 考虑例 2.6,利用弹性碰撞公式,请证明:每次与质量无穷大的右壁碰撞,粒子速度增加 $2v_W$。

2.10 利用例 2.6 的结果证明在三维情况下其能量变化与公式(2.33)是一致的。

2.11　思考题：在经典的理想气体模型下，如果只有一个分子，还有功与热的区别吗？

2.12　思考题：什么时候空气分子的重力势能可以忽略？

2.13　计算地球上氢气分子的逃逸比例。

2.14　计算摆长为 1 m，摆锤质量为 1 kg 的钟摆在室温下的位置涨落幅度。

2.15　一般地说来，在海拔不太高的情况（<3000 m）下，海拔每上升 100 m，气压大约下降 10 百帕左右。请验证这个结果。

2.16　估计浓缩铀所需要的离心机的大致转速（数量级即可）。（背景：离心力为 $m\omega^2 r$，其中 ω 为转动角速度，r 是转动半径。浓缩铀离心机的半径大概在几米量级。）

2.17　从公式(2.99)出发推导公式(2.100)的结果。

2.18　（二维世界中的理想气体）已知长度为 L 的二维盒子（面积 $S=L^2$）中的自由粒子的能级为 $\varepsilon_i=\frac{h^2}{8mS}(n_x^2+n_y^2)$（其中 $n_x, n_y=1,2,3,\cdots$）或 $\varepsilon(\boldsymbol{r},\boldsymbol{p})=\frac{1}{2m}(p_x^2+p_y^2)$。请推导这个二维单原子气体的状态方程。

2.19　（相对论性粒子）对于某一相对论性粒子，能量与动量之间的关系是

$$\boldsymbol{\varepsilon}_i=\boldsymbol{\varepsilon}(\boldsymbol{r},\boldsymbol{p})=\boldsymbol{p}c=c\sqrt{p_x^2+p_y^2+p_z^2}$$

其中 c 是光速。粒子可分辨，粒子数 N 守恒（$N\gg 1$），能量守恒（通过与某一服从麦克斯韦-玻尔兹曼分布的体系/热库接触而达到温度 T）。请利用统计热力学的基本假设推导这个体系的粒子在能级上的分布，以及 p, V, N, T 之间的状态方程。

提示：① 假设粒子服从牛顿力学的动量定理。② 热平衡时两个系统的 β 相同，理想气体 $\beta=\frac{1}{k_B T}$，因此，对所研究的体系也有 $\beta=\frac{1}{k_B T}$。③ 使用球坐标并计算 z 方向的压强会比较方便。④ 粒子速度恒为 c，$\boldsymbol{p}=m\boldsymbol{v}$ 仍然成立，但不再是常数。因此不要用质量，可使用能量、动量、速度进行分析。

2.20　利用磁镊技术对一个长度为 41 kb（约 13.5 μm）的双链 DNA 分子（一端固定，另一端连接一个很小的磁珠以便利用磁场施加作用力）进行拉伸试验。在实验中观察到磁珠在垂直于 DNA 长度的方向上有无规的摆动（类似于钟摆的现象），摆动幅度约为 $\sqrt{\langle\delta x^2\rangle}=0.74\ \mu\text{m}$。请据此计算施加在 DNA 上的拉力大小。

2.21　一个密闭容器中有液态水，它与 100℃ 及 1 个大气压的蒸汽处于平衡状态。1 g 水蒸气在该温度和压力下占有体积 1670 cm^3。该温度下的蒸发热是 2250 J/g。问：

(1) 每毫升蒸汽中有多少个分子？

(2) 每秒钟内有多少个蒸汽分子撞击到 1 cm^2 的液体表面上？

(3) 如果每个分子撞到表面上就凝结，那么每秒钟有多少个水分子从 1 cm^2 的表面上蒸发？折合成质量是多少克？

(4) 请比较蒸汽分子的平均动能和一个分子由液相转变为气相所需的能量。

(5) 将液相分子近似为势能比气相分子低（差值取决于蒸发热）的理想气体（如下图）。请计算凭借动能就能飞到气相区域的液体分子的比例。（直接借用公式：月球没有大气）。

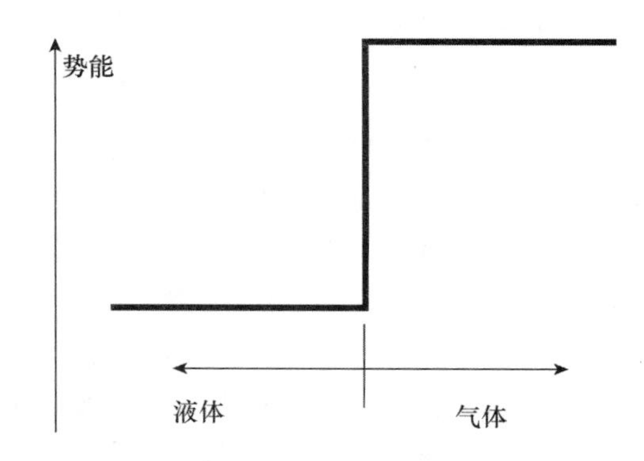

2.22 经典非简谐振子势能为 $V(x)=cx^2+gx^3+fx^4$，其中 gx^3+fx^4 是对非简谐运动部分的微小修正。请求解系统的比热(展开至温度 T 的一阶)。

2.23 微信抢红包。假设有 100 个人在玩抢红包，最开始每人账户上有 10 元。每一轮包红包的人是随机的(除了账户余额为 0 元的人，他们没钱包红包)，每个红包 1 元，大家抢红包是同样快的，因此红包被谁抢到也是完全随机的(包括账户余额为 0 元的人，他们也可参与抢红包)。请编程模拟大家的账号金额的分布。

2.24 有些统计热力学教科书以玻尔兹曼熵公式和孤立系统熵最大化作为基本假设。对于由大量独立可分辨粒子所组成的系统，此时已知熵公式 $S=k_B\ln W=-k_B\sum_i n_i\ln\frac{n_i}{N}$。请结合孤立系统的粒子数与能量守恒的条件推导 n_i 的表达式(即与能级 ε_i 之间的关系)。

2.25 科学家发现了一种名为 pkeron20 的近独立粒子，当能级 $\{\varepsilon_i\}$ 上的占据粒子数目为 $\{n_i\}$ 时所包含的微观态数目(微观实现方法)为 $W=\prod_i\frac{(2g_i)!}{(2n_i)!\,[(g_i-n_i)!]^2}$，其中 g_i 是能级的简并度。pkeron20 不需遵守粒子数守恒(与光子类似)。假设 $g_i, n_i, n_i-g_i\gg 1$。

(1) 请求解在能量守恒的条件下(通过与温度为 T 的热库接触达到平衡后再断开接触而获得能量)能级上的粒子数分布。

(2) 进一步假设能级求和可以变成积分：$g_i\to\alpha V\varepsilon^{1/2}$，$\sum_i[\cdots]g_i\to\int_0^{+\infty}[\cdots]g(\varepsilon)\mathrm{d}\varepsilon=\int_0^{+\infty}[\cdots]\alpha V\varepsilon^{1/2}\mathrm{d}\varepsilon$，其中 α 是个常数。请推导体系内能随体积 V 与温度 T 的变化关系。(提示：结果中可能包含一个与 V、T 无关的积分，把它看作一个常数就行，不需要把积分的结果求出来。)

2.26 判断对错题：绝对温度为负($T<0$)的体系是不可能存在的。

第三章　量子统计

第1节　引言：我们为什么需要量子统计？

统计热力学是在量子力学之前建立的，当时用经典力学来描述组成系统的粒子的微观性质。位置、能量、动量等物理量被认为是连续变化的。在很多情况下（例如分子的平动），这种描述是很精确的。据此所得到的统计热力学内容被称为经典统计。

但是，在描述分子内部运动时，经典力学往往是不准确的。例如，根据经典统计的能量均分原理（第二章第6节），气体分子的每个平动自由度与转动自由度对平均能量的贡献是$\frac{k_{\mathrm{B}}T}{2}$（只有动能有贡献，而势能为零），每个振动自由度的贡献是$k_{\mathrm{B}}T$$\left(\text{势能与动能的贡献各为}\frac{k_{\mathrm{B}}T}{2}\right)$。因此，它们对摩尔等容比热$C_{V,\mathrm{m}}$的贡献各是$\frac{R}{2}$与$R$。这个结果对不对呢？在表3-1中，我们列出一些常见气体的$C_{V,\mathrm{m}}$实验值。可以看出，对于单原子分子（如Ar与He），只有三个平动自由度，经典统计预言$C_{V,\mathrm{m}}=1.5R$，与实验结果符合得很好。对于双原子分子，有三个平动自由度、两个转动自由度与一个振动自由度，对$C_{V,\mathrm{m}}$的贡献各是$1.5R$，R，R，经典统计预言$C_{V,\mathrm{m}}=3.5R$。但是，实验给出的大部分双原子分子的结果都在$2.5R$附近，似乎振动在其中没有什么贡献。对于多原子分子，类似的矛盾也是明显的。这是很让人困惑的事情。在经典统计发展时期，也有人试图解决这个矛盾，认为振动是局域的，因此对比热没有贡献。但这又不能解释另一个矛盾：金属能够导电，其中的电子是可以自由移动的，但它们对比热也没有什么贡献。

表3-1　常见气体在15℃与1 atm条件下的摩尔等容比热$C_{V,\mathrm{m}}$

气体	$C_{V,\mathrm{m}}/R$	气体	$C_{V,\mathrm{m}}/R$
Ar	1.5	O_2	2.54
He	1.5	Cl_2	2.98
CO	2.49	CO_2	3.4
H_2	2.45	CS_2	4.92
HCl	2.57	H_2S	3.06
N_2	2.49	N_2O	3.42
NO	2.51	SO_2	3.76

这些疑惑与矛盾，是在量子力学出现以后才得到完美解决的。这其中的一个关键，是在量子力学中状态与能级并不是连续的，而是分立的，我们将在第2节中对此进行阐述。除此

以外，量子统计与经典统计的差异还有另一个根本原因，那就是全同粒子的不可分辨性，这方面的内容我们将在第3节中进行介绍。据此所建立的量子统计将在第5节中介绍。

第2节　量子统计根源之分立能级

在本节中，我们将简要介绍量子力学中分子的平动、转动、振动与电子能级的性质，从中将了解到这些能级从本质上讲都是分立的，其中有一些在常见条件下可以近似成连续分布，但另一些是不能近似成连续分布的，从而导致量子统计与经典统计结果的不同。

3.2.1　薛定谔方程

在牛顿力学中，粒子的状态是用位置 $\boldsymbol{r}$ 与速度 $\boldsymbol{v}$ 来表征的。而在量子力学中，粒子的状态是用波函数 $\boldsymbol{\Psi}(\boldsymbol{r},t)$ 来表征的，t 时刻粒子在位置 $\boldsymbol{r}$ 出现的概率密度为 $|\boldsymbol{\Psi}(\boldsymbol{r},t)|^2$。$\boldsymbol{\Psi}(\boldsymbol{r},t)$ 随时间的演化由薛定谔方程所决定：

$$i\hbar\frac{\partial}{\partial t}\boldsymbol{\Psi}(\boldsymbol{r},t)=\hat{H}(\boldsymbol{r},t)\boldsymbol{\Psi}(\boldsymbol{r},t)=\left[-\frac{\hbar^2}{2m}\nabla^2+V(\boldsymbol{r},t)\right]\boldsymbol{\Psi}(\boldsymbol{r},t) \tag{3.1}$$

其中 $\hat{H}$ 是哈密顿算符。方括号中第一项是动能算符，$\nabla^2\equiv\frac{\partial^2}{\partial x^2}+\frac{\partial^2}{\partial y^2}+\frac{\partial^2}{\partial z^2}$；第二项是势能的贡献，对不同的系统有不同的表达式。$\hbar\equiv\frac{h}{2\pi}$，其中 $h=6.62607015\times10^{-34}\ \mathrm{J\cdot s}$，被称为普朗克常数，是量子力学中的基本常数。这里我们不考虑自旋的影响。

如果势能函数 $V(\boldsymbol{r},t)$ 不依赖于时间，即 $V(\boldsymbol{r},t)=V(\boldsymbol{r})$，$\hat{H}(\boldsymbol{r},t)=\hat{H}(\boldsymbol{r})$，则薛定谔方程可以得到简化。此时使用高数中的分离变量法，假设

$$\boldsymbol{\Psi}(\boldsymbol{r},t)=\psi(\boldsymbol{r})\mathrm{e}^{-\frac{i\varepsilon t}{\hbar}} \tag{3.2}$$

把它代入方程(3.1)，得到简化的方程

$$\hat{H}(\boldsymbol{r})\psi(\boldsymbol{r})=\varepsilon\psi(\boldsymbol{r}) \tag{3.3}$$

即

$$\left[-\frac{\hbar^2}{2m}\nabla^2+V(\boldsymbol{r})\right]\psi(\boldsymbol{r})=\varepsilon\psi(\boldsymbol{r}) \tag{3.4}$$

它被称为本征方程(eigen equation)，其中 ε 是单粒子本征能量(能级)[①]。方程(3.4)不含时间 t，比(3.1)简单。由此解出来的状态(波函数)被称为本征态(本征波函数)。本征态的所有可测量物理性质不随时间改变[本征波函数(3.2)随时间有相位变化，但波函数不属于可测量物理量]，而且可以很容易地组合得到含时波函数的解。

本征方程(3.4)是微分方程，它的解受系统边界条件的影响，在很多情况下只有分立的解，记为 $\{\psi_i,\varepsilon_i\}$。量子力学的量子(quantum)一词就是与此相关的：能量(以及其他的物理量)并不是连续的，而是一份一份的。

---

① 一般的量子力学教科书中用 E 来表示本征能量。本书用 E 代表系统总能量，因此此处用 ε 来表示单粒子本征能量(能级)。

利用薛定谔(本征)方程,就可以求解分子各种运动模式(平动、转动、振动、电子运动)的性质,如本节剩余部分所示(只给出与统计热力学应用密切相关的主要结果,具体推导过程可参考专门的量子力学教科书)。

3.2.2　三维盒子中的自由粒子

分子的平动可以用一个简单的三维盒子中的自由粒子模型来描述

$$V(\boldsymbol{r})=\begin{cases}0 & (\text{如果 } 0\leqslant x,y,z\leqslant L)\\ +\infty & (\text{其他区域})\end{cases}\tag{3.5}$$

即粒子被限制在一个边长为 L 的正方形盒子中,盒子内势能为零。在盒子内,薛定谔方程变成

$$-\frac{\hbar^2}{2m}\left(\frac{\partial^2}{\partial x^2}+\frac{\partial^2}{\partial y^2}+\frac{\partial^2}{\partial z^2}\right)\psi(\boldsymbol{r})=\varepsilon\psi(\boldsymbol{r})\tag{3.6}$$

而在盒子外,薛定谔方程给出 $\psi=0$。在要求 $\psi(\boldsymbol{r})$ 随 $\boldsymbol{r}$ 连续变化的条件下,方程(3.6)的解在边界(盒子壁)必须满足边界条件 $\psi=0$。最后的解为

$$\begin{cases}\varepsilon_{n_x,n_y,n_z}=\dfrac{\pi^2\hbar^2}{2mL^2}(n_x^2+n_y^2+n_z^2)\\ \psi_{n_x,n_y,n_z}(\boldsymbol{r})=\dfrac{\sqrt{8}}{L^{\frac{3}{2}}}\sin\left(\dfrac{n_x\pi}{L}x\right)\sin\left(\dfrac{n_y\pi}{L}y\right)\sin\left(\dfrac{n_z\pi}{L}z\right)\end{cases}\tag{3.7}$$

其中 n_x,n_y,n_z 只能取自然数(1,2,3,…),被称为(平动)量子数。

由公式(3.7)可知能级是分立的。最小的(非零)能级差别为

$$\Delta\varepsilon=\frac{\pi^2\hbar^2}{2mL^2}\tag{3.8}$$

在(n_x,n_y,n_z)空间中,允许的状态取值落在第一象限内边长为1的立方“晶格”的顶点上(图3.1),每个状态所占的(n_x,n_y,n_z)状态空间“体积”约为1。能级小于任一指定 ε 值的本征态将被包围在半径为 n_r 的球体中

$$\frac{\pi^2\hbar^2}{2mL^2}(n_x^2+n_y^2+n_z^2)\leqslant\varepsilon=\frac{\pi^2\hbar^2}{2mL^2}n_r^2\tag{3.9}$$

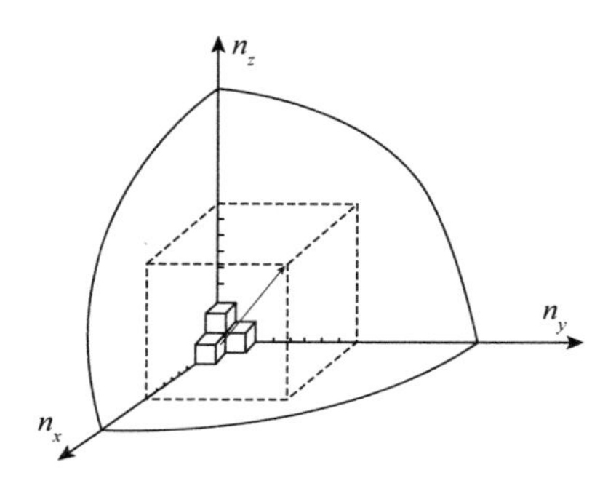

图 3.1　(n_x,n_y,n_z)空间中,自由粒子的允许状态离散点构成第一象限中边长为1的立方“晶格”。

因此,当 ε 较大时,能级小于 ε 的本征态数目约为

$$N(\varepsilon) \approx \frac{1}{8} \cdot \frac{4\pi}{3} n_r^3 = \frac{1}{8} \cdot \frac{4\pi}{3} \left[\left(\frac{\varepsilon}{\frac{\pi^2 \hbar^2}{2mL^2}} \right)^{\frac{1}{2}} \right]^3 = \frac{\sqrt{2}\, m^{3/2} L^3 \varepsilon^{3/2}}{3\pi^2 \hbar^3} \tag{3.10}$$

其中因子$\frac{1}{8}$是考虑到允许的(n_x, n_y, n_z)只位于第一象限。

我们考察真实粒子的结果。对于 1 mol 空气分子(粒子数为 $N_{\mathrm{A}} = 6.02 \times 10^{23}$),相对分子质量取为 29,因此分子质量 $m = 29 \times 1.67 \times 10^{-27}$ kg;它在标准状态($T = 273$ K,$p =$ 1 atm)下的体积是气体摩尔体积($V = L^3 = 22.4 \times 10^{-3}$ m^3)。将 ε 取值为经典统计下的平均能量$\varepsilon = \langle \varepsilon \rangle = \frac{3}{2} k_{\mathrm{B}} T = 5.65 \times 10^{-21}$ J,则利用公式(3.8)与(3.10)计算得到

$$\Delta\varepsilon = 1.43 \times 10^{-41} \text{ J} \ll \langle \varepsilon \rangle \tag{3.11}$$

$$N(\langle \varepsilon \rangle) = 4.12 \times 10^{30} \gg N_{\mathrm{A}} \tag{3.12}$$

因此,虽然平动能级严格讲是分立的,但能级间的能隙非常小(与经典统计下的平均能量相比),而且可供占据的能级数目远大于粒子数目。此时,能级可近似认为是连续的,即经典统计的假设是成立的。

对于自由电子,$m = 0.91 \times 10^{-30}$ kg,假设它也是理想气体,则在标准状态下

$$\Delta\varepsilon = 7.6 \times 10^{-37} \text{ J} \tag{3.13}$$

$$N(\langle \varepsilon \rangle) = 3.36 \times 10^{23} \tag{3.14}$$

虽然能级间的能隙仍然非常小,但可供占据的能级(能级能量小于经典统计下的平均能量)数目不再远大于粒子数目。在后面的分析(第 6 节)中,我们将看到,金属中的自由电子密度比这里所假设的还要高,经典统计的假设将不再成立。

3.2.3 一维谐振子

双原子分子的振动只能通过原子连线方向进行,可近似为一维谐振子模型:

$$V(x) = \frac{1}{2} k x^2 \tag{3.15}$$

其中 k 是弹性常数。x 可理解为原子间振动时的实际距离与平衡距离之间的差值。引入振动的角频率参数

$$\omega_0 = \sqrt{\frac{k}{m}} \tag{3.16}$$

则势能函数可以重新写成

$$V(x) = \frac{1}{2} m \omega_0^2 x^2 \tag{3.17}$$

对应薛定谔方程的本征解为

$$\begin{cases} \varepsilon_n = \left(n + \frac{1}{2} \right) \hbar \omega_0 \\ \psi_n(x) = \sqrt{\frac{1}{2^n n!}} \left(\frac{m\omega_0}{\pi\hbar} \right)^{\frac{1}{4}} \exp\left(-\frac{m\omega_0}{2\hbar} x^2 \right) H_n\left(\sqrt{\frac{m\omega_0}{\hbar}} x \right) \end{cases} \tag{3.18}$$

其中 $H_n(x) = (-1)^n \mathrm{e}^{x^2} \frac{\mathrm{d}^n}{\mathrm{d}x^n} \mathrm{e}^{-x^2}$ 是埃尔米特多项式。$n = 0, 1, 2, \cdots$是(振动)量子数。能级是分立的,均匀分布,间距为

$$\Delta\varepsilon = \hbar\omega_0 \tag{3.19}$$

虽然势能(3.17)的最低点为零,但最低能级并不等于 0,而是 $\varepsilon_0 = \frac{1}{2}\hbar\omega_0$,被称为零点能。前几个能级的本征波函数结果如图 3.2 所示。粒子在 x 出现的概率密度是 $|\psi_n(x)|^2$,因此从图 3.2 可知振动本征态中粒子在势能最低处($x=0$)出现的概率并不一定最大,这与分子振动光谱的弗兰克-康登原理密切相关,此处不再赘述。

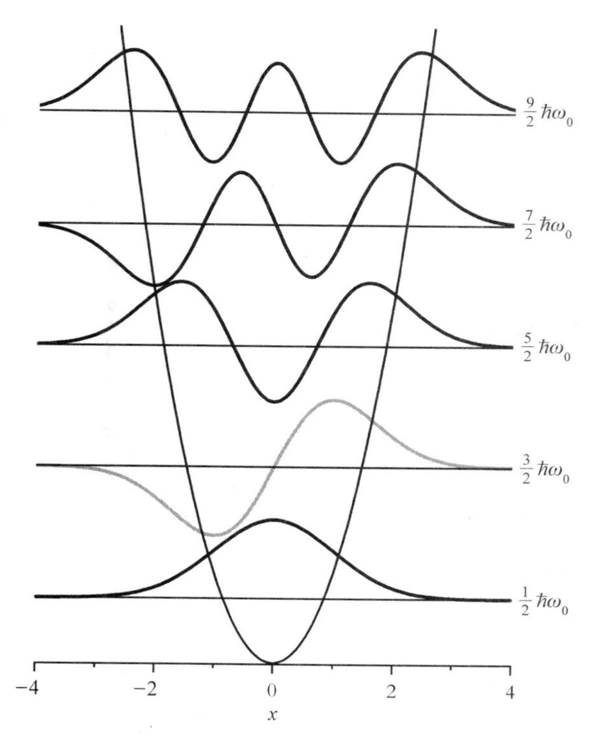

图 3.2　一维谐振子的几个能量较低的本征波函数。

分子的振动频率可由振动光谱测出。对于氢分子(H_2)而言,$\omega_0 = 1.29\times10^{15}$,利用公式(3.19)计算得到分立振动能级之间的间距 $\Delta\varepsilon = \hbar\omega_0 = 1.36\times10^{-19}$ J,远大于经典统计下一维谐振子的热运动平均能量 $\langle\varepsilon\rangle = k_B T = 3.73\times10^{-21}$ J。因此,此时不能认为能级是连续的,求和不能变成积分,也就得不到经典统计中能量均分原理的结果。

3.2.4　刚性转子

双原子分子的转动可以近似成线性转子,通过原子间连线在空间中的取向来表征其状态。在没有外势场时,哈密顿算符只需考虑旋转动能的贡献。在球坐标下,有

$$\hat{H} = -\frac{\hbar^2}{2m}\nabla^2 = -\frac{\hbar^2}{2I}\left[\frac{1}{\sin\theta}\frac{\partial}{\partial\theta}\left(\sin\theta\frac{\partial}{\partial\theta}\right) + \frac{1}{\sin^2\theta}\frac{\partial^2}{\partial\varphi^2}\right] \tag{3.20}$$

其中 I 是分子的转动惯量,$I = \frac{m_1 m_2}{m_1 + m_2}a^2$,$m_1$ 与 m_2 是两个原子的质量,a 是原子间的距离(键长)。相应的薛定谔方程的本征解为

$$\begin{cases}\varepsilon_{J,m}=\dfrac{J(J+1)\hbar^2}{2I}\\ \psi_{J,m}(\theta,\varphi)=Y_J^m(\theta,\varphi)=(-1)^m\left[\dfrac{2J+1}{4\pi}\cdot\dfrac{(J-|m|)!}{(J+|m|)!}\right]^{\frac{1}{2}}P_J^{|m|}(\cos\theta)\exp(im\varphi)\end{cases}\tag{3.21}$$

其中 $Y_J^m(\theta,\varphi)$ 是球谐函数，$P_J^{|m|}(x)=\dfrac{1}{2^J J!}(1-x^2)^{\frac{m}{2}}\dfrac{\mathrm{d}^{J+m}}{\mathrm{d}x^{J+m}}(x^2-1)^J$。转动量子数 $J=0,1,2,\cdots;m=-J,-J+1,\cdots,J-1,J$。虽然有两个量子数 J 与 m，但转动能级 $\varepsilon_{J,m}$ 的值只与 J 有关，与 m 无关。与振动的性质不同，转动的最低能级为 0。相邻能级间的非零间距为

$$\Delta\varepsilon_J=\varepsilon_{J+1}-\varepsilon_J=\frac{(J+1)\hbar^2}{I}\tag{3.22}$$

对于氢分子 H_2，$\Delta\varepsilon_{J=0}=2.37\times10^{-21}$ J，与线性转子在经典统计下的热运动能量 $\langle\varepsilon\rangle=k_BT=3.73\times10^{-21}$ J 可以比拟，此时不能认为能级是连续的。对于其他分子，原子的质量更大，能级间距要小一些。

除了能级以外，转动波函数的宇称对分子的量子统计结果也有重要影响。所谓的宇称(parity)[①]，是指粒子在空间反演操作($\boldsymbol{r}\to-\boldsymbol{r}$)下的对称性：如果波函数在空间反演操作下不变[$\psi(-\boldsymbol{r})=\psi(\boldsymbol{r})$]，则称该粒子具有偶宇称；如果波函数只改变符号[$\psi(-\boldsymbol{r})=-\psi(\boldsymbol{r})$]，则称该粒子具有奇宇称。空间反演操作在球坐标下对应为 $r\to r,\theta\to\pi-\theta,\varphi\to\pi+\varphi$。可以证明，当 J 为奇数时，线性转子的波函数 $\psi_{J,m}(\theta,\varphi)$ 具有奇宇称；但 J 为偶数时，$\psi_{J,m}(\theta,\varphi)$ 具有偶宇称。转动宇称对分子性质的影响将在第四章中详细讨论。

对于非线性多原子分子，一般情况下没有转动能级与波函数的解析解，但不难通过数值计算的方法求得可靠的数值解。

3.2.5 氢原子的电子能级

将氢原子核固定在原点，将电子的位置记为 $\boldsymbol{r}$。原子核与电子之间有库伦吸引势能 $-\dfrac{e^2}{4\pi\varepsilon_0 r}$，则在球坐标系下反映氢原子的电子运动的哈密顿算符是

$$\begin{aligned}\hat{H}&=-\frac{\hbar^2}{2m}\nabla^2-\frac{e^2}{4\pi\varepsilon_0 r}\\&=-\frac{\hbar^2}{2m_e}\left[\frac{1}{r^2}\frac{\partial}{\partial r}\left(r^2\frac{\partial}{\partial r}\right)+\frac{1}{r^2\sin\theta}\frac{\partial}{\partial\theta}\left(\sin\theta\frac{\partial}{\partial\theta}\right)+\frac{1}{r^2\sin^2\theta}\frac{\partial^2}{\partial\varphi^2}\right]-\frac{e^2}{4\pi\varepsilon_0 r}\end{aligned}\tag{3.23}$$

其中 m_e 是电子质量，e 是基本电荷，$\varepsilon_0=8.854187817\times10^{-12}$ F/m 是真空介电常数。薛定谔方程的本征解为

$$\begin{cases}\varepsilon_{n,l,m}=-\dfrac{m_e e^4}{32\pi^2\varepsilon_0^2\hbar^2n^2}\\ \psi_{n,l,m}(r,\theta,\varphi)=R_{n,l}(r)Y_J^m(\theta,\varphi)\end{cases}\tag{3.24}$$

其中 $Y_J^m(\theta,\varphi)$ 是公式(3.21)中出现过的球谐函数，而

$$R_{n,l}(r)=-\left\{\frac{(n-l-1)!}{2n[(n+l)!]^3}\right\}^{\frac{1}{2}}\left(\frac{2}{na_0}\right)^{l+\frac{2}{3}}r^l e^{-\frac{r}{na_0}}L_{n+l}^{2l+1}\left(\frac{2}{na_0}r\right)$$

① 杨振宁与李政道获诺贝尔奖的工作就与粒子的宇称性质有关。

$$L_{n+l}^{2l+1}(x)=\sum_{k=0}^{n-l-1}\frac{(-1)^{k+1}[(n+l)!]^2x^k}{(n-l-1+k)!\,(2l+1+k)!\,k!}$$

$a_0=\dfrac{4\pi\varepsilon_0\hbar^2}{m_e e^2}\approx 0.53\times10^{-10}$ m，被称为玻尔半径，给出了电子基态波函数的大致半径。氢原子的电子能级有三个量子数：$n=1,2,3,\cdots;l=0,1,2,\cdots,n-1;m=-l,-l+1,\cdots,l-1,l$。将相关参数代入，可得

$$\varepsilon_{n,l,m}=-\frac{13.6\ \mathrm{eV}}{n^2}=-\frac{2.2\times10^{-18}\ \mathrm{J}}{n^2}\tag{3.25}$$

其中 eV 是原子物理中常用的非国际单位（电子伏），而 J 是国际单位（焦耳）。电子能级的间距远大于经典统计下的热运动能量 $k_BT=3.73\times10^{-21}$ J。对于其他原子或分子，电子能级一般没有解析解，但能级间距远大于 k_BT 的性质仍然成立。

第 3 节　量子统计根源之全同粒子不可分辨性

量子统计的另一个重要根源是全同粒子不可分辨性，或者更准确地说，是量子力学描述全同粒子时的怪异规则。

3.3.1　全同粒子的不可分辨性与波函数的交换对称性

在微观世界里，全同粒子是指内禀属性（质量、电荷、自旋、磁矩、寿命等）完全相同的粒子。它们可以是基本粒子（电子、光子），也可以是由基本粒子构成的复合粒子（如原子、分子）。以电子为例，不管其来源如何，每个电子的静止质量均为 m_e，电荷都是 $-$e。宏观世界则不一样，例如，两个宏观小球，不管加工多么精确，其质量或原子数目总是会有略微差别的，不会完全一模一样。

粒子的全同性（不可分辨性）意味着系统的哈密顿量相对于全同粒子是交换对称的。比如，如果粒子 1 与粒子 2 是全同粒子，则

$$\hat{H}(\boldsymbol{r}_1,\boldsymbol{r}_2,\cdots)=\hat{H}(\boldsymbol{r}_2,\boldsymbol{r}_1,\cdots)\tag{3.26}$$

其中，$\hat{H}()$的第一个自变量总是代表第一个粒子的坐标，第二个自变量总是代表第二个粒子的坐标，因此 $\hat{H}(\boldsymbol{r}_1,\boldsymbol{r}_2,\cdots)$代表第一个粒子在 $\boldsymbol{r}_1$，第二个粒子在 $\boldsymbol{r}_2$，而 $\hat{H}(\boldsymbol{r}_2,\boldsymbol{r}_1,\cdots)$代表第一个粒子在 $\boldsymbol{r}_2$，第二个粒子在 $\boldsymbol{r}_1$。

例如，由一个原子核（位置记为 $\boldsymbol{R}$）与两个电子（位置分别记为 $\boldsymbol{r}_1$ 与 $\boldsymbol{r}_2$）所组成的（单原子）系统，它的哈密顿量是

$$\hat{H}(\boldsymbol{r}_1,\boldsymbol{r}_2,\boldsymbol{R})=-\frac{\hbar^2}{2m_e}(\nabla_{r_1}^2+\nabla_{r_2}^2)-\frac{\hbar^2}{2m_R}\nabla_{\boldsymbol{R}}^2-\frac{q\mathrm{e}}{4\pi\varepsilon_0}\left(\frac{1}{|\boldsymbol{r}_1-\boldsymbol{R}|}+\frac{1}{|\boldsymbol{r}_2-\boldsymbol{R}|}\right)+\frac{\mathrm{e}^2}{4\pi\varepsilon_0|\boldsymbol{r}_1-\boldsymbol{r}_2|}\tag{3.27}$$

其中 q 是原子核的电荷。$\nabla_{r_1}^2$ 表示求偏导时对应的自变量是 $\boldsymbol{r}_1$，$\nabla_{r_2}^2$ 与$\nabla_{\boldsymbol{R}}^2$也类似定义。很容易验证，$\hat{H}(\boldsymbol{r}_1,\boldsymbol{r}_2,\boldsymbol{R})$满足全同粒子的交换对称性，即 $\hat{H}(\boldsymbol{r}_1,\boldsymbol{r}_2,\boldsymbol{R})=\hat{H}(\boldsymbol{r}_2,\boldsymbol{r}_1,\boldsymbol{R})$。

3.3.2 本征波函数的对称性

由于哈密顿量对全同粒子的交换对称性，满足薛定谔方程的波函数也将具有某种对称性。

如果某个 $\psi(\boldsymbol{r}_1,\boldsymbol{r}_2,\boldsymbol{r}_3,\cdots)$ 是 $\hat{H}(\boldsymbol{r}_1,\boldsymbol{r}_2,\boldsymbol{r}_3,\cdots)$ 的本征波函数，即满足本征方程

$$\hat{H}(\boldsymbol{r}_1,\boldsymbol{r}_2,\boldsymbol{r}_3,\cdots)\psi(\boldsymbol{r}_1,\boldsymbol{r}_2,\boldsymbol{r}_3,\cdots)=E\psi(\boldsymbol{r}_1,\boldsymbol{r}_2,\boldsymbol{r}_3,\cdots) \tag{3.28}$$

此处 $\boldsymbol{r}_1,\boldsymbol{r}_2,\cdots$ 代表系统所有粒子的坐标，因此本征能量的符号用的是代表系统能量的 E，而非代表单粒子能量的 ϵ。公式的正确性与所用的符号无关，因此我们可以把(3.28)中的 $\boldsymbol{r}_1$，$\boldsymbol{r}_2$ 互换，得

$$\hat{H}(\boldsymbol{r}_2,\boldsymbol{r}_1,\boldsymbol{r}_3,\cdots)\psi(\boldsymbol{r}_2,\boldsymbol{r}_1,\boldsymbol{r}_3,\cdots)=E\psi(\boldsymbol{r}_2,\boldsymbol{r}_1,\boldsymbol{r}_3,\cdots) \tag{3.29}$$

如果粒子 1 与粒子 2 是全同的，哈密顿量具有如公式(3.26)所示的交换对称性，把(3.26)代入上式，得

$$\hat{H}(\boldsymbol{r}_1,\boldsymbol{r}_2,\boldsymbol{r}_3,\cdots)\psi(\boldsymbol{r}_2,\boldsymbol{r}_1,\boldsymbol{r}_3,\cdots)=E\psi(\boldsymbol{r}_2,\boldsymbol{r}_1,\boldsymbol{r}_3,\cdots) \tag{3.30}$$

这个式子表明此时 $\psi(\boldsymbol{r}_2,\boldsymbol{r}_1,\boldsymbol{r}_3,\cdots)$ 也是 $\hat{H}(\boldsymbol{r}_1,\boldsymbol{r}_2,\boldsymbol{r}_3,\cdots)$ 的本征波函数，对应的本征能量也是 E。因此，如果两个粒子是全同的，则把本征波函数中这两个粒子的坐标互换得到的结果也是同一本征能量下的本征波函数。进一步地，由于两个具有相同本征能量的本征函数的任意线性组合也是同一本征能量下的本征函数，因此我们可以把 $\psi(\boldsymbol{r}_1,\boldsymbol{r}_2,\boldsymbol{r}_3,\cdots)$ 与 $\psi(\boldsymbol{r}_2,\boldsymbol{r}_1,\boldsymbol{r}_3,\cdots)$ 做如下组合：

$$\begin{cases}\psi_{\mathrm{S}}(\boldsymbol{r}_1,\boldsymbol{r}_2,\boldsymbol{r}_3,\cdots)=\dfrac{1}{\sqrt{2}}[\psi(\boldsymbol{r}_1,\boldsymbol{r}_2,\boldsymbol{r}_3,\cdots)+\psi(\boldsymbol{r}_2,\boldsymbol{r}_1,\boldsymbol{r}_3,\cdots)]\\[2ex]\psi_{\mathrm{A}}(\boldsymbol{r}_1,\boldsymbol{r}_2,\boldsymbol{r}_3,\cdots)=\dfrac{1}{\sqrt{2}}[\psi(\boldsymbol{r}_1,\boldsymbol{r}_2,\boldsymbol{r}_3,\cdots)-\psi(\boldsymbol{r}_2,\boldsymbol{r}_1,\boldsymbol{r}_3,\cdots)]\end{cases} \tag{3.31}$$

则 ψ_{S} 是关于 $\boldsymbol{r}_1$ 与 $\boldsymbol{r}_2$ 交换对称的，而 ψ_{A} 是交换反对称的：

$$\begin{cases}\psi_{\mathrm{S}}(\boldsymbol{r}_2,\boldsymbol{r}_1,\boldsymbol{r}_3,\cdots)=+\psi_{\mathrm{S}}(\boldsymbol{r}_1,\boldsymbol{r}_2,\boldsymbol{r}_3,\cdots)\\ \psi_{\mathrm{A}}(\boldsymbol{r}_2,\boldsymbol{r}_1,\boldsymbol{r}_3,\cdots)=-\psi_{\mathrm{A}}(\boldsymbol{r}_1,\boldsymbol{r}_2,\boldsymbol{r}_3,\cdots)\end{cases} \tag{3.32}$$

我们可以用 $\psi_{\mathrm{S}}(\boldsymbol{r}_1,\boldsymbol{r}_2,\boldsymbol{r}_3,\cdots)$ 与 $\psi_{\mathrm{A}}(\boldsymbol{r}_1,\boldsymbol{r}_2,\boldsymbol{r}_3,\cdots)$ 来代替 $\psi(\boldsymbol{r}_1,\boldsymbol{r}_2,\boldsymbol{r}_3,\cdots)$ 与 $\psi(\boldsymbol{r}_2,\boldsymbol{r}_1,\boldsymbol{r}_3,\cdots)$ 作为独立的波函数。因此，通过适当的选取方法，独立的本征波函数对任意两个全同粒子是交换对称或交换反对称的。

3.3.3 费米子与玻色子

一般而言，独立本征函数的不同选择并不会造成任何最终结果的不同，用 $\psi_{\mathrm{S}}(\boldsymbol{r}_1,\boldsymbol{r}_2,\boldsymbol{r}_3,\cdots)$ 与 $\psi_{\mathrm{A}}(\boldsymbol{r}_1,\boldsymbol{r}_2,\boldsymbol{r}_3,\cdots)$ 代替 $\psi(\boldsymbol{r}_1,\boldsymbol{r}_2,\boldsymbol{r}_3,\cdots)$ 与 $\psi(\boldsymbol{r}_2,\boldsymbol{r}_1,\boldsymbol{r}_3,\cdots)$ 来描述系统的性质不应该影响最终的结果(虽然可能有助于简化分析过程)，有否考虑粒子的全同性不会影响结论。但是，量子力学里对全同粒子还有超出薛定谔方程的要求(原理)，即：

(1) 对于自旋为半整数的全同粒子(电子、质子、中子等)，本征函数只能是交换反对称的。此时粒子被称为费米子(fermion)；

(2) 对于自旋为整数的粒子(光子、声子等)，本征函数只能是交换对称的。此时粒子被称为玻色子(boson)。

这种不同的波函数要求会导致不同的统计热力学结果(后面有详述)。费米子的统计热力学结果被称为费米-狄拉克统计(简称 F-D 统计),玻色子的统计称为玻色-爱因斯坦统计(简称 B-E 统计)。

量子力学的这个要求(原理)其实是非常奇怪的。它生硬地把一部分满足薛定谔方程的本征解从这个宇宙中给排除出去了,而且不同的粒子(费米子与玻色子)被排除掉的部分是不同的。科学家们进行了很多探索,但对此奇怪性质的了解仍不甚透彻。这里,我们借用费曼的一段评论来描述:“我希望你们按自然界本来的面目接受自然界:它本来是荒唐的,就接受它是荒唐的。”

为了展示这个量子力学要求(原理)在统计热力学中的不同后果,我们来考察一个简单的例子。假设有两个全同粒子(坐标分别记为 $\boldsymbol{r}_1$ 与 $\boldsymbol{r}_2$),粒子之间没有任何相互作用,每个粒子具有两个本征波函数(单粒子微观状态)ψ_A 与 ψ_B,即状态 A 与状态 B。这有点类似于抛硬币的例子(两个硬币,每个硬币有两个面)。如果对波函数的交换对称性没有要求,这两个全同粒子所组成的系统具有四个可能的微观状态(双粒子本征波函数):

$$\psi_A(\boldsymbol{r}_1)\psi_A(\boldsymbol{r}_2),\psi_A(\boldsymbol{r}_1)\psi_B(\boldsymbol{r}_2),\psi_B(\boldsymbol{r}_1)\psi_A(\boldsymbol{r}_2),\psi_B(\boldsymbol{r}_1)\psi_B(\boldsymbol{r}_2) \tag{3.33}$$

其中有一个状态是两个粒子都占据状态 A(简记为宏观状态 AA),有两个状态是一个粒子占据状态 A 另一个粒子占据状态 B(简记为宏观状态 AB),还有一个状态是两个粒子都占据状态 B(简记为宏观状态 BB)。根据统计热力学的第二条基本假设(等概率原理),每个可能的微观状态出现的概率是相等的,因此三种情况的概率之比是

$$p(AA):p(AB):p(BB)=\frac{1}{4}:\frac{2}{4}:\frac{1}{4} \tag{3.34}$$

与抛硬币例子的结果一致。(3.33)的四个波函数可以重新组合成一个交换反对称的状态:

$$\frac{1}{\sqrt{2}}[\psi_A(\boldsymbol{r}_1)\psi_B(\boldsymbol{r}_2)-\psi_B(\boldsymbol{r}_1)\psi_A(\boldsymbol{r}_2)] \tag{3.35}$$

以及三个交换对称的状态:

$$\psi_A(\boldsymbol{r}_1)\psi_A(\boldsymbol{r}_2),\frac{1}{\sqrt{2}}[\psi_A(\boldsymbol{r}_1)\psi_B(\boldsymbol{r}_2)+\psi_B(\boldsymbol{r}_1)\psi_A(\boldsymbol{r}_2)],\psi_B(\boldsymbol{r}_1)\psi_B(\boldsymbol{r}_2) \tag{3.36}$$

公式(3.35)代表的微观状态在宏观上属于 AB,而公式(3.36)代表的三个微观状态在宏观上分别属于 AA,AB,BB。因此,即使我们用式(3.35)与(3.36)来代替式(3.33)描述系统的微观状态,在等概率原理下公式(3.34)仍然是成立的。这其实与经典统计的结论是一致的。但如果我们进一步加上上述的量子力学的额外要求(原理),要求粒子的波函数必须反对称(费米子),则式(3.36)将不再是允许的状态,只有式(3.35)一个状态是允许的,结果将有

$$p(AA):p(AB):p(BB)=0:1:0 \tag{3.37}$$

这就是费米-狄拉克统计下的结果;如果要求粒子的波函数必须对称(玻色子),则(3.35)的状态是不被允许的,只有(3.36)三个状态是允许的,结果将有

$$p(AA):p(AB):p(BB)=\frac{1}{3}:\frac{1}{3}:\frac{1}{3} \tag{3.38}$$

这就是玻色-爱因斯坦统计下的结果。以抛硬币来比喻,这相当于说,如果所抛掷的两个硬币是玻色硬币,那么抛掷结果是一个正面朝上、另一个反面朝上的概率是 1/3,与两个都是正面朝上或者两个都是反面朝上的概率相等!而费米硬币总是一个朝上一个朝下!这是与我

们的生活经验相悖的。事实上,玻色-爱因斯坦统计的提出就是与这个貌似错误的性质有关的(参见题外:没错的错误)。

题外:没错的错误

1923 年,玻色(Satyendra Nath Bose)是印度达卡大学一名郁郁不得志的高级讲师,被告知一年以后将无法得到校方的续聘。有一次他在课堂上讲授光电效应与紫外灾难时,本打算通过现场推导向学生展示当时的理论与实验是不符的,但他在推导时犯了一个错误,把经典的抛硬币的结果$\left[p(\mathrm{AA}):p(\mathrm{AB}):p(\mathrm{BB})=\frac{1}{4}:\frac{2}{4}:\frac{1}{4}\right]$想错成$p(\mathrm{AA}):p(\mathrm{AB}):p(\mathrm{BB})=\frac{1}{3}:\frac{1}{3}:\frac{1}{3}$(有三种可能,因此每种的概率是 1/3?),没想到居然得出一个跟实验结果完全一致的预测!后来他把讲课内容改写成了一篇短文,但投稿并不顺利。无奈之下,玻色将论文直接寄给了爱因斯坦寻求支持,并问爱因斯坦能否帮他把论文从英文翻译成德文并推荐到德文杂志上。奇迹出现了!处境艰难的玻色收到了爱因斯坦写在一张明信片上的回信,告知已经帮他将文章译成了德文并送给《物理学杂志》(Zeitschrift für Physik)发表(1924 年)。另外,爱因斯坦还写了另外一篇文章,将玻色的工作从光子推广到其他粒子,从而共同建立了玻色-爱因斯坦统计。爱因斯坦的明信片对玻色的事业和生活产生了巨大的影响:他不但得到了达卡大学的续聘,而且顺利到欧洲访问,与爱因斯坦一起工作了一小段时间。这是科学史上的最著名的一张明信片,以及"没错的错误"的神奇故事。

这个例子还表明,我们可以采用一种更方便的计算微观状态数的方法。虽然玻色子系统与费米子系统的微观状态的根本起源是波函数的交换对称性与交换反对称性,但是,我们采用如下的简单规则就可以正确地得到微观状态数的信息:

(1) 一个量子态上最多只能占据一个费米子;

(2) 一个量子态上允许占据任意数目的玻色子;

(3) 采用排列组合计算微观状态数时应认为全同粒子是不可分辨的。

我们将之称为粒子全同性下的统计规则。采用这些规则,我们可以直接得到费米子的结果(3.37)与玻色子的结果(3.38),而不需要考虑相关的波函数的形式(3.35)与(3.36)。这些规则的优势在粒子数更多的情况下将更加显著(读者可以考虑三个全同粒子、三个单粒子量子态的情形)。这也是量子统计分析中实际采用的做法。

在有些教科书里,全同粒子的不可分辨性被认为是来源于海森堡的不确定性原理。但从上述介绍中可知道这种观点是不准确的。海森堡的不确定性原理可以从薛定谔方程推导得到,但对于交换对称或反对称波函数的排斥却超出了薛定谔方程的内容,在量子力学里是独立于薛定谔方程的原理。

3.3.4 费米-狄拉克统计的一个后果:泡利不相容原理

基于费米-狄拉克统计,或者说,基于"费米子波函数必须是交换反对称"的量子力学原理,可以轻而易举地推导出泡利不相容原理。

根据上面的公式(3.35)，两个费米子分别占据状态 A 与状态 B 的波函数是

$$\psi(\boldsymbol{r}_1,\boldsymbol{r}_2)=\frac{1}{\sqrt{2}}\left[\psi_A(\boldsymbol{r}_1)\psi_B(\boldsymbol{r}_2)-\psi_B(\boldsymbol{r}_1)\psi_A(\boldsymbol{r}_2)\right] \tag{3.39}$$

如果 A 与 B 是同一个单粒子量子态，即 $\psi_A=\psi_B$，则上式变成

$$\psi(\boldsymbol{r}_1,\boldsymbol{r}_2)=0 \tag{3.40}$$

即这种双粒子状态是不存在的。因此我们可以得到结论：两个全同的费米子不能处于相同的量子态。把它应用于电子，就得到泡利不相容原理①。

如上一节所述，对于交换对称/反对称波函数的排斥是量子力学里的怪异原理。事实上，它还能产生全同粒子之间的怪异的等价吸引力(玻色子)或排斥力(费米子)。下面我们用一个简单例子来说明。

考虑一个一维自由粒子，它满足的薛定谔方程是

$$-\frac{\hbar^2}{2m}\frac{\partial^2}{\partial x^2}\psi(x)=\varepsilon\psi(x) \tag{3.41}$$

与前面的盒子边界条件不同，此处我们采取周期性边界条件：

$$\psi(x+L)=\psi(x) \tag{3.42}$$

以突出空间的平移对称性。本征解为

$$\begin{cases}\varepsilon_n=\dfrac{n^2\pi^2\hbar^2}{2mL^2}\\[2mm] \psi_n(x)=\dfrac{1}{\sqrt{L}}\mathrm{e}^{i\frac{2n\pi}{L}x}\end{cases} \tag{3.43}$$

其中的量子数 $n=0,\pm1,\pm2,\cdots$。如有只有一个粒子，则任一本征态下粒子在空间的密度分布与位置 x 无关：

$$\rho(x)=|\psi_n(x)|^2=\frac{1}{L} \tag{3.44}$$

没有任何位置是特殊的。如果有两个费米子(它们之间没有相互作用)，分别处于能级 n_1 与 n_2，则它们的波函数为

$$\psi_{n_1,n_2}(x_1,x_2)=\frac{1}{\sqrt{2}L}\left(\mathrm{e}^{i\frac{2n_1\pi}{L}x_1}\mathrm{e}^{i\frac{2n_2\pi}{L}x_2}-\mathrm{e}^{i\frac{2n_1\pi}{L}x_2}\mathrm{e}^{i\frac{2n_2\pi}{L}x_1}\right) \tag{3.45}$$

它们在空间的密度分布为

$$\rho(x_1,x_2)=|\psi_{n_1,n_2}(x_1,x_2)|^2=\frac{2}{L^2}\sin^2\left[\frac{(n_1-n_2)\pi}{L}(x_1-x_2)\right] \tag{3.46}$$

计算结果如图 3.3 所示。虽然两个费米子是独立的，之间没有任何相互作用，但它们在空间的分布却与它们的距离有关。当 $x_1=x_2$ 时，密度分布等于 0，也就是说，它们之间好像有某种排斥力阻止它们互相靠近！这种效应不是来源于势能函数[这里 $V(x_1,x_2)=0$]，而是来源于量子力学中不允许费米子系统拥有交换对称波函数的怪异原理。这可以视为全同费米子之间某种等价的排斥作用。类似地，在玻色子系统中，可以证明两个全同玻色子之间由于交换反对称波函数的缺席而具有某种等价的吸引作用，这是玻色-爱因斯坦凝聚发生的根本原因(详见第 6 节)。

---

① 在历史上，泡利不相容原理的提出比费米-狄拉克统计的提出要早。

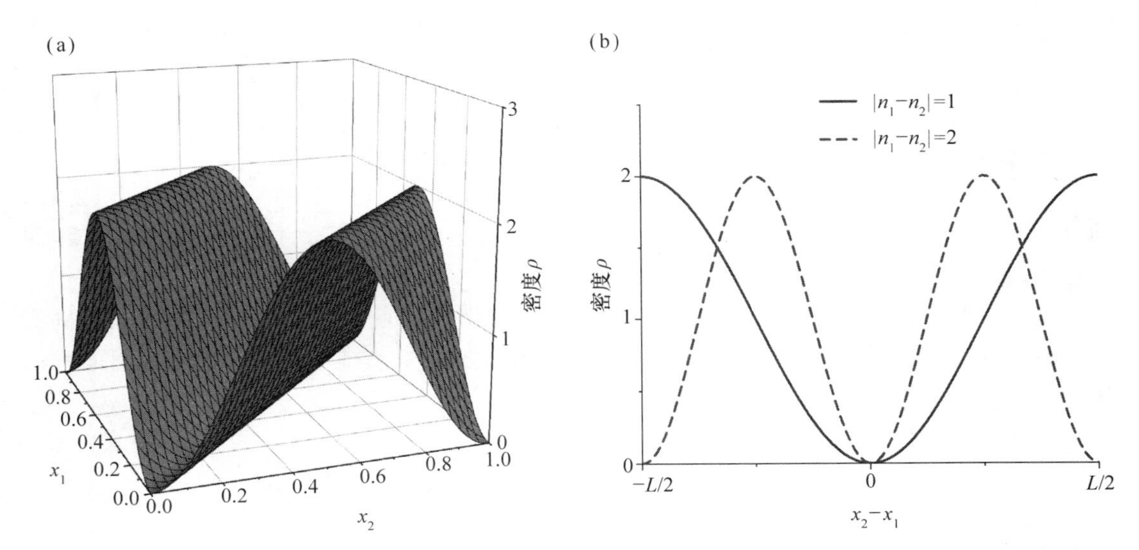

图 3.3 两个一维自由费米子在空间的密度分布,根据公式(3.46)绘制。

(a)中$|n_1-n_2|=1$;(b)中$|n_1-n_2|=1,2$。

第 4 节 量子态与状态空间体积之间的对应关系

在经典力学中,系统的微观状态从本质上讲是连续的,很难严格地清点某个区域有多少个态。而在量子力学中,状态是分立的。当分立的状态非常密集时,就可以近似成连续的,但此时却可以计算出任一区域包含多少个态。这种认识,可以给经典统计提供重要的补充。在这一节中,我们考虑量子态与经典状态空间体积之间的对应关系,并澄清在上一章经典统计中没有讲清楚的一些要点。

在经典统计中,我们将单个粒子的连续状态空间,例如$(\boldsymbol{r},\boldsymbol{p})$,分割成一个个小的格子(相格),其对应能量(能级)分别为$\varepsilon_1,\varepsilon_2,\varepsilon_3,\cdots$,并应用统计热力学基本假设进行推导成功得到了麦克斯韦-玻尔兹曼分布。显然,这种相格的分割是有一些讲究的,不能胡乱进行。例如,暂时忽略$\boldsymbol{p}$的影响,由于$\boldsymbol{r}$的平移对称性(不同位置的性质是类似的),容易想到,对$\boldsymbol{r}$的划分应该保证每个相格的体积相等,而不能有些大有些小,否则大的相格里面的粒子数会较多,而不是像我们在麦克斯韦-玻尔兹曼分布[公式(2.30)]中那样只与能量有关。当考虑进$\boldsymbol{p}$的影响后,由于$\boldsymbol{p}$没有平移对称性,相格的划分标准其实就没有那么显然了。在我们以前的处理中,我们还曾经把分立相格变回连续状态空间分布,并在进行积分时采用形式为$\int_V \mathrm{d}^3\boldsymbol{r}\int_{-\infty}^{+\infty}\mathrm{d}^3\boldsymbol{p}$的积分因子,这其实是假定相格的数目与$(\boldsymbol{r},\boldsymbol{p})$空间的体积元$\mathrm{d}^3\boldsymbol{r}\mathrm{d}^3\boldsymbol{p}$成正比。这就引出了两个重要问题:

(1) 这种正比关系正确吗?特别是在经典力学里经常用各种各样的广义坐标(例如质点的球坐标,或者刚体转动时的欧拉角)而非$\boldsymbol{r}$来描述系统的状态,那时候的正比关系怎么写?

(2) 这个正比关系中的比例系数是否可以确定?这个问题对经典统计中熵的值有重

要影响：$S=-k_BN\sum_i p_i\ln p_i$，如果我们把格子分得更细，熵就会增加。例如，如果我们把原来的每个相格 i 都均分成两个更小的相格，新相格的粒子占据概率为$\frac{p_i}{2}$，则熵变成 $S'=-k_BN\sum_i\left(\frac{p_i}{2}\ln\frac{p_i}{2}+\frac{p_i}{2}\ln\frac{p_i}{2}\right)=S+k_BN\ln 2$，比原来多了 $k_BN\ln 2$。我们怎样保证不同的系统之间的相格划分是一致无误的？

3.4.1　相格数目与状态空间体积元成正比

第一个问题在经典力学里就可以解决，答案是：是的，相格的数目与状态空间的体积元成正比。更普适的说法是：相格的数目与由广义坐标与广义动量所组成的状态空间的体积元成正比。广义坐标是用于区分系统或粒子状态的任何变量，例如，笛卡尔坐标、球坐标、欧拉角都是常见的广义坐标。广义速度是广义坐标对时间的导数，而广义动量则是动能对广义速度的偏导数。例如，x 是一个广义坐标，$v_x=\frac{\mathrm{d}x}{\mathrm{d}t}$是广义速度，广义动量 $p_x=\frac{\partial}{\partial v_x}\left[\frac{1}{2}m(v_x^2+v_y^2+v_z^2)\right]=mv_x$，等于质量与速度的乘积，与我们的已有认识一致。但在球坐标(r,θ,φ)里，θ 分量的广义动量 $p_\theta=mr^2\frac{\mathrm{d}\theta}{\mathrm{d}t}$，并不等于质量与广义速度$\frac{\mathrm{d}\theta}{\mathrm{d}t}$的乘积。这也是我们经常倾向于用动量而非速度来表征状态空间的原因。

这个答案的根据是经典力学里的两个定理：

定理：经典力学中，按广义坐标$(q_1,q_2,q_3,\cdots)$和其广义动量$(p_1,p_2,p_3,\cdots)$定义的状态空间中的任一体积

$$\Omega=\int\mathrm{d}q_1\mathrm{d}p_1\mathrm{d}q_2\mathrm{d}p_2\cdots \tag{3.47}$$

在运动中不变。

定理：状态空间中的体积元在正则变换下不变，即状态空间的任一体积与所选的广义坐标无关。

注意：如果用广义速度代替式(3.47)中的广义动量，则定理不成立，因此在状态空间的表征中应该使用动量而非速度。这两个定理的证明过程我们这里不提供。感兴趣的读者可以参考其他的教科书，例如高执棣与郭国霖的《统计热力学导论》。

第一个定理在解答我们的问题时所起的作用解释如下。如果一个粒子在当前时刻 t 处于状态空间中的一个点(q,p)，随着时间的演化，在未来时刻 t'它将移动到状态空间中的另一个点(q',p')(例如，根据牛顿定律可以确定粒子在未来任一时刻的状态)，而且，这个演化是确定性的，没有随机性，不同的轨迹之间也不会发生交叉。因此，如果 t 时刻一个相格 i 里面有一些粒子(粒子数 n_i)，在 t'时刻这些粒子将移动到另一个区域 i'(即图 3.4 中从 ABCD 移到 A′B′C′D′)，而且它们占据的新区域中此时并没有其他的粒子(轨迹不会交叉)。在平衡时粒子的分布不随时间变化，因此可知道在原来的时刻 t 这个新区域 i'存在着同样数量的粒子 n_i。考虑到粒子间相互作用可以忽略，演化过程能量守恒，i 与 i'的能量相等。如果我们采用公式(3.47)来定义状态空间体积并把相格选取成具有相同的状态空间体积，则根据上面第一个定理，新区域 i'处的一个相格里将拥有相同的粒子 n_i，这与麦克斯韦-玻尔兹

曼分布只与相格能量有关的性质一致。而如果 i 与 i' 处的相格不具有相同的在公式(3.47)定义下的状态空间体积，麦克斯韦-玻尔兹曼分布将不成立。或者说，我们分割相格时必须使它们具有相同的状态空间体积。

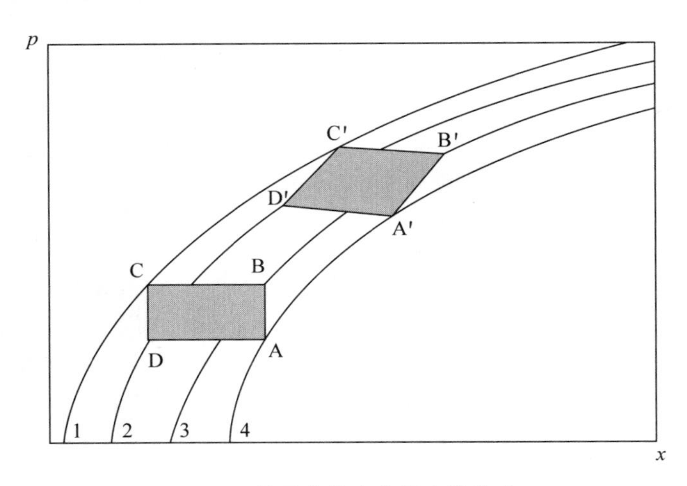

图 3.4 粒子在状态空间中的移动。

曲线 1～4 代表不同的轨迹。A′，B′，C′，D′代表初始时刻处于状态 A，B，C，D 的粒子经过相同时间(如 Δt)后所到达的末态。因此一个相格(如矩形 ABCD)中的粒子随时间会移动到另一个区域(如平行四边形 A′B′C′D′)。根据定理，这两个区域的面积相同。

第二个定理则使我们可以在不同的广义坐标方案下都可以分割出同样大小的相格，不需受不同方案选取方面的困扰。

3.4.2 相格数目与状态空间体积元之间的比例系数

第二个问题的回答必须结合量子力学才能解决。这其中的思路来自玻尔对应原理：处在很大量子数的状态上的粒子，其性质的量子力学计算结果将与经典力学结果一致。或者说，在大量子数下，量子力学结果将趋向于经典力学结果，因此我们可以在大量子数的条件下计算出某一状态空间体积中包含多少个微观量子态。最后得到的结论很简单，如下所示。

量子态与状态空间体积之间的对应关系：单个粒子在 $2s$ 维状态空间中平均每个量子态所占体积为 h^s。或者说，体积元 $\mathrm{d}\Omega=\mathrm{d}q_1\mathrm{d}p_1\cdots\mathrm{d}q_s\mathrm{d}p_s$ 所包含的量子态数目为：

$$\frac{\mathrm{d}\Omega}{h^s}=\frac{\mathrm{d}q_1\mathrm{d}p_1\cdots\mathrm{d}q_s\mathrm{d}p_s}{h^s} \tag{3.48}$$

对于 N 个全同粒子组成的 $2Ns$ 维状态空间，考虑全同粒子的不可分辨性的影响后，体积元中包含的量子态数目为：

$$\frac{\mathrm{d}\Omega}{N!\,h^{Ns}}=\frac{\mathrm{d}q_1\mathrm{d}p_1\cdots\mathrm{d}q_{Ns}\mathrm{d}p_{Ns}}{N!\,h^{Ns}} \tag{3.49}$$

分母有个 $N!$ 是因为 N 个粒子的状态交换后会在状态空间产生 $N!$ 个不同的点，但在量子力学的全同粒子不可分辨性规则下其实是同一个量子态，因此等价地可认为状态空间每个点有个 $\frac{1}{N!}$ 的权重。

量子态与状态空间体积之间的对应关系提供了在大量子数极限下微观态数目计算的一

种简单的方法，可看作量子力学的经典力学极限。它可以解决本节开头所讲的相格划分对熵的不确定性影响。

我们并不打算严格地证明量子态与状态空间体积之间的这个对应关系，而是通过几个简单例子来检验这个对应关系的正确性。

第一个例子是前几节介绍过的三维盒子中的自由粒子。根据薛定谔方程解的分析（见3.2.2节），能量小于 ε_0 的量子本征态的数目约为

$$N(\varepsilon_0) \approx \frac{\sqrt{2}m^{3/2}V\varepsilon_0^{3/2}}{3\pi^2\hbar^3} \tag{3.50}$$

而在经典力学中

$$\varepsilon(\boldsymbol{r},\boldsymbol{p}) = \frac{p_x^2+p_y^2+p_z^2}{2m} = \frac{p^2}{2m} \tag{3.51}$$

能量小于 ε_0 的状态空间体积为

$$\begin{aligned}\Omega(\varepsilon_0) &= \int_{\varepsilon(\boldsymbol{r},\boldsymbol{p})\leqslant\varepsilon_0} \mathrm{d}x\,\mathrm{d}y\,\mathrm{d}z\,\mathrm{d}p_x\,\mathrm{d}p_y\,\mathrm{d}p_z \\ &= V\int_{\varepsilon(\boldsymbol{r},\boldsymbol{p})\leqslant\varepsilon_0} \mathrm{d}p_x\,\mathrm{d}p_y\,\mathrm{d}p_z = V\int_{p\leqslant\sqrt{2m\varepsilon_0}} \mathrm{d}p_x\,\mathrm{d}p_y\,\mathrm{d}p_z \\ &= V\times\frac{4\pi}{3}(\sqrt{2m\varepsilon_0})^3 = \frac{8\sqrt{2}\pi m^{3/2}V\varepsilon_0^{3/2}}{3}\end{aligned} \tag{3.52}$$

结合公式(3.50)与(3.52)，得到平均每个量子态所占状态空间体积为

$$\frac{\Omega(\varepsilon_0)}{N(\varepsilon_0)} = 8\pi^3\hbar^3 = h^3 \tag{3.53}$$

符合量子态与状态空间体积之间的对应关系。

第二个例子是一维谐振子。它的能级是 $\varepsilon_n=\left(n+\frac{1}{2}\right)\hbar\omega_0$，能量小于 ε_0 的量子本征态的数目约为

$$N(\varepsilon_0) \approx \frac{\varepsilon_0}{\hbar\omega_0} \tag{3.54}$$

而在经典力学中

$$\varepsilon(x,p) = \frac{1}{2}m\omega_0 x^2 + \frac{p^2}{2m} \tag{3.55}$$

它在状态空间(x,p)的能量等高线是一些同心椭圆。能量小于 ε_0 的状态空间体积即为 ε_0 等高线(椭圆)所包围的面积：

$$\Omega(\varepsilon_0) = \int_{\varepsilon(x,p)\leqslant\varepsilon_0} \mathrm{d}x\,\mathrm{d}p = \pi\sqrt{\frac{2\varepsilon_0}{m\omega_0}}\sqrt{2m\varepsilon_0} = \frac{2\pi\varepsilon_0}{\omega_0} \tag{3.56}$$

其中利用了椭圆 $\frac{x^2}{a^2}+\frac{y^2}{b^2}=1$ 的面积为 πab 的数学性质。结合公式(3.54)与(3.56)，得到平均每个量子态所占状态空间体积为：

$$\frac{\Omega(\varepsilon_0)}{N(\varepsilon_0)} = 2\pi\hbar = h \tag{3.57}$$

也符合量子态与状态空间体积之间的对应关系。

第5节　量子统计：费米-狄拉克分布、玻色-爱因斯坦分布

量子力学内容的引入，给统计热力学带来的重大观念变化主要有如下几个方面：

(1) 粒子全同性下的统计规则：一个量子态上最多只能占据一个费米子；一个量子态上允许占据任意数目的玻色子；采用排列组合计算微观状态数时应认为全同粒子是不可分辨的。

(2) 能级是分立的，相邻能级之间的间隙有时候不能忽略，求和不一定可以变成积分。

(3) 一个相格可能包含有多个量子态。在前面经典统计的分析中我们不区分指定粒子放进同一相格后引起的更多变化(即不计粒子在同一个盒子中的可能位置差异)。但在量子力学里，所有量子态都是可分辨的，必须考虑粒子放进包含多个量子态的相格后的排列组合数目。

在本节中，我们将根据这些新观念推导出费米-狄拉克分布与玻色-爱因斯坦分布，以及它们的经典近似。

3.5.1　三种分布

在量子力学基础上考虑一个由大量独立粒子所组成的系统，它具有确定的粒子数 N，内能 E。这里的独立粒子是指粒子之间没有相互作用。将能量非常接近的单粒子量子本征态放进同一个格子(相格)；这样我们就得到很多相格，每个相格所含的量子本征态的数目被称为简并度，记为 $g_1, g_2, \cdots, g_i, \cdots$；忽略同一相格里不同本征态的能量差别，因此每个相格只用一个能量值来代表，称为相格的能量(能级)，记为 $\varepsilon_1, \varepsilon_2, \cdots, \varepsilon_i, \cdots$。

这里我们所说的简并指的是同一相格内的不同本征态的能量近似相等，与一般量子力学教科书里的含义(能量严格相等)不同。我们将会考虑粒子放进相格后在不同本征态上的分布所带来的对排列组合数目的影响，因此 g_i 之间可以不相同，即所划分的相格尺寸可以大小不等。我们暂时假设 $N \gg 1, g_i \gg 1$，以后(第六章)在采用系综进行分析后将不再需要做这种假设就可得到类似结果。

对于费米-狄拉克统计(F-D统计)，每个量子态上最多占据1个粒子(费米子)。将每个相格里的粒子数目分别记为 $n_1, n_2, n_3, \cdots$，根据排列组合的知识(参见数学背景：排列组合2)，它所包含的多粒子微观态数目(微观实现方法)为

$$W_{\text{F-D}}(\{n_i\}) = \prod_i \frac{g_i!}{n_i!\,(g_i - n_i)!} \tag{3.58}$$

对于玻色-爱因斯坦统计(B-E统计)，每个量子态上所占据粒子(玻色子)数目没有任何限制。对于相格里占据粒子数目为$\{n_i\}$的情况(参见数学背景：排列组合2)，它所包含的多粒子微观态数目(微观实现方法)为

$$W_{\text{B-E}}(\{n_i\}) = \prod_i \frac{(g_i + n_i - 1)!}{(g_i - 1)!\,n_i!} \tag{3.59}$$

我们还可以重新考虑麦克斯韦-玻尔兹曼统计(M-B统计)，认为状态空间是由一些分立的态组成的，与量子态类似，但没有量子力学关于波函数交换对称或反对称(粒子全同性)的额外要求。此时粒子是可以分辨的，每个量子态上所占据粒子数目没有任何限制，对于相格里占

据粒子数目为$\{n_i\}$的情况，根据排列组合的知识(参见数学背景：排列组合 2)，它所包含的多粒子微观态数目(微观实现方法)为

$$W_{\text{M-B}}(\{n_i\}) = N!\prod_i \frac{g_i^{n_i}}{n_i!} \tag{3.60}$$

数学背景：排列组合 2

(1) 把 n 个不可辨别的粒子放进 g 个可辨别的杯子，每个杯子最多放一个粒子，则可能放法为

$$w(n;g) = \frac{g!}{n!(g-n)!}$$

在括号里我们用分号来隔开(可变)变量与(固定)参数。

- 证明思路：这相当于从 g 个可辨别的杯子里面选出 n 个杯子来放粒子(每个杯子放一个粒子)的可能选法。

(2) 把 n 个不可辨别的粒子放进 g 个可辨别的杯子，每个杯子中的粒子数量不受限制，则可能放法为

$$w(n;g) = \frac{(n+g-1)!}{n!(g-1)!}$$

- 证明思路：见下图，圆点表示粒子，杯子按顺序排，相邻杯子的间壁用斜杠(共 $g-1$ 个)表示。这相当于从$(n+g-1)$个位置中选出 $g-1$ 个放上斜杠，而其他 n 个放上圆点。

●●●/●●●●●/●/●●●●/●●

(3) 把 N 个可辨别的粒子按$\{n_1, n_2, n_3, \cdots\}$的要求放进一些可辨别的盒子(相格)。盒子里有杯子(单粒子量子本征态)，数目记为$\{g_1, g_2, g_3, \cdots\}$；放粒子时需要一直放到杯子里。则可能放法为

$$w(\{n_i\}; N, \{g_i\}) = N!\prod_i \frac{g_i^{n_i}}{n_i!}$$

- 证明思路：如不考虑杯子的存在，即不计粒子在同一个盒子中的状态差别，放法为$\dfrac{N!}{\prod_i n_i!}$。现在需考虑粒子在盒子中的状态差别(简并度)，则还需乘上把 n_i 个可辨别的粒子放进第 i 个盒子中的 g_i 个可辨别的杯子所具有的 $g_i^{n_i}$ 种不同安排。

当每个相格里的粒子都很稀疏(粒子数远少于相格里的微观态数目)时，$n_i \ll g_i$，费米-狄拉克统计的结果(3.58)可做如下简化：

$$W_{\text{F-D}}(\{n_i\}) = \prod_i \frac{g_i!}{n_i!(g_i-n_i)!} = \prod_i \frac{(g_i-n_i+1)(g_i-n_i+2)\cdots g_i}{n_i!} \approx \prod_i \frac{g_i^{n_i}}{n_i!} \tag{3.61}$$

在近似中我们利用 $n_i \ll g_i$ 的条件将 $g_i - n_i + 1$ 与 $g_i - n_i + 2$ 等都近似成 g_i。比较麦克斯韦-玻尔兹曼统计的结果(3.60)，得到

$$W_{\text{F-D}}(\{n_i\}) \approx \frac{1}{N!} W_{\text{M-B}}(\{n_i\}) \tag{3.62}$$

类似地，对玻色-爱因斯坦统计也有

$$\begin{aligned} W_{\text{B-E}}(\{n_i\}) &= \prod_i \frac{(g_i + n_i - 1)!}{(g_i - 1)!\ n_i!} \\ &= \prod_i \frac{g_i(g_i + 1)\cdots(g_i + n_i - 1)}{n_i!} \\ &\approx \prod_i \frac{g_i^{n_i}}{n_i!} = \frac{1}{N!} W_{\text{M-B}}(\{n_i\}) \end{aligned} \tag{3.63}$$

合起来有

$$W_{\text{F-D}}(\{n_i\}) \approx W_{\text{B-E}}(\{n_i\}) \approx \frac{1}{N!} W_{\text{M-B}}(\{n_i\}) \tag{3.64}$$

两种量子统计的结果是一样的，与经典分布之间也只相差一个 $\frac{1}{N!}$ 因子。这个结果可以这样理解：既然此时相格里的粒子数远少于量子态数目，几乎不会出现两个或更多粒子占据同一个量子态的情况，因此是否允许多个粒子占据同一个量子态的限制就不起作用了，两种量子统计的结果就近似相同；量子统计与经典统计的差异就只剩下计算排列组合数时粒子是否是不可分辨的，而这就给出了那个 $\frac{1}{N!}$ 因子。这个 $\frac{1}{N!}$ 因子并不影响 $\{n_i\}$ 的概率分布。因此，当相格里的粒子很稀疏时，或者说，当量子本征态上的粒子占据数很低时，三种统计的分布结果近似是一样的。不过，这个因子会影响熵的计算结果。有时，为了部分反映粒子不可分辨性的影响，定义

$$W_{\text{cMB}}(\{n_i\}) = \frac{1}{N!} W_{\text{M-B}}(\{n_i\}) = \prod_i \frac{g_i^{n_i}}{n_i!} \tag{3.65}$$

相应的统计称为“修正的麦克斯韦-玻尔兹曼统计”(corrected Maxwell-Boltzmann，简称 cMB)。它在粒子稀疏占据情况下可以给出与量子统计相同的结果，可以被看作量子统计的经典近似，在某种程度上纠正了纯经典的麦克斯韦-玻尔兹曼统计的一些缺陷。

接下来我们借鉴第二章中的思路，结合大数定律、拉格朗日乘子法与斯特林公式来求解上述三种统计的具体分布结果。

在大数定律下，我们的目标是在粒子数守恒($\sum_i n_i = N$)与能量守恒($\sum_i n_i \varepsilon_i = E$)的约束下求解 $W(\{n_i\})$ 的极值。$W(\{n_i\})$的具体表达式由公式(3.58)～(3.60)及(3.65)给出。应用拉格朗日乘子法，引入无约束极值函数

$$f'(\{n_i\};\alpha,\beta) = \ln W(\{n_i\}) - \alpha\left(\sum_i n_i - N\right) - \beta\left(\sum_i n_i \varepsilon_i - E\right) \tag{3.66}$$

其极值应该满足条件 $\frac{\partial f'(\{n_i\};\alpha,\beta)}{\partial n_i} = \frac{\partial f'(\{n_i\};\alpha,\beta)}{\partial \alpha} = \frac{\partial f'(\{n_i\};\alpha,\beta)}{\partial \beta} = 0$。对于费米-狄拉克统计(3.58)，在斯特林公式下，有

$$f'_{\text{F-D}}(\{n_i\};\alpha,\beta) \approx \sum_i (g_i \ln g_i - g_i) - \sum_i (n_i \ln n_i - n_i)$$

$$-\sum_i [(g_i - n_i)\ln(g_i - n_i) - (g_i - n_i)]$$
$$-\alpha(\sum_i n_i - N) - \beta(\sum_i n_i\varepsilon_i - E) \tag{3.67}$$

对 n_i 的偏导数

$$\frac{\partial f'_{\text{F-D}}(\{n_i\};\alpha,\beta)}{\partial n_i} = -\ln n_i + \ln(g_i - n_i) - \alpha - \beta\varepsilon_i = 0 \tag{3.68}$$

其解为

$$n_i^{(\text{FD})} = \frac{g_i}{e^{\alpha+\beta\varepsilon_i} + 1} \tag{3.69}$$

这里我们特意用上标(FD)来指出这是费米-狄拉克统计下的结果。对于玻色-爱因斯坦统计,有

$$\frac{\partial f'_{\text{B-E}}(\{n_i\};\alpha,\beta)}{\partial n_i} = \ln(g_i + n_i - 1) - \ln n_i - \alpha - \beta\varepsilon_i = 0 \tag{3.70}$$

解得

$$n_i^{(\text{BE})} = \frac{g_i}{e^{\alpha+\beta\varepsilon_i} - 1} \tag{3.71}$$

对麦克斯韦-玻尔兹曼统计与修正的麦克斯韦-玻尔兹曼统计,则

$$n_i^{(\text{MB})} = n_i^{(\text{cMB})} = g_i e^{-\alpha-\beta\varepsilon_i} \tag{3.72}$$

容易证明,考虑两个系统 A 与 B(可满足不同的统计类型),如果允许它们交换能量,但不改变各自的能级,则平衡时两个系统的 β 相同。类似经典统计时的分析,最后可得到 β 与热力学温度 T 之间的简单关系

$$\beta = \frac{1}{k_B T} \tag{3.73}$$

由于粒子数守恒($\sum_i n_i = N$)与能量守恒($\sum_i n_i\varepsilon_i = E$)两个方程的存在,$N,E,\alpha,\beta$ 四个参数中只有两个是独立的,另两个可通过求解方程得到。一般的方便做法是选择 β 为微观上的独立参量,进而利用公式(3.73)把它与宏观温度 T 关联起来,而把 E 视为非独立参量。剩下的 N 与 α,N 是更容易理解的量,按道理应该选它为独立参量,并把 α 求解为 N 与 β(或 T)的函数。但直接出现在分布(3.69)、(3.71)、(3.72)中的是 α 而非 N,而只有在(修正或未修正的)麦克斯韦-玻尔兹曼统计结果(3.72)下才能从 $\sum_i n_i = N$ 中求解出 α 的简单解析解

$$e^{-\alpha} = \frac{N}{\sum_i g_i e^{-\beta\varepsilon_i}} \tag{3.74}$$

它起着归一化因子的作用。而在费米-狄拉克统计与玻色-爱因斯坦统计中,$\alpha(N)$的简单解析解是不容易得到的。因此,在很多情况下是在分布中保留 α,或者通过下述定义

$$\alpha = -\frac{\mu}{k_B T} \tag{3.75}$$

引入一个新的参数 μ 来代替 α 充当基本参量的角色。我们后面将看到,μ 与化学势密切相关。

这样，我们就得到了麦克斯韦-玻尔兹曼分布与修正的麦克斯韦-玻尔兹曼分布

$$n_i^{(\mathrm{MB})}=n_i^{(\mathrm{cMB})}=g_i\mathrm{e}^{-\frac{\varepsilon_i-\mu}{k_\mathrm{B}T}} \tag{3.76}$$

费米-狄拉克分布

$$n_i^{(\mathrm{FD})}=\frac{g_i}{\mathrm{e}^{\frac{\varepsilon_i-\mu}{k_\mathrm{B}T}}+1} \tag{3.77}$$

玻色-爱因斯坦分布

$$n_i^{(\mathrm{BE})}=\frac{g_i}{\mathrm{e}^{\frac{\varepsilon_i-\mu}{k_\mathrm{B}T}}-1} \tag{3.78}$$

3.5.2 量子统计下的性质

费米-狄拉克分布(3.77)的典型曲线如图 3.5 所示。相格 i 里的粒子数 $n_i^{(\mathrm{FD})}$ 与其所包含的量子态数目 g_i 成正比，$n_i^{(\mathrm{FD})}/g_i$ 代表了平均每个量子态上占据的粒子数目。当能级很低($\varepsilon_i\ll\mu$)时，每个量子态上占据的粒子数趋向于 1，即趋向于费米子能够占据的数目上限；当能级很高($\varepsilon_i\gg\mu$)时，量子态上占据的粒子数趋向于 0。当 $\varepsilon_i=\mu$ 时，量子态被占据的概率等于 0.5。曲线的变化主要发生在 $\varepsilon_i=\mu$ 附近，占据概率从高值($n_i^{(\mathrm{FD})}/g_i\approx1$)光滑地下降到低值($n_i^{(\mathrm{FD})}/g_i\approx0$)，呈 S 形。温度越低，变化越陡峭；变化区域的宽度约为 $k_\mathrm{B}T$ 量级。

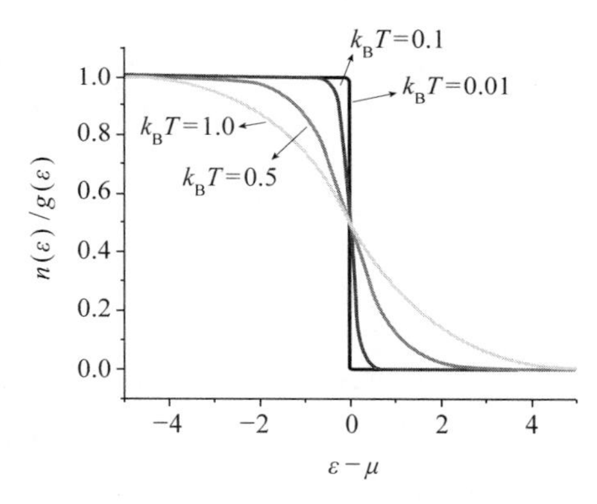

图 3.5 费米-狄拉克分布的典型曲线。

三种分布的比较如图 3.6 所示。三种分布都是随能级升高而下降，最后趋向于 0。费米-狄拉克分布中平均每个量子态上占据的粒子数最大也只能趋向于 1。而在玻色-爱因斯坦分布与麦克斯韦-玻尔兹曼分布中量子态上占据的粒子数可以一直增加到无穷大，即对占据数没有限制。不过，玻色-爱因斯坦分布的增加比麦克斯韦-玻尔兹曼分布更快，而且玻色-爱因斯坦分布在逼近 μ(即 $\varepsilon_i\to\mu^+$)时发散，因此 μ 小于所有能级。但 $\varepsilon_i\gg\mu$ 时，三种分布趋向一致，就是上面讨论过的粒子很稀疏的情形。这也可以从它们的公式(3.76)～(3.78)上看出来。

在量子统计下很多宏观性质与微观分布的联系，例如内能 $U=\sum_i n_i\varepsilon_i$、等容比热 $C_V=\dfrac{\partial U(T)}{\partial T}$、微小的可逆功 $\delta W=\sum_i n_i\delta\varepsilon_i$、广义力 $y_\lambda=\sum_i n_i\dfrac{\partial\varepsilon_i}{\partial y_\lambda}$、微小的可逆热 $\delta Q=\sum_i\varepsilon_i\delta n_i$，

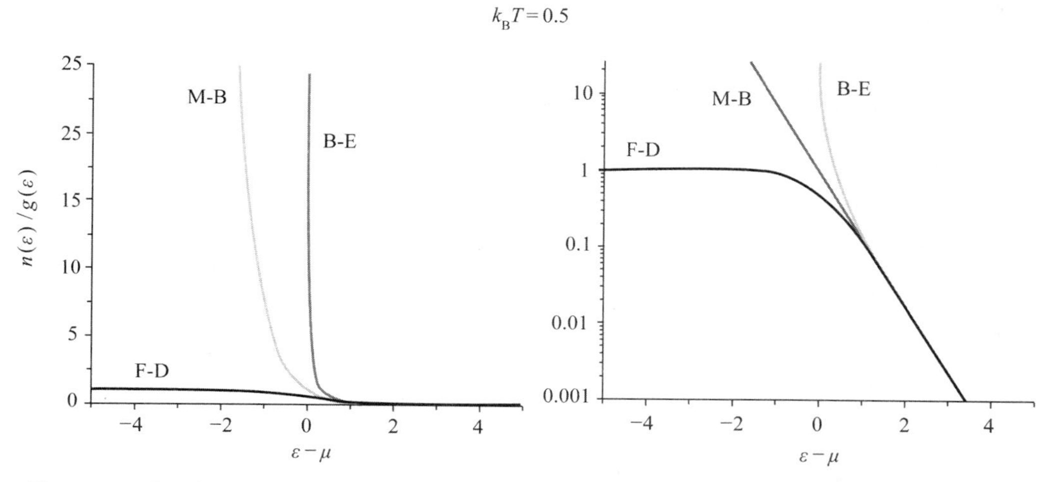

图 3.6　三种分布在相同温度下的比较：费米-狄拉克分布(F-D)、玻色-爱因斯坦分布(B-E)、麦克斯韦-玻尔兹曼(M-B)分布。

都与经典统计下的结果类似，只需要把 n_i 的具体表达式改成相应的分布公式(3.76)、(3.77)就行。

值得专门讨论的是熵的性质。根据热力学中熵的普适定义，无穷小可逆过程中

$$\delta S=\frac{\delta Q}{T}=\frac{1}{T}\sum_i \varepsilon_i \delta n_i \tag{3.79}$$

不管哪种分布，我们都有公式(3.66)所定义的无约束极值函数 $f'(\{n_i\};\alpha,\beta)$，它满足极值条件

$$\frac{\partial f'(\{n_i\};\alpha,\beta)}{\partial n_i}=\frac{\partial \ln W(\{n_i\})}{\partial n_i}-\alpha-\beta\varepsilon_i=0 \tag{3.80}$$

从(3.80)中解出 ε_i 并代回(3.79)，并利用 $\sum\limits_i \delta n_i=0$ 的粒子数守恒性质以及 β 与温度之间的联系 $\left(\beta=\dfrac{1}{k_BT}\right)$，得到

$$\delta S=k_B\sum_i\left(\frac{\partial \ln W(\{n_i\})}{\partial n_i}-\alpha\right)\delta n_i=k_B\sum_i \frac{\partial \ln W(\{n_i\})}{\partial n_i}\delta n_i=k_B\delta[\ln W(\{n_i\})] \tag{3.81}$$

这是一个全微分的形式。对其沿任一路径积分的结果将只与初态与末态有关。忽略一个可能的积分常数，得到

$$S=k_B\ln W(\{n_i\}) \tag{3.82}$$

这就是我们在上一章中得到过的玻尔兹曼熵公式(2.54)。因此玻尔兹曼熵公式对量子统计也成立。事实上，上述的证明并没有涉及 $W(\{n_i\})$ 的具体形式，因此证明结果是普适成立的，超越了经典统计与量子统计的适用范围。

对于费米-狄拉克统计，$W(\{n_i\})$ 的形式由公式(3.58)给出，把它代入熵的表达式(3.82)，可得到

$$\frac{S}{k_B}=\sum_i g_i\ln g_i-\sum_i n_i\ln n_i-\sum_i (g_i-n_i)\ln(g_i-n_i) \tag{3.83}$$

或写成

$$\frac{S}{k_{\mathrm{B}}}=-\sum_{i} g_{i} \frac{n_{i}}{g_{i}} \ln \frac{n_{i}}{g_{i}}-\sum_{i} g_{i} \frac{g_{i}-n_{i}}{g_{i}} \ln \frac{g_{i}-n_{i}}{g_{i}} \tag{3.84}$$

定义 $p_{i,j}=\frac{n_i}{g_i}$，它其实代表了相格 i 中任一个量子态 j 被粒子占据的概率，而 $1-p_{i,j}$ 则是它没被粒子占据的概率。因此，式(3.84)可以写成对称的形式

$$S=-k_{\mathrm{B}} \sum_{i,j}\left[p_{i,j} \ln p_{i,j}+\left(1-p_{i,j}\right) \ln \left(1-p_{i,j}\right)\right] \tag{3.85}$$

与信息熵的形式类似。有了熵 S，我们还可以求亥姆霍兹自由能 $A=U-TS$ 以及它对粒子数的偏导数

$$\begin{aligned}\frac{\partial A}{\partial N} &=\frac{\partial}{\partial N}\left\{\sum_{i} n_{i} \varepsilon_{i}-k_{\mathrm{B}} T \sum_{i}\left[g_{i} \ln g_{i}-n_{i} \ln n_{i}-\left(g_{i}-n_{i}\right) \ln \left(g_{i}-n_{i}\right)\right]\right\} \\ &=\sum_{i} \varepsilon_{i} \frac{\partial n_{i}}{\partial N}+k_{\mathrm{B}} T \sum_{i}\left[\ln n_{i}-\ln \left(g_{i}-n_{i}\right)\right] \frac{\partial n_{i}}{\partial N}\end{aligned} \tag{3.86}$$

将费米-狄拉克分布的 n_i 表达式(3.77)代入上式右侧的中括号内，得到

$$\frac{\partial A}{\partial N}=\sum_{i} \varepsilon_{i} \frac{\partial n_{i}}{\partial N}-k_{\mathrm{B}} T \sum_{i}\left[\ln e^{\frac{\varepsilon_{i}-\mu}{k_{\mathrm{B}} T}}\right] \frac{\partial n_{i}}{\partial N}=\sum_{i} \mu \frac{\partial n_{i}}{\partial N}=\mu \tag{3.87}$$

由于$\frac{\partial A}{\partial N}$就是化学势，因此我们在费米-狄拉克分布中引入的参量 μ 正是化学势！

对于玻色-爱因斯坦分布，也可以证明 μ 就是化学势。这里就不详细证明了。

第 6 节　量子统计的应用例子

量子统计能够解释很多经典统计无法解释的“奇怪”现象。这里我们介绍几个例子。

3.6.1　金属中的自由电子气：闪电般的速度

金属电子论是描述金属中电子态和电子行为的理论，认为金属中的价电子脱离了原子的束缚，在整块金属中自由运动，从而令人满意地解释了金属良好的电导与热导能力。但在金属电子论的发展早期，存在着一个令人无比困惑的难题：传导电子的比热。根据经典统计中的能量均分原理，每个自由电子的平均动能为$\frac{3k_{\mathrm{B}}T}{2}$，对比热的贡献为$\frac{3k_{\mathrm{B}}}{2}$。但是，在室温下实验观测到的电子对比热的贡献却常常不到这个预测值的百分之几。1926年，费米与狄拉克提出了费米-狄拉克统计；两年后(1928)，阿诺德·索末菲(Arnold Johannes Wilhelm Sommerfeld，参见题外：指导过最多诺贝尔奖获得者的人)将费米-狄拉克统计应用于描述金属中的自由电子气的行为，终于成功地解决了这个难题。

题外：指导过最多诺贝尔奖获得者的人

索末菲是著名的德国物理学家，在量子力学与原子物理学的发展中有巨大贡献。他引入了电子的第二量子数(角量子数 l)、第四量子数(自旋量子数 s)以及精细结构常数，也是X射线波动理论的先驱。他虽然没有获得过诺贝尔奖(被提名过很多次)，但教导过最多诺贝尔奖获得者：

(1) 1914 年，博士后冯·劳厄(1906)获诺贝尔物理学奖
(2) 1932 年，博士生海森堡(1923)获诺贝尔物理学奖
(3) 1936 年，博士生德拜(1908)获诺贝尔化学奖
(4) 1944 年，博士后拉比(1927)获诺贝尔物理学奖
(5) 1945 年，博士生泡利(1921)获诺贝尔物理学奖
(6) 1954 年，博士后鲍林(1926)获诺贝尔化学奖
(7) 1962 年，博士后鲍林(1926)获诺贝尔和平奖
(8) 1967 年，博士生贝特(1928)获诺贝尔物理学奖

金属中的价电子在整块金属中自由运动，可用 3.2.2 节中三维盒子中的自由粒子模型来描述，单粒子能级由公式(3.7)给出，而且能级非常密集，可近似成连续分布。能级小于 ε 的量子本征态数目为

$$N(\varepsilon)=\frac{2\sqrt{2}m_{\mathrm{e}}^{3/2}V\varepsilon^{3/2}}{3\pi^2\hbar^3} \tag{3.88}$$

其中 m_{e} 是电子质量，V 是系统体积。与公式(3.10)相比，我们这里考虑了电子的自旋简并度(有自旋朝上与自旋朝下两种可能)，因此多了个系数 2。我们定义能态密度(Density of State，DOS)，或者说，单位能量区间内的简并度

$$g(\varepsilon)=\mathrm{DOS}(\varepsilon)=\frac{\partial N(\varepsilon)}{\partial\varepsilon}=\frac{\sqrt{2}m_{\mathrm{e}}^{3/2}V\varepsilon^{1/2}}{\pi^2\hbar^3} \tag{3.89}$$

电子的自旋是 1/2，服从费米-狄拉克分布(3.77)，每个量子态最多只能占据一个电子。分布公式里除了温度 T 以外，还有一个参数：化学势 μ。它可由粒子数守恒条件 $\sum_i n_i=N$ 解出，在连续近似下变成积分

$$\int_0^{+\infty}\frac{g(\varepsilon)}{\mathrm{e}^{\frac{\varepsilon-\mu}{k_{\mathrm{B}}T}}+1}\mathrm{d}\varepsilon=N \tag{3.90}$$

其中 N 是系统中自由电子的数目。在一般的温度条件下，这个方程不容易解。但我们可以先来看低温极限(即 $T\to0$)时系统的性质。此时

$$\frac{1}{\mathrm{e}^{\frac{\varepsilon-\mu}{k_{\mathrm{B}}T}}+1}=\begin{cases}1,\ \text{如果}\ \varepsilon\leqslant\mu\\0,\ \text{如果}\ \varepsilon>\mu\end{cases} \tag{3.91}$$

因此方程(3.89)简化成

$$\int_0^{+\infty}\frac{g(\varepsilon)}{\mathrm{e}^{\frac{\varepsilon-\mu}{k_{\mathrm{B}}T}}+1}\mathrm{d}\varepsilon=\int_0^{\mu}g(\varepsilon)\mathrm{d}\varepsilon=\frac{2\sqrt{2}m_{\mathrm{e}}^{3/2}V\mu^{3/2}}{3\pi^2\hbar^3}=N \tag{3.92}$$

其中利用了 $g(\varepsilon)$ 的表达式(3.89)。上式的解为

$$\mu(T=0)=\frac{\hbar^2}{2m_{\mathrm{e}}}\left(\frac{3\pi^2N}{V}\right)^{\frac{2}{3}} \tag{3.93}$$

化学势是电子密度 N/V 的函数。

因此，在 $T\to0$ 时，所有 $\varepsilon\leqslant\mu$ 的量子态都被占据(每个量子态占据一个电子)。我们可以在动量空间描述这种占据状态，或者按固体物理中的说法，在 **k** 空间来看占据性质(单电

子波函数在周期性边界条件下为 $\exp[i\mathbf{k}.\mathbf{r}]$，此时动量表示为 $\boldsymbol{p}=\hbar\mathbf{k}$，因此动量与 $\mathbf{k}$ 成正比)，如图 3.7 所示。被占据的轨道构成 $\mathbf{k}$ 空间中的一个球。球面(占据态与未占据态的边界，又称费米面)的能量 $\mu(T=0)$ 有时候被称为费米能级 ε_F，而它所对应的速度被称为费米速度

$$v_F=\sqrt{\frac{2\varepsilon_F}{m_e}} \tag{3.94}$$

另外，还可定义费米温度

$$T_F=\frac{\varepsilon_F}{k_B} \tag{3.95}$$

它表征了经典统计下粒子要获得费米速度所需要的大致温度，因此与自由电子气的实际温度(系统温度)没有关系。

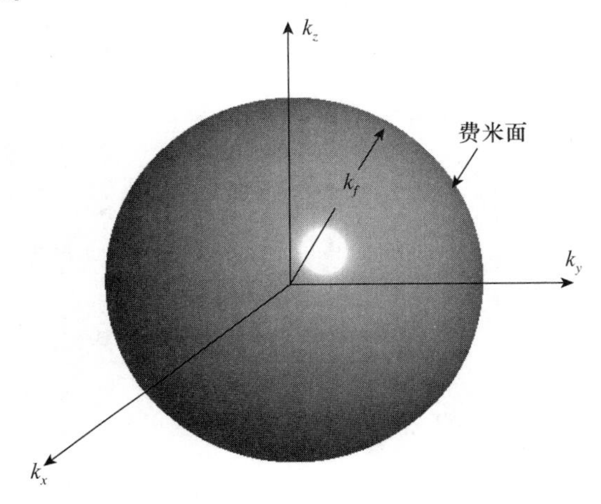

图 3.7　自由电子气在 $T=0$ 时在状态空间(k 空间)的占据情况。

利用公式(3.93)～(3.95)，就可以基于金属的自由电子浓度 N/V 来计算费米能级、费米速度与费米温度。对常见金属的计算结果如表 3-2 所示。由表中数据可知，金属中自由电子的费米能级一般高达几个 eV，相当于经典气体粒子在几万开尔文下的热运动能量。速度更是惊人，达到每秒钟一两千千米。打个形象的比喻，空气分子的速度约 506 m/s(第二章第 7 节)，在 1 s 之内可以绕操场跑一圈；而电子则可以在 1 s 之内从北京跑到上海，简直是闪电般的速度。这种巨大差异一方面是由于电子的质量比分子小得多，另一方面是金属中的自由电子气密度比气体分子高得多，低能级被填满而不得不一直往高能级填充。

表 3-2　常见金属中的自由电子气性质

金属	电子浓度/(10^{22}/cm^3)	费米能级/eV	费米速度/(10^6 m/s)	费米温度/10^4 K
Li	4.70	4.72	1.29	5.48
Na	2.65	3.23	1.07	3.75
K	1.40	2.12	0.86	2.46
Rb	1.15	1.85	0.81	2.15
Cs	0.91	1.58	0.75	1.83
Cu	8.45	7.00	1.57	8.12
Ag	5.85	5.48	1.39	6.36

续表

金属	电子浓度/(10^{22}/cm^3)	费米能级/eV	费米速度/(10^6 m/s)	费米温度/10^4 K
Au	5.90	5.51	1.39	6.39
Pb	13.20	9.37	1.82	10.9
Sn	14.48	10.0	1.88	11.6
Be	24.2	14.1	2.23	16.4
Mg	8.60	7.13	1.58	8.27
Ca	4.60	4.68	1.28	5.43
Sr	3.56	3.95	1.18	4.58
Ba	3.20	3.65	1.13	4.24
Zn	13.10	9.39	1.82	10.9
Cd	9.28	7.46	1.62	8.66
Al	18.06	11.6	2.02	13.4
Ga	15.30	10.4	1.91	12.0
In	11.49	8.60	1.74	9.98

现在来看自由电子气的比热：

$$C_V(T)=\frac{\partial U(T)}{\partial T}=\frac{\partial}{\partial T}\int_0^{+\infty}\frac{\varepsilon g(\varepsilon)}{e^{\frac{\varepsilon-\mu}{k_B T}}+1}d\varepsilon \tag{3.96}$$

图 3.8 显示了不同温度下粒子数分布随 ε 的变化曲线，即 $\frac{g(\varepsilon)}{e^{\frac{\varepsilon-\mu}{k_B T}}+1}\sim\varepsilon$。考虑到费米温度远远大于室温(或我们感兴趣的 T)，分布曲线只在费米能级附近有些变化。从中我们可以定性估计内能随温度的变化及所导致的比热：(1) 与 $T=0$ 的情形相比，在某一温度 T 下只有那些能量位于费米能级 ε_F 以下 $k_B T$ 范围(量级)内的电子才会被热激发(跃迁至费米能级以上 $k_B T$ 范围)，涉及的电子比例约为 $k_B T/\varepsilon_F$ 量级，涉及电子数为 $Nk_B T/\varepsilon_F$ 量级；(2) 这些被激发的电子，每个电子所增加的能量的量级为 $k_B T$；(3) 因此所增加的内能 $U(T)-U(0)$ 的量级为 $N(k_B T)^2/\varepsilon_F$，比热是它对 T 的导数，将在 $Nk_B^2 T/\varepsilon_F$ 量级。严格的数学分析稍微复杂，我们这里只把结果引用如下

$$C_V(T)=\frac{\pi^2 Nk_B}{2}\cdot\frac{k_B T}{\varepsilon_F}=\frac{\pi^2 Nk_B}{2}\cdot\frac{T}{T_F} \tag{3.97}$$

因此，金属中的自由电子气的比热与温度成正比。在温度 T 趋向绝对零度时比热将下降为

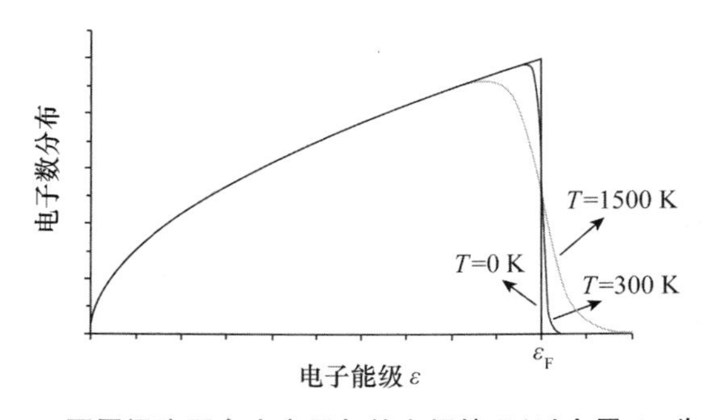

图 3.8　不同温度下自由电子气的占据情况(以金属 Cu 为例)。

零，符合热力学第三定律。经典统计下比热为$\frac{3Nk_B}{2}$，因此量子统计下的比热与经典统计的预测值之比约为$\frac{\pi^2 T}{3T_F}$，考虑到自由电子气的费米温度通常比室温高两个量级，因此量子统计下的比热只有经典统计预测值的百分之几。这就解释了开头所讲的金属电子论中关于比热的难题。

3.6.2 白矮星的秘密

如果有人告诉你，有一种看得见的东西，一厘米见方的体积具有超过一吨的重量，你会作何感想？你会不会觉得这很荒唐？事实上，白矮星就是这样的。

白矮星是在 1910 年被发现的。对地球人而言，天狼星是夜空中最亮的恒星。我们以为是一颗恒星的天狼星，实际上是由两个星球组成的联星系统。其中的主星就是我们肉眼看到的天狼星，质量是太阳的两倍。而伴星虽然质量与太阳相当，但个头很小(图 3.9)，半径只有太阳的 1%，它就是在 1910 年最早被发现的白矮星。1926 年，福勒(参见题外：福勒)将费米-狄拉克统计运用于解释白矮星的性质。

图 3.9 哈勃望远镜拍摄的天狼星联星系统。箭头所指的就是质量与主星相当，但个头很小的伴星(白矮星)。

题外：福勒

拉尔夫·福勒(Ralph Howard Fowler)是英国物理学家、天文学家。福勒是狄拉克的导师。狄拉克原先希望研究相对论，然而在福勒的指导下，狄拉克开始接触原子理论，最终以他在量子力学中的突破性工作(正则量子化规则)获得博士学位(1926 年)。狄拉克与费米在 1926 年提出费米-狄拉克统计。同年，福勒将狄拉克的统计理论用于解释白矮星的奇特性质。热力学第零定律也是福勒最先提出的(1931 年)。

白矮星是中低质量恒星演化阶段的最终产物，通常由碳和氧组成。由于万有引力的存在，恒星有向内收缩的趋势(重力崩溃)。太阳等恒星是通过核聚变产生的向外的“辐射压”来平衡向内的“重力压”，从而保持我们现在所观察到的稳定状态。而白矮星缺乏核聚变的足够能量来抵抗重力崩溃，只能依靠极高密度的物质产生的电子简并压力来支撑。

物理背景：球体的万有引力势能

一个半径为 r 质量为 m_1 的球体，与离球心距离为 $d(\geqslant r)$ 质量为 m_2 的质点之间的万有引力势能是 $-\dfrac{Gm_1m_2}{d}$。利用这个性质，一个质量为 M，半径为 R 的均匀球体的万有引力势能可求解为

$$E_G=-\int_{r\leqslant R}\rho_0\mathrm{d}^3\boldsymbol{r}\int_{r'\leqslant r}\rho_0\mathrm{d}^3\boldsymbol{r}'\ \frac{G}{|\boldsymbol{r}-\boldsymbol{r}'|}=-\int_{r\leqslant R}\rho_0\mathrm{d}^3\boldsymbol{r}\ \frac{\frac{4}{3}\pi r^3\rho_0 G}{r}$$

$$=-\int_0^R 4\pi r^2\rho_0\mathrm{d}r\ \frac{\frac{4}{3}\pi r^3\rho_0 G}{r}=-\frac{16}{15}\pi^2\rho_0^2GR^5=-\frac{3GM^2}{5R}$$

其中 ρ_0 是质量密度，满足 $M=\dfrac{4}{3}\pi R^3\rho_0$。

质量为 M，半径为 R 的均匀球体的万有引力势能为(参见物理背景：球体的万有引力势能)

$$E_G=-\frac{3GM^2}{5R} \tag{3.98}$$

半径越小，万有引力势能越低(越稳定)，因此在这种作用下球体有向内收缩的趋势。在白矮星这种高密度物质里，原子核的距离非常近，电子容易挣脱单个原子核的束缚，在整个材料中自由运动，可用自由电子气来描述。自由电子气的能量(只有动能，势能为零)在温度很低时计算为

$$E_K=\int_0^{+\infty}\frac{\varepsilon g(\varepsilon)}{\mathrm{e}^{\frac{\varepsilon-\mu}{k_BT}}+1}\mathrm{d}\varepsilon=\int_0^{\varepsilon_F}\varepsilon g(\varepsilon)\mathrm{d}\varepsilon=\int_0^{\varepsilon_F}\varepsilon\ \frac{\sqrt{2}m_e^{3/2}V\varepsilon^{1/2}}{\pi^2\hbar^3}\mathrm{d}\varepsilon$$

$$=\frac{2\sqrt{2}m_e^{3/2}V\varepsilon_F^{5/2}}{5\pi^2\hbar^3}=\left(\frac{3}{2}\right)^{\frac{7}{3}}\frac{\pi^{2/3}\hbar^2(N_MM)^{\frac{5}{3}}}{5m_eR^2} \tag{3.99}$$

其中 m_e 是电子质量，N_M 是单位质量物质所具有的自由电子数目。它随着半径的增加而降低，因此在自由电子气的动能下球体有向外扩展的趋势，这是一种量子效应所导致的等价排斥力(参见 3.3.4 节)，被称为电子简并压。系统总能量

$$U=-\frac{3GM^2}{5R}+\left(\frac{3}{2}\right)^{\frac{7}{3}}\frac{\pi^{2/3}\hbar^2(N_MM)^{\frac{5}{3}}}{5m_eR^2} \tag{3.100}$$

当 R 很小时，费米-狄拉克统计下的自由电子气动能的排斥作用居主导，系统向外膨胀；当 R 很大时，万有引力的吸引作用居主导，系统向内收缩。平衡的条件为：

$$\frac{\partial U}{\partial R}=\frac{3GM^2}{5R^2}-2\left(\frac{3}{2}\right)^{\frac{7}{3}}\frac{\pi^{\frac{2}{3}}\hbar^2(N_MM)^{\frac{5}{3}}}{5m_eR^3}=0 \tag{3.101}$$

解为

$$R=\left(\frac{3}{2}\right)^{\frac{4}{3}}\frac{\pi^{\frac{2}{3}}\hbar^2(N_M)^{\frac{5}{3}}}{m_eG}M^{-\frac{1}{3}} \tag{3.102}$$

这就是白矮星的半径的理论预测值。值得注意的是,白矮星的质量 M 越大,半径越小。

数值计算结果如图 3.10 所示。对于质量与太阳相当的白矮星,半径只有太阳的 1%左右。在考虑到相对论效应后,其实存在一个坍塌极限,即白矮星能拥有的最大质量(1.44 倍太阳质量,图中竖线)[①],超过这一质量的天体将最终演化成中子星或黑洞,而非白矮星。

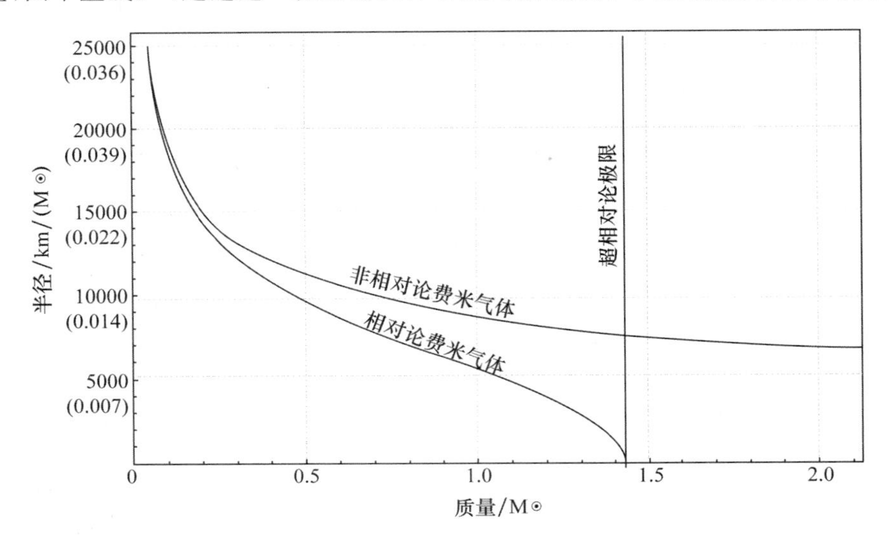

图 3.10　白矮星的半径-质量关系。图中用了天文单位,即以太阳质量与大小为单位。

3.6.3　玻色-爱因斯坦凝聚

上一节中描述的是由于费米-狄拉克统计所导致的等价排斥力的效果,这里我们介绍玻色-爱因斯坦统计所导致的等价吸引作用的影响。

在玻色-爱因斯坦分布中,当化学势 μ 逼近某个能级 i 时,粒子数 n_i 发散,此时几乎所有的粒子都会落入这个能级,导致一种全新的相态,类似于气体凝聚成液体。这种凝聚现象不是由于粒子之间的吸引力造成的,而是由于玻色子波函数的交换对称性所造成的。这种相变是在 1924 年由爱因斯坦预言的,后被称为玻色-爱因斯坦凝聚。1937 年苏联科学家卡皮察(Pyotr Kapitsa)在 ^4He 中发现的超流体现象(液态氦在 $T=2.2$ K 之下黏度变为零,可以毫无阻力地通过细管,甚至溢出玻璃管外)可视为玻色-爱因斯坦凝聚的结果。不过,^4He 中的粒子间相互作用比较复杂,并不是纯粹的玻色-爱因斯坦凝聚。"真正"的玻色-爱因斯坦凝聚一直到 1995 年才在极低温($T=1.7\times10^{-7}$ K)下的 ^{87}Rb 原子气体中观察到[②]。

具体地,我们来看玻色-爱因斯坦分布

$$n_i=\frac{g_i}{e^{\frac{\varepsilon_i-\mu}{k_B T}}-1} \tag{3.103}$$

我们把最低的能级记为 ε_0。一方面,当温度保持不变时,如果我们增加系统的总粒子数 N,则 μ 会上升,使 n_i 增加以满足 $\sum_i n_i=\sum_i \frac{g_i}{e^{\frac{\varepsilon_i-\mu}{k_B T}}-1}=N$。但另一方面,公式(3.103) 中分母

① 这被称为"钱德拉塞卡极限"。钱德拉塞卡是福勒的学生。

② ^{87}Rb 原子含有 37 个质子、48 个中子与 37 个电子,总数是 122 个(偶数),因此 ^{87}Rb 的总自旋为整数,是玻色子。

应该为正，即 $\varepsilon_i-\mu>0$，即 μ 小于所有能级，或者说，它的上限是最低能级 ε_0。当 μ 逼近 ε_0 时，ε_0 上的粒子数 n_0 会发散（趋向无穷大），但由于能级的分立性质，其他能级与 ε_0 有非零能隙存在，因此 $n_i(i>0)$ 不会随着 μ 逼近 ε_0 一直增加，而是存在上限

$$n_i<\frac{g_i}{e^{\frac{\varepsilon_i-\varepsilon_0}{k_B T}}-1} \tag{3.104}$$

我们把粒子数分成两类：

$$N=n_0+N_{\text{th}} \tag{3.105}$$

即最低能级上的粒子数 n_0 以及其他能级上的粒子数 $N_{\text{th}}=\sum_{i>0}n_i$（热分布粒子，在很多能级上都有，经常可以把分立能级近似成连续分布）。n_0 没有上限，但 N_{th} 有上限，记为 N_c

$$N_c=\sum_{i>0}\frac{g_i}{e^{\frac{\varepsilon_i-\varepsilon_0}{k_B T}}-1} \tag{3.106}$$

示意结果如图 3.11(a)所示。当 $N<N_c$ 时，N_{th} 未饱和，n_0 一般很小；当 $N>N_c$ 时，N_{th} 基本饱和（$\approx N_c$），n_0 不再很小，$n_0>N-N_c$。因此一般通过下式定义临界温度 T_c

$$N_{\text{th}}(T_c,\mu=\varepsilon_0)=N \tag{3.107}$$

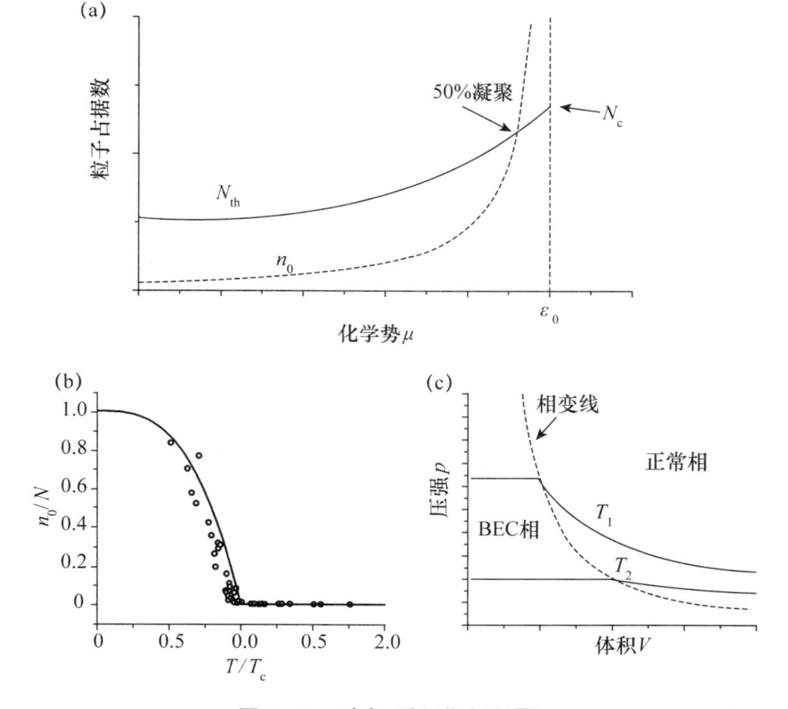

图 3.11　玻色-爱因斯坦凝聚。

(a) 基态粒子数 n_0 与热分布粒子数 N_{th} 随化学势的变化；(b) 当总粒子数 N 固定时 n_0 随温度 T 的变化。其中圆点是 ^{87}Rb 冷原子系统的实验结果①，实线是理论公式。(c) 相图（BEC *vs.* normal），以及压强随体积的变化。

① Ensher, J. R., Jin, D. S., Matthews, M. R., Wieman, C. E. & Cornell, E. A. (1996). *Physical Review Letters* 77, 4984.

对于三维自由玻色气体，计算的相图如图3.11(b)所示。而图3.11(c)给出了压强随体积的变化，可以看到，在玻色-爱因斯坦凝聚发生之前，系统的压强随体积压缩而增大，与通常的气体类似；但在发生玻色-爱因斯坦凝聚($V<V_c$)发生以后，系统的体积保持不变，与气-液相变的性质类似。

习　题

3.1 计算表3-1中的多原子分子在经典统计下的比热理论值(只考虑原子的贡献，不考虑电子的贡献)。

3.2 考虑三个粒子(1、2、3)，每个粒子有三个量子态(A、B、C)。假设粒子是费米子，请写出系统的波函数、宏观占据态及其概率，并与直接的简化规则结果比较。

3.3 类上，但粒子是玻色子。

3.4 以一维自由粒子为例，证明盒子边界条件与周期边界条件的能态密度基本一致。

3.5 在3.2.2节中所估计的电子能级密度与在3.6.1节中的结果有何不同，原因是什么？

3.6 已知铜(Cu)的密度为8.960 g/cm^3，相对原子质量为63.5，价电子数为2。请计算它的自由电子浓度N/V，费米能级与费米温度。

3.7 检索闪电速度的数值，并与金属中的自由电子气速度做比较。

3.8 参考3.6.2节估计中子星的密度。(背景：据说一个乒乓球大小的中子星的密度是十亿吨。由于角动量守恒，随着半径的减小，中子星的自转速度增大，这就是脉冲星的来源，曾被认为是外星人信号。)

3.9 对于金属中的自由电子气，当$T\ll T_F$时，压强可通过下式计算(U为自由电子的内能或动能)

$$p=-\frac{\partial U}{\partial V}$$

请计算Ag在低温时的自由电子气的压强，并思考为什么没有发生爆炸。

3.10 证明金属中电子气$pV=2U/3$，并将其与单原子理想气体做比较。

3.11 计算$T=0$ K时通过Cu中任一截面的电流密度。(注：不是净电流，净电流为零。如，对于$y-z$截面，只计算$v_x\geqslant 0$的电子的贡献。)

3.12 请推导一维与二维自由电子气的能态密度的表达式，并与三维时的结果比较(画出它们随ε变化的大致曲线，并说明它们的主要区别)。(注：低维材料的很多新奇特性与此相关。)

3.13 利用正文中的公式与数据计算Cu在室温下的电子比热。

3.14 证明cMB统计中μ也是化学势，但M-B统计中不是。

3.15 某玻色子有三个能级$\varepsilon_i=0,1,2$；简并度$g_i=1,10^8,10^{16}$。系统有三个粒子。请分别求出温度$T=1,0.1,0.01$ K下的化学势μ与能级占据粒子数n_i，体会玻色-爱因斯坦凝聚的机制。

3.16 在球坐标下有

$$\boldsymbol{r}=(x,y,z)=(r\sin\theta\cos\varphi,r\sin\theta\sin\varphi,r\cos\theta)$$

因此动能

$$T = \frac{1}{2}m\left|\frac{\mathrm{d}\boldsymbol{r}}{\mathrm{d}t}\right|^2 = \frac{1}{2}m\left[\left(\frac{\mathrm{d}r}{\mathrm{d}t}\right)^2 + r^2\left(\frac{\mathrm{d}\theta}{\mathrm{d}t}\right)^2 + r^2\sin^2\theta\left(\frac{\mathrm{d}\varphi}{\mathrm{d}t}\right)^2\right]$$

在力学中,任一广义坐标 q_i 所对应的广义动量定义为

$$p_i \equiv \frac{\partial L}{\partial\left(\frac{\mathrm{d}q_i}{\mathrm{d}t}\right)} = \frac{\partial T}{\partial\left(\frac{\mathrm{d}q_i}{\mathrm{d}t}\right)}$$

因此

$$\begin{cases} p_r = m\dfrac{\mathrm{d}r}{\mathrm{d}t} \\ p_\theta = mr^2\dfrac{\mathrm{d}\theta}{\mathrm{d}t} \\ p_\varphi = mr^2\sin^2\theta\dfrac{\mathrm{d}\varphi}{\mathrm{d}t} \end{cases}$$

因此动能可用广义动量写成

$$T = \frac{p_r^2}{2m} + \frac{p_\theta^2}{2mr^2} + \frac{p_\varphi^2}{2mr^2\sin^2\theta}$$

对于线性刚性转子,可认为上式中 r 不变而且 $I = mr^2$,此时能量

$$E = T = \frac{p_\theta^2}{2I} + \frac{p_\varphi^2}{2I\sin^2\theta}$$

能量小于 ε_0 的(基于广义坐标与广义动量)状态空间体积定义为

$$\Omega = \int_{E<\varepsilon_0}\mathrm{d}\theta\mathrm{d}\varphi\mathrm{d}p_\theta\mathrm{d}p_\varphi$$

请根据这些定义,以及正文中刚性转子的量子力学本征解,证明当量子数(J 或 ε_0)很大时,每个量子态所占据的相空间体积为 h^2(即量子态与相空间体积之间的对应关系)。

3.17 生活中的费米一狄拉克统计。

一种游戏/骗局如下:10 个红色球和 10 个白色球一起放入布袋中;你从口袋中(依次)摸出 10 个球,(庄家再依次摸出剩球):

- 如果摸出球的颜色为 4 红 6 白、5 红 5 白或 6 红 4 白,则你输 10 元钱;
- 如果摸出 3 红 7 白或 7 红 3 白,则你赢 20 元钱;
- 如果摸出 2 红 8 白或 8 红 2 白,则你赢 100 元钱;
- 如果摸出 1 红 9 白或 9 红 1 白,则你赢 1000 元钱;
- 如果摸出全 10 红或全 10 白,则你赢 10 000 元钱。

(1) 假设相同颜色的小球是不可分辨的。请给出不同结局(宏观分布)的微观态数目的表达式 $W(n_1,n_2)$(其中 n_1 是你摸到的红色球数目,n_2 是庄家摸到的红色球数目),并与费米-狄拉克统计给出的结果进行比较。(可能思路的提示:从前 10 个位置挑出 n_1 个涂上红色作为你的微观态,后 10 个位置类似处理给庄家。)

(2) 计算你在一轮游戏中输/赢钱的平均数额。

(3) 现在把摸球条件改变如下:布袋中有无穷个球,但红球与白球的比例是 1∶1;你从口袋中(依次)摸出 10 个球,庄家不需摸球;输赢钱规则如前不变。请给出不同结局(宏观分布)的微观态数目的表达式 $W(n_1,n_2)$(其中 n_1 是你摸到的红色球数目,n_2 是你摸到的白色

球数目)。并与麦克斯韦-玻尔兹曼统计给出的结果进行比较。

(4) 计算在(3)条件下你在一轮游戏中输/赢钱的平均数额。

(5) 请比较(1),(2)与(3),(4)条件下的最可几分布的位置[即 $W(n_1,n_2)$ 最大的(n_1,n_2)]的异同,并比较它们的分布 $W(n_1,n_2)\equiv W(n_1,10-n_1)$ 的宽度的差别。(哪个大哪个小?)较宽的分布对你有利还是较窄的分布对你有利?根据前面这些结果,在相同的简并度与粒子数条件下,F-D 统计与 M-B 统计哪一个的分布宽度大?

3.18 费米分布、泊松分布与经典分布所允许的微观状态的差异。系统包含三个独立粒子,单粒子可能的量子态为 A、B、C(能量相同或不同),不考虑能量守恒的要求。

(1) 请分别列出粒子为费米子与玻色子时体系所有允许的微观状态(例如玻色子的一种可能状态见下图,或用"BBC"表示也可)。

(2) 如果粒子是可分辨经典粒子,则允许的微观状态数目是多少?[不需像(a)一样给出微观状态的表示。]

(3) 费米子与玻色子体系的微观状态数目加起来是否等于可分辨经典粒子的数目?

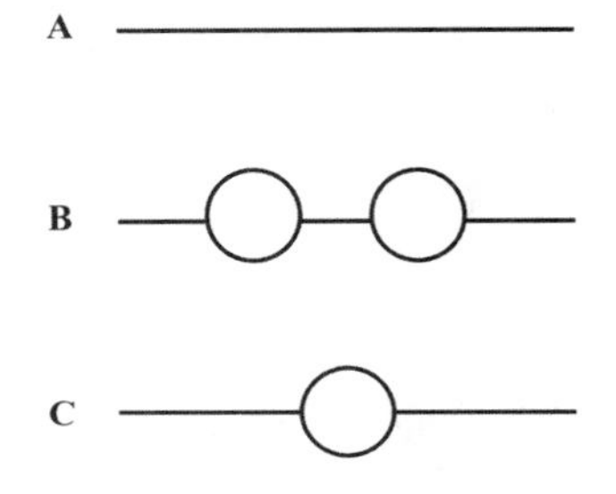

3.19 判断对错题:

(1) 周期边界条件下自由粒子的平动无零点能(最低量子能级能量为零)。 ( )

(2) 转动无零点能(刚性转子的最低量子能级能量为零)。 ( )

(3) 当温度大于 0 K 时,玻色-爱因斯坦统计中化学势 μ 总是大于所有的分子能级。 ( )

(4) 当温度大于 0 K 时,修正的麦克斯韦-玻尔兹曼统计中化学势 μ 总是小于最低的分子能级。 ( )

(5) 稀疏占据条件下三种(cMB、F-D、B-E)分布趋向一致。 ( )

(6) 振动无零点能(谐振子的最低量子能级能量为零)。 ( )

(7) 当温度大于 0 K 时,对于能量低于化学势的非简并能级,其上费米粒子的占据概率大于 0.5。 ( )

(8) 负绝对温度($T<0$ K)在能级无上限(例如平动自由度)的体系中是不允许存在的。 ( )

第四章　单组分理想气体

第1节　引言：理想气体与稀疏占据条件

在前面的章节里我们已经介绍了经典统计与量子统计，这样就具备了所需的理论基础，可以正式讨论理想气体（即化学中最关心的对象：分子）的性质。

通常认为，理想气体，也就是气体分子之间的相互作用可以忽略。但是，根据前一章（量子统计）中的内容，我们知道理想气体还需要满足另外一个条件，就是量子态的稀疏占据条件。否则，没有相互作用的分子所组成的系统会呈现出类似于金属中的自由电子气（当分子为费米子时）或玻色-爱因斯坦凝聚（当分子为玻色子时）那样的性质，而不会遵循 $pV=Nk_BT$ 的理想气体性质。同时我们也知道，这种在没有分子间相互作用时仍偏离理想气体性质的“非正常”现象，是来源于量子力学中全同粒子只能取交换对称或反对称波函数的那个“奇怪的”原理。只有当系统满足量子态的稀疏占据条件时，没有相互作用的分子所组成的气体才是理想气体，而且此时不管分子是费米子还是玻色子，表现出来的统计性质没有任何区别，与修正的麦克斯韦-玻尔兹曼统计完全一致。

因此，我们先来具体考察一下现实条件下分子气体是否满足量子态稀疏占据条件。

根据前一章中的结果，对于没有相互作用的独立粒子，能级小于某一个指定的 ε 的本征态数目约为（不考虑自旋）

$$N(\varepsilon)=\frac{\sqrt{2}m^{3/2}V\varepsilon^{3/2}}{3\pi^2\hbar^3} \tag{4.1}$$

在经典统计或修正的麦克斯韦-玻尔兹曼统计下，粒子的平均动能是 $\varepsilon=3k_BT/2$。在这个能量下，我们可以大致估计出所对应本征态的数目

$$N(\varepsilon)=\frac{\sqrt{2}m^{3/2}V}{3\pi^2\hbar^3}\cdot\left(\frac{3k_BT}{2}\right)^{\frac{3}{2}} \tag{4.2}$$

利用 $pV=Nk_BT$，可得

$$N(\varepsilon)=\frac{\sqrt{3}m^{3/2}(k_BT)^{5/2}N}{2\pi^2\hbar^3p} \tag{4.3}$$

它与粒子数 N 成正比（其实是与体积 V 成正比，而 V 与 N 成正比）。与上一章中的自由电子气相比，这里不考虑自旋（不同原子的核自旋不同，而且常常与转动自由度一起考虑，后面有详细介绍）。因此，量子态的平均占据概率大约为

$$\frac{N}{N(\varepsilon)}=\frac{2\pi^2\hbar^3p}{\sqrt{3}m^{3/2}(k_BT)^{5/2}} \tag{4.4}$$

这个结果与分子的质量 m、温度 T 以及压强 p 有关。对空气和氢气的数值计算结果如图

4.1 所示。可以看到在室温下空气分子的量子态占据概率在 10^{-7} 左右，也就是说，平均一千万个量子本征态上才有一个分子占据！即使是对于相对分子质量最小（因此占据概率最大）的气体——氢气，室温下的量子态占据概率也只有 10^{-5} 左右。它们都满足量子态稀疏占据条件。当然这个占据概率会随着温度降低而升高，但它只有在温度非常低时才会取较大的值，而那时候气体早就液化或固化了（分子间相互作用不能忽略），不再是我们所考虑的气体。

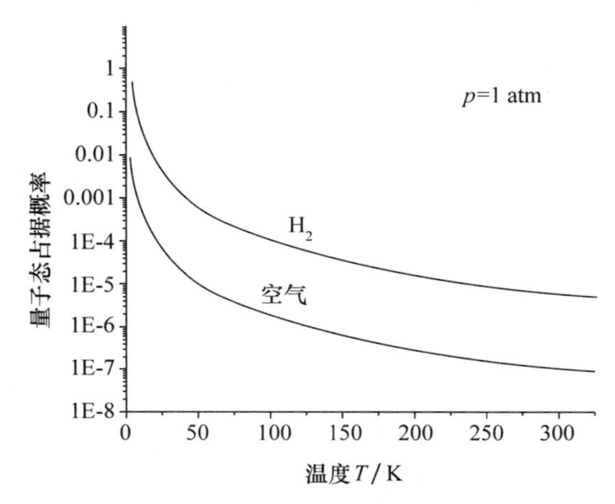

图 4.1　氢气和空气的量子态占据概率随温度的变化。压强固定为 1 atm（1.01325×10^5 Pa）。只考虑平动量子态的贡献。

小结一下，理想气体需要满足两个条件：分子间相互作用可以忽略；量子态稀疏占据。后一条件在通常的气体条件下总是满足的，因此修正的麦克斯韦-玻尔兹曼统计与费米-狄拉克统计、玻色-爱因斯坦统计的结果是一致的。这给我们研究气体性质带来很大的便利。例如，我们将不需要区分组成气体的分子是费米子还是玻色子，只要用修正的麦克斯韦-玻尔兹曼统计就可得到正确的结果（我们在本章中会一直采用这种做法）；我们可以很容易利用粒子数守恒的条件将分布中的参数 μ 或 α 消去（这在一般情况下的费米-狄拉克分布与玻色-爱因斯坦分布中是很难做到的）。

第 2 节　单分子配分函数

在讨论理想气体的具体性质之前，我们先引入（修正）麦克斯韦-玻尔兹曼统计中一个很重要的工具，叫配分函数。配分函数类似于热力学中的母函数，只要把这个量算出来，就可以对它进行一些简单的运算从而得出其他的热力学量。

4.2.1　配分函数及其与热力学量之间的关系

对于修正的（或原始的没修正的）麦克斯韦-玻尔兹曼统计，独立粒子的分布为

$$n_i = g_i e^{-\frac{\varepsilon_i-\mu}{k_B T}} = N\frac{g_i e^{-\frac{\varepsilon_i}{k_B T}}}{\sum_i g_i e^{-\frac{\varepsilon_i}{k_B T}}} \tag{4.5}$$

其中等号右侧中的分母起着归一化系数的作用，定义为(单分子)配分函数(partition function)

$$Z=\sum_i g_i e^{-\frac{\varepsilon_i}{k_B T}} \tag{4.6}$$

它是玻尔兹曼最早引入的量，德文单词为 Zustandssumme(意思是“状态的和”，sum over states)，因此用符号 Z 来代表。配分函数 Z 由温度 T 与能级 $\{\varepsilon_i\}$ 所决定，而能级 $\{\varepsilon_i\}$ 又进一步受体积 V 影响，与粒子数 N 无关。因此，可认为 Z 是 V 与 T 的函数，即 $Z(V,T)$。利用 Z，n_i 可写成

$$n_i=\frac{N}{Z}g_i e^{-\frac{\varepsilon_i}{k_B T}} \tag{4.7}$$

配分函数 Z 是统计热力学中一个非常重要的量，可用来很方便地求得其他的热力学量。例如，对于内能，有

$$U=\sum_i n_i\varepsilon_i=\frac{N}{Z}\sum_i g_i\varepsilon_i e^{-\frac{\varepsilon_i}{k_B T}} \tag{4.8}$$

Z 的定义式(4.6)对 T 求偏导数，得

$$\left(\frac{\partial Z}{\partial T}\right)_V=\frac{1}{k_B T^2}\sum_i g_i\varepsilon_i e^{-\frac{\varepsilon_i}{k_B T}} \tag{4.9}$$

把它代入式(4.8)，得

$$U=\frac{Nk_B T^2}{Z}\left(\frac{\partial Z}{\partial T}\right)_V=Nk_B T^2\left(\frac{\partial \ln Z}{\partial T}\right)_V \tag{4.10}$$

因此内能 U 可通过对 Z 做一些简单运算而得到。而且，Z 在其中是通过 $\ln Z$ 的形式来起作用的。后面可以看到，这个特点对其他热力学量与 Z 的关系也是成立的。

对于熵，有

$$S=k_B\ln W=k_B\ln\prod_i\frac{g_i^{n_i}}{n_i!} \tag{4.11}$$

利用阶乘的斯特林公式，并把 n_i 的分布(4.7)代入，有

$$\begin{aligned}S&=k_B\sum_i n_i\ln g_i-k_B\sum_i(n_i\ln n_i-n_i)\\&=k_B\sum_i\frac{N}{Z}g_i e^{-\frac{\varepsilon_i}{k_B T}}\ln g_i-k_B\sum_i\left[\frac{N}{Z}g_i e^{-\frac{\varepsilon_i}{k_B T}}\ln\left(\frac{N}{Z}g_i e^{-\frac{\varepsilon_i}{k_B T}}\right)-\frac{N}{Z}g_i e^{-\frac{\varepsilon_i}{k_B T}}\right]\\&=-k_B\sum_i\left[\frac{N}{Z}g_i e^{-\frac{\varepsilon_i}{k_B T}}\ln\left(\frac{N}{Z}e^{-\frac{\varepsilon_i}{k_B T}}\right)-\frac{N}{Z}g_i e^{-\frac{\varepsilon_i}{k_B T}}\right]\\&=k_B\left(-N\ln\frac{N}{Z}+\frac{U}{k_B T}+N\right)\end{aligned} \tag{4.12}$$

将式(4.10)代入，得

$$S=Nk_B\left[T\left(\frac{\partial \ln Z}{\partial T}\right)_V+\ln\frac{Z}{N}+1\right] \tag{4.13}$$

有了内能与熵，就可得到亥姆霍兹自由能：

$$A=U-TS=-Nk_B T\left[\ln\frac{Z}{N}+1\right] \tag{4.14}$$

A 是 N，V，T 的函数，即 $A(N,V,T)$。它对 N 的偏导数就是化学势

$$化学势=\left(\frac{\partial A}{\partial N}\right)_{V,T}=-k_B T\ln\frac{Z}{N} \tag{4.15}$$

在修正的麦克斯韦-玻尔兹曼分布[式(4.5)]中的归一化系数 μ 满足

$$\sum_i g_i e^{-\frac{\varepsilon_i-\mu}{k_B T}}=N \tag{4.16}$$

即

$$e^{\frac{\mu}{k_B T}}Z=N\Rightarrow\mu=-k_B T\ln\frac{Z}{N} \tag{4.17}$$

对比式(4.15)与(4.17),可知修正的麦克斯韦-玻尔兹曼分布中引入的归一化系数 μ 就是化学势!

对于压强,有

$$p=-\sum_i n_i\frac{\partial\varepsilon_i}{\partial V}=-\frac{N}{Z}\sum_i g_i e^{-\frac{\varepsilon_i}{k_B T}}\frac{\partial\varepsilon_i}{\partial V} \tag{4.18}$$

利用 Z 的定义式(4.6)对 V 的偏导数:

$$\left(\frac{\partial Z}{\partial V}\right)_T=-\frac{1}{k_B T}\sum_i g_i e^{-\frac{\varepsilon_i}{k_B T}}\frac{\partial\varepsilon_i}{\partial V} \tag{4.19}$$

可得压强与 Z 之间的关系

$$p=Nk_B T\left(\frac{\partial\ln Z}{\partial V}\right)_T \tag{4.20}$$

进一步可求得焓

$$H=U+pV=Nk_B T\left[T\left(\frac{\partial\ln Z}{\partial T}\right)_V+V\left(\frac{\partial\ln Z}{\partial V}\right)_T\right] \tag{4.21}$$

吉布斯自由能

$$G=H-TS=Nk_B T\left[V\left(\frac{\partial\ln Z}{\partial V}\right)_T-\ln\frac{Z}{N}-1\right] \tag{4.22}$$

对比化学势的结果(4.17),可知在一般情况下

$$G\neq N\mu \tag{4.23}$$

但如果我们有 $G=N\mu$,则结合(4.22)与(4.17)将给出

$$V\left(\frac{\partial\ln Z}{\partial V}\right)_T-1=0 \tag{4.24}$$

此时将有压强

$$p=Nk_B T\left(\frac{\partial\ln Z}{\partial V}\right)_T=\frac{Nk_B T}{V} \tag{4.25}$$

或者,就如后面所示的理想气体的配分函数所满足的性质,Z 与 V 成正比,则可推出(4.24)以及 $G=N\mu$。但在一般情况下,例如,有非均匀外势场存在的情况下,在修正的麦克斯韦-玻尔兹曼统计中其实不能得到 $G=N\mu$ 的结论。

对于等容比热,有

$$C_V=\left(\frac{\partial U}{\partial T}\right)_V=Nk_B\left\{\frac{\partial}{\partial T}\left[T^2\left(\frac{\partial\ln Z}{\partial T}\right)_V\right]\right\}_V \tag{4.26}$$

在实验上,更容易测量的是等压比热

$$C_p=\left(\frac{\partial H}{\partial T}\right)_p=Nk_B\left\{\frac{\partial}{\partial T}\left[T^2\left(\frac{\partial \ln Z}{\partial T}\right)_V+VT\left(\frac{\partial \ln Z}{\partial V}\right)_T\right]\right\}_p \tag{4.26'}$$

在计算上，在压强不变的情况下对配分函数求偏导数并不方便，因此可进一步利用 p 与 V 之间的关系将 $\left(\frac{\partial y}{\partial x}\right)_p$ 转换成 $\left(\frac{\partial y}{\partial x}\right)_V$ 的形式，此处不再赘述。

配分函数与各热力学量之间的关系汇总在附录 C 中。

4.2.2　配分函数的应用例子：单原子理想气体

配分函数的定义及其与热力学量之间的关系比较数学化，不容易直观理解，因此这里先举个具体的应用例子：单原子理想气体。

单原子分子没有原子间的振动，也缺乏分子转动的运动模式。在暂时忽略电子能级以及核自旋的贡献(这些效应将在后面讨论)后，我们只需要考虑单原子分子的平动能级。根据前一章中量子力学的结果，平动能级可写成

$$\varepsilon_{n_x,n_y,n_z}=\frac{h^2}{8mV^{2/3}}(n_x^2+n_y^2+n_z^2) \tag{4.27}$$

平动对配分函数的贡献是

$$Z=\sum_{n_x,n_y,n_z}\mathrm{e}^{-\frac{\varepsilon_{n_x,n_y,n_z}}{k_BT}}=\sum_{n_x,n_y,n_z}\mathrm{e}^{-\frac{h^2}{8mV^{2/3}k_BT}(n_x^2+n_y^2+n_z^2)} \tag{4.28}$$

有时会定义平动特征温度

$$\theta_{\mathrm{tr}}\equiv\frac{h^2}{8mk_BV^{2/3}} \tag{4.29}$$

则可把配分函数写成简洁的形式

$$Z=\sum_{n_x,n_y,n_z}\mathrm{e}^{-\frac{\theta_{\mathrm{tr}}}{T}(n_x^2+n_y^2+n_z^2)} \tag{4.30}$$

平动特征温度的数值通常很小。例如，对于体积为 1 mL 的 H_2 气体，$\theta_{\mathrm{tr}}\approx10^{-16}$ K。因此，式(4.30)中的求和非常密集，可以近似成积分。通过定义变量 $x=\left(\frac{h^2}{8mk_BTV^{2/3}}\right)^{1/2}n_x$，$y=\left(\frac{h^2}{8mk_BTV^{2/3}}\right)^{1/2}n_y$，$z=\left(\frac{h^2}{8mk_BTV^{2/3}}\right)^{1/2}n_z$，配分函数变成如下积分

$$Z=\left(\frac{8mk_BTV^{2/3}}{h^2}\right)^{3/2}\int_0^{+\infty}\mathrm{e}^{-(x^2+y^2+z^2)}\mathrm{d}x\,\mathrm{d}y\,\mathrm{d}z \tag{4.31}$$

利用高斯积分的结果，最后得到

$$Z=\frac{V}{h^3}(2\pi mk_BT)^{3/2} \tag{4.32}$$

这是平动对配分函数的贡献，是个非常重要的结果，在后面会多次用到。可以看到，它与体积 V 成正比。

有了平动配分函数(4.32)，我们就可以很容易地计算单原子理想气体的各种热力学性质。例如，内能

$$U=Nk_BT^2\left(\frac{\partial \ln Z}{\partial T}\right)_V=Nk_BT^2\frac{\partial}{\partial T}\left\{\ln\left[\frac{V}{h^3}(2\pi mk_BT)^{3/2}\right]\right\}=\frac{3}{2}Nk_BT \tag{4.33}$$

与能量均分原理下的结果一致。压强为

$$p = Nk_B T\left(\frac{\partial \ln Z}{\partial V}\right)_T = Nk_B T\,\frac{\partial}{\partial V}\left\{\ln\left[\frac{V}{h^3}(2\pi m k_B T)^{3/2}\right]\right\} = \frac{Nk_B T}{V} \tag{4.34}$$

即得到理想气体状态方程。亥姆霍兹自由能也可得到解析的结果

$$A = -Nk_B T\left[\ln\frac{Z}{N}+1\right] = -Nk_B T\left\{\ln\left[\left(\frac{2\pi m k_B T}{h^2}\right)^{3/2}\frac{V}{N}\right]+1\right\} \tag{4.35}$$

最有意思的是我们可以得到熵的结果

$$S = Nk_B\left[T\left(\frac{\partial \ln Z}{\partial T}\right)_V + \ln\frac{Z}{N}+1\right] = Nk_B\left\{\frac{3}{2}+\ln\left[\left(\frac{2\pi m k_B T}{h^2}\right)^{3/2}\frac{V}{N}\right]+1\right\} \tag{4.36}$$

利用式(4.34)将上式中的$\frac{V}{N}$替换成$\frac{k_B T}{p}$,得到

$$S = Nk_B\left\{\ln\left[\left(\frac{2\pi m k_B T}{h^2}\right)^{3/2}\frac{k_B T}{p}\right]+\frac{5}{2}\right\} \tag{4.37}$$

这个结果被称为 Sackur-Tetrode(沙克尔-特鲁德)公式。它是 Otto Sackur 与 Hugo Martin Tetrode 在 1912 年根据普朗克的量子化思想最先提出来的。那时候还没有薛定谔方程,而且它把两个看似没有关联的领域——黑体辐射(h 来自普朗克的黑体辐射公式)与分子的熵——联系了起来,因此这是一个很了不起的结果。

上述熵公式的价值可用一个例子来演示:汞蒸气在其标准沸点 630 K 时的绝对熵。我们知道,熵是状态函数,只由系统的状态所决定,与系统的变化路径无关。但在热力学的实际应用中,要求解熵在某一状态下的值,却往往需要借助于从已知熵值的某一点(例如,对于绝对熵而言,就是 $T=0$ K 时熵值为零)出发一直变化到目标状态的路径上的可逆热来计算。例如,在汞蒸气的例子中,需要从 $T\to 0$ K 的固体汞出发,加热升温(测量等压比热),融解成液体汞(测量融解温度与融解热),加热升温(测量等压比热),沸腾成汞蒸气(测量沸腾温度与蒸发热),然后再等温压缩/膨胀到指定压强。合起来有

$$S = \int_0^T \frac{C_p^{\ominus}}{T}\mathrm{d}T + \sum\frac{\text{潜热}}{T_{\text{相变}}} - R\ln\frac{p}{p^{\ominus}} \tag{4.38}$$

其中符号 $\ominus$ 表示标准状态。利用多个过程的实验数据,可得到 $S=190.2$ J/(mol·K)。可以看到这个过程是很复杂的。而根据统计热力学,如公式(4.37)所示,我们不需要任何虚拟路径就能求得一点的绝对熵!在汞蒸气的例子中,我们只需要知道汞原子的相对分子质量(200.5),就可以算出汞蒸气在 $T=630$ K 下的熵:

$$\begin{aligned} S &= 6.022\times10^{23}\times1.38\times10^{-23} \\ &\quad\times\left\{\ln\left[\left(\frac{2\times3.1416\times\frac{0.2005}{6.022\times10^{23}}\times1.38\times10^{-23}\times630}{(6.63\times10^{-34})^2}\right)^{3/2}\frac{1.38\times10^{-23}\times630}{1.01\times10^5}\right]+\frac{5}{2}\right\} \\ &= 190.4\ \text{J/(mol·K)} \end{aligned} \tag{4.39}$$

与实验结果一致,但求解过程要简单得多。

沙克尔-特鲁德公式还可改写成如下的摩尔熵的简洁形式

$$\frac{S}{n} = S_0 + \frac{3}{2}R\ln m + \frac{5}{2}R\ln T - R\ln p \tag{4.40}$$

其中 S_0 是个常量。当 m 采用原子质量单位,p 以 10^5 Pa 为单位,T 以 K 为单位时,$S_0=-9.57$ J/(mol·K)。公式(4.40)给出了平动熵随 m,T,p 变化的简单性质。汞蒸气理想

气体的熵随温度的变化情况如图 4.2 所示。由公式(4.40)或图 4.2 可以看出，熵在 $T\to 0$ K 时是发散的。这是因为在温度非常低时，量子态的稀疏占据条件不再成立，即使粒子之间的相互作用可以忽略，系统也不再是理想气体，不能用修正的麦克斯韦-玻尔兹曼统计来描述，公式(4.40)不再能够描述系统的性质。

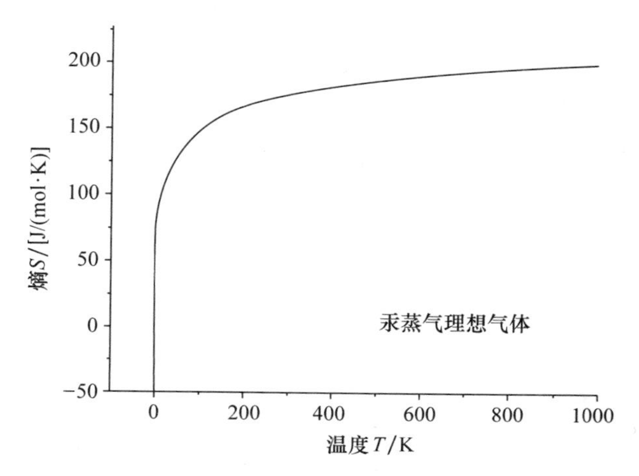

图 4.2　汞蒸气理想气体的熵在 $p=10^5$ Pa 时随温度的变化。根据公式(4.37)或(4.40)绘制。

4.2.3　配分函数的分解定理

分子的运动涉及各种模式，如平动、转动、振动、电子运动，等等。假设分子的各种运动模式是分离的①，彼此之间没有耦合，则分子总的能级与简并度可写成

$$\varepsilon_{i,j,k,l,n}=\varepsilon_i^{(\mathrm{tr})}+\varepsilon_j^{(\mathrm{rot})}+\varepsilon_k^{(\mathrm{vib})}+\varepsilon_l^{(\mathrm{elec})}+\varepsilon_n^{(\mathrm{nuc\_spin})} \tag{4.41}$$

$$g_{i,j,k,l,n}=g_i^{(\mathrm{tr})}g_j^{(\mathrm{rot})}g_k^{(\mathrm{vib})}g_l^{(\mathrm{elec})}g_n^{(\mathrm{nuc\_spin})} \tag{4.42}$$

这里上标“(tr)”“(rot)”“(vib)”“(elec)”“(nuc_spin)”分别表示平动、转动、振动、电子运动、核自旋。此时分子的配分函数可分解成

$$\begin{aligned}Z&=\sum_{i,j,k,l,n}g_{i,j,k,l,n}\mathrm{e}^{-\frac{\varepsilon_{i,j,k,l,n}}{k_\mathrm{B}T}}=\sum_{i,j,k,l,n}g_i^{(\mathrm{tr})}g_j^{(\mathrm{rot})}g_k^{(\mathrm{vib})}g_l^{(\mathrm{elec})}g_n^{(\mathrm{nuc\_spin})}\mathrm{e}^{-\frac{\varepsilon_i^{(\mathrm{tr})}+\varepsilon_j^{(\mathrm{rot})}+\varepsilon_k^{(\mathrm{vib})}+\varepsilon_l^{(\mathrm{elec})}+\varepsilon_n^{(\mathrm{nuc\_spin})}}{k_\mathrm{B}T}}\\&=\Big(\sum_i g_i^{(\mathrm{tr})}\mathrm{e}^{-\frac{\varepsilon_i^{(\mathrm{tr})}}{k_\mathrm{B}T}}\Big)\Big(\sum_j g_j^{(\mathrm{rot})}\mathrm{e}^{-\frac{\varepsilon_j^{(\mathrm{rot})}}{k_\mathrm{B}T}}\Big)\Big(\sum_k g_k^{(\mathrm{vib})}\mathrm{e}^{-\frac{\varepsilon_k^{(\mathrm{vib})}}{k_\mathrm{B}T}}\Big)\Big(\sum_l g_l^{(\mathrm{elec})}\mathrm{e}^{-\frac{\varepsilon_l^{(\mathrm{elec})}}{k_\mathrm{B}T}}\Big)\Big(\sum_n g_n^{(\mathrm{nuc\_spin})}\mathrm{e}^{-\frac{\varepsilon_n^{(\mathrm{nuc\_spin})}}{k_\mathrm{B}T}}\Big)\\&=Z_\mathrm{tr}Z_\mathrm{rot}Z_\mathrm{vib}Z_\mathrm{elec}Z_\mathrm{nuc\_spin}\end{aligned} \tag{4.43}$$

也就是说，总配分函数等于每个子运动模式的配分函数的乘积。这被称为配分函数的分解定理。它大大简化了总配分函数的求解。上式两边求对数，得

$$\ln Z=\ln Z_\mathrm{tr}+\ln Z_\mathrm{rot}+\ln Z_\mathrm{vib}+\ln Z_\mathrm{elec}+\ln Z_\mathrm{nuc\_spin} \tag{4.44}$$

由于各种热力学性质都线性依赖于 $\ln Z$(参见附录 C)，因此各个运动模式对热力学性质的贡献是可以加和的。例如，对于内能，有

① 这个假设严格讲是不准确的。比如振动模式就受到电子能级的影响，需先确定电子能级，再据此确定振动模式，分子在电子能级基态时的振动频率与在电子能级激发态时的振动频率会有差别。

$$\begin{aligned}
U &= Nk_B T^2 \left(\frac{\partial \ln Z}{\partial T}\right)_V \\
&= Nk_B T^2 \left(\frac{\partial \ln Z_{tr}}{\partial T}\right)_V + Nk_B T^2 \left(\frac{\partial \ln Z_{rot}}{\partial T}\right)_V + Nk_B T^2 \left(\frac{\partial \ln Z_{vib}}{\partial T}\right)_V \\
&\quad + Nk_B T^2 \left(\frac{\partial \ln Z_{elec}}{\partial T}\right)_V + Nk_B T^2 \left(\frac{\partial \ln Z_{nuc_spin}}{\partial T}\right)_V \\
&= U_{tr} + U_{rot} + U_{vib} + U_{elec} + U_{nuc_spin}
\end{aligned} \tag{4.45}$$

其中 $U_{tr} = Nk_B T^2 \left(\frac{\partial \ln Z_{tr}}{\partial T}\right)_V$ 是平动对内能的贡献，或者说，当分子只有平动而没有任何其他运动模式时的系统内能，其他依次类推。压强、焓、比热等都有类似性质。情况稍微特殊一些的是熵

$$\begin{aligned}
S &= Nk_B \left[T\left(\frac{\partial \ln Z}{\partial T}\right)_V + \ln \frac{Z}{N} + 1\right] \\
&= Nk_B \left[T\left(\frac{\partial \ln Z_{tr}}{\partial T}\right)_V + \ln Z_{tr} + T\left(\frac{\partial \ln Z_{rot}}{\partial T}\right)_V + \ln Z_{rot}\right. \\
&\quad + T\left(\frac{\partial \ln Z_{vib}}{\partial T}\right)_V + \ln Z_{vib} + T\left(\frac{\partial \ln Z_{elec}}{\partial T}\right)_V + \ln Z_{elec} \\
&\quad \left. + T\left(\frac{\partial \ln Z_{nuc_spin}}{\partial T}\right)_V + \ln Z_{nuc_spin} - \ln N + 1\right]
\end{aligned} \tag{4.46}$$

除了最后的两项$(-\ln N+1)$以外，其他部分可以很容易地归结到各种运动模式的贡献。最后的两项其实是来源于修正的麦克斯韦-玻尔兹曼统计中粒子不可分辨性给微观状态数所带来的 $1/N!$ 因子，它是与粒子数有关的，不来源于任一个运动模式。不过在实际应用中，为了方便起见，通常把它的贡献算到平动上(因为平动总是存在的，而在单原子分子中很多其他运动模式都不存在)，即认为

$$S_{tr} = Nk_B \left[T\left(\frac{\partial \ln Z_{tr}}{\partial T}\right)_V + \ln \frac{Z_{tr}}{N} + 1\right] \tag{4.47}$$

$$\begin{cases}
S_{rot} = Nk_B \left[T\left(\frac{\partial \ln Z_{rot}}{\partial T}\right)_V + \ln Z_{rot}\right] \\
S_{vib} = Nk_B \left[T\left(\frac{\partial \ln Z_{vib}}{\partial T}\right)_V + \ln Z_{vib}\right] \\
S_{elec} = Nk_B \left[T\left(\frac{\partial \ln Z_{elec}}{\partial T}\right)_V + \ln Z_{elec}\right] \\
S_{nuc\text{-}spin} = Nk_B \left[T\left(\frac{\partial \ln Z_{nuc\text{-}spin}}{\partial T}\right)_V + \ln Z_{nuc\text{-}spin}\right]
\end{cases} \tag{4.48}$$

则总的熵将是各个运动模式的熵之和：

$$S = S_{tr} + S_{rot} + S_{vib} + S_{elec} + S_{nuc\_spin} \tag{4.49}$$

利用配分函数分解定理，不但可以方便总配分函数与各热力学量的计算，还可以很方便地讨论某一运动模式的各个能级的占据情况。例如，处于某一旋转能级 j 的粒子数目(即不管粒子是处在哪个平动能级 i、振动能级 k……)为

$$n_j^{(rot)} = \sum_{i,k,l,n} n_{i,j,k,l,n} = \frac{N}{Z} \sum_{i,k,l,n} g_{i,j,k,l,n} e^{-\frac{\varepsilon_{i,j,k,l,n}}{k_B T}}$$

$$=\frac{N}{Z_{\text{tr}}Z_{\text{rot}}Z_{\text{vib}}Z_{\text{elec}}Z_{\text{nuc\_spin}}}\sum_{i,k,l,n}g_i^{(\text{tr})}g_j^{(\text{rot})}g_k^{(\text{vib})}g_l^{(\text{elec})}g_n^{(\text{nuc\_spin})}\text{e}^{-\frac{\varepsilon_i^{(\text{tr})}+\varepsilon_j^{(\text{rot})}+\varepsilon_k^{(\text{vib})}+\varepsilon_l^{(\text{elec})}+\varepsilon_n^{(\text{nuc\_spin})}}{k_{\text{B}}T}}$$

$$=\frac{N}{Z_{\text{tr}}Z_{\text{rot}}Z_{\text{vib}}Z_{\text{elec}}Z_{\text{nuc\_spin}}}Z_{\text{tr}}Z_{\text{vib}}Z_{\text{elec}}Z_{\text{nuc\_spin}}g_j^{(\text{rot})}\text{e}^{-\frac{\varepsilon_j^{(\text{rot})}}{k_{\text{B}}T}}=\frac{N}{Z_{\text{rot}}}g_j^{(\text{rot})}\text{e}^{-\frac{\varepsilon_j^{(\text{rot})}}{k_{\text{B}}T}} \tag{4.50}$$

这与仅存在旋转能级时的结果一样。因此，当讨论某一运动模式的各个能级的占据情况时，可以不考虑其他自由度的影响，而且可用修正的麦克斯韦-玻尔兹曼统计来描述。

需要注意的是，量子态的稀疏占据条件是对分子整体运动模式而言，而非子模式（例如电子运动、振动）。否则电子自由度通常被占据的只有一两个能级，怎么能负载这么多粒子？每个子模式表面上好像各自符合修正的麦克斯韦－玻尔兹曼分布，但其实只是配分函数可分解性的结果。

第3节　双原子分子的性质

单原子分子没有转动与振动，性质比较简单，在4.2.2节中已经简要介绍过了。在本节中我们应用配分函数分解定理来具体考察双原子分子的性质。

4.3.1　平动与电子运动的贡献

双原子分子的平动配分函数很简单，只需要把单原子分子结果中的粒子质量换成两个原子的质量之和（即分子质量）即可，即

$$Z_{\text{tr}}=\frac{V}{h^3}(2\pi mk_{\text{B}}T)^{3/2} \tag{4.51}$$

其中 $m=m_1+m_2$。

电子配分函数为

$$Z_{\text{elec}}=\sum_l g_l\text{e}^{-\frac{\varepsilon_l^{(\text{elec})}}{k_{\text{B}}T}} \tag{4.52}$$

在不考虑化学反应时一般将基态能级设为能量零点，并针对每个能级定义特征温度

$$\theta_l^{(\text{elec})}=\frac{\varepsilon_l^{(\text{elec})}}{k_{\text{B}}} \tag{4.53}$$

则配分函数变成

$$Z_{\text{elec}}=\sum_l g_l\text{e}^{-\frac{\theta_l^{(\text{elec})}}{T}} \tag{4.54}$$

电子能级的能隙较大，求和不能变成积分，而且电子能级通常也没有简单的规律。因此电子配分函数的形式(4.54)没法进一步化简。电子能级对内能与比热的贡献分别为

$$U_{\text{elec}}=\frac{Nk_{\text{B}}}{Z_{\text{elec}}}\sum_l g_l\theta_l^{(\text{elec})}\text{e}^{-\frac{\theta_l^{(\text{elec})}}{T}} \tag{4.55}$$

$$C_{V,\text{elec}}=\frac{Nk_{\text{B}}}{Z_{\text{elec}}}\sum_l g_l\left[\frac{\theta_l^{(\text{elec})}}{T}\right]^2\text{e}^{-\frac{\theta_l^{(\text{elec})}}{T}}-\frac{Nk_{\text{B}}}{(Z_{\text{elec}})^2}\left[\sum_l g_l\frac{\theta_l^{(\text{elec})}}{T}\text{e}^{-\frac{\theta_l^{(\text{elec})}}{T}}\right]^2 \tag{4.56}$$

单原子分子的电子配分函数其实也是这个形式。表 4-1 列出几种常见单原子/双原子分子的电子能级及配分函数结果。而图 4.3 则画出 N 与 NO 的电子能级对比热的贡献随温度的变化。可以看出，N 的激发态的特征温度很高，在通常条件下对电子配分函数和比热的贡献很小；而 NO 的激发态的特征温度较低，对电子配分函数和比热的贡献不能忽略。

表 4-1　几种常见单原子/双原子分子的电子能级及其配分函数

分子	能级符号	$\varepsilon_l/hc/\text{cm}^{-1}$	g_l	Z_{elec}
N	$^4S_{3/2}$	0	4	$4+10e^{-\frac{27\,700}{T}}$
	$^4S_{3/2}$	19 277	10	
O	$^3P_2$	0	5	$5+3e^{-\frac{227}{T}}+e^{-\frac{325}{T}}+5e^{-\frac{22830}{T}}$
	$^3P_1$	158	3	
	$^3P_0$	226	1	
	$^1D_2$	15 868	5	
NO	$^2\Pi_{1/2}$	0	2	$2+2e^{-\frac{174}{T}}$
	$^2\Pi_{3/2}$	121	2	

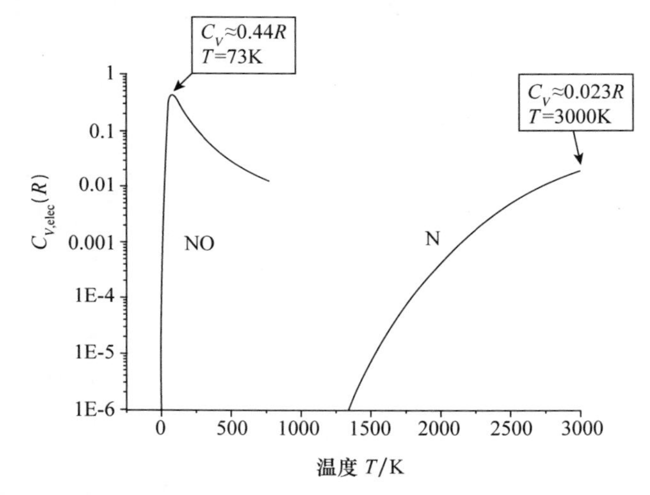

图 4.3　N 和 NO 的电子能级对比热的贡献随温度的变化。根据公式(4.56)和表 4-1 绘制。

对于双原子分子，大部分情况下激发态的特征温度较高(即与基态的能隙较大)，因此只需要考虑基态对电子配分函数的贡献。只有少数体系例外，如 NO 与 O_2。

4.3.2　振动的贡献

假设分子的振动可以用谐振子来描述，则根据前一章中的结果，振动量子态能级为

$$\varepsilon_n=\left(n+\frac{1}{2}\right)\hbar\omega_0 \tag{4.57}$$

简并度为 1。振动配分函数为

$$Z_{\text{vib}}=\sum_n e^{-\left(n+\frac{1}{2}\right)\frac{\hbar\omega_0}{k_B T}} \tag{4.58}$$

引入振动的特征温度

$$\theta_{\text{vib}}=\frac{\hbar\omega_0}{k_{\text{B}}} \tag{4.59}$$

则振动配分函数变成下面的简单形式：

$$Z_{\text{vib}}=\sum_n \mathrm{e}^{-\left(n+\frac{1}{2}\right)\frac{\theta_{\text{vib}}}{T}} \tag{4.60}$$

表 4-2　常见双原子分子的振动特征温度

分子	$\theta_{\text{vib}}/\text{K}$	分子	$\theta_{\text{vib}}/\text{K}$
H_2	6332	CO	3103
D_2	4394	NO	2719
Cl_2	805	HCl	4227
Br_2	463	HBr	3787
I_2	308	HI	3266
O_2	2256	Na_2	229
N_2	3374	K_2	133

常见双原子分子的振动特征温度 θ_{vib} 如表 4-2 所示。θ_{vib} 一般在几百至几千开尔文之间，配分函数中的求和不能变成积分。不过比较幸运的是，这个求和是个等比数列，可以很容易求出解析的结果

$$Z_{\text{vib}}=\sum_n \mathrm{e}^{-\left(n+\frac{1}{2}\right)\frac{\theta_{\text{vib}}}{T}}=\mathrm{e}^{-\frac{\theta_{\text{vib}}}{2T}}\left[1+\left(\mathrm{e}^{-\frac{\theta_{\text{vib}}}{T}}\right)+\left(\mathrm{e}^{-\frac{\theta_{\text{vib}}}{T}}\right)^2+\left(\mathrm{e}^{-\frac{\theta_{\text{vib}}}{T}}\right)^3+\cdots\right]=\frac{\mathrm{e}^{-\frac{\theta_{\text{vib}}}{2T}}}{1-\mathrm{e}^{-\frac{\theta_{\text{vib}}}{T}}} \tag{4.61}$$

它对内能与比热的贡献也可以求出解析结果

$$U_{\text{vib}}=Nk_{\text{B}}T^2\left(\frac{\partial \ln Z_{\text{vib}}}{\partial T}\right)_V=Nk_{\text{B}}\left[\frac{\theta_{\text{vib}}}{2}+\frac{\theta_{\text{vib}}}{\mathrm{e}^{\frac{\theta_{\text{vib}}}{T}}-1}\right] \tag{4.62}$$

$$C_{V,\text{vib}}=Nk_{\text{B}}\left\{\frac{\partial}{\partial T}\left[T^2\left(\frac{\partial \ln Z_{\text{vib}}}{\partial T}\right)_V\right]\right\}_V=Nk_{\text{B}}\frac{\left(\frac{\theta_{\text{vib}}}{T}\right)^2\mathrm{e}^{\frac{\theta_{\text{vib}}}{T}}}{\left(\mathrm{e}^{\frac{\theta_{\text{vib}}}{T}}-1\right)^2} \tag{4.63}$$

N_2 随温度变化的结果如图 4.4 所示。可看出，当温度不是很高时，结果偏离经典统计下能量均分原理的预测（图中直线），振动对比热的贡献很小（例如，在 300 K 下，比热仅为 $0.0017R$），而能量趋于一个非零常数，即振动零点能 $\hbar\omega_0/2$。当温度很高时，$\frac{\theta_{\text{vib}}}{T}$ 为小量，将式(4.62)与(4.63)做泰勒展开至非零最低阶，可得到经典统计下能量均分原理的结果，即图 4.4 中曲线在温度很高时趋近于直线。或者，将式(4.61)在高温下展开至非零最低阶

$$Z_{\text{vib}}\approx\frac{1}{1-\left(1-\frac{\theta_{\text{vib}}}{T}\right)}=\frac{T}{\theta_{\text{vib}}} \tag{4.64}$$

也可得到内能与比热的经典统计结果。

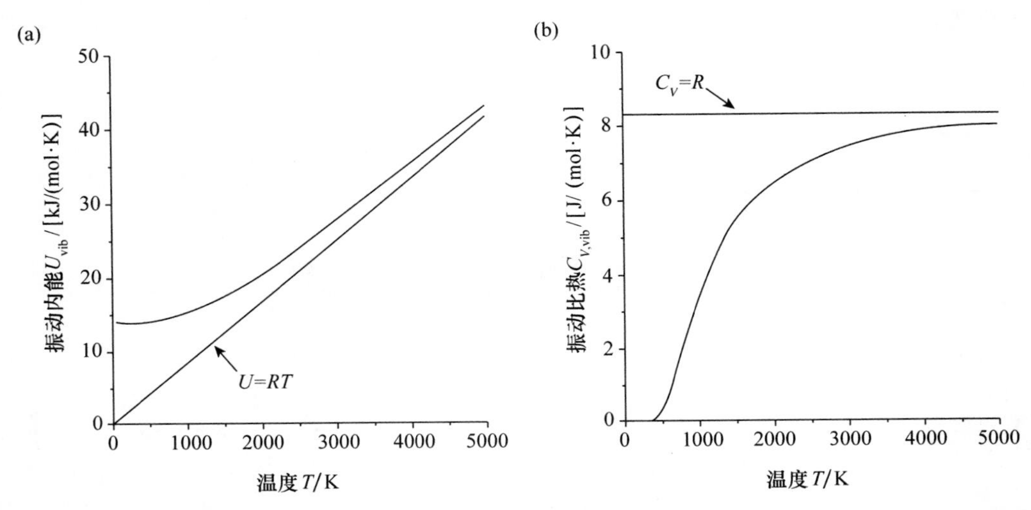

图 4.4 N_2 的振动能级($\theta_{vib}=3374$ K)对内能与比热的贡献随温度的变化。根据公式(4.62)、(4.63)和表 4-2 绘制。图中直线表示经典统计下能量均分原理的结果，即振动所贡献的摩尔内能为 RT，摩尔比热为 R。

4.3.3 转动的贡献

假设分子的转动可以用刚性转子来描述，且与电子的角动量之间没有耦合。根据前一章中的结果，有

$$\varepsilon_J=\frac{J(J+1)\hbar^2}{2I} \tag{4.65}$$

$$g_J=2J+1 \tag{4.66}$$

其中的转动惯量 I 很容易根据键长 a 与原子质量计算

$$I=\frac{m_1m_2}{m_1+m_2}a^2 \tag{4.67}$$

因此转动配分函数

$$Z_{rot}=\sum_J(2J+1)e^{-J(J+1)\frac{\hbar^2}{2Ik_BT}} \tag{4.68}$$

这个结果是对异核分子而言的；如果是同核分子，还需乘上一个由对称性所导致的因子(后面会具体介绍)。引入转动特征温度

$$\theta_{rot}=\frac{\hbar^2}{2Ik_B} \tag{4.69}$$

则

$$Z_{rot}=\sum_J(2J+1)e^{-J(J+1)\frac{\theta_{rot}}{T}} \tag{4.70}$$

常见双原子分子的转动特征温度如表 4-3 所示。一般情况下，转动能级的能隙较小，特征温度较低，$\theta_{rot}\ll T$，因此转动配分函数中的求和可以变成积分

$$Z_{rot}\approx\int_0^{+\infty}(2J+1)e^{-J(J+1)\frac{\theta_{rot}}{T}}dJ=\frac{T}{\theta_{rot}} \tag{4.71}$$

表 4-3　常见双原子分子的转动特征温度

分子	θ_{vib}/K	分子	θ_{vib}/K
H_2	85.3	CO	2.77
D_2	42.7	NO	2.39
Cl_2	0.351	HCl	15.0
Br_2	0.116	HBr	12.0
I_2	0.054	HI	9.25
O_2	2.07	Na_2	0.22
N_2	2.88	K_2	0.081

这就是转动配分函数在高温极限(这里的高温是与 θ_{rot} 相比而言的)下的结果。它对内能与比热的贡献与经典结果一致：$U_{rot}=Nk_BT^2\left(\frac{\partial \ln Z_{rot}}{\partial T}\right)_V=Nk_BT, C_{V,rot}=Nk_B\left\{\frac{\partial}{\partial T}\left[T^2\left(\frac{\partial \ln Z_{rot}}{\partial T}\right)_V\right]\right\}_V=Nk_B$。

分子在不同转动能级上的分布概率为

$$\frac{N_J}{N}=\frac{(2J+1)e^{-J(J+1)\frac{\theta_{rot}}{T}}}{Z_{rot}} \tag{4.72}$$

HCl 气体分子的结果如图 4-5 所示。可以看出，由分立值组成的曲线很光滑；而且 N_J 存在极值，概率最大的 J 并不是基态 $J=0$。这是由两个相反的因素造成的：随着 J 的增加，能量 ε_J 增加，$e^{-J(J+1)\frac{\theta_{rot}}{T}}$ 减小，但简并度 $g_J=2J+1$ 增加。有时候，可以将 J 看成连续值，近似求出极值处的 J 值

$$\frac{d}{dJ}\left(\frac{N_J}{N}\right)=0 \Rightarrow J_{max}=\sqrt{\frac{T}{2\theta_{rot}}}-\frac{1}{2} \tag{4.73}$$

由于转动能级 J 的光谱强度与 N_J 成正比，上式可用于转动光谱的分析。

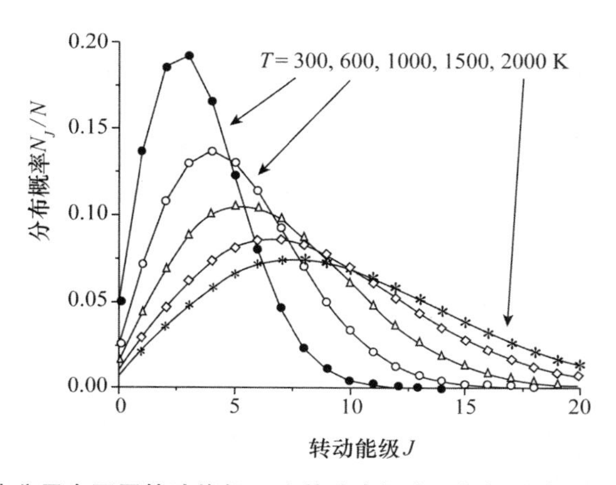

图 4.5　HCl 气体分子在不同转动能级 J 上的分布概率。根据公式(4.72)和表 4-3 绘制。

4.3.4 同核双原子分子：核交换对称性的要求

对于同核双原子分子，由于两个原子核是全同粒子，对允许的波函数将有额外要求：波函数应满足核交换对称（核自旋 I 为整数时）或反对称（核自旋 I 为半整数时）。这会影响转动配分函数的计算结果。下面将详细分析这种影响。

对于一个同核双原子分子，假设各种运动模式是分离的，则其波函数可写成①：

$$\psi(\boldsymbol{R}_1,\boldsymbol{R}_2,\{\boldsymbol{r}_i\}) = \psi_{\text{tr}}\left(\frac{\boldsymbol{R}_1+\boldsymbol{R}_2}{2}\right)\psi_{\text{vib}}(|\boldsymbol{R}_1-\boldsymbol{R}_2|)\psi_{\text{rot}}\left(\frac{\boldsymbol{R}_1-\boldsymbol{R}_2}{|\boldsymbol{R}_1-\boldsymbol{R}_2|}\right)\psi_{\text{nuc\_spin}}\psi_{\text{elec}}(\{\boldsymbol{r}_i\};\boldsymbol{R}_1,\boldsymbol{R}_2) \tag{4.74}$$

其中 $\boldsymbol{R}_1$ 与 $\boldsymbol{R}_2$ 是两个原子核的位置矢量，$\{\boldsymbol{r}_i\}$代表所有电子的位置矢量。平动波函数 ψ_{tr} 的自变量是质心位置$\frac{\boldsymbol{R}_1+\boldsymbol{R}_2}{2}$；振动波函数 ψ_{vib} 则是核间距离$|\boldsymbol{R}_1-\boldsymbol{R}_2|$的函数。公式右边每一项关于原子核的交换对称性分析如下：②

- 平动波函数 ψ_{tr} 与振动波函数 ψ_{vib} 总是关于 $\boldsymbol{R}_1$ 与 $\boldsymbol{R}_2$ 交换对称的。
- 电子波函数 $\psi_{\text{elec}}(\{\boldsymbol{r}_i\};\boldsymbol{R}_1,\boldsymbol{R}_2)$一般处于基态，此时关于核交换或者对称或者反对称，两者只居其一。
- 转动波函数 ψ_{rot} 在 J 是奇数时是交换反对称的，在 J 是偶数时是交换对称的（参见前一章结果）。由于转动能级能量差较小，在一般的温度下需要同时考虑不同 J 的贡献。
- （参见物理背景）核自旋波函数 $\psi_{\text{nuc\_spin}}$ 有$\frac{g_0(g_0+1)}{2}$个是交换对称的，$\frac{g_0(g_0-1)}{2}$个是交换反对称的，它们能量简并，需要同时考虑它们的贡献。

因此，必须考虑不同对称性的转动波函数与核自旋波函数之间的组合，使它们满足某种全同粒子交换对称性的要求。或者说，转动与核自旋互相影响，它们对配分函数的贡献经常合在一起考虑。例如，当电子波函数关于核交换对称时，允许的核自旋与转动波函数的组合如图 4.6 所示：在整数 I 下，核自旋波函数与转动波函数的乘积应该关于核交换是对称的，因此$\frac{g_0(g_0+1)}{2}$个交换对称的核自旋波函数只能与偶数 J 的转动波函数组合，而$\frac{g_0(g_0-1)}{2}$个交换反对称的核自旋波函数只能与奇数 J 的转动波函数组合，即图中的空心粗箭头所示；在半整数 I 下，允许的是图中细箭头所示的组合。当电子波函数关于核交换反对称时，组合对 I 的依赖与图 4.6 相反。

---

① 这里的交换对称性讨论其实是对公式(4.5)允许 ε_i 的讨论（即一个分子内的两个相互作用原子由于它们之间的交换对称性所造成的对允许的 ε_i 的限制，哪些是永远被排除出去的），与理想气体量子态稀疏占据条件的讨论不同（那时讨论的是不同分子是否允许占据同一个 ε_i）。也就是说，一个讨论的是分子内（单个分子）的性质，另一个讨论的是分子间的性质。

② 这里的讨论只涉及全同原子核的交换，不涉及全同电子的交换要求（这体现在 $\psi_{\text{elec}}(\{\boldsymbol{r}_i\};\boldsymbol{R}_1,\boldsymbol{R}_2)$对$\{\boldsymbol{r}_i\}$的交换对称性）。

物理背景：核自旋的简并度与交换对称性

(1) 如果单个原子核的自旋为 I(注意不要与前面的转动惯量的符号混淆)，则其自旋简并度为 $g_0=2I+1$。

- 例子：氢原子核(质子)自旋为 $I=1/2$，具有自旋朝上与自旋朝下两个简并态，$g_0=2$。

(2) 两个自旋为 I 的原子核组成分子，忽略自旋之间的耦合，则总的核自旋简并度为 $(g_0)^2=(2I+1)^2$，其中 $\frac{g_0(g_0+1)}{2}$ 个量子态是交换对称的，$\frac{g_0(g_0-1)}{2}$ 个量子态是交换反对称的。

- 例子：对于核自旋 $I=1/2$，两个自旋的组合共有四个量子态：$|\uparrow\uparrow\rangle$，$\frac{1}{\sqrt{2}}(|\uparrow\downarrow\rangle+|\downarrow\uparrow\rangle)$，$|\downarrow\downarrow\rangle$，$\frac{1}{\sqrt{2}}(|\uparrow\downarrow\rangle-|\downarrow\uparrow\rangle)$。其中前三个是交换对称的，最后一个是交换反对称的。

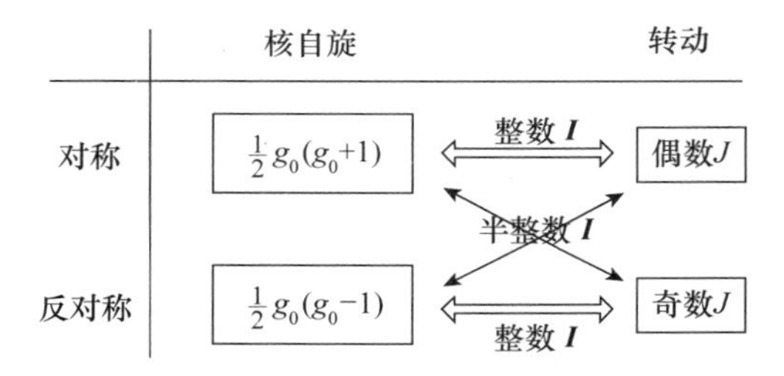

图 4.6　当电子波函数关于核交换对称时核自旋与转动波函数的允许组合。其中，空心粗箭头表示整数 I 下的允许组合结果，细箭头表示半整数 I 下的结果。

这种核交换对称性的要求会影响同核双原子分子的配分函数。假设电子波函数关于核交换对称，则对于自旋 I 为半整数的原子核(费米子)，同核双原子分子的转动与核自旋的组合对配分函数的贡献为

$$Z_{\text{rot},\text{nuc}}=\sum_{J=1,3,5,\cdots}\frac{g_0(g_0+1)}{2}(2J+1)e^{-J(J+1)\frac{\theta_{\text{rot}}}{T}}+\sum_{J=0,2,4,\cdots}\frac{g_0(g_0-1)}{2}(2J+1)e^{-J(J+1)\frac{\theta_{\text{rot}}}{T}} \tag{4.75}$$

而对于自旋 I 为整数的原子核(玻色子)，则有

$$Z_{\text{rot},\text{nuc}}=\sum_{J=1,3,5,\cdots}\frac{g_0(g_0-1)}{2}(2J+1)e^{-J(J+1)\frac{\theta_{\text{rot}}}{T}}+\sum_{J=0,2,4,\cdots}\frac{g_0(g_0+1)}{2}(2J+1)e^{-J(J+1)\frac{\theta_{\text{rot}}}{T}} \tag{4.76}$$

如果求和可以变成积分，则式(4.75)与(4.76)都变成

$$Z_{\text{rot},\text{nuc}}=(g_0)^2\frac{T}{2\theta_{\text{rot}}} \tag{4.77}$$

有时候为了方便，等价地取

$$Z_{\text{nuc}}=(g_0)^2,Z_{\text{rot}}=\frac{T}{2\theta_{\text{rot}}} \tag{4.78}$$

即认为核自旋配分函数的公式与异核双原子分子相同，但转动配分函数的公式与异核双原子分子的结果相比多了个修正因子 1/2，反映了同核双原子分子中核交换对称性的影响。

4.3.5 同核双原子分子的例子：H_2、N_2、O_2 以及氧同位素的发现

转动能级与核自旋波函数之间的耦合除了影响同核双原子分子的配分函数，还对其转动和核自旋性质有重要影响。这里介绍几个例子。

第一个例子是氢分子 H_2。氢原子只包含一个质子，没有中子，原子核自旋为 $I=1/2$，简并度 $g_0=2$。氢分子的基态电子波函数（$^1\Sigma_g^+$）是核交换对称的。因此，当旋转能级量子数 J 为奇数（$J=1,3,5,\cdots$）时，这些旋转能级的占据概率

$$\frac{N_J}{N}=\frac{g_0(g_0+1)}{2Z_{\mathrm{rot,nuc}}}(2J+1)\mathrm{e}^{-J(J+1)\frac{\theta_{\mathrm{rot}}}{T}} \tag{4.79}$$

此时两个核的自旋是平行的，分子的总的核自旋为 1，磁矩为质子磁矩的两倍，这些氢分子被称为正氢。当旋转能级量子数 J 为偶数（$J=0,2,4,\cdots$）时，旋转能级的占据概率

$$\frac{N_J}{N}=\frac{g_0(g_0-1)}{2Z_{\mathrm{rot,nuc}}}(2J+1)\mathrm{e}^{-J(J+1)\frac{\theta_{\mathrm{rot}}}{T}} \tag{4.80}$$

此时两个核的自旋则是反平行的，分子的总的核自旋为 0，分子的磁矩也为零，这些氢分子被称为仲氢。正氢与仲氢是氢分子的两种自旋异构体，具有不同的核磁共振性质。氢气通常是正氢和仲氢的平衡混合物。在室温下（以及更高的温度下），旋转能级的求和可以近似成积分，根据上面的公式，正氢和仲氢的比例约为 $g_0(g_0+1):g_0(g_0-1)=75\%:25\%$。正氢之所以稳定，并不是因为它比仲氢的能量更低，而是来源于与其耦合的核自旋具有较大的简并度。在低温下，由于仲氢包含了旋转能级的基态（$J=0$），含量超过正氢，是低温下的稳定异构体。$T=2000$ K 时氢分子在不同旋转能级上的分布如图 4.7(a)所示，呈现出锯齿状分布。如果没有统计热力学，这种锯齿变化是很难理解的。在实验上，不同旋转能级上的粒子数目可反映在相干反斯托克斯拉曼光谱上，如图 4.7(b)，在高分辨率分子光谱和温度、浓度测量方面具有重要应用。

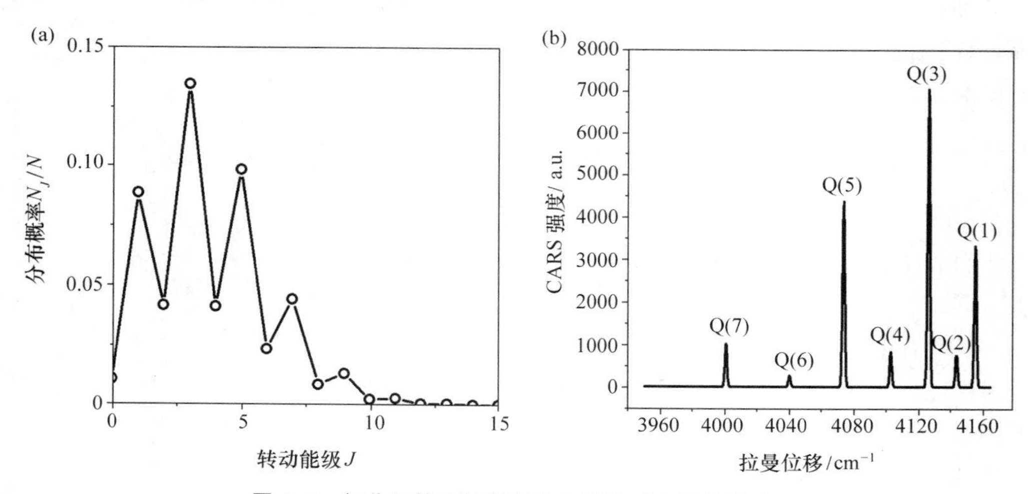

图 4.7 氢分子的旋转能级分布及其对光谱的影响。

(a) $T=2000$ K 时氢分子在不同旋转能级上的分布，利用公式(4.79)、(4.80)以及表 4-3 绘制。(b) 氢气的相干反斯托克斯拉曼光谱(Coherent anti-Stokes Raman spectroscopy, CARS)，振动能级总是从 $n=0$ 跃迁至 $n=1$，而不同转动能级都对初态有贡献从而导致了图中的多个峰。

第二个例子是氮分子。对于氮原子^{14}N,原子核自旋为$I=1$,简并度$g_0=3$。N_2的基态电子波函数($^1\Sigma_g^+$)也是核交换对称的。因此当旋转能级量子数J为奇数($J=1,3,5,\cdots$)时

$$\frac{N_J}{N}=\frac{g_0(g_0-1)}{2Z_{\mathrm{rot,nuc}}}(2J+1)\mathrm{e}^{-J(J+1)\frac{\theta_{\mathrm{rot}}}{T}}=3\frac{2J+1}{Z_{\mathrm{rot,nuc}}}\mathrm{e}^{-J(J+1)\frac{\theta_{\mathrm{rot}}}{T}} \tag{4.81}$$

当旋转能级量子数J为偶数($J=0,2,4,\cdots$)时

$$\frac{N_J}{N}=\frac{g_0(g_0+1)}{2Z_{\mathrm{rot,nuc}}}(2J+1)\mathrm{e}^{-J(J+1)\frac{\theta_{\mathrm{rot}}}{T}}=6\frac{2J+1}{Z_{\mathrm{rot,nuc}}}\mathrm{e}^{-J(J+1)\frac{\theta_{\mathrm{rot}}}{T}} \tag{4.82}$$

与氢分子不同,氮分子中偶数J的总占据概率较高,而且与奇数J的总占据之比为2∶1。

最后一个例子是氧分子。

对于氧原子^{16}O,原子核自旋为$I=0$,简并度$g_0=1$。O_2的基态电子波函数($^3\Sigma_g^-$)是核交换反对称的。因此当旋转能级量子数J为奇数($J=1,3,5,\cdots$)时

$$\frac{N_J}{N}=\frac{g_0(g_0+1)}{2Z_{\mathrm{rot,nuc}}}(2J+1)\mathrm{e}^{-J(J+1)\frac{\theta_{\mathrm{rot}}}{T}}=\frac{2J+1}{Z_{\mathrm{rot,nuc}}}\mathrm{e}^{-J(J+1)\frac{\theta_{\mathrm{rot}}}{T}} \tag{4.83}$$

当J为偶数($J=0,2,4,\cdots$)时

$$\frac{N_J}{N}=\frac{g_0(g_0-1)}{2Z_{\mathrm{rot,nuc}}}(2J+1)\mathrm{e}^{-J(J+1)\frac{\theta_{\mathrm{rot}}}{T}}=0 \tag{4.84}$$

偶数J的转动态在氧分子中是不存在的!这是由于核交换对称性所带来的奇异现象。当氧气中存在少量的^{18}O同位素时,^{18}O会与^{16}O形成异核的$^{16}O^{18}O$分子,它没有核交换对称性的要求,因此包含了偶数与奇数的J的转动态。这会导致在原来没有转动光谱信号(偶数J)的地方出现光谱信号。事实上,氧同位素就是通过这种效应才被发现的:1929年,Giauque与Johnston在研究氧分子的吸收光谱时,在较强的谱线中间观测到很弱的谱线,从而推断出^{18}O同位素的存在。后来,利用类似方法发现了^{17}O的存在。利用这种方法,还可以测定同位素的丰度。

第4节　多原子分子的性质

多原子分子的平动与电子运动对配分函数的贡献在形式上与双原子分子中的结果类似。应用时只需把式(4.51)中的m取为多原子分子的总质量,把式(4.52)中的$\varepsilon_l^{(\mathrm{elec})}$取为多原子分子的电子能级(通常只需要考虑基态的贡献,偶尔才需要考虑少数激发态的贡献),就可以了。因此,下面主要介绍转动与振动的贡献。

4.4.1　转动的贡献

线性多原子分子的转动可以用线性转子来描述,其对配分函数的贡献与双原子分子的结果非常相似,在一般温度下可采用求和变成积分后的简单形式

$$Z_{\mathrm{rot}}=\frac{T}{\sigma\theta_{\mathrm{rot}}} \tag{4.85}$$

其中转动特征温度$\theta_{\mathrm{rot}}=\frac{\hbar^2}{2Ik_{\mathrm{B}}}$,而转动惯量可用下式计算

$$I=\sum_i m_i\,|\boldsymbol{r}_i-\boldsymbol{r}_0|^2 \tag{4.86}$$

$\boldsymbol{r}_0=\dfrac{\sum_i m_i\boldsymbol{r}_i}{\sum_i m_i}$ 是分子的质心。式(4.85)中的 σ 被称为对称数,用来反映核交换对称性的影响。对于对称分子(如 CO_2,C_2H_2),$\sigma=2$;其他情况下 $\sigma=1$。

物理背景:三维转子的转动惯量

在普适情况下,三维刚体转子的转动惯量可用一个二阶张量来描述

$$\overleftrightarrow{\mathbf{I}}=\sum_i m_i(|\boldsymbol{r}_i|^2\overleftrightarrow{\mathbf{1}}-\boldsymbol{r}_i\boldsymbol{r}_i)$$

其中 $\overleftrightarrow{\mathbf{1}}$ 是单位矩阵。如果适当选取三维转子空间取向,使其质心位于坐标原点,其转动主轴沿坐标系的 x,y,z 方向,则二阶张量的非对角元为0,对角元为三个主转动惯量:

$$\begin{cases}I_{aa}=I_x=\sum_i m_i(y_i^2+z_i^2)\\I_{bb}=I_y=\sum_i m_i(x_i^2+z_i^2)\\I_{cc}=I_z=\sum_i m_i(x_i^2+y_i^2)\end{cases}$$

转动惯量很容易从分子结构计算。对 CH_4,有 $I_{aa}=I_{bb}=I_{cc}=5.3\times10^{-47}\ \mathrm{kg\cdot m^2}$;对 CH_3F,有 $I_{aa}=5.3\times10^{-47}\ \mathrm{kg\cdot m^2}$,$I_{bb}=I_{cc}=32.9\times10^{-47}\ \mathrm{kg\cdot m^2}$;对 CF_2O,有 $I_{aa}=70.8\times10^{-47}\ \mathrm{kg\cdot m^2}$,$I_{bb}=71.3\times10^{-47}\ \mathrm{kg\cdot m^2}$,$I_{cc}=143.0\times10^{-47}\ \mathrm{kg\cdot m^2}$。

非线性多原子分子的转动具有三个自由度,比线性分子多一个。一般取三个主转动惯量 I_{aa},I_{bb},I_{cc}(参见物理背景:三维转子的转动惯量)。多原子分子的转动惯量一般比较大,其转动特征温度很低,配分函数可利用经典状态空间积分求得(过程略),结果为

$$Z_{\mathrm{rot}}=\frac{1}{\sigma}\sqrt{\frac{\pi T^3}{\theta_{\mathrm{aa}}\theta_{\mathrm{bb}}\theta_{\mathrm{cc}}}}\tag{4.87}$$

其中转动特征温度

$$\theta_{\mathrm{aa}}=\frac{\hbar^2}{2I_{\mathrm{aa}}k_{\mathrm{B}}},\theta_{\mathrm{bb}}=\frac{\hbar^2}{2I_{\mathrm{bb}}k_{\mathrm{B}}},\theta_{\mathrm{cc}}=\frac{\hbar^2}{2I_{\mathrm{cc}}k_{\mathrm{B}}}\tag{4.88}$$

对称数 σ 是使分子转到相同构象的不同旋转操作的个数。例如,对于甲烷 CH_4,分子结构呈正四面体,C在中心,H在顶点;绕着任一 C—H 键旋转 120°、240°与 360°都与初始构象相同;不同键的旋转组合也类似。因此,$\sigma=3\times4=12$。表4-4列出了一些分子的对称数。

表4-4 若干多原子分子的对称数

分子	对称数 σ
H_2O	2
NH_3	3
C_2H_4	4
CH_4	12
C_6H_6	12

在低温下，转动能级的求和不能变成积分，需直接根据转动能级进行计算。在一些对称情况下，三维转子的转动能级有解析解（参见量子力学背景：对称情形下三维转子的量子能级）。而在一般的情况下，转动能级也不难数值求解。

量子力学背景：对称情形下三维转子的量子能级

如果三维转子是各向同性的，即 $I_{aa}=I_{bb}=I_{cc}$，则转动能级与简并度为

$$\varepsilon_J=\frac{J(J+1)\hbar^2}{2I_{aa}},g_J=(2J+1)^2$$

如果 $I_{aa}=I_{bb}\neq I_{cc}$，则有

$$\varepsilon_{JK}=\frac{\hbar^2}{2}\left[\frac{J(J+1)}{I_{aa}}+K^2\left(\frac{1}{I_{cc}}-\frac{1}{I_{aa}}\right)\right],g_J=2J+1$$

$$(J=0,1,2,3,\cdots;K=-J,-J+1,\cdots,J)$$

4.4.2　振动的贡献

在多原子分子中，不同原子的振动运动之间是互相耦合（影响）的。把不同原子的坐标进行适当的线性组合，可使组合后的模式之间的振动互相独立，称为正交模。每个正交模有自己的本征振动频率（在实验上与振动谱对应）。记分子含有的原子数为 n，则每个线性分子具有 $3n-5$ 个正交模（加上 3 个平动自由度与 2 个转动自由度，总自由度为 $3n$），而非线性分子具有 $3n-6$ 个正交模。线性的 CO_2 分子与非线性的 H_2O 分子的正交模如图 4.8 所示。

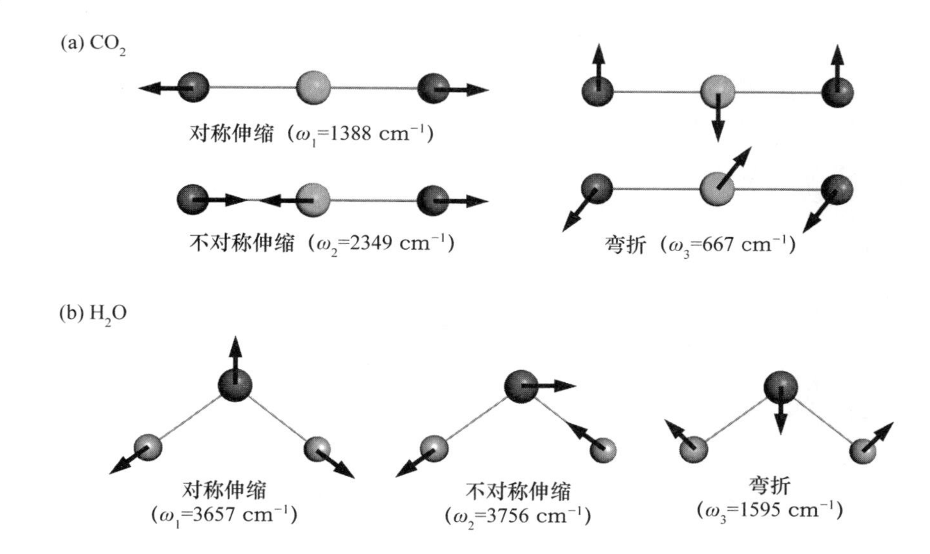

图 4.8　CO_2 分子和 H_2O 分子的正交模：振动模式及频率。

(a) CO_2 分子，正交模数目 $3n-5=4$，其中 ω_3 对应的两个模是简并的，一个在纸面内上下振动，另一个垂直于纸面前后振动。(b) H_2O 分子，正交模数目 $3n-6=3$。

各个正交模振动之间是独立的，因此振动配分函数是各个正交模的配分函数的乘积

$$Z_{\mathrm{vib}}=\prod_{i}\frac{\mathrm{e}^{-\frac{\theta_{\mathrm{vib},i}}{2T}}}{1-\mathrm{e}^{-\frac{\theta_{\mathrm{vib},i}}{T}}} \tag{4.89}$$

它们对内能、比热等热力学性质的贡献是可以简单加和的。表 4-5 里列出了一些典型多原子分子的振动特征温度以及振动对比热的贡献。

表 4-5　典型多原子分子的振动特征温度及其对比热的贡献

分子	特征温度 $\theta_{\mathrm{vib},i}$(K)	$C_{V,\mathrm{vib}}/k_B$	C_V/k_B	C_V/k_B(实验值)
H_2O	2290,5160,5360	0.03	3.03	3.01
NH_3	1360,4800,4880(2)	0.28	3.28	3.22
CO_2	954(2),1890,3360	0.99	3.49	3.46
CH_4	2180(2),4170,4320(3)	0.30	3.30	3.01
N_2O	850(2),1840,3200	1.15	3.65	

注：第二列中小括号中的数字代表振动模的简并度。第三列是 $T=300$ K 时振动对比热贡献的计算值；第四列是加上平动与转动贡献后的结果。

4.4.3　小结

根据统计热力学，理想气体分子的各种热力学性质可由配分函数很方便地计算，而配分函数则是由分子的平动、转动、振动、电子运动等运动模式所贡献的。不同运动模式的信息可以从各种光谱实验或者量子化学计算得到。这就在看似完全不相干的分子性质(光谱 *vs.* 热力学)之间建立了强力联系。

习　　题

4.1　利用量子态与状态空间体积之间的对应关系推导平动配分函数。

4.2　验证公式(4.40)中 S_0 的值。

4.3　波数(cm^{-1})乘上($hc/k_B=1.4387$ cm・K)即可得到相应的特征温度(K)。请验证表 4-1 中特征温度的值。

4.4　请将公式(4.62)与(4.63)做泰勒展开至非零最低阶，得到能量均分原理的结果。

4.5　将公式(4.75)或(4.76)中的求和变成积分，并证明公式(4.77)。

4.6　当氧气中存在少量的^{18}O 同位素，为什么通常会形成$^{16}O^{18}O$ 分子，而非$^{18}O^{18}O$ 分子？

4.7　已知理想气体的配分函数 Z 与 V 成正比，与 N 无关。请证明内能 U 和熵 S 与 N 成正比，是 T 的函数。

4.8　已知 Z 与 V 成正比(这里是 V 是 D 维空间的 D 维广义体积，即 $V=\int \mathrm{d}x_1\mathrm{d}x_2\cdots\mathrm{d}x_D$)，证明理想气体状态方程。注意这是个很普适的结论，在任何维度空间中都成立。

4.9　即使是惰性气体在低温下也是会液化与固化的(这句话是为了干扰你)。请计算 Ar 在标准状态下的绝对熵。(忽略电子能级的贡献，即假设电子处于基态，简并度为 1。)

4.10　有 N 个服从 cMB 分布的独立粒子，处于如下外势场(非简谐振子)中：

$$V(r)=\frac{K}{\alpha}(|x|^{\alpha}+|y|^{\alpha}+|z|^{\alpha})$$

这里 α 是个参数。请利用配分函数求这个体系的内能与比热。（提示：也许你会发现有个不容易积的积分，但它可能对结果没有影响。）

4.11　从光谱实验知道 NH_3 的转动频率波数（单位为 cm^{-1}）为 9.9443(2)、6.1960，振动频率波数为 3443.6(2)、3336.2、1626.1(2)、932.5，其中括号里的数字是简并数。只考虑电子基态（$g_e=1$），请计算 NH_3 在 300 K 时的绝对熵，以及其中平动、转动、振动、电子部分的贡献。[提示：波数（cm^{-1}）乘上（$hc/k_B=1.4387$ cm·K）即可得到相应的特征温度（K）。]

4.12　体积为 V 的容器内装有单原子分子理想气体，原子总数为 N，原子质量 m。体系温度 T。

(1) 求此气体系统的化学势。

(2) 如果考虑气体在容器内壁（面积 S）的吸附，吸附的气体分子数目为 $N_s(\ll N)$，在内壁表面上可以自由移动。请证明此“二维理想气体”的平动配分函数为：$Z_{tr}=\left(\frac{2\pi mk_BT}{h^2}\right)S$。

(3) 假设吸附气体在垂直于内壁表面的方向上所受的吸引力可用简谐振子来描述，即 $E_n=-\varepsilon_0+\left(n+\frac{1}{2}\right)\hbar\omega_0$，其中 ε_0 为吸附能。请结合(2)中内容求出吸附气体的化学势的表达式。

(4) 自由气体与吸附气体的化学势应该相同。请给出自由气体压强为 p 时单位面积器壁上所吸附的分子的数目的表达式。

4.13　判断对错题：

(1) 分子配分函数 $Z=\sum_i e^{-\beta\varepsilon_i}$ 在非稀疏占据条件下不适用于描述费米子体系。（　　）

(2) 理想气体的分子配分函数 Z 与体积 V 成正比。（　　）

(3) 对于单原子分子理想气体，分子质量 m 不影响体系的平动内能，但影响体系的绝对熵。（　　）

第五章　理想气体混合物

第1节　非反应性理想气体混合物

在前一章中我们已经介绍了单组分理想气体的性质，在本章中我们来了解理想气体混合物，即系统中包含多种不同的气体分子。

5.1.1　混合物的性质加成

对于非反应性理想气体混合物，分子相互之间不会有化学反应，相互作用也可以忽略。将系统中所包含的组分数目（不同分子的种类）记为M，则系统的总的微观态数目W等于各个组分的微观态数目W_k的乘积

$$W=\prod_{k=1}^{M}W_k \tag{5.1}$$

将第k种组分的相格能量记为$\varepsilon_{k,i}$，相格里的粒子数记为$n_{k,i}$。由于混合物的能量守恒，有约束条件

$$\sum_{k,i}n_{k,i}\varepsilon_{k,i}=E \tag{5.2}$$

由于分子之间没有化学反应，每种组分都满足粒子数守恒

$$\sum_{i}n_{k,i}=N_k\quad(k=1,2,\cdots,M) \tag{5.3}$$

利用与前面各章中类似的过程，很容易证明，每个组分都满足与单组分情形类似的统计分布（取决于每个组分的分子是满足费米-狄拉克统计、玻色-爱因斯坦统计还是加了量子修正的麦克斯韦-玻尔兹曼统计），而且所有组分的温度相同。对于理想气体，满足量子态稀疏占据条件，可用修正的麦克斯韦-玻尔兹曼统计描述，分布为

$$n_{k,i}=g_{k,i}\mathrm{e}^{-\frac{\varepsilon_{k,i}-\mu_k}{k_\mathrm{B}T}}=N_k\frac{g_{k,i}\mathrm{e}^{-\frac{\varepsilon_{k,i}}{k_\mathrm{B}T}}}{\sum_{i}g_{k,i}\mathrm{e}^{-\frac{\varepsilon_{k,i}}{k_\mathrm{B}T}}} \tag{5.4}$$

非反应性理想气体混合物的各组分之间没有相互作用，系统的很多热力学性质都具有简单的加和性。比如系统内能等于各组分的内能之和

$$U=\sum_{k,i}n_{k,i}\varepsilon_{k,i}=\sum_{k}\left(\sum_{i}n_{k,i}\varepsilon_{k,i}\right)=\sum_{k}U_k \tag{5.5}$$

而每个组分的内能计算与单组分时一样

$$U_k=\sum_{i}n_{k,i}\varepsilon_{k,i}=Nk_\mathrm{B}T^2\left(\frac{\partial\ln Z_k}{\partial T}\right)_V \tag{5.6}$$

其中 $Z_k = \sum_i g_{k,i} \mathrm{e}^{-\frac{\varepsilon_{k,i}}{k_B T}}$ 是单组分的单分子配分函数。压强

$$p = -\sum_{k,i} n_{k,i} \frac{\partial \varepsilon_{k,i}}{\partial V} = \sum_k p_k \tag{5.7}$$

结果与道尔顿分压定律一致。

5.1.2　混合熵

非反应性理想气体混合物的很多性质都比较简单(或者说比较平庸)，只是各部分的简单加和。但有一个性质却比较深奥，而且很容易引起理解上的混乱，那就是混合熵及其所产生的吉布斯佯谬。混合熵描述的是这样一个问题(图 5.1)：体积为 V 的盒子里有 M 种等温等压的组分气体最初被隔板分隔开，其粒子数与所占体积记为 N_k 与 V_k(分别满足 $N = \sum_k N_k$ 与 $V = \sum_k V_k$)；抽去隔板后各组分将发生混合，混合前后系统的熵的变化就是混合熵。混合前的各组分气体的温度(T)与压强(记为 p)相等。根据理想气体状态方程，有

$$p = p_k = k_B T \frac{N_k}{V_k} \tag{5.8}$$

因此混合前的 N_k 与 V_k 满足

$$\frac{N_1}{V_1} = \frac{N_2}{V_2} = \cdots = \frac{N_M}{V_M} = \frac{N}{V} \tag{5.9}$$

根据上一章中的内容，单个组分的熵可通过配分函数表示成

$$S_k = N_k k_B \left[T \left(\frac{\partial \ln Z_k}{\partial T} \right)_{V_k} + \ln \frac{Z_k}{N_k} + 1 \right] \tag{5.10}$$

而且配分函数与体积成正比

$$Z_k(V_k, T) = V_k \widetilde{Z}_k(T) \tag{5.11}$$

因此系统在混合前的熵为

$$\begin{aligned} S_{\text{混合前}} &= \sum_{k=1}^{M} S_k = \sum_k N_k k_B \left[T \left(\frac{\partial \ln Z_k(V_k, T)}{\partial T} \right)_{V_k} + \ln \frac{Z_k(V_k, T)}{N_k} + 1 \right] \\ &= \sum_k N_k k_B \left[T \frac{\partial \ln \widetilde{Z}_k(T)}{\partial T} + \ln \frac{V_k}{N_k} + \ln \widetilde{Z}_k(T) + 1 \right] \end{aligned} \tag{5.12}$$

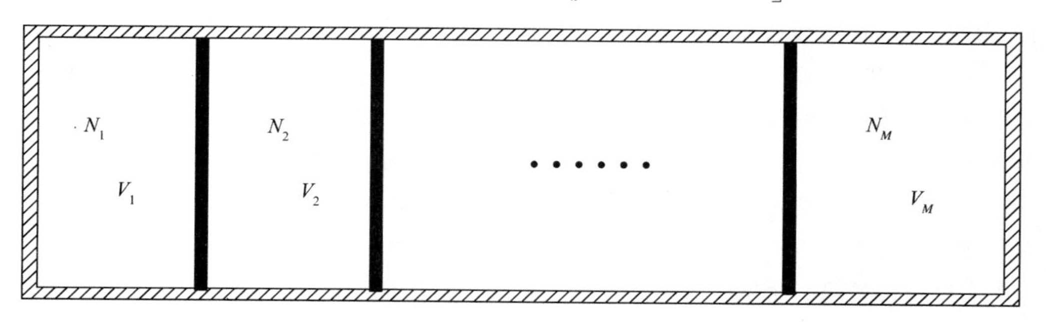

图 5.1　混合熵问题示意。

抽去隔板后气体将自发发生混合并达到新的平衡，在过程中没有与外界的热或功的发生，温度与总压强保持不变。混合后每个组分的体积都变成 V，因此系统的熵只需要把(5.12)中

的 V_k 换成 V 即可

$$S_{混合后}=\sum_k N_k k_B\left[T\frac{\partial \ln\tilde{Z}_k(T)}{\partial T}+\ln\frac{V}{N_k}+\ln\tilde{Z}_k(T)+1\right] \tag{5.13}$$

式(5.12)与(5.13)有很多项都是相同的,相减后可以消去。因此混合引起的熵的变化(混合熵)的结果很简单

$$\Delta S_{混合}=S_{混合后}-S_{混合前}=-\sum_k N_k k_B\ln\left(\frac{V_k}{V}\right) \tag{5.14}$$

利用式(5.9),上式可写成只与粒子数有关的形式

$$\Delta S_{混合}=-\sum_k N_k k_B\ln\left(\frac{N_k}{N}\right) \tag{5.15}$$

如果记组分的粒子数比例为 $x_k=N_k/N$,则

$$\Delta S_{混合}=-Nk_B\sum_k x_k\ln x_k \tag{5.16}$$

对于混合物,$x_k<1$,因此 $\Delta S_{混合}>0$,即混合过程中熵总是增加的。

5.1.3 吉布斯佯谬

与前述混合熵相联系的一个很容易让人困惑的问题,就是吉布斯佯谬。所谓佯谬,是指一个命题似乎不对而实际上正确。吉布斯佯谬有多个版本(角度),下面分别进行介绍。

第一个版本是直接应用上一节得到的混合熵公式(5.16)。考虑如下几种不同的混合:

- 1 mol 氧气和 1 mol 氦气混合,则公式(5.16)给出 $\Delta S_{混合}=R\ln 4$。从化学上讲,氧气是活跃的气体,氦气是惰性的气体,两者差别很大。
- 1 mol 氧气和 1 mol 氮气混合,虽然氧气和氮气之间的差别明显要比氧气和氦气之间的差别小,但公式(5.16)还是给出 $\Delta S_{混合}=R\ln 4$。
- 1 mol 氧气和 1 mol 氧气混合,系统里其实只有一种气体,公式(5.16)里的 k 只有一个取值,$x_k=1$,结果有 $\Delta S_{混合}=0$。

仔细分析上述过程,我们会发现一种在宏观上看起来很诡异的性质:不管两种气体的差别有多小,只要差别存在,混合熵就等于 $R\ln 4$;而当差别变为 0 时,混合熵突然消失。换句话说,混合熵随气体的相似程度有不连续的变化!尽管这违背了我们对自然界宏观性质的直觉,实际上却是对的,这被称为吉布斯佯谬。

究其原因,我们一般认为自然界的宏观性质是连续变化的,因此当我们想象两种气体分子变得越来越像直至最终完全相同时,如果此时发生一个 ΔS 从有限到零的跳跃就会显得很不自然。但实际上,从微观的角度看,世界是分立的,而非连续的。粒子物理与量子力学中的粒子性质是离散的,如前一章所述,粒子的全同性对波函数的允许状态及微观态数目具有重要影响。对于离散的粒子,相同粒子与不同粒子之间的性质跳跃,就会自然得多。

吉布斯佯谬的第二个版本是考虑理想气体的内能。熵可基于热量来定义:

$$\delta S=\frac{\delta Q}{T} \tag{5.17}$$

考虑图 5.2 中的两个理想气体系统,它们都是由 1 mol 气体 A 与 1 mol 气体 B 组成的,但一个系统中 A 与 B 发生了混合,另一个没有混合。由于理想气体的比热只与温度有关,与压

强(或粒子数密度)无关。因此,只要两个系统的温度一样,它们的比热就是一样的,随温度变化时所吸收的热量也是相同的,由式(5.17)计算得到的 δS 也是一样的。因此,如果我们一直把温度从初态温度 T 降到末态 $T=0\ \mathrm{K}$,则两个系统在变化过程中的总熵变也是一样的。由于 0 K 时的绝对熵为 0,因此由上述变化过程似乎应该得出两个系统初态 T 下的熵也是一样的,混合引起的熵变 $\Delta S_{混合}=0$。这与我们上面 $\Delta S_{混合}=R\ln 4$ 的结论不符。这就是吉布斯佯谬的第二种形式。究其原因,其实是因为这个论述里的理想气体假设是有条件的。任何气体,在温度足够低时都将不再是理想气体,而上面论述里的熵变相等的性质只在系统还处于理想气体阶段时才成立。例如,即使分子之间没有相互作用,温度足够低时总会过渡到量子统计,此时需要用前一章中的理想费米气体或理想玻色气体来描述,比热不但与温度有关,而且与粒子数密度也有关,因此混合与不混合气体的比热是不同的,它们变化到 $T=0\ \mathrm{K}$ 的熵变也是不同的。

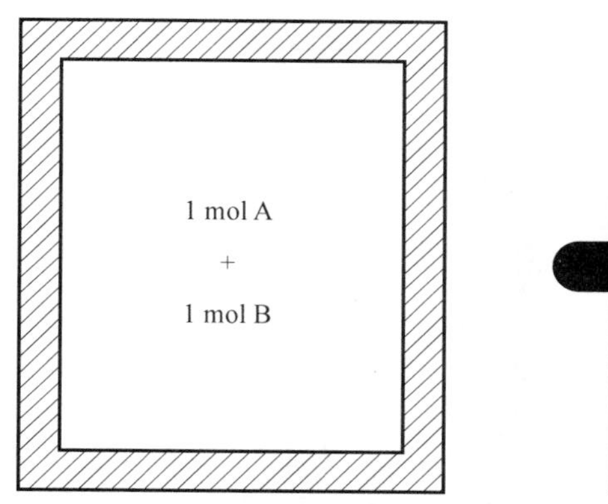

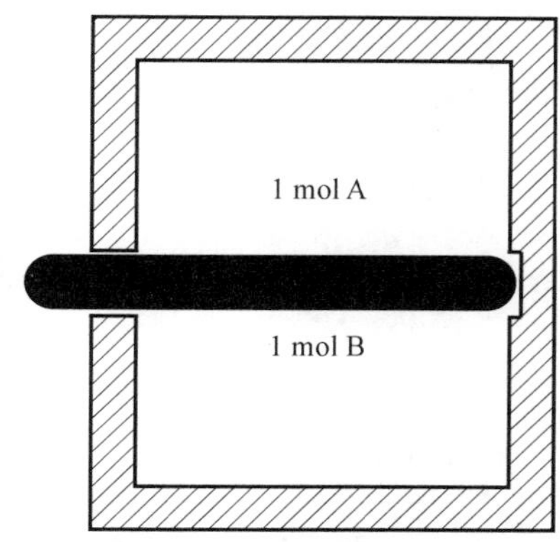

图 5.2　吉布斯佯谬:理想气体不管混合还是不混合,比热是相同的。

吉布斯佯谬的第三个版本是考虑如图 5.3 所示的隔板对同种气体的粒子活动空间的影响。根据玻尔兹曼熵公式,熵 S 与系统的微观状态数 W 的关系为

$$S=k_{\mathrm{B}}\ln W \tag{5.18}$$

很显然,抽去图 5.3 中的隔板将使任一粒子的活动空间变成原来的 2 倍,单粒子的微观状态数将从 w 变成 $2w$(注意这里用小写的 w 来代表单粒子的结果)。在经典统计里,粒子是可分辨的,隔板对系统的微观状态数的影响可总结为表 5-1。

表 5-1　经典统计里隔板对图 5.3 系统的微观状态数的影响

分子	有隔板	无隔板
单粒子	w	$2w$
N 粒子	$w^{N/2}\times w^{N/2}$	$(2w)^N$

因此,对于同种气体,抽去隔板将使熵增加 $Nk_{\mathrm{B}}\ln 2$。此时,随着隔板的抽来抽去,虽然操作是完全可逆的,但熵却忽大忽小。这与可逆过程熵不变的结论相悖,明显是不对的。这就是吉布斯佯谬的第三种形式。要消除佯谬,需认识到全同粒子是不可分辨的,因此同一分格子中的粒子的微观状态数不是 $w^{N/2}$,而是需要除以一个不可分辨性所带来的因子$(N/2)!$,正确的微观状态数结果应该为表 5-2 所示。

表 5-2 量子统计里隔板对图 5.3 系统的微观状态数的影响

分子	有隔板	无隔板
单粒子	w	$2w$
N 粒子	$\frac{w^{N/2}}{(N/2)!}\times\frac{w^{N/2}}{(N/2)!}$	$\frac{(2w)^N}{N!}$

这样，抽去隔板时熵不变！在历史上，为了解决这个佯谬，吉布斯对最初的配分函数进行了修正，加上了一个 $1/N!$ 的因子，从而消除了佯谬。尽管这样，吉布斯仍不理解为什么要加上这个因子，直到量子统计建立后，才从根本上解释了这一疑问。这是某些经典理论无法解释的问题只有在量子统计中才能得到解释的典型例子。

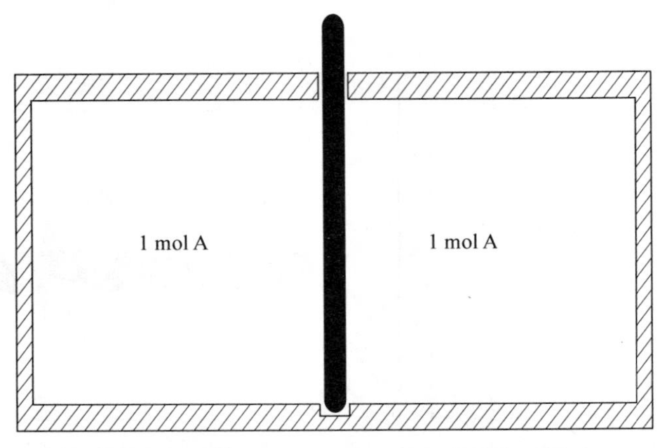

图 5.3 吉布斯佯谬：隔板对粒子活动空间的影响。

吉布斯佯谬的第四个版本是考虑熵应该具有广度量的属性。在经典的麦克斯韦-玻尔兹曼统计中，熵 S 与单分子配分函数 Z 的关系是

$$S^{(\mathrm{MB})}=Nk_{\mathrm{B}}\left[T\left(\frac{\partial \ln Z}{\partial T}\right)_V+\ln Z\right] \tag{5.19}$$

而 Z 与体积成正比，即 $Z(V,T)=V\widetilde{Z}(T)$，将之代入上式，得

$$S^{(\mathrm{MB})}=Nk_{\mathrm{B}}\left[T\left(\frac{\partial \ln \widetilde{Z}(T)}{\partial T}\right)_V+\ln \widetilde{Z}(T)+\ln V\right] \tag{5.20}$$

当系统的 N 与 V 等比例变化时，$S^{(\mathrm{MB})}$ 并不等比例变化，它并不是广度量！这与我们在热力学中关于熵是广度量的认识相悖。这就是吉布斯佯谬的第四种形式。要消除这个佯谬，就需要认识到我们这个世界归根到底是量子的，需要用量子统计来描述。在考虑了量子统计的影响后，修正的玻尔兹曼统计给出

$$\begin{aligned} S^{(\mathrm{cMB})}&=Nk_{\mathrm{B}}\left[T\left(\frac{\partial \ln Z}{\partial T}\right)_V+\ln\frac{Z}{N}+1\right]\\ &=Nk_{\mathrm{B}}\left[T\left(\frac{\partial \ln \widetilde{Z}(T)}{\partial T}\right)_V+\ln \widetilde{Z}(T)+\ln\frac{V}{N}+1\right] \end{aligned} \tag{5.21}$$

当系统的 N 与 V 等比例变化时，$S^{(\mathrm{cMB})}$ 按同样的比例变化，因此它是广度量。

第2节　反应性理想气体混合物

反应性理想气体混合物的性质是理解化学反应平衡常数的基础，具有非常重要的意义。

5.2.1　理想气体化学反应的平衡常数

假设系统中有多种反应性气体分子，但分子之间除了反应的瞬间以外没有相互作用。由于反应的瞬间远远短于剩余的时间，在任何时刻，处于反应物或产物状态的分子远远多于处于过渡态（反应的瞬间）的分子，因此系统微观态数目的计算并不因为有反应发生而改变，仍然可以写成

$$W=\prod_{k=1}^{M}W_k \tag{5.22}$$

其中 W_k 是第 k 个组分的微观态数目。但是，由于反应的存在，单种分子的粒子数将不再守恒，系统的粒子数守恒条件与无反应性情形相比将发生变化。这里，我们考虑如下简单反应

$$\mathrm{A}+\mathrm{B}\rightleftharpoons\mathrm{AB} \tag{5.23}$$

它包含了三种组分：A,B,AB。粒子数守恒的条件为

$$\begin{cases}\sum_i n_{\mathrm{A},i}+\sum_i n_{\mathrm{AB},i}=N_{\mathrm{A}}+N_{\mathrm{AB}}=N_{\mathrm{A,total}}\\ \sum_i n_{\mathrm{B},i}+\sum_i n_{\mathrm{AB},i}=N_{\mathrm{B}}+N_{\mathrm{AB}}=N_{\mathrm{B,total}}\end{cases} \tag{5.24}$$

其中 $N_{\mathrm{A,total}}$ 是处于组分 A 以及处于组分 AB 的原子 A 的总数目；$N_{\mathrm{B,total}}$ 含义类似。在我们前面的章节里，由于系统的能量零点可以任意选取，因此在单组分情形下总是可以把分子的基态能量（基态能级）取为零点。在非反应性理想气体混合物中，由于不同组分之间不会发生转化，每个组分可以单独选取能量零点，因此可以把每种分子的基态能量都取为零点。而在反应性多组分条件下，则需统一选取能量零点。在显式写出能量零点对分子能级的影响后，对反应(5.23)可写出系统的能量守恒条件

$$\sum_i n_{\mathrm{A},i}(\varepsilon_{\mathrm{A},i}+\varepsilon_{\mathrm{A}}^{(0)})+\sum_i n_{\mathrm{B},i}(\varepsilon_{\mathrm{B},i}+\varepsilon_{\mathrm{B}}^{(0)})+\sum_i n_{\mathrm{AB},i}(\varepsilon_{\mathrm{AB},i}+\varepsilon_{\mathrm{AB}}^{(0)})=E \tag{5.25}$$

其中 $\varepsilon_{\mathrm{A}}^{(0)}$ 是组分 A 的分子基态能量（不一定能取为零，因此需在此写出），而 $\varepsilon_{\mathrm{A},i}$ 是分子基态能量取为零点时的分子能级。其他符号的含义类似。利用公式(5.24)，可将(5.25)中的 $\sum_i n_{\mathrm{A},i}\varepsilon_{\mathrm{A}}^{(0)}$ 与 $\sum_i n_{\mathrm{B},i}\varepsilon_{\mathrm{B}}^{(0)}$ 消去，得到表面上看 A 与 B 的基态能量为零的形式

$$\sum_i n_{\mathrm{A},i}\varepsilon_{\mathrm{A},i}+\sum_i n_{\mathrm{B},i}\varepsilon_{\mathrm{B},i}+\sum_i n_{\mathrm{AB},i}(\varepsilon_{\mathrm{AB},i}+\varepsilon_{\mathrm{AB}}^{(0)}-\varepsilon_{\mathrm{A}}^{(0)}-\varepsilon_{\mathrm{B}}^{(0)})=E-N_{\mathrm{A,total}}\varepsilon_{\mathrm{A}}^{(0)}-N_{\mathrm{B,total}}\varepsilon_{\mathrm{B}}^{(0)} \tag{5.26}$$

其中 $\varepsilon_{\mathrm{AB}}^{(0)}-\varepsilon_{\mathrm{A}}^{(0)}-\varepsilon_{\mathrm{B}}^{(0)}$ 乘上 -1 后是反应(5.23)在零温下的反应能(reaction energy)，记为 D_0，它不随能量零点的选取而变化；公式右边是与能级分布 $\{n_{\mathrm{A},i},n_{\mathrm{B},i},n_{\mathrm{AB},i}\}$ 无关的常数，记为 E'。则能量守恒条件变成

$$\sum_i n_{\mathrm{A},i}\varepsilon_{\mathrm{A},i}+\sum_i n_{\mathrm{B},i}\varepsilon_{\mathrm{B},i}+\sum_i n_{\mathrm{AB},i}(\varepsilon_{\mathrm{AB},i}-D_0)=E' \tag{5.27}$$

需要特别指出的是，谐振子的能级经常被写成 $\varepsilon_n=\left(n+\frac{1}{2}\right)\hbar\omega_0$，此时基态能量并不为零。

如果如上面所描述把基态能量(零点能)的影响放到反应能 D_0 里面，则谐振子的能级应该改写成 $\varepsilon_n = n\hbar\omega_0$，而振动配分函数则变成

$$Z_{\text{vib}} = \frac{1}{1 - e^{-\frac{\hbar\omega_0}{k_B T}}} \tag{5.28}$$

为了求解分子在能级(相格)上的分布，应用拉格朗日乘子法，定义

$$\begin{aligned} f' = \ln W &- \alpha_A\left(\sum_i n_{A,i} + \sum_i n_{AB,i} - N_{A,\text{total}}\right) - \alpha_B\left(\sum_i n_{B,i} + \sum_i n_{AB,i} - N_{B,\text{total}}\right) \\ &- \beta\left[\sum_i n_{A,i}\varepsilon_{A,i} + \sum_i n_{B,i}\varepsilon_{B,i} + \sum_i n_{AB,i}(\varepsilon_{AB,i} - D_0) - E'\right] \end{aligned} \tag{5.29}$$

利用与前面各章中类似的过程，对修正的玻尔兹曼统计，最终的平衡分布为

$$\begin{cases} n_{A,i} = g_{A,i} e^{-\alpha_A - \beta\varepsilon_{A,i}} \\ n_{B,i} = g_{B,i} e^{-\alpha_B - \beta\varepsilon_{B,i}} \\ n_{AB,i} = g_{AB,i} e^{-\alpha_A - \alpha_B - \beta(\varepsilon_{AB,i} - D_0)} \end{cases} \tag{5.30}$$

其中

$$\beta = \frac{1}{k_B T} \tag{5.31}$$

而 α_A 可由粒子数所满足的关系 $\sum_i n_{A,i} = N_A$ 求出，将式(5.30)代入，得

$$e^{-\alpha_A} = \frac{N_A}{\sum_i g_{A,i} e^{-\frac{\varepsilon_{A,i}}{k_B T}}} = \frac{N_A}{Z_A(V,T)} \tag{5.32}$$

此处 Z_A 是分子 A 在基态能量取为零时的配分函数，且与 N_A 无关，只依赖于 V, T。类似地，从粒子数关系 $\sum_i n_{B,i} = N_B$ 与 $\sum_i n_{AB,i} = N_{AB}$ 可得到

$$e^{-\alpha_B} = \frac{N_B}{Z_B(V,T)} \tag{5.33}$$

$$e^{-\alpha_A - \alpha_B + \frac{D_0}{k_B T}} = \frac{N_{AB}}{Z_{AB}(V,T)} \tag{5.34}$$

综合式(5.32)、(5.33)、(5.34)，可消去 α_A 与 α_B，得

$$\frac{N_{AB}}{N_A N_B} = \frac{Z_{AB}}{Z_A Z_B} e^{\frac{D_0}{k_B T}} \tag{5.35}$$

注意公式右边是与 N_A、N_B、N_{AB}、$N_{A,\text{total}}$、$N_{B,\text{total}}$ 无关的常数，因此不管初始时投放到系统里的各组分的的粒子数目有多少，平衡时 N_{AB} 与 $N_A N_B$ 的比值总是相同的一个常数。这其实就是反应平衡常数的一种形式。它确定了约束条件 $\begin{cases} N_A + N_{AB} = N_{A,\text{total}} \\ N_B + N_{AB} = N_{B,\text{total}} \end{cases}$ 下三种分子的平衡粒子数。

利用与前面各章节类似的推导过程，可得到系统的亥姆霍兹自由能为

$$A = U - TS = -\sum_{k=A,B,AB} N_k k_B T \left[\ln\left(\frac{Z_k}{N_k}\right) + 1\right] + \sum_{k=A,B,AB} N_k \varepsilon_k^{(0)} \tag{5.36}$$

因此,混合系统的化学势为

$$\begin{cases}\mu_{A}=\dfrac{\partial A}{\partial N_{A}}=-k_{B}T\ln\left(\dfrac{Z_{A}}{N_{A}}\right)+\varepsilon_{A}^{(0)}\\ \mu_{B}=\dfrac{\partial A}{\partial N_{B}}=-k_{B}T\ln\left(\dfrac{Z_{B}}{N_{B}}\right)+\varepsilon_{B}^{(0)}\\ \mu_{AB}=\dfrac{\partial A}{\partial N_{AB}}=-k_{B}T\ln\left(\dfrac{Z_{AB}}{N_{AB}}\right)+\varepsilon_{AB}^{(0)}\end{cases}\tag{5.37}$$

自由能与化学势在 V 给定时其实不依赖于混合与否,或者说,一种组分的自由能与化学势的结果与是否有其他组分存在无关。这从内能与熵的表达式也可看出。结合公式(5.35),得

$$\mu_{AB}=\mu_{A}+\mu_{B}\tag{5.38}$$

这是化学平衡所满足性质的另一常用表达式。后面在巨正则系综部分还可以通过另一角度来看这个问题。

公式(5.35)所给出的平衡常数与 V,T 有关

$$\frac{N_{AB}}{N_{A}N_{B}}=\frac{Z_{AB}}{Z_{A}Z_{B}}e^{\frac{D_0}{k_B T}}\equiv K(V,T)\tag{5.39}$$

实际应用起来不够方便。利用理想气体状态方程,平衡时各组分气体的分压满足

$$\frac{p_{AB}}{p_{A}p_{B}}=\frac{N_{AB}k_{B}T/V}{N_{A}k_{B}T/V\times N_{B}k_{B}T}=\frac{V}{k_{B}T}\frac{Z_{AB}}{Z_{A}Z_{B}}e^{\frac{D_0}{k_B T}}\tag{5.40}$$

由于理想气体的配分函数 Z 与 V 成正比,因此上式右边的结果与 V 无关,只依赖于 T。因此,可另行定义平衡常数

$$K_{p}(T)\equiv\frac{V}{k_{B}T}\frac{Z_{AB}}{Z_{A}Z_{B}}e^{\frac{D_0}{k_B T}}\tag{5.41}$$

则平衡时满足$\dfrac{p_{AB}}{p_{A}p_{B}}=K_{p}(T)$。公式(5.41)右边可结合统计热力学与量子力学计算得到,是利用理论与计算手段研究化学平衡的主要依据之一。

对于一般情况下的理想气体化学反应,有普适的化学反应计量方程

$$0=\sum_{k=1}^{M}\nu_{k}X_{k}\tag{5.42}$$

其中 X_k 代表不同的组分,ν_k 是其在反应方程式中的系数,可正可负。定义 D_0 为零温下的反应能

$$D_{0}=-\sum_{k=1}^{M}\nu_{k}\varepsilon_{k}^{(0)}\tag{5.43}$$

则反应达到平衡时满足方程(推导过程略)

$$\prod_{k}N_{k}^{\nu_{k}}=e^{\frac{D_0}{k_B T}}\prod_{k}Z_{k}^{\nu_{k}}\equiv K(V,T)\tag{5.44}$$

$$\prod_{k}p_{k}^{\nu_{k}}=e^{\frac{D_0}{k_B T}}\prod_{k}\left(\frac{k_{B}TZ_{k}}{V}\right)^{\nu_{k}}\equiv K_{p}(T)\tag{5.45}$$

其中 $K(V,T)$ 与 $K_p(T)$ 为平衡常数。

5.2.2 例子1：理想解离气体与莱特希尔方程

在极高温条件下，分子会解离成单个原子。虽然这与其他化学反应并没有本质性的区别，但它在航空与航天领域中具有巨大的实用意义。原因是在飞机与火箭的引擎中发生的化学反应过程就是在极高温条件下进行的，而且与传热和传质过程是耦合在一起发生的。

我们考虑最简单的双原子分子气体的解离

$$A_2 \rightleftharpoons A + A \tag{5.46}$$

定义分子的解离度

$$\alpha = \frac{N_A}{N_{A,\text{total}}} = \frac{N_A}{N_A + 2N_{A_2}} \tag{5.47}$$

由前面的结果(5.35)，有

$$\frac{N_{A_2}}{(N_A)^2} = \frac{Z_{A_2}}{(Z_A)^2} e^{\frac{D_0}{k_B T}} \tag{5.48}$$

因此

$$\frac{1-\alpha}{\alpha^2} = 2N_{A,\text{total}} \frac{Z_{A_2}}{(Z_A)^2} e^{\frac{\theta_D}{T}} \tag{5.49}$$

其中特征温度 θ_D 定义为

$$\theta_D = \frac{D_0}{k_B} \tag{5.50}$$

在工程应用中，使用的不是粒子数密度，而是混合物质量密度

$$\rho = \frac{m_A N_{A,\text{total}}}{V} \tag{5.51}$$

因此

$$\frac{\alpha^2}{1-\alpha} = \frac{1}{\rho} \times \frac{m_A}{2V} \frac{(Z_A)^2}{Z_{A_2}} e^{-\frac{\theta_D}{T}} \tag{5.52}$$

由于配分函数与 V 成正比，因此上式乘号右边只与 T 有关。1957 年，莱特希尔对此问题进行研究(参见题外：莱特希尔——人工智能研究的凛冬召唤者)，提出了一个近似形式，使分析航空航天引擎中和传热与传质耦合的化学反应解离平衡变得非常简单。在他的模型中，将式(5.52)中的中间部分定义成一个特征密度

$$\rho_D = \frac{m_A}{2V} \frac{(Z_A)^2}{Z_{A_2}} \tag{5.53}$$

将单原子分子及双原子分子的配分函数结果代入，得到

$$\rho_D = m_A \left(\frac{\pi m_A k_B}{h^2}\right)^{\frac{3}{2}} \theta_{\text{rot}} \sqrt{T} \left(1 - e^{-\frac{\theta_{\text{vib}}}{T}}\right) \frac{(g_{A,\text{elec}})^2}{g_{A_2,\text{elec}}} \tag{5.54}$$

其中 θ_{rot} 与 θ_{vib} 分别是双原子分子 A_2 的转动与振动特征温度，而 $g_{A,\text{elec}}$ 与 $g_{A_2,\text{elec}}$ 则分别是 A 与 A_2 的电子基态的简并度。注意此处振动零点能的贡献已经如式(5.28)所言被移到 D_0 里面了。ρ_D 是温度的函数。氧气与氮气在典型温度下的结果如表 5-3 所示。可以看出，ρ_D 虽然随温度有所变化，但变化并不大。因此，莱特希尔提出，ρ_D 可近似为不随温度变化的常数，此时解离平衡的方程变成

$$\frac{\alpha^2}{1-\alpha} = \frac{\rho_D}{\rho} e^{-\frac{\theta_D}{T}} \tag{5.55}$$

这被称为莱特希尔解离方程。

特征温度 θ_D 与分子解离能相关，数值高达几万开尔文（表 5-3）。但要使分子解离，所需温度不需要这么高，原因是特征密度 ρ_D 远远大于气体密度 ρ。根据式（5.55）所做数值计算结果如图 5.4 所示。在常用密度下，分子在温度远低于 θ_D 时就趋于完全解离。

题外：莱特希尔——人工智能研究的凛冬召唤者

詹姆斯·莱特希尔（M. James Lighthill）是著名的应用数学家，最重要的贡献是理解并降低了喷气引擎噪声的产生（正文所介绍的莱特希尔方程就是为了描述引擎中的化学反应过程而提出的）。他于 1969 年，继狄拉克之后，接受剑桥大学卢卡斯数学教授席位，并于 1980 年退出该席位，由霍金继任。

1973 年，莱特希尔在调查研究了人工智能（AI）热潮之后，发表了著名的批评报告，认为当时的 AI 研究根本无法解决复杂的现实问题。这份报告给了 AI 领域当头一棒，导致欧美国家大幅度削减 AI 领域的研发资金，引发了历史上著名的"AI 凛冬"的到来。

表 5-3　典型温度下氧和氮的特征密度 ρ_D

	θ_D/K	$\rho_D/(g/cm^3)$							ρ_D 近似常数值/(g/cm^3)
		$T=1000$ K	$T=2000$ K	$T=3000$ K	$T=4000$ K	$T=5000$ K	$T=6000$ K	$T=7000$ K	
氧	5.9×10^4	145	170	166	156	144	133	123	~150
氮	1.13×10^5	113	135	136	133	128	123	118	~130

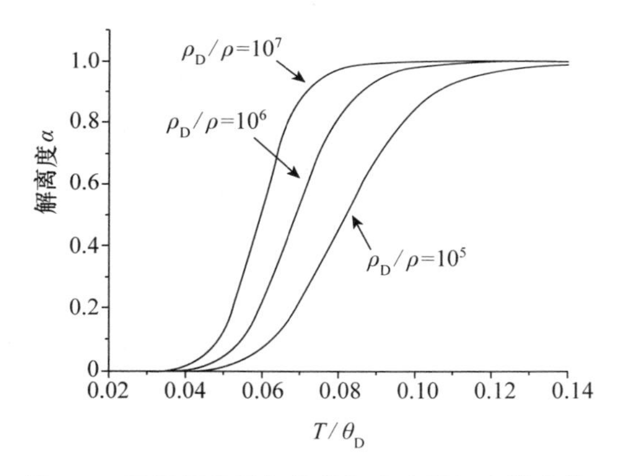

图 5.4　双原子分子气体的解离度随温度的变化。

5.2.3　例子 2：理想电离气体与萨哈方程

对于足够高温度下的气体，原子轨道上的一些电子将被电离。电离出来的电子形成电子气体，与电离形成的阳离子和没有电离的中性原子的气体混合共存。这个状态称为等离子体。这在解释恒星的光谱分类中有重要应用。

考虑原子 A 的一次电离过程

$$A \rightleftharpoons A^+ + e \tag{5.56}$$

定义电离度

$$\alpha=\frac{N_{A^+}}{N_{A,\text{total}}}=\frac{N_{A^+}}{N_A+N_{A^+}} \tag{5.57}$$

参考前一小节中的结果,并代入平动配分函数(注意 A 与 A^+ 的原子/离子质量近似相等)、电子的自旋自由度($g_s=2$)、理想气体状态方程,最后得到

$$\frac{\alpha^2}{1-\alpha}=2\left(\frac{2\pi m_e}{h^2}\right)^{\frac{3}{2}}\frac{(k_BT)^{\frac{5}{2}}}{p}\frac{g_{A^+,\text{elec}}}{g_{A,\text{elec}}}e^{-\frac{\theta_I}{T}} \tag{5.58}$$

其中 m_e 是电子质量,p 是等离子体的压强,$g_{A^+,\text{elec}}$ 与 $g_{A,\text{elec}}$ 分别是 A^+ 与 A 的电子基态的简并度。θ_I 是特征温度,与电离能 D_0 的关系是 $\theta_I=\frac{D_0}{k_B}$。注意振动配分函数在这里没有贡献,另外我们还忽略了 A^+ 与 A 的电子激发态的贡献。公式(5.58)可以写成

$$\frac{\alpha^2}{1-\alpha}=C\frac{T^{5/2}}{p}e^{-\frac{\theta_I}{T}} \tag{5.59}$$

其中 C 是常数

$$C=2\left(\frac{2\pi m_e}{h^2}\right)^{\frac{3}{2}}(k_B)^{\frac{5}{2}}\frac{g_{A^+,\text{elec}}}{g_{A,\text{elec}}} \tag{5.60}$$

简化方程(5.59)被称为萨哈电离方程,是印度科学家梅格纳德·萨哈(参见题外)在 1920 年根据经典热力学推导得到的。它将等离子体的电离程度用温度、密度(或压强)和原子的电离能的函数来描述,是天文物理学中解释恒星光谱的基本工具之一。借着研究不同恒星的光谱,可以得知恒星表面温度以及恒星大气中不同元素的电离状态。

题外:萨哈以及他的同学

梅格纳德·萨哈(Meghnad Saha),印度天文物理学家,因为提出描述恒星物理与化学状态的萨哈电离方程而闻名。萨哈曾在达卡学院进行预科班学习,后来在加尔各答大学读本科,与玻色(玻色-爱因斯坦统计里的那个玻色)是同学。除了科学上的贡献以外,萨哈还是印度的河流开发规划总设计师。

对于氦气,$g_{A^+,\text{elec}}=2$,$g_{A,\text{elec}}=1$,计算得到 $C=0.13$,$\theta_I=2.85\times10^5$ K。电离度在不同气体压强下随温度的变化关系如图 5.5 所示。虽然特征温度 θ_I 高达 2.8×10^5 K,但气体在两万多开尔文时就可基本完全电离。

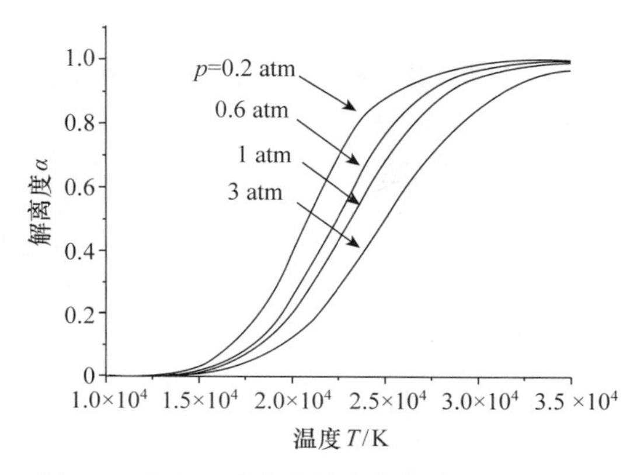

图 5.5 氦气一次电离的电离度随温度的关系。

进一步的，萨哈电离方程还可以用于理解恒星大气吸收光谱随温度变化的极值现象（参见题外）。

题外：恒星大气吸收光谱随温度变化的极值现象

恒星光谱是我们了解恒星表面相关信息（温度、成分、密度等等）的主要途径。对于原子中的电子激发态引起的吸收（例如氢光谱的巴耳末系），当温度过低时，大部分电子处于基态，激发态上的电子数目很少；而当温度过高时，电子发生电离（即萨哈电离方程所描述的过程），留在原子内的电子（不管是基态还是激发态）也很少。因此，可以想象，随着温度的升高，激发态吸收光谱有一个从弱到强、再从强变弱的过程，中间会出现极值。福勒（R. H. Fowler，中子星的解释就是他提出来的）与米尔恩（E. A. Milne）在1923年阐明了其中的规律。

习　　题

5.1　请利用熵与配分函数之间的关系证明同种气体混合时熵不变。

5.2　（与吉布斯佯谬有关的一个问题，费米气体的混合）有两种不同的费米粒子A与B，质量$m_A=m_B=m$，粒子数$N_A=N_B=N$。粒子之间的相互作用可忽略。请在$T=0$ K下分别计算混合（$V_A=V_B=2V$）与未混合（$V_A=V_B=V$）系统的总内能。两者相等吗？（提示：利用量子统计中的一些公式。）

5.3　与上题类似，但是粒子是玻色子。

5.4　考虑习题5.2的费米气体系统，把$T=0$ K的未混合系统的中间隔板抽去而任其自由混合。请问：(1) 如果系统与环境隔热，那么系统温度是否变化？(2) 如果系统与环境传热，那么系统是吸热还是放热？

5.5　推导证明公式(5.32)。

5.6　推导证明公式(5.58)。

5.7　对于反应$A+B \Longrightarrow AB$，有两种原子核，它们的能量零点其实可以独立调整（任意选取）。当它们的能量零点发生变化时（例如分别增加$\Delta\varepsilon_A^{(0)}$与$\Delta\varepsilon_B^{(0)}$），A，B，AB的基态能量与化学势会如何变化？反应能与反应平衡常数呢？

5.8　考虑如下的气态反应：

$$I_2 \longleftrightarrow 2I$$

已知碘原子与碘分子的电子基态光谱项分别为$^2P_{3/2}$与$^1\Sigma_g^+$，对应简并度为$g^{(\text{elec})}=4$与$g^{(\text{elec})}=1$。已知碘分子的振动与转动特征频率（波数）为$\omega_e=\dfrac{\omega}{2\pi c}=214.50\ \text{cm}^{-1}$与$B_e=\dfrac{h}{8\pi^2 cI}=0.03737\ \text{cm}^{-1}$，解离能为$D_0=1.542$ eV。

(1) 如果将谐振子势能底部取为0，证明碘分子的振动配分函数为$\left(\text{其中 }\theta_{\text{vib}}=\dfrac{\omega_e hc}{k_B}\right)$

$$Z_{\text{vib}}=\frac{1}{2\sinh\left(\dfrac{\theta_{\text{vib}}}{2T}\right)}$$

(2) 请证明上述反应的反应常数随温度的关系为

$$K_p = AT^{3/2}\sinh\left(\frac{B}{T}\right)\exp\left(-\frac{C}{T}\right)$$

并求出其中 A,B,C 的数值,其中 sinh 表示双曲正弦函数。

提示:波数(cm^{-1})乘上($hc/k_B=1.4387\ cm\cdot K$)即可得到相应的特征温度(K)。忽略核自旋的影响。

5.9 规则混合物(规则溶液或规则固溶体,在化工、冶金和金属材料学中有重要应用)由 M 个组分组成,各组分的粒子大小彼此相似,但相互作用能不同。第 i 种组分的粒子数比例为 $x_i=N_i/N(i=1,2,\cdots,M)$。假设混合物中各组分的相对排列完全是随机的,则其混合熵与理想气体混合物一致,即 $\Delta S_{\text{mixing}}=-Nk_B\sum_{i=1}^{M}x_i\ln x_i$;但混合焓并不等于零,在平均场近似下有 $\Delta H_{\text{mixing}}=N\sum_{i,j=1}^{M}\varepsilon_{ij}x_ix_j-N\sum_{i=1}^{M}\varepsilon_{ii}x_i$,其中 ε_{ij} 是第 i 种与第 j 种组分粒子之间的相互作用能。混合物的自由能为 $G=G_0+\Delta G_{\text{mixing}}=N\sum_{i=1}^{M}x_i\mu_i^{(0)}+\Delta G_{\text{mixing}}$,其中是 $\mu_i^{(0)}$ 是单组分体系的化学势。溶液与蒸气达到液气平衡时,溶液的组分 i 的化学势 $\mu_i=\left(\frac{\partial G}{\partial N_i}\right)_{N_{j\neq i}}$ 等于其饱和蒸气(视为理想气体)的化学势。考虑一个二组分规则溶液,记 $\varepsilon=2\varepsilon_{12}-\varepsilon_{11}-\varepsilon_{22}$,请解答如下问题:

(1) 请推导出混合焓的表达式:$\Delta H_{\text{mixing}}=N\varepsilon x_1x_2$。

(2) 请推导出混合物中组分 1 的化学势的表达式。

(3) 请推导出规则溶液的饱和蒸气压的表达式:$p_1=x_1p_1^{(0)}\exp\left(\frac{\varepsilon}{k_BT}x_2^2\right)$,其中 $p_1^{(0)}$ 为单组分体系的饱和蒸气压。

第六章　系综理论

第1节　系综的思想

6.1.1　引言：为什么需要系综？

到目前为止，我们考虑的是由大量（近）独立粒子（$N\gg 1$）所组成的系统，具有确定的粒子数 N 与内能 E。在量子统计的推导中，我们还进一步假定能级简并度 $g_i\gg 1$。但是，在实际系统中，这些条件不一定能够满足。

首先，粒子之间的相互作用有可能是不能忽略的，甚至是至关重要的。例如，如果分子之间没有相互作用，则它们组成的气体就是理想气体，状态方程为 $pV=Nk_{\mathrm{B}}T=nRT$；但真实气体的状态方程却为

$$\frac{p}{RT}=\frac{n}{V}+B_2(T)\left(\frac{n}{V}\right)^2+B_3(T)\left(\frac{n}{V}\right)^3+\cdots \tag{6.1}$$

其中 B_2、B_3 被称为第二、第三维里系数，它们就是由分子之间的相互作用所造成的，以微扰的数学形式体现在状态方程中。又如，在固体中，粒子之间的相互作用是如此之强（到处都是化学键），以至于我们很难区分固体中的分子个体。与其把固体描述成相互间有很强相互作用的众多分子所组成的系统，不如把固体描述成由众多原子通过化学键组合成的巨大分子。而对于液体，虽然分子间相互作用比分子内相互作用要弱，但分子间相互作用比气体中要频繁得多，它们对液体性质具有至关重要的影响。这些在近独立粒子的框架内是没法描述的。

其次，现实中的很多现象，特别是与涨落有关的性质，如“天空为什么是蓝的?”，其实就是粒子数 N 不是无穷大所导致的。而随着单分子技术的发展，实验上甚至可以观测粒子数 N 非常小的系统的性质。这些也要求我们在理论上有所突破，才能对系统在小 N 下的行为进行有效的描述。

统计热力学为此发展了系综的观点与处理方法。

6.1.2　系综的思想

为了理解系综的主要思想，我们考虑一个系统与热库接触的问题（图 6.1）。

在热力学里，热库是具有某一固定温度的热源，热库的温度不会因为将一些热量传递给所接触的系统或从所接触的系统中吸取热量而有任何改变。

我们初始的目的是考虑一个系统与热库接触并达到平衡时的性质。为了达到这个目的，我们做如下的操作：把这个实际系统复制 $\tilde{N}$ 份（注意 $\tilde{N}$ 与 N 是不同的符号），允许它们

互相自由传递热量，但与外界隔离。它们服从相同的外部约束（如体积 V）与内部相互作用条件（如相互作用势能），或者说，它们具有相同的哈密顿量与边界条件。它们具有相同的可能的本征解（微观量子态），但在任一时刻可以处于不同的微观量子态。例如，所有的系统的基态与第一激发态都是相同的，但在某一时刻，有一些系统处于基态，另一些系统处于第一激发态……。一个系统所处的状态也会随着时间变化而变化（由于系统间的热量传递，单个系统的能量不需要守恒）。此时，对于其中任何一个系统，我们都可以把其余 $\tilde{N}-1$ 个系统看成这个系统所处的环境，或者说，这个系统处于由其余 $\tilde{N}-1$ 个系统所构成的一种特殊类型的"热库"中（我们假设 $\tilde{N}$ 非常大，因此这个热库的性质并不会随着多传递或少传递一些热量给这个系统而发生变化，符合热库的要求）。由于热库不依赖于具体类型，因此，此时任一系统的行为与最初那个与热库平衡的系统的行为将完全一样。由于这 $\tilde{N}$ 个系统是全同的，而且处于相同的条件之下，因此，我们只需要根据 $\tilde{N}$ 个系统的同时统计行为，就可以推断单一系统在与热库接触时处在它的某个量子态的概率。这样，关于这个系统与热源接触时的所有问题都可以很容易地解决。这就是系综理论的大致思想。

这是一个非常巧妙的思想[①]。在前面的章节中，我们考虑的是相互之间的作用非常微弱的大量粒子所组成的孤立系统的行为。粒子之间的作用是如此微弱，以至于除了会相互交换能量以外我们可以完全忽略它们之间的相互作用。而在这里，我们通过想象有系统的 $\tilde{N}$ 个复制品，它们之间处于"微弱相互作用"之中，而且与外界是隔离的。这样，只要把前面章节理论框架中的"粒子"替换成这里的"系统"，它们其实就完全等同了，以前的理论框架完全可以用来研究现在的系统的性质。因此，从本质上讲，这其实是同一数学结果的不同应用。此时，系统内部的粒子之间可以有任意的相互作用，就如同以前我们允许理想气体分子内的原子之间有相互作用一样。这就使得系综方法非常灵活有效，可以普遍地应用于所有的各种类型的系统。

6.1.3 系综的定义

系综（ensemble）[②]，又称统计系综，是指满足相同宏观约束条件的大量系统的（假想）集合（图 6.1）。系综是统计热力学的一个基本的理论概念。系综并不是实际的物体，构成系综的系统才是实际物体。而且，我们也不需要真的把大量系统放在一起，而只需要想象我们有系统的 $\tilde{N}$ 个复制品并从理论上推断它们放在一起时所应该具有的性质。这就像进行思想实验一样。

我们在前面的章节中只能处理大量独立粒子的性质，而系综方法很好地克服了以前方法中的各种不足：以前的"（近）独立粒子"的条件现在变成"（近）独立系统"的条件，因此总是满足的；以前的"粒子数 $N\gg1$"的条件现在变成"系统数目 $\tilde{N}\gg1$"，也总是可以满足的。

---

① 薛定谔对此有很高评价：这观点本身特别完美，可以十分普遍地应用于各物理系统。

② An ensemble is a theoretical collection of a very large number of systems, each of which replicates the macroscopic thermodynamic system under investigation。"Ensemble"这个单词在英语中带有"全体效果"的含义。例如，开发出电子游戏《帝国时代》的 Ensemble Studios 在国内的俗称是"全效工作室"。

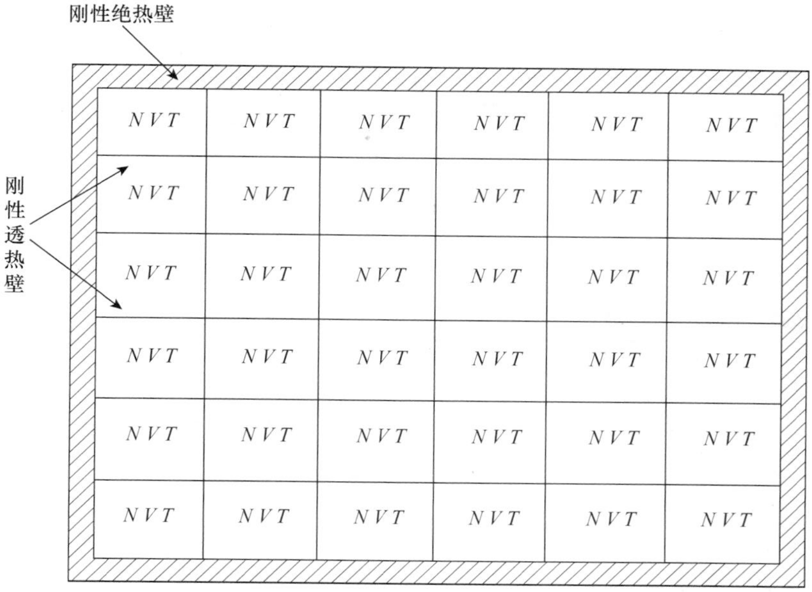

图 6.1　热库问题与系综的大致思想。

系综内各个系统所处的微观量子态可以不同。利用统计方法可以确定系综中系统的状态的分布(后面有详细介绍),但我们最后感兴趣的是一个系统的性质,或者说,是一个系统的热力学性质。为了把两者联系起来,我们就需要用到统计热力学的第三条基本假设:

系统的热力学性质等于其系综平均。

实验中所测量的热力学性质可视作在测量时间内所测物理量的时间平均值。这种实验测量时间在宏观上可能很短,但在微观上却很长。系统所在的微观状态可能在这个时间内改变了很多很多次。因此,统计热力学的第三条基本假设其实是认为系统热力学性质的时间平均等于其系综平均,求统计平均是对所有可能的微观状态进行的。这样就把对时间平均的热力学性质变为与时间无关的系综平均,处理大为简化。

在以前的很多教科书里,认为这里的第三条基本假设成立的基础是“各态遍历假设”(ergodic hypothesis),即一个孤立系统从任一初态出发经过足够长的时间后将经历一切可能的微观状态。这其实是企图把统计规律性还原为力学规律性,是在概率论频率学派的基础上产生出来的想法和要求。而随着概率论贝叶斯学派的兴起,不再把概率的出现归因于事件本身的随机性,而是来源于观察者只能根据不完整的已知信息来推断(猜测)事件的结果。如果采纳贝叶斯学派的概率论观点,则统计热力学并不需要各态遍历假设。系统的热力学性质之所以等于其系综平均,是因为我们在实验中并没有办法精确确定系统所处的微观状态,因此所能得到的最合理的推断就是“系统的热力学性质等于其系综平均”。而且,我们不但可以对平均值进行推断,还可进一步对涨落进行计算,即对平均值的推断误差也可以有全面的掌握。从这个角度讲,统计热力学的第三条基本假设可以看作在贝叶斯概率论下的理所当然的结果,并不是假设。

6.1.4 系综的分类

由于系综是在相同宏观约束条件下的大量系统的集合，因此根据不同的约束条件，或者说根据系统宏观状态条件的不同，我们可以将系综分为不同种类。例如，三种常用的系综如下(图 6.2)：

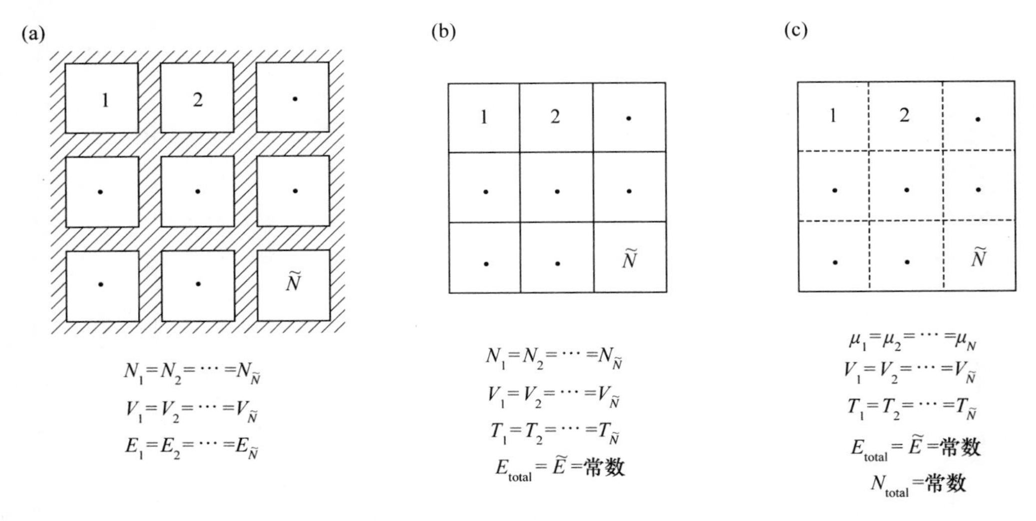

图 6.2 三种系综的示意。

(a) 微正则系综；(b) 正则系综；(c) 巨正则系综。$\tilde{N}$ 是系综所包含的系统总数目，$\tilde{E}$ 是系综所包含所有系统的总能量，N_{total} 是系综所包含所有系统的总粒子数。

- 微正则系综(micro-canonical ensemble，又称 NVE 系综)：系统具有确定的粒子数 N、体积 V、能量 E。系统与外界(其他系统)之间以刚性、绝热、粒子不能穿透的壁隔绝。它描述的其实是孤立系统的性质。
- 正则系综(canonical ensemble，又称 NVT 系综)：系统具有确定的粒子数 N、体积 V、温度 T(严格地说，是与温度为 T 的热库接触)。系统与外界(其他系统)之间以刚性、透热、不穿透的壁隔绝。它描述的是与热源接触的封闭系统。
- 巨正则系综(grand canonical ensemble，又称 μVT 系综)：系统具有确定的化学势 μ、体积 V、温度 T。系统与外界(其他系统)之间以刚性、透热、粒子可穿透的壁隔绝。它描述的是开放系统的性质。

我们在以前章节里处理的其实就是粒子间没有相互作用的、粒子数巨大的系统所组成的微正则系综。而一般的微正则系综还包括粒子间有相互作用(可强可弱)以及任意粒子数(可多可少)等普适情况。另外，根据需要，我们还可以定义其他类型的系综，例如等温等压系综(又称 NPT 系综，粒子数 N、压强 p 和温度 T 恒定)等。

第 2 节 正则系综

在本节中，我们详细讨论正则系综的性质。在后续很多章节中，将会应用这些性质。

6.2.1　正则系综分布

考虑 $\widetilde{N}$ 个系统所组成的正则系综($\widetilde{N} \gg 1$)。我们将用符号上面的波浪线(～)来表示系综层面的性质(如系综所包含的系统总数目 $\widetilde{N}$、处于某一微观状态的系统数目 $\widetilde{N}_i$、系综总能量 $\widetilde{E}$ 等等)。每个系统包含有 N 个粒子,粒子之间可以有相互作用。N 不需要满足 $N \gg 1$。每个系统的体积都为 V。对于系综中的任一个 N-粒子系统,可利用量子力学求解其 N-粒子量子本征态,其本征能量(能级)记为 $E_1, E_2, \cdots, E_i, \cdots$。注意 E_i 是系统的(N-粒子)本征能量,不是前面章节中的独立单粒子的能级($\varepsilon_1, \varepsilon_2, \cdots, \varepsilon_j, \cdots$)。如果系统是由独立粒子所组成的,假设第一个粒子处于能量为 ε_{j_1} 的单粒子本征态(注意 j_1 可代表 1,2,⋯中的任一数字,因此 ε_{j_1} 可代表 $\varepsilon_1, \varepsilon_2, \cdots$中的任意一个),第二个粒子处于本征能量 $\varepsilon_{j_2}, \cdots$,则此时系统的相应的本征态能量为

$$E_i = \varepsilon_{j_1} + \varepsilon_{j_2} + \cdots + \varepsilon_{j_N} \tag{6.2}$$

由于每个系统包含相同的粒子,服从相同的外部约束(如体积 V)与内部相互作用条件(如相互作用势能),因此这些系统具有相同的哈密顿量与边界条件,所解出来的量子本征态及其能量$\{E_1, E_2, \cdots, E_i, \cdots\}$也是相同的。我们允许正则系综里的系统相互交换能量(热量),因此在某一时刻各个系统实际所处的能级 E_i 是可以不同的。

在本章中,为了方便起见,我们忽略简并度的影响,或者说,对于简并的能级,我们总可以将其拆成简并度为 1 的一些能级。因此,不同 i 所对应的 E_i 是可以相同的,或者说,我们并不要求不同 i 所对应的 E_i 也不同。

正则系综内的系统之间可以有能量交换,但与系综的外部没有任何相互作用。因此,可以把整个系综看作一个巨大的孤立系统,应用统计热力学的第二条基本假设(等概率原理):对于处在平衡状态的孤立系统,系统各个可能的微观状态出现的概率是相同的。再进一步结合大数定律,就可以推导得到正则系综的分布。整体思路与前面各章节很类似。下面给出具体的过程与结果。

在系综的某个微观状态下(图 6.3),会有一些系统处于 E_1,一些处于 E_2,⋯。我们将处于 E_1 的系统的数目记为 $\widetilde{N}_1$,处于 E_2 的系统的数目为 $\widetilde{N}_2, \cdots$。$\{\widetilde{N}_1, \widetilde{N}_2, \cdots\}$的允许取值不是任意的,需要满足如下两个约束条件:

- 约束条件 1:系综所包含的系统总数目为 $\widetilde{N}$

$$\sum_i \widetilde{N}_i = \widetilde{N} \tag{6.3}$$

- 约束条件 2:系综总能量守恒

$$\sum_i \widetilde{N}_i E_i = \widetilde{E} \tag{6.4}$$

这里任一系统都与由其余 $\widetilde{N}-1$ 个系统所构成的"热库"接触,单个系统的能量是不守恒的。但由于 $\widetilde{N} \gg 1$,上述"热库"可与外界隔热,即整个系综的能量是守恒的。

系综中每个系统具有确定的位置,彼此之间是可以分辨的。根据排列组合的知识(参见第二章中的数学背景:排列组合 1),处于各量子态的系统数目为$\{\widetilde{N}_i\}$时所对应的排列组合数目为

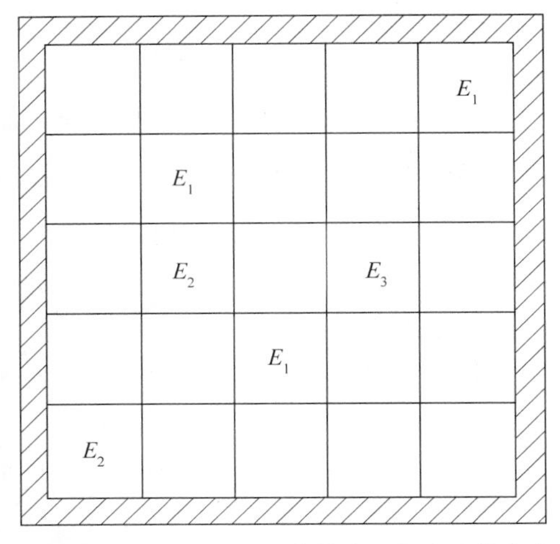

图 6.3　正则系综在某一时刻所处的状态。每个小格代表一个系统。

$$\widetilde{W}=\frac{\widetilde{N}!}{\prod_i \widetilde{N}_i!} \tag{6.5}$$

即数学上相当于把 $\widetilde{N}$ 个可辨别的球(系统)按$\{\widetilde{N}_1,\widetilde{N}_2,\cdots\}$的要求放进一些可辨别的盒子(量子状态)(不计小球在同一个盒子中的次序)的可能放法。

现在的量子态是对系统定义的,并不是单粒子的量子态。因此,对于"有多少个系统处于同一量子态"并没有任何限制。量子统计的影响体现在"哪些是允许的量子态(出现在 E_i 的列表里)",后面会讨论。

系综处于哪个状态具有随机性。根据等概率原理,满足约束条件(6.3)、(6.4)的$\{\widetilde{N}_i\}$的概率与式(6.5)所给出的$\{\widetilde{N}_i\}$所包含的微观状态数目 $\widetilde{W}$ 成正比。在大数定律的条件下,我们只需要考虑概率最大的$\{\widetilde{N}_i\}$的贡献。应用拉格朗日乘子法,定义

$$\tilde{f}(\widetilde{N}_1,\widetilde{N}_2,\cdots\widetilde{N}_i,\cdots;\lambda,\beta)=\ln\widetilde{W}(\widetilde{N}_1,\widetilde{N}_2,\cdots\widetilde{N}_i,\cdots)-\lambda\Big(\sum_i \widetilde{N}_i-\widetilde{N}\Big)-\beta\Big(\sum_i \widetilde{N}_iE_i-\widetilde{E}\Big) \tag{6.6}$$

其中 λ 与 β 是引入的拉格朗日乘子。这样就可以把 $\widetilde{W}$ 的约束极值问题变成 $\tilde{f}$ 的无约束极值问题。类似第二章中的推导,由$\dfrac{\partial \tilde{f}}{\partial \widetilde{N}_i}=0$ 可得到

$$\widetilde{N}_i=\mathrm{e}^{-\lambda-\beta E_i} \tag{6.7}$$

代入系统数目守恒的条件(6.3)$\left(即\dfrac{\partial \tilde{f}}{\partial \lambda}=0 条件\right)$,可求出 λ 的表达式

$$\mathrm{e}^{-\lambda}=\frac{\widetilde{N}}{\sum_i \mathrm{e}^{-\beta E_i}} \tag{6.8}$$

代回式(6.7)消去 λ,就得到正则系综分布(即系统处于量子态 i 的概率)

$$P_i = \frac{\widetilde{N}_i}{\widetilde{N}} = \frac{e^{-\beta E_i}}{\sum_i e^{-\beta E_i}} \tag{6.9}$$

这个结果跟麦克斯韦-玻尔兹曼分布形式上是相似的，但内涵完全不同。这里 E_i 是系统的 N-粒子能级，而非麦克斯韦-玻尔兹曼分布里的单粒子能级；这里的结果对经典统计与量子统计都是适用的（经典统计与量子统计的结果差异将在后面解释）。拉格朗日乘子 $\beta=\frac{1}{k_B T}$，在下一小节中会给出证明。

6.2.2　正则配分函数

与我们在理想气体中的做法类似，此处我们引入统计热力学中的重要数学工具——配分函数，以方便对各种热力学量的计算。定义正则配分函数

$$Q = \sum_i e^{-\beta E_i} \tag{6.10}$$

系综中系统的平均能量（内能）是

$$\langle U \rangle = \langle E \rangle = \sum_i P_i E_i = \frac{\sum_i E_i e^{-\beta E_i}}{\sum_i e^{-\beta E_i}} \tag{6.11}$$

利用配分函数的性质 $\left(\frac{\partial Q}{\partial \beta}\right)_{V,N} = -\sum_i E_i e^{-\beta E_i}$，上式可用 Q 表示

$$\langle U \rangle = -\frac{1}{Q}\left(\frac{\partial Q}{\partial \beta}\right)_{V,N} = -\left(\frac{\partial \ln Q}{\partial \beta}\right)_{V,N} \tag{6.12}$$

需要指出的是，我们这里用尖括号〈〉来表示热力学量的系统平均值。在系统很小的时候，系统的实际值会有很大的涨落。例如，一个与热库接触的小系统，内能是不守恒的，会围绕着平均值发生很大的涨落。在系统很大时，涨落相对于平均值就会显得很小，可以忽略。

系统的压强可写成

$$\langle p \rangle = -\sum_i P_i \frac{\partial E_i}{\partial V} = -\frac{\sum_i \frac{\partial E_i}{\partial V} e^{-\beta E_i}}{\sum_i e^{-\beta E_i}} \tag{6.13}$$

利用配分函数的性质 $\left(\frac{\partial Q}{\partial V}\right)_{N,\beta} = -\beta \sum_i \frac{\partial E_i}{\partial V} e^{-\beta E_i}$，可把压强写成 Q 的函数

$$\langle p \rangle = \frac{1}{\beta Q}\left(\frac{\partial Q}{\partial V}\right)_{N,\beta} = \frac{1}{\beta}\left(\frac{\partial \ln Q}{\partial V}\right)_{N,\beta} \tag{6.14}$$

正则系综中体积 V 是固定的，但压强不是固定的，而是会发生涨落。

为了确定 β 的含义，我们来考察理想气体的压强性质。对于可分辨独立粒子（麦克斯韦-玻尔兹曼分布的系统），假设第一个粒子的能级为 $\{\varepsilon_{j_1}\}$，第二个粒子的能级为 $\{\varepsilon_{j_2}\}$，…。粒子种类可以相同也可以不同。则系统能级为

$$E_i = \varepsilon_{j_1} + \varepsilon_{j_2} + \cdots + \varepsilon_{j_N} \tag{6.15}$$

因此正则配分函数

$$Q = \sum_i e^{-\beta E_i} = \sum_{j_1, j_2, \cdots, j_N} e^{-\beta(\varepsilon_{j_1} + \varepsilon_{j_2} + \cdots + \varepsilon_{j_N})}$$

$$=(\sum_{j_1}e^{-\beta\varepsilon_{j_1}})(\sum_{j_2}e^{-\beta\varepsilon_{j_2}})\cdots(\sum_{j_N}e^{-\beta\varepsilon_{j_N}}) \tag{6.16}$$

如果系统中只有一种粒子,则上式可以简化成

$$Q=(\sum_{j}e^{-\beta\varepsilon_{j}})^N \tag{6.17}$$

对于能级稀疏占据条件下的不可分辨独立粒子(满足修正的麦克斯韦-玻尔兹曼统计),公式(6.15)仍然成立,但交换同种粒子顺序并不能产生新状态。因此,如果系统只有一种粒子,应有

$$Q=\sum_{i}e^{-\beta E_i}=\frac{1}{N!}\sum_{j_1,j_2,\cdots,j_N}e^{-\beta(\varepsilon_{j_1}+\varepsilon_{j_2}+\cdots+\varepsilon_{j_N})}=\frac{1}{N!}(\sum_{j}e^{-\beta\varepsilon_{j}})^N \tag{6.18}$$

因此,不管是经典的麦克斯韦-玻尔兹曼统计还是修正的麦克斯韦-玻尔兹曼统计的系统,正则系综方法(6.14)都给出

$$\langle p\rangle=\frac{N}{\beta}\frac{\partial}{\partial V}\ln(\sum_{j}e^{-\beta\varepsilon_{j}}) \tag{6.19}$$

对比以前的理想气体的修正的麦克斯韦-玻尔兹曼统计结果

$$p=Nk_{\rm B}T\left(\frac{\partial\ln Z}{\partial V}\right)_T=Nk_{\rm B}T\frac{\partial}{\partial V}\ln(\sum_{j}e^{-\frac{\varepsilon_j}{k_{\rm B}T}}) \tag{6.20}$$

可知对于理想气体系统有

$$\beta=\frac{1}{k_{\rm B}T} \tag{6.21}$$

对于一般系统,容易证明:当允许两个系综交换能量,但不改变各自的能级,则平衡时两个系综的 β 相同。因此上式对任何系综都成立。

利用与第四章类似的分析过程,可得到正则配分函数 $Q(N,V,T)$ 与各种热力学性质的联系(过程略):

$$\langle U\rangle=k_{\rm B}T^2\left(\frac{\partial\ln Q}{\partial T}\right)_{V,N} \tag{6.22}$$

$$\langle S\rangle=k_{\rm B}T\left(\frac{\partial\ln Q}{\partial T}\right)_{V,N}+k_{\rm B}\ln Q \tag{6.23}$$

$$\langle A\rangle=\langle U\rangle-T\langle S\rangle=-k_{\rm B}T\ln Q \tag{6.24}$$

$$\langle p\rangle=k_{\rm B}T\left(\frac{\partial\ln Q}{\partial V}\right)_{T,N} \tag{6.25}$$

$$\mu=\left(\frac{\partial\langle A\rangle}{\partial N}\right)_{T,V}=-k_{\rm B}T\left(\frac{\partial\ln Q}{\partial N}\right)_{T,V} \tag{6.26}$$

正则系综的这些结果从表面上看起来好像与第四章很类似,但系综方法的应用带来了巨大的好处:这些结果可适用于任何粒子数 N、可适用于任何有相互作用的系统。

6.2.3 与独立粒子系统结果的联系

在这一小节中,我们将正则系综理论应用于独立粒子系统,看所得结果是否与以前一致,以及在一些极端条件下(例如 N 很小)是否能给出新的认识。

对于可分辨独立粒子,公式(6.16)可重写成

$$Q=(\sum_{j_1}e^{-\frac{1}{k_{\rm B}T}\varepsilon_{j_1}})(\sum_{j_2}e^{-\frac{1}{k_{\rm B}T}\varepsilon_{j_2}})\cdots(\sum_{j_N}e^{-\frac{1}{k_{\rm B}T}\varepsilon_{j_N}})=Z_1Z_2\cdots Z_i\cdots Z_N \tag{6.27}$$

其中 $Z_i=\sum_{j_i}\mathrm{e}^{-\frac{1}{k_B T}\varepsilon_{j_i}}$ 是第 i 个粒子的单分子配分函数。如果所有粒子都属于同一种类，则得到正则配分函数与单分子配分函数之间的简单关系：$Q=Z^N$。任何一个粒子处于某一能级的概率，例如，第一个粒子处于能级 j_1（不管其他粒子处于什么能级）的概率为

$$
\begin{aligned}
p_{j_1} &= \frac{\sum\limits_{j_2,\cdots,j_N}\mathrm{e}^{-\frac{1}{k_B T}(\varepsilon_{j_1}+\varepsilon_{j_2}+\cdots+\varepsilon_{j_N})}}{\sum\limits_{j_1,j_2,\cdots,j_N}\mathrm{e}^{-\frac{1}{k_B T}(\varepsilon_{j_1}+\varepsilon_{j_2}+\cdots+\varepsilon_{j_N})}} \\
&= \frac{\mathrm{e}^{-\frac{1}{k_B T}\varepsilon_{j_1}}\left(\sum\limits_{j_2}\mathrm{e}^{-\frac{1}{k_B T}\varepsilon_{j_2}}\right)\cdots\left(\sum\limits_{j_N}\mathrm{e}^{-\frac{1}{k_B T}\varepsilon_{j_N}}\right)}{\left(\sum\limits_{j_1}\mathrm{e}^{-\frac{1}{k_B T}\varepsilon_{j_1}}\right)\left(\sum\limits_{j_2}\mathrm{e}^{-\frac{1}{k_B T}\varepsilon_{j_2}}\right)\cdots\left(\sum\limits_{j_N}\mathrm{e}^{-\frac{1}{k_B T}\varepsilon_{j_N}}\right)} \\
&= \frac{\mathrm{e}^{-\frac{1}{k_B T}\varepsilon_{j_1}}}{\sum\limits_{j_1}\mathrm{e}^{-\frac{1}{k_B T}\varepsilon_{j_1}}}=\frac{\mathrm{e}^{-\frac{1}{k_B T}\varepsilon_{j_1}}}{Z}
\end{aligned}
\tag{6.28}
$$

对于能级稀疏占据条件下的不可分辨独立粒子，交换同种粒子的顺序并不能产生新状态。如果系统只有一种粒子，则式(6.18)给出

$$
Q=\frac{1}{N!}Z^N \tag{6.29}
$$

一个粒子处于某一能级 j_1 的概率为

$$
p_{j_1}=\frac{\frac{1}{N!}\sum\limits_{j_2,\cdots,j_N}\mathrm{e}^{-\frac{1}{k_B T}(\varepsilon_{j_1}+\varepsilon_{j_2}+\cdots+\varepsilon_{j_N})}}{\frac{1}{N!}\sum\limits_{j_1,j_2,\cdots,j_N}\mathrm{e}^{-\frac{1}{k_B T}(\varepsilon_{j_1}+\varepsilon_{j_2}+\cdots+\varepsilon_{j_N})}}=\frac{\mathrm{e}^{-\frac{1}{k_B T}\varepsilon_{j_1}}}{Z} \tag{6.30}
$$

因此，不管对于可分辨独立粒子，还是能级稀疏占据条件下的不可分辨独立粒子，对任何 N 都有

$$
p_j=\frac{\mathrm{e}^{-\frac{\varepsilon_j}{k_B T}}}{Z} \tag{6.31}
$$

即（经典的或修正的）麦克斯韦-玻尔兹曼分布在系统与温度为 T 的热库接触时对任何 N 值都是成立的。注意这里需要系统与热库接触。如果系统是孤立的（例如，微正则系综），那在小 N 下麦克斯韦-玻尔兹曼分布是不成立的。

接下来利用式(6.29)看能级稀疏占据条件下的不可分辨独立粒子的热力学函数。例如，平均内能为

$$
\langle U\rangle=k_B T^2\left(\frac{\partial \ln Q}{\partial T}\right)_{V,N}=Nk_B T^2\left(\frac{\partial \ln Z}{\partial T}\right)_V \tag{6.32}
$$

与以前由大量独立粒子所组成的孤立系统的性质一致。而且，重要的是现在的结果对任何 N 值都成立。对于熵，则有

$$
\langle S\rangle=Nk_B T\left(\frac{\partial \ln Z}{\partial T}\right)_V+Nk_B\ln Z-k_B\ln N! \tag{6.33}
$$

这个结果只有在 $N \gg 1$ 时才变成包含大量独立粒子的孤立系统的结果

$$\langle S \rangle = Nk_B\left[T\left(\frac{\partial \ln Z}{\partial T}\right)_V + \ln\left(\frac{Z}{N}\right) + 1\right] \tag{6.34}$$

或者说,式(6.34)只对大 N 成立,对小 N 则不成立。对亥姆霍兹自由能,有

$$\langle A \rangle = -Nk_B T\ln Z + k_B T\ln N! \tag{6.35}$$

这也只有在 $N \gg 1$ 时才会变成包含大量独立粒子的孤立系统的结果。而对于化学势 μ,由于式(6.35)中 N 是整数,因此如果我们把化学势定义为"系统粒子数变化时所引起的自由能变化",就会发现在 N 比较小的时候"粒子数增加 1 时自由能的增加"与"粒子数减少 1 时自由能的减少"是不同的,因而需要对正则系综的化学势进行重新定义。只有在 $N \gg 1$ 时,两者才是一致的,才能把化学势定义为偏微分的形式(6.26)。

6.2.4 正则系综下的量子统计

对于独立粒子的量子统计,系统的本征态能量与单粒子的本征态能量之间仍然可以写成前面公式(6.2)的形式。而量子统计的影响则反映在此时需要考虑粒子的不可分辨性以及一个粒子能级上最多允许占据的粒子数。它们会决定哪些 $j_1, j_2, \cdots j_N$ 的组合能够给出合法的系统能级 E_i,并用于计算正则配分函数 Q 以及其他的性质,例如,某个粒子能级上的占据概率。在 $N \gg 1$ 时,可最终得到费米-狄拉克分布或玻色-爱因斯坦分布,但是其中的数学推导过程非常复杂,因此我们此处不再介绍,感兴趣的读者可参考薛定谔的著名教科书《统计热力学》。在后面的巨正则系综理论中,我们将很容易得到费米-狄拉克分布或玻色-爱因斯坦分布的结果。

令人吃惊的是,当 N 很小时,正则系综下的量子统计将不再服从费米-狄拉克分布或玻色-爱因斯坦分布!我们这里用一个简单例子来说明。考虑一个独立粒子的三能级费米系统,单粒子能级为$(\varepsilon_1, \varepsilon_2, \varepsilon_3)$,系统包含两个粒子,即 $N=2$。现在问如下问题:系统与温度为 T 的热库接触时,能级 ε_1 上的平均占据粒子数是多少?很显然,系统的微观量子状态只能有三种:$E_i = \varepsilon_1 + \varepsilon_2, \varepsilon_1 + \varepsilon_3$ 或 $\varepsilon_2 + \varepsilon_3$。在前两种里,能级 ε_1 有一个粒子占据;而在最后一种,能级 ε_1 没有粒子占据。应用正则系综分布的结果(6.9),可写出能级 ε_1 上的平均占据粒子数为

$$\langle n_1 \rangle = \frac{e^{-\frac{1}{k_B T}(\varepsilon_1+\varepsilon_2)} + e^{-\frac{1}{k_B T}(\varepsilon_1+\varepsilon_3)}}{e^{-\frac{1}{k_B T}(\varepsilon_1+\varepsilon_2)} + e^{-\frac{1}{k_B T}(\varepsilon_1+\varepsilon_3)} + e^{-\frac{1}{k_B T}(\varepsilon_2+\varepsilon_3)}} \tag{6.36}$$

这个结果既不是费米-狄拉克分布 $\left[n_1 = \frac{1}{e^{\frac{1}{k_B T}(\varepsilon_1-\mu)}+1}\right]$,也不是玻色-爱因斯坦分布 $\left[n_1 = \frac{1}{e^{\frac{1}{k_B T}(\varepsilon_1-\mu)}-1}\right]$。后面章节里的半导体缺陷能级占据概率就是类似结果。如果不了解正则系综理论,就会觉得这个分布实在太奇怪了。

6.2.5 内能的涨落

利用系综理论不但可以计算系统热力学量的平均值,而且可算它们的涨落。例如,对于正则系综,一个系统可以与其他系统(即等价的热库)交换能量(热量),因此,系综中的系统

会分布在各个系统能级上(满足正则系综分布)。换句话说,一个系统随着时间的变化,就会在各个能级之间转变,表现出(与热库接触时的)内能涨落的性质,涨落大小可由正则系综分布确定。

内能涨落的方差定义为

$$\sigma_U^2 = \langle (U - \langle U \rangle)^2 \rangle = \langle U^2 \rangle - \langle U \rangle^2 \tag{6.37}$$

其中尖括号⟨⟩表示对系综内的系统求平均,即系综平均。利用正则分布,有

$$\sigma_U^2 = \frac{\sum_i E_i^2 e^{-\frac{E_i}{k_B T}}}{\sum_i e^{-\frac{E_i}{k_B T}}} - \left(\frac{\sum_i E_i e^{-\frac{E_i}{k_B T}}}{\sum_i e^{-\frac{E_i}{k_B T}}} \right)^2 \tag{6.38}$$

利用比热的如下表达式

$$C_V = \left(\frac{\partial \langle U \rangle}{\partial T} \right)_{V,N} = \frac{\partial}{\partial T} \left(\frac{\sum_i E_i e^{-\frac{E_i}{k_B T}}}{\sum_i e^{-\frac{E_i}{k_B T}}} \right) = \frac{\sum_i E_i e^{-\frac{E_i}{k_B T}} \cdot \frac{E_i}{k_B T^2}}{\sum_i e^{-\frac{E_i}{k_B T}}} - \frac{\sum_i E_i e^{-\frac{E_i}{k_B T}} \cdot \sum_i E_i e^{-\frac{E_i}{k_B T}} \frac{E_i}{k_B T^2}}{\left(\sum_i e^{-\frac{E_i}{k_B T}} \right)^2} \tag{6.39}$$

可以将内能涨落与比热联系起来

$$\sigma_U^2 = k_B T^2 C_V \tag{6.40}$$

这个式子非常有用,因为它可通过实验上容易测量的比热来计算实验上不容易测量的内能涨落。对于一般的系统,由于 k_B 的值很小,因此内能的涨落是非常小的。例如,对于单原子理想气体,$\langle U \rangle = \frac{3}{2} N k_B T$,$C_V = \frac{3}{2} N k_B$,因此内能涨落大小与内能平均值的比值(相对涨落)为

$$\frac{\sigma_U}{\langle U \rangle} = \sqrt{\frac{2}{3N}} \tag{6.41}$$

它与 $\sqrt{N}$ 成反比(大部分热力学量的涨落都具有这个标度性质,即 $\frac{\sigma_X}{\langle X \rangle} \propto \frac{1}{\sqrt{N}}$。由于这个原因,在热力学极限下处于平衡态的系统的性质被认为是不随时间变化的,没有涨落)。由于 N 通常很大,因此这个比值通常很小。例如,体积为 1 nL(相当于边长为 0.1 mm 的立方体容器)的理想气体,在标准状态下 $N = 2.7 \times 10^{13}$,相对涨落只有 1.6×10^{-7},实验上很难观测到。

正则系综里的系统的体积是恒定的,但压强却不是恒定的,也会有涨落,理论分析给出(较复杂,过程略)

$$\sigma_p^2 = k_B T \left[- \frac{\sum_i \frac{\partial^2 E_i}{\partial V^2} e^{-\frac{E_i}{k_B T}}}{\sum_i e^{-\frac{E_i}{k_B T}}} - \frac{\partial \langle p \rangle}{\partial V} \right] \tag{6.42}$$

第3节 巨正则系综

开放系统在前面的章节中基本没有讨论过。在本节中，我们利用巨正则系综来讨论开放系统的统计热力学性质。

6.3.1 巨正则分布

考虑 $\tilde{N}$ 个系统所组成的巨正则系综($\tilde{N}\gg 1$)。系统的体积固定为 V。每个系统的粒子数 N 并不是固定的，而是通过与其余 $\tilde{N}-1$ 个系统所构成的"粒子库"发生粒子交换而达到平衡。N 不需要满足 $N\gg 1$。系统之间也可以交换能量(热量)。因此，可认为系统之间是以刚性、透热、粒子可穿透的壁进行隔绝。同一系统内的粒子之间可以有相互作用。系统与系综的外部没有任何相互作用，因此，整个系综是一个巨大的孤立系统，可应用统计热力学的等概率原理以及数学上的大数定律来推导系统所处状态的分布。

粒子数为 N 时，可利用量子力学求解系统的 N-粒子量子本征态，其本征能量(能级)记为 $E_{N,1},E_{N,2},\cdots,E_{N,i},\cdots$。如果系统是由独立粒子所组成的，则系统能级是各个粒子所在能级之和

$$E_{N,i}=\varepsilon_{j_1}+\varepsilon_{j_2}+\cdots+\varepsilon_{j_N} \tag{6.43}$$

粒子数 N 并不是固定的，因此对于每一个 N，都需要解出在这个 N 下的一系列的本征解 $\{E_{N,i}\}$。系综中的系统服从相同的外部约束(如体积 V)与内部相互作用条件，因此解出来的 $\{E_{N,i}\}$ 列表也是相同的。

在系综的某个微观状态下(图 6.4)，会有一些系统处于粒子数为 N_1 能级为 E_{N_1,j_1} 的状态，一些处于粒子数为 E_{N_2} 能级为 E_{N_2,j_2} 的状态，……。我们将处于粒子数 N 能级 $E_{N,i}$ 状态的系统的数目记为 $\tilde{N}_{N,i}$。系统粒子数 N 的取值范围是从 0 到 $+\infty$ 的整数，因此 $\{\tilde{N}_{N,i}\}$ 包含：

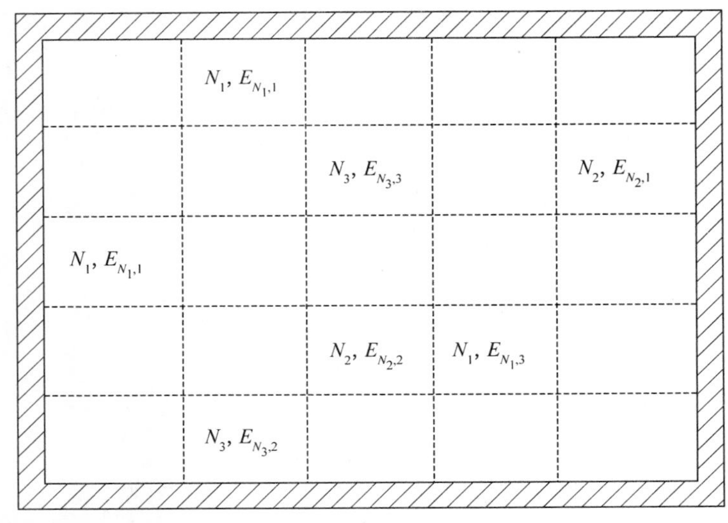

图 6.4 巨正则系综示意。每个小格代表一个系统，系统之间以刚性、透热、粒子可穿透的壁进行隔绝。系统具有各种粒子数 N。

$\tilde{N}_{0,1}$(粒子数为 0 的系统的数目);

$\tilde{N}_{1,1},\tilde{N}_{1,2},\cdots,\tilde{N}_{1,i},\cdots$(粒子数为 1、处于各能级的系统的数目);

$\tilde{N}_{2,1},\tilde{N}_{2,2},\cdots,\tilde{N}_{2,i},\cdots$(粒子数为 2、处于各能级的系统的数目);

……。

由于系综作为整体是孤立于外界的,能量与粒子数守恒,因此$\{\tilde{N}_{N,i}\}$的允许取值需要满足如下约束条件:

- 约束条件 1:系综所包含的系统总数目为 $\tilde{N}$

$$\sum_{N,i}\tilde{N}_{N,i}=\tilde{N} \tag{6.44}$$

- 约束条件 2:系综总能量守恒

$$\sum_{N,i}\tilde{N}_{N,i}E_{N,i}=\tilde{E} \tag{6.45}$$

- 约束条件 3:系综总粒子数守恒

$$\sum_{N,i}\tilde{N}_{N,i}N=N_{\text{total}} \tag{6.46}$$

系综中每个系统具有确定的位置,彼此之间是可以分辨的。处于各量子态的系统数目为$\{\tilde{N}_{N,i}\}$时所对应的排列组合数目,就相当于把 $\tilde{N}$ 个可辨别的球(系统)放进一些可辨别的盒子[量子状态(N,i)](不计小球在同一个盒子中的次序)的可能放法

$$\tilde{W}(\{\tilde{N}_{N,i}\})=\frac{\tilde{N}!}{\prod_{N,i}\tilde{N}_{N,i}!} \tag{6.47}$$

与正则系综的情况类似,这里对于“有多少个系统处于同一状态”并没有任何限制。经典统计与量子统计的区别体现在“哪些是允许的状态(出现在 $E_{N,i}$ 的列表里)”。

根据等概率原理,满足约束条件(6.44)~(6.46)的$\{\tilde{N}_{N,i}\}$的概率与(6.47)所给出的微观状态数目 $\tilde{W}$ 成正比。由于 $\tilde{N}\gg1$,我们可以应用大数定律,只考虑$\tilde{W}(\{\tilde{N}_{N,i}\})$最大值的贡献。应用拉格朗日乘子法,定义

$$\begin{aligned}\tilde{f}(\{\tilde{N}_{N,i}\};\lambda,\alpha,\beta)=&\ln\tilde{W}(\{\tilde{N}_{N,i}\})-\lambda\Big(\sum_{N,i}\tilde{N}_{N,i}-\tilde{N}\Big)\\&-\alpha\Big(\sum_{N,i}\tilde{N}_{N,i}N-N_{\text{total}}\Big)-\beta\Big(\sum_{N,i}\tilde{N}_{N,i}E_{N,i}-\tilde{E}\Big)\end{aligned} \tag{6.48}$$

其中 λ,α,β 是引入的拉格朗日乘子。类似以前的推导,对 $\tilde{f}$ 求极值,得到

$$\tilde{N}_{N,i}=\mathrm{e}^{-\lambda-\alpha N-\beta E_{N,i}} \tag{6.49}$$

利用 $\sum_{N,i}\tilde{N}_{N,i}=\tilde{N}$ 消去λ,就得到巨正则系综分布[系统处于状态(N,i)的概率]

$$P_{N,i}=\frac{\tilde{N}_{N,i}}{\tilde{N}}=\frac{\mathrm{e}^{-\alpha N-\beta E_{N,i}}}{\sum_{N,i}\mathrm{e}^{-\alpha N-\beta E_{N,i}}} \tag{6.50}$$

容易证明:允许两个(正则/巨正则)系综交换能量,但不改变各自的能级,则平衡时两个系综的 β 相同。因此,对巨正则系综,也有 $\beta=\frac{1}{k_BT}$。α 则与化学势相联系,将在下一小节中详述。

6.3.2 巨正则配分函数、熵、化学势

定义巨正则配分函数 Ξ(发音[ksi])

$$\Xi=\sum_{N,i}\mathrm{e}^{-\alpha N-\beta E_{N,i}} \tag{6.51}$$

它与正则配分函数 Q_N 具有如下联系

$$\Xi=\sum_{N}\mathrm{e}^{-\alpha N}\sum_{i}\mathrm{e}^{-\beta E_{N,i}}=\sum_{N}\mathrm{e}^{-\alpha N}Q_N \tag{6.52}$$

配分函数可用于计算其他热力学量。例如,系统的平均内能

$$\langle U\rangle=\sum_{N,i}P_{N,i}E_{N,i}=\frac{\sum\limits_{N,i}E_{N,i}\mathrm{e}^{-\alpha N-\beta E_{N,i}}}{\sum\limits_{N,i}\mathrm{e}^{-\alpha N-\beta E_{N,i}}} \tag{6.53}$$

利用配分函数 Ξ 的性质 $\left(\frac{\partial\Xi}{\partial\beta}\right)_{V,\alpha}=-\sum\limits_{N,i}E_{N,i}\mathrm{e}^{-\alpha N-\beta E_{N,i}}$,上式可利用 Ξ 表示成

$$\langle U\rangle=-\frac{1}{\Xi}\left(\frac{\partial\Xi}{\partial\beta}\right)_{V,\alpha}=-\left(\frac{\partial\ln\Xi}{\partial\beta}\right)_{V,\alpha} \tag{6.54}$$

系统的平均粒子数

$$\langle N\rangle=\sum_{N,i}P_{N,i}N=-\left(\frac{\partial\ln\Xi}{\partial\alpha}\right)_{V,\beta} \tag{6.55}$$

接下来我们考察巨正则系综的熵的微观定义。对于准静态过程,系综发生缓慢的变化,任一时刻的分布都可以用平衡巨正则分布来描述。此时微小可逆功可写成 $\delta W=\sum\limits_{N,i}P_{N,i}\delta E_{N,i}$,因此广义变量 y 所引起的广义力为

$$Y=\sum_{N,i}P_{N,i}\frac{\partial E_{N,i}}{\partial y}=-\frac{1}{\beta}\left(\frac{\partial\ln\Xi}{\partial y}\right)_{\alpha,\beta} \tag{6.56}$$

例如,系统的平均压强与配分函数的联系是 $\langle p\rangle=\frac{1}{\beta}\left(\frac{\partial\ln\Xi}{\partial V}\right)_{\alpha,\beta}$。而系综的微小可逆热则写成 $\delta\widetilde{Q}=\sum\limits_{N,i}E_{N,i}\delta\widetilde{N}_{N,i}$(注意此处用波浪线 ~ 来表示系综的性质,因此单个系统的平均可逆热为 $\delta Q=\frac{\delta\widetilde{Q}}{\widetilde{N}}=\sum\limits_{N,i}E_{N,i}\delta\frac{\widetilde{N}_{N,i}}{\widetilde{N}}=\sum\limits_{N,i}E_{N,i}\delta P_{N,i}$)。因此无限小过程系综的熵的变化为 $\left(\text{注意 }\beta=\frac{1}{k_{\mathrm{B}}T}\right)$

$$\delta\widetilde{S}=\frac{\delta\widetilde{Q}}{T}=k_{\mathrm{B}}\beta\sum_{N,i}E_{N,i}\delta\widetilde{N}_{N,i} \tag{6.57}$$

巨正则分布其实是从拉格朗日函数(6.48)求极值得到的,满足

$$\frac{\partial}{\partial\widetilde{N}_{N,i}}\widetilde{f}(\{\widetilde{N}_{N,i}\};\lambda,\alpha,\beta)=\frac{\partial}{\partial\widetilde{N}_{N,i}}\ln\widetilde{W}(\{\widetilde{N}_{N,i}\})-\lambda-\alpha N-\beta E_{N,i}=0 \tag{6.58}$$

由式(6.58)解出 $E_{N,i}$ 并代回(6.57),得

$$\delta\widetilde{S}=k_{\mathrm{B}}\sum_{N,i}\left[\frac{\partial}{\partial\widetilde{N}_{N,i}}\ln\widetilde{W}(\{\widetilde{N}_{N,i}\})-\lambda-\alpha N\right]\delta\widetilde{N}_{N,i} \tag{6.59}$$

变化过程中系综的系统数目及粒子数总数目保持不变,即公式(6.44)与(6.46),因此有

$$\begin{cases} \sum_{N,i} \delta \widetilde{N}_{N,i} = 0 \\ \sum_{N,i} N \delta \widetilde{N}_{N,i} = 0 \end{cases} \tag{6.60}$$

代入式(6.59),得

$$\delta \widetilde{S} = k_B \sum_{N,i} \left[\frac{\partial}{\partial \widetilde{N}_{N,i}} \ln \widetilde{W}(\{\widetilde{N}_{N,i}\}) \right] \delta \widetilde{N}_{N,i} = k_B \delta [\ln \widetilde{W}(\{\widetilde{N}_{N,i}\})] \tag{6.61}$$

忽略一个可能的常数,得到

$$\widetilde{S} = k_B \ln \widetilde{W}(\{\widetilde{N}_{N,i}\}) \tag{6.62}$$

因此玻尔兹曼熵公式在巨正则系综中也成立。

由式(6.47)与(6.62),得到单个系统的平均熵

$$\langle S \rangle = \frac{1}{\widetilde{N}} k_B \ln \widetilde{W}(\{\widetilde{N}_{N,i}\}) = -k_B \sum_{N,i} \frac{\widetilde{N}_{N,i}}{\widetilde{N}} \ln \frac{\widetilde{N}_{N,i}}{\widetilde{N}} = -k_B \sum_{N,i} P_{N,i} \ln P_{N,i} \tag{6.63}$$

将 $P_{N,i}$ 的表达式(6.50)代入,得

$$\begin{aligned} \langle S \rangle &= -k_B \sum_{N,i} \frac{e^{-\alpha N - \beta E_{N,i}}}{\Xi} \ln \frac{e^{-\alpha N - \beta E_{N,i}}}{\Xi} = k_B(\alpha \langle N \rangle + \beta \langle U \rangle + \ln \Xi) \\ &= k_B \left[\ln \Xi - \alpha \left(\frac{\partial \ln \Xi}{\partial \alpha} \right)_{V,\beta} - \beta \left(\frac{\partial \ln \Xi}{\partial \beta} \right)_{V,\alpha} \right] \end{aligned} \tag{6.64}$$

这是用巨正则配分函数表示的熵的表达式。进一步可得到亥姆霍兹自由能

$$\langle A \rangle = \langle U \rangle - T \langle S \rangle = \frac{\alpha}{\beta} \left(\frac{\partial \ln \Xi}{\partial \alpha} \right)_{V,\beta} - \frac{1}{\beta} \ln \Xi \tag{6.65}$$

当 α 变化一个小量(β, V 保持不变)时,系统的平均粒子数与自由能的变化如下

$$\begin{aligned} \delta \langle A \rangle &= \frac{\delta \alpha}{\beta} \left(\frac{\partial \ln \Xi}{\partial \alpha} \right)_{V,\beta} + \frac{\alpha}{\beta} \left(\frac{\partial^2 \ln \Xi}{\partial \alpha^2} \right)_{V,\beta} \delta \alpha - \frac{1}{\beta} \left(\frac{\partial \ln \Xi}{\partial \alpha} \right)_{V,\beta} \delta \alpha \\ &= \frac{\alpha}{\beta} \left(\frac{\partial^2 \ln \Xi}{\partial \alpha^2} \right)_{V,\beta} \delta \alpha \end{aligned} \tag{6.66}$$

$$\delta \langle N \rangle = -\delta \left(\frac{\partial \ln \Xi}{\partial \alpha} \right)_{V,\beta} = -\left(\frac{\partial^2 \ln \Xi}{\partial \alpha^2} \right)_{V,\beta} \delta \alpha \tag{6.67}$$

把化学势定义为在保持温度与体积不变的情况下往系统里增加一个粒子所引起的自由能变化,则有

$$\mu = \frac{\delta \langle A \rangle}{\delta \langle N \rangle} = -\frac{\alpha}{\beta} = -k_B T \alpha \tag{6.68}$$

因此

$$\alpha = -\frac{\mu}{k_B T} \tag{6.69}$$

巨正则分布里的参数 α 是与(系综或粒子库的)化学势 μ 通过这个式子联系在一起的。

系统的平均吉布斯自由能

$$\begin{aligned} \langle G \rangle = \langle A \rangle + \langle p \rangle V &= \frac{\alpha}{\beta} \left(\frac{\partial \ln \Xi}{\partial \alpha} \right)_{V,\beta} - \frac{1}{\beta} \ln \Xi + \frac{V}{\beta} \left(\frac{\partial \ln \Xi}{\partial V} \right)_{\alpha,\beta} \\ &= \langle N \rangle \mu - \frac{1}{\beta} \ln \Xi + \frac{V}{\beta} \left(\frac{\partial \ln \Xi}{\partial V} \right)_{\alpha,\beta} \end{aligned} \tag{6.70}$$

有些教科书认为$\langle G\rangle=\langle N\rangle\mu$，但根据式(6.70)我们知道这个说法并不是普适成立的。要使$\langle G\rangle=\langle N\rangle\mu$成立，必须有

$$-\frac{1}{\beta}\ln\Xi+\frac{V}{\beta}\left(\frac{\partial\ln\Xi}{\partial V}\right)_{\alpha,\beta}=0 \tag{6.71}$$

即$\ln\Xi$与V成正比。这个条件在V很大时是能够满足的。上式也可以写成

$$\langle p\rangle V=k_{\mathrm{B}}T\ln\Xi \tag{6.72}$$

在热力学中，$-pV$被称为巨势或巨热力学势，用于判断系统与热库和粒子库接触时自发过程的方向：若过程中系统的T,V,μ不变，没有非体积功，则任何自发过程将导致系统巨热力势的减小。式(6.72)将巨势与Ξ通过简单的关系联系起来。

6.3.3 与经典和量子统计分布的联系

在本小节中，我们来看巨正则系综理论下独立粒子系统的性质是否与以前的结果一致，以及它们在一些极端条件下(比如N很小)的异同。

我们先看能级稀疏占据条件下的不可分辨独立粒子，即修正的麦克斯韦-玻尔兹曼统计。

利用式(6.52)中Ξ与Q的关系，以及式(6.29)中Q与Z的关系，可以得到巨正则配分函数与单分子配分函数之间的简单关系

$$\Xi=\sum_N \mathrm{e}^{-\alpha N}Q_N=\sum_N \mathrm{e}^{-\alpha N}\frac{1}{N!}Z^N=\sum_N\frac{(\mathrm{e}^{-\alpha}Z)^N}{N!}=\exp(\mathrm{e}^{-\alpha}Z) \tag{6.73}$$

即

$$\ln\Xi=\mathrm{e}^{-\alpha}Z \tag{6.74}$$

对于能级稀疏占据条件下的不可分辨独立粒子，交换同种粒子的顺序并不能产生新状态。因此，一个粒子处于某一能级j_1的概率为

$$p_{j_1}=\frac{\sum\limits_N\frac{1}{N!}\sum\limits_{j_2,\cdots,j_N}\mathrm{e}^{-\alpha N}\mathrm{e}^{-\frac{1}{k_{\mathrm{B}}T}(\varepsilon_{j_1}+\varepsilon_{j_2}+\cdots+\varepsilon_{j_N})}}{\sum\limits_N\frac{1}{N!}\sum\limits_{j_1,j_2,\cdots,j_N}\mathrm{e}^{-\alpha N}\mathrm{e}^{-\frac{1}{k_{\mathrm{B}}T}(\varepsilon_{j_1}+\varepsilon_{j_2}+\cdots+\varepsilon_{j_N})}}=\frac{\sum\limits_N\frac{1}{N!}\mathrm{e}^{-\alpha N}\mathrm{e}^{-\frac{\varepsilon_{j_1}}{k_{\mathrm{B}}T}}Z^{N-1}}{\sum\limits_N\frac{1}{N!}Z^N}=\frac{\mathrm{e}^{-\frac{\varepsilon_{j_1}}{k_{\mathrm{B}}T}}}{Z} \tag{6.75}$$

与麦克斯韦-玻尔兹曼分布一致。而且，这个结果与系统所接触的粒子库的α或μ的值无关！也就是说这个结果在平均粒子数$\langle N\rangle$很小的时候仍然是成立的。

接下来我们来看量子统计的性质。

当系统的粒子数为N时，如果第一个粒子处于能量为ε_{j_1}的单粒子本征态，……，则系统的相应的本征态能量$E_{N,i}$可写成公式(6.43)。但是，由于粒子不可分辨性，公式(6.43)在配分函数求和时处理起来很不方便(注意此时能级稀疏占据条件不一定满足，不能像修正的麦克斯韦-玻尔兹曼统计一样简单乘上一个$\frac{1}{N!}$因子)，这也是在正则系综中我们没有对量子统计进行深入分析的原因。因此，我们把系统本征能量写成另一等价形式：将处于单粒子能级ε_1的粒子数记为$n_1,\cdots$，处于ε_j能级的粒子数记为$n_j,\cdots$，则此时的系统本征能量为

$$E_{N,i}=n_1\varepsilon_1+n_2\varepsilon_2+\cdots n_j\varepsilon_j+\cdots \tag{6.76}$$

由于粒子不可分辨,因此只需给出$\{n_j\}$即可确定一个系统的本征态。不过,上式中的$\{n_j\}$必须满足粒子数为 N 的约束条件:$\sum_j n_j = N$。巨正则配分函数据此写成

$$\Xi = \sum_N \sum_i \mathrm{e}^{-\alpha N - \beta E_{N,i}} = \sum_N \sum_{\{n_j\}|N} \mathrm{e}^{-\alpha N - \beta \sum_j n_j \varepsilon_j} = \sum_N \sum_{\{n_j\}|N} \mathrm{e}^{-\frac{1}{k_B T}\sum_j n_j(\varepsilon_j - \mu)} \tag{6.77}$$

此处$\{n_j\}|N$ 表示$\{n_j\}$变化求和时需满足$\sum_j n_j = N$ 的约束条件。本来上式中第二个求和号对$\{n_j\}$求和时需满足$\sum_j n_j = N$,但由于第一个求和号中对所有 N 值求和,因此综合起来后将取消$\sum_j n_j = N$ 的限制

$$\Xi = \sum_{\{n_j\}} \mathrm{e}^{-\frac{1}{k_B T}\sum_j n_j(\varepsilon_j - \mu)} = \prod_j \sum_{n_j} \mathrm{e}^{-\frac{1}{k_B T} n_j(\varepsilon_j - \mu)} = \prod_j \Xi_j \tag{6.78}$$

其中单能级 j 的巨正则配分函数定义为

$$\Xi_j = \sum_{n_j} \mathrm{e}^{-\frac{1}{k_B T} n_j(\varepsilon_j - \mu)} \tag{6.79}$$

一个系统中落在某一单粒子能级 i 的平均粒子数为

$$\begin{aligned}\langle n_i \rangle &= \frac{\sum_{\{n_j\}} n_i \mathrm{e}^{-\frac{1}{k_B T}\sum_j n_j(\varepsilon_j - \mu)}}{\sum_{\{n_j\}} \mathrm{e}^{-\frac{1}{k_B T}\sum_j n_j(\varepsilon_j - \mu)}} = \frac{\sum_{n_i} n_i \mathrm{e}^{-\frac{1}{k_B T} n_i(\varepsilon_i - \mu)} \prod_{j \neq i} \sum_{n_j} \mathrm{e}^{-\frac{1}{k_B T} n_j(\varepsilon_j - \mu)}}{\prod_j \sum_{n_j} \mathrm{e}^{-\frac{1}{k_B T} n_j(\varepsilon_j - \mu)}} \\ &= \frac{\sum_{n_i} n_i \mathrm{e}^{-\frac{1}{k_B T} n_i(\varepsilon_i - \mu)}}{\sum_{n_i} \mathrm{e}^{-\frac{1}{k_B T} n_i(\varepsilon_i - \mu)}} = k_B T \left(\frac{\partial \ln \Xi_i}{\partial \mu}\right)_{V,T}\end{aligned} \tag{6.80}$$

对于费米-狄拉克统计,一个能级上的粒子数不能超过 1,因此有

$$\Xi_i = \sum_{n_i = 0,1} \mathrm{e}^{-\frac{1}{k_B T} n_i(\varepsilon_i - \mu)} = 1 + \mathrm{e}^{-\frac{1}{k_B T}(\varepsilon_i - \mu)} \tag{6.81}$$

$$\Xi = \prod_i \left[1 + \mathrm{e}^{-\frac{1}{k_B T}(\varepsilon_i - \mu)}\right] \tag{6.82}$$

$$\langle n_i \rangle = k_B T \left(\frac{\partial \ln \Xi_i}{\partial \mu}\right)_{V,T} = \frac{\mathrm{e}^{-\frac{1}{k_B T}(\varepsilon_i - \mu)}}{1 + \mathrm{e}^{-\frac{1}{k_B T}(\varepsilon_i - \mu)}} = \frac{1}{\mathrm{e}^{\frac{1}{k_B T}(\varepsilon_i - \mu)} + 1} \tag{6.83}$$

与费米-狄拉克分布一致。而且,现在这个结果对于任何 μ(或系统平均总粒子数$\langle N \rangle$)都是成立的。也就是说,在系统与粒子库接触的条件下费米-狄拉克分布在小$\langle N \rangle$下仍然成立。

类似地,对于玻色-爱因斯坦统计,一个能级上的粒子数没有任何限制,有

$$\Xi_i = \sum_{n_i = 0,1,\cdots,+\infty} \mathrm{e}^{-\frac{1}{k_B T} n_i(\varepsilon_i - \mu)} = 1 + \mathrm{e}^{-\frac{1}{k_B T}(\varepsilon_i - \mu)} + \mathrm{e}^{-\frac{2}{k_B T}(\varepsilon_i - \mu)} + \mathrm{e}^{-\frac{3}{k_B T}(\varepsilon_i - \mu)} + \cdots = \frac{1}{1 - \mathrm{e}^{-\frac{1}{k_B T}(\varepsilon_i - \mu)}} \tag{6.84}$$

$$\langle n_i \rangle = k_B T \left(\frac{\partial \ln \Xi_i}{\partial \mu}\right)_{V,T} = \frac{1}{\mathrm{e}^{\frac{1}{k_B T}(\varepsilon_i - \mu)} - 1} \tag{6.85}$$

与玻色-爱因斯坦分布一致。

最后来看一个应用实例：吸附与 Langmuir 吸附等温式。假设固体表面有 N_0 个吸附中心，每个中心最多只能吸附一个分子，吸附能为 ε_a；吸附分子之间没有相互作用。每个吸附中心可看作一个单分子能级；每个能级最多只能占据一个分子，因此分子等价服从费米-狄拉克统计。应用式(6.83)结果，每个能级上的平均占据分子数(即表面覆盖比例)为

$$\theta=\langle n_i\rangle=\frac{1}{e^{\frac{1}{k_B T}(-\varepsilon_a-\mu)}+1} \tag{6.86}$$

在吸附中，固体表面的吸附分子与气体达到平衡，化学势相等。近似假设气体是理想气体，则其化学势是温度与压强的函数

$$\mu=\mu^{\ominus}(T)+k_B T\ln\frac{p}{p^{\ominus}} \tag{6.87}$$

其中 $p^{\ominus}$ 是标准态压强，而 $\mu^{\ominus}$ 是标准态压强下的化学势。将式(6.87)代入(6.86)，得到表面覆盖比例随气体压强的变化关系

$$\theta=\frac{K(T)p}{1+K(T)p} \tag{6.88}$$

这就是 Langmuir 吸附等温式。其中 $K(T)=\frac{1}{p^{\ominus}}e^{\frac{1}{k_B T}[\varepsilon_a+\mu^{\ominus}(T)]}$。利用这个结果还可以通过不同温度下的实验结果来测量吸附能 ε_a。

6.3.4 粒子数的涨落

在巨正则系综中，系统的粒子数不是固定的，而是具有一定的分布。我们除了可以计算它的平均值，还可计算它的涨落。

系统粒子数涨落的方差定义为

$$\sigma_N^2=\langle(N-\langle N\rangle)^2\rangle=\langle N^2\rangle-\langle N\rangle^2 \tag{6.89}$$

根据巨正则系综的分布结果，有

$$\langle N\rangle=\sum_{N,i}P_{N,i}N=\frac{\sum\limits_{N,i}N e^{-\alpha N-\beta E_{N,i}}}{\sum\limits_{N,i}e^{-\alpha N-\beta E_{N,i}}} \tag{6.90}$$

对 α 求导，得

$$\left(\frac{\partial\langle N\rangle}{\partial\alpha}\right)_{\beta,V}=-\frac{\sum\limits_{N,i}N^2 e^{-\alpha N-\beta E_{N,i}}}{\sum\limits_{N,i}e^{-\alpha N-\beta E_{N,i}}}+\frac{\left(\sum\limits_{N,i}N e^{-\alpha N-\beta E_{N,i}}\right)\left(\sum\limits_{N,i}N e^{-\alpha N-\beta E_{N,i}}\right)}{\left(\sum\limits_{N,i}e^{-\alpha N-\beta E_{N,i}}\right)^2}=-\langle N^2\rangle+\langle N\rangle^2 \tag{6.91}$$

因此

$$\frac{\sigma_N}{\langle N\rangle}=\frac{1}{\langle N\rangle}\sqrt{-\left(\frac{\partial\langle N\rangle}{\partial\alpha}\right)_{\beta,V}} \tag{6.92}$$

这是根据巨正则分布计算粒子数涨落的公式。但是，在实验上化学势(或 α)的测量并不容易，因此上式在实际中并不是很好用。可利用热力学或统计性质将其转换成实验容易测量的形式(过程略，感兴趣的读者可参考高执棣、郭国霖的《统计热力学导论》)。

$$\frac{\sigma_N}{\langle N\rangle}=\frac{1}{V}\sqrt{-k_{\mathrm{B}}T\left(\frac{\partial V}{\partial\langle p\rangle}\right)_{N,\beta}}\tag{6.93}$$

其中$\left(\frac{\partial V}{\partial\langle p\rangle}\right)_{N,\beta}$是系统的压缩系数，即压强变化所导致的体积变化，实验上很容易测量。对于一般的系统，由于k_B的值很小，因此粒子数的涨落是非常小的。例如，对于理想气体，利用状态方程$pV=Nk_{\mathrm{B}}T$，有

$$\frac{\sigma_N}{\langle N\rangle}=\sqrt{\frac{1}{\langle N\rangle}}\tag{6.94}$$

它与$\sqrt{N}$成反比，符合涨落的常见标度律。一个边长为0.1 μm的立方体体积内的理想气体，在标准状态下$\langle N\rangle=2.7\times10^4$，粒子数的相对涨落为0.61%。

系统粒子数涨落的性质有助于回答一个生活中的常见问题：为什么天空是蓝色的？大多数人都知道天空呈现蓝色是因为光的散射。但为什么干净的大气会散射光呢？如果大气密度是均匀的，应该不会有任何散射的(例如，纯净的水就不会对光造成散射)。这里的原因就是干净的大气中也存在着局部密度(粒子数)的涨落。如果我们在空中划出一些固定体积的小格子，格子之间是互相连通的，大气分子可以自由进出。这其实就是我们上面讨论的巨正则系综，因此每个格子中的大气分子的数量(以及所导致的密度)就会有涨落，可用式(6.94)来描述。这种涨落是系统固有的性质，与外在杂质无关。这种密度的差异就会对光造成散射。根据物理上的知识，当散射体尺寸小于光的波长时，发生的主要是瑞利散射，散射强度与光波长的四次方成反比。在可见光谱中，红光波长是蓝紫光波长的1.75倍，因此蓝紫光散射强度是红光散射强度的10倍左右。由此导致蓝光散射多，红光散射少，我们看到的天空就是蓝色的(图6.5)。另外，这还能解释日出与日落时太阳呈红色的原因(参见题外)。

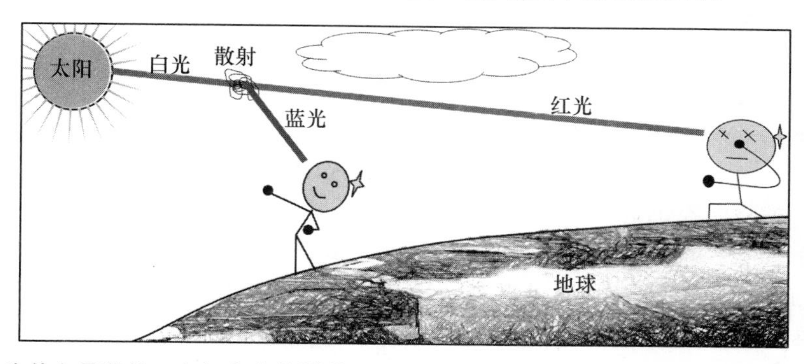

图6.5　天空为什么是蓝的？大气密度的涨落(可用巨正则系综描述)引起瑞利散射，散射强度与光波长的四次方成反比，因此蓝光散射多，红光散射少，我们看到的天空就是蓝色的，而日出与日落时的太阳是红色的。(绘图：刘牧尘)

题外：粒子数的涨落与蓝天、红日

大气对红光散射少，因此穿过大气层后的阳光中红光会略多一些。由于散射的程度本来就很小，因此阳光基本还是白色。但在太阳升起和落下时，光线通过大气层的路程比太阳在正午时要远得多(图6.5)，因散射而损失的光较多，留下来的红光明显比蓝光多，就使得日出与日落时的太阳呈现偏红的颜色，另外，有时候还能导致夕阳的火烧云。

> 如果散射颗粒大小与波长可以比拟，则发生丁达尔散射，强度与波长关系不大，散射光呈白色。这就是胶体中观察到的丁达尔现象。
>
> 海水呈蓝色则是另外的机制：液体的压缩系数比气体小，所以液体引起的散射比气体弱；海水呈蓝色主要是因为纯水对红光的吸收比对蓝光的吸收多。

由式(6.93)知道，分子数的涨落与压缩系数相关。液体的压缩系数比气体小，所以液体引起的散射比气体弱。然而，在液体接近气液相变临界点时，压缩系数变得非常大，对光的散射大大增强，甚至能使大部分的光被散射，使得液体变成不透明的乳白色，这就是临界乳光现象。例如，有些普通化学实验里就利用六氟化硫容易实现临界点的属性来演示临界乳光现象，可以观测到液体在升温到 44.15℃附近时突然变得不透光，而后随着温度的上升重新变得透明。

第 4 节　其他系综

6.4.1　微正则系综

微正则系综描述的是孤立系统的性质。系统具有确定的粒子数 N、体积 V、能量(内能) E。系统与外界以刚性、绝热、不穿透的壁隔绝，系统之间没有能量(功、热)或粒子的交流，因此其实只需要考虑一个系统的性质。对于 $N \gg 1$ 的独立粒子系统，其实就是我们前面各章所讲的内容。而对于一般的系统，根据等概率原理，当 $E_i = E$ 时系统量子态 i 出现的概率为

$$P_i = \frac{1}{\Omega} \tag{6.95}$$

当 $E_i \neq E$ 时，$P_i = 0$。也就是说，只有系统能级等于指定能量 E 的本征态才能出现。其中 Ω 是满足 $E_i = E$ 的量子态的总数目。

Ω 是 N、V、E 的函数，即 $\Omega(N, V, E)$。如果系统本身很大，$\Omega(N, V, E)$ 可看作连续可导的函数。此时，通过与热库的能量平衡可定义系统的温度 T，通过能量的变化可定义熵 S，等等。结果有(过程略)

$$\begin{cases} \dfrac{1}{k_B T} = \left(\dfrac{\partial \ln \Omega}{\partial E}\right)_{N,V} \\ p = k_B T \left(\dfrac{\partial \ln \Omega}{\partial V}\right)_{N,E} \\ \mu = -k_B T \left(\dfrac{\partial \ln \Omega}{\partial N}\right)_{V,E} \end{cases} \tag{6.96}$$

$$S = k_B \ln \Omega \tag{6.97}$$

此时结果与其他系综一致(具体分析略)。

当系统本身很小的时候，如果还套用这些概念与公式，则有可能会出现古怪的结论。例如，两个微正则系综合并以后可能会出现能量从低温系综向高温系综传递的不合理现象；Ω 非单调时，温度随 E 的变化可能是非单调的。我们还可以考察一个系统只包含一个自由粒

子的极端例子。此时 Ω 等于第二章中自由粒子的能态密度(DOS)，是连续可导的函数(图6.6)。但是，如果我们套用式(6.96)中的温度定义，就会得出在任何能量下一维自由粒子的温度为负、二维自由粒子的温度为无穷大的荒谬结论。

因此，虽然在早期的一些统计热力学教科书中把微正则系综作为讨论的重点(它可以直接应用等概率原理)，但在较新的教材里已经不再重点讨论微正则系综，并建议读者尽量避免使用微正则系综。

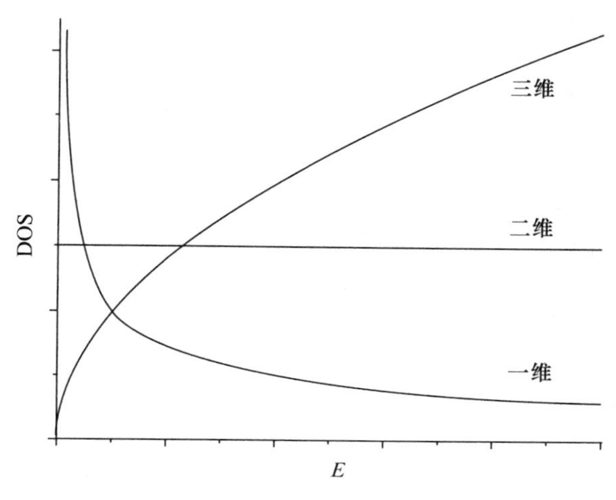

图6.6　自由粒子的能态密度。

6.4.2　统计系综之间的联系及其等效性

我们可以根据系统宏观状态条件的不同来定义不同种类的系综，但它们之间其实是存在内在联系的。例如，巨正则系综可看作由不同 N 的正则系综的集合构成的；正则系综可看作由不同内能的微正则系综构成的。它们的配分函数通过下面的式子联系在一起

$$\begin{cases} \Xi = \sum_N \mathrm{e}^{-\alpha N} Q_N \\ Q_N = \sum_i \mathrm{e}^{-\beta E_{N,i}} = \sum_E \mathrm{e}^{-\beta E} \Omega(N,V,E) \end{cases} \tag{6.98}$$

此外，还存在其他类型的系综，如NPT系综。对于宏观系统，大多数情况下系统的能量涨落、粒子数涨落、体积涨落等都是非常小的，不同系综求统计平均值的实际效果其实是相同的。选用何种系综，可视研究的对象与问题而定，以简便为原则。

习　题

6.1　证明公式(6.22)～(6.26)。

6.2　证明涨落性质 $\langle (x-\langle x\rangle)^2\rangle = \langle x^2\rangle - \langle x\rangle^2$，其中 x 代表任何量。

6.3　思考：正则系综与巨正则系综中“平衡”的含义？

6.4　证明公式(6.65)。

6.5 根据热力学量与正则配分函数的关系证明 $\left[\dfrac{\partial\left(\dfrac{A}{T}\right)}{\partial\left(\dfrac{1}{T}\right)}\right]_{V,N}=\langle U\rangle$。

6.6 光子需遵守能量守恒，但不需遵守光子(粒子)数守恒的限制。当应用类似于正则系综的方法来分析处于平衡态的光子系统时，只需把 E_i 理解成系统在不限制光子数条件下的本征态能量，相关的很多公式仍成立。现已知自由光子气的配分函数为

$$Q=\exp(aT^3V)$$

其中 $a=\dfrac{\pi^2}{45}\left(\dfrac{k_B}{\hbar c}\right)^3$。

(1) 请推导出内能、熵与压强随 T 与 V 变化的公式。

(2) 分别计算 $T=300$ K 与 $T=6000$ K 时的压强数值。

(注：太阳的质量比地球大得多，但密度只有地球的 26%，并没有在万有引力的作用下坍塌，原因就在于光子气的巨大压强。太阳帆的原理也与此相关。)

6.7 (1) 利用熵的定义 $\delta S=\dfrac{\delta Q}{T}$ 以及正则系综中的 $\widetilde{W}$ 与 $\widetilde{N}_i$ 的结果，证明正则系综中熵是个状态函数，并且有

$$\langle S\rangle=k_BT\left(\frac{\partial \ln Q}{\partial T}\right)_{N,V}+k_B\ln Q$$

(2) 上式在系统所含粒子数 N 非常小的时候还成立吗?

(3) 对于稀疏占据的独立粒子体系，以前的 cMB 系统给出

$$S=Nk_B\left[T\left(\frac{\partial \ln Z}{\partial T}\right)_V+\ln\frac{Z}{N}+1\right]$$

这个结果与(1)中结果(此时有 $Q=\dfrac{Z^N}{N!}$)在 $N=1$ 时的差别有多少?

6.8 有一个平均粒子数为 $\langle N\rangle$ 的单组分理想气体的巨正则系综，请证明出现体系粒子数为 N 的概率符合泊松分布：

$$P(N)=\mathrm{e}^{-\langle N\rangle}\frac{\langle N\rangle^N}{N!}$$

6.9 在研究成核沸腾时，一个重要的测量量是加热元件单位表面积(例如 1 cm^2)产生的气泡数量 n。要使在不同部分观察到的 n 的变化低于 3%，n 的值至少应为多少?

6.10 判断对错题：

(1) 正则系综中的系统是可以分辨的，因此不能正确描述不可分辨粒子的量子统计行为。 (　　)

(2) 正则配分函数 $Q=\sum_i \mathrm{e}^{-\beta E_i}$ 不适用于描述费米子体系。 (　　)

(3) 如果大气中只包含纯净的单一种类气体，则阳光在大气中不会发生散射，因而不再呈现蓝色的天空。 (　　)

(4) 粒子数很少的体系用宏观热力学不一定可描述，但可用统计热力学描述。 (　　)

(5) 正则系综的推导过程中没有系综粒子数守恒的约束条件，因此正则系综的粒子数可以不守恒。 (　　)

第七章　非理想气体

第1节　非理想气体的正则系综分析

7.1.1　引言：理想气体与非理想气体

如我们在第四章中所介绍过的，理想气体是指由相互作用可以忽略的分子所组成的气体，且满足能级稀疏占据条件。理想气体是对实际气体行为加以简化的理想模型，其性质比较简单：单分子配分函数 $Z(V,T)$ 与体积成正比；服从理想气体状态方程 $pV=Nk_BT=nRT$。

而非理想气体，又称实际气体，是指分子之间的相互作用不能忽略的气体系统，但仍然满足能级稀疏占据条件。非理想气体的状态方程一般用维里方程(Virial equation of state)来描述，将压强展开为粒子数密度的多项式函数(泰勒展开)

$$\frac{p}{RT}=\frac{n}{V}+B_2(T)\left(\frac{n}{V}\right)^2+B_3(T)\left(\frac{n}{V}\right)^3+\cdots \tag{7.1}$$

其中 $B_2(T)$ 和 $B_3(T)$ 分别被称为第二和第三维里系数。它们都是温度的函数，其数值可从实验测定或从统计热力学理论计算。非理想气体与相应的理想气体$\left(\frac{N}{V}\to 0\text{ 时的极限情况}\right)$之间的性质差异完全由维里系数所描述。

在本章中，我们将应用统计热力学系综理论来研究非理想气体的性质，揭示分子相互作用与维里系数之间的联系。

7.1.2　正则配分函数与位形积分

我们用正则系综来描述非理想气体，最核心的是正则配分函数的计算：

$$Q=\sum_i \mathrm{e}^{-\frac{E_i}{k_BT}} \tag{7.2}$$

一般情况下，气体分子的内部运动模式(如电子的运动、分子的振动)需要考虑量子化；而分子平动的量子化并不重要，可采用连续近似。因此，系统的能量(能级)为

$$E(\{j_i\},\{\boldsymbol{p}_i,\boldsymbol{r}_i\})=\sum_{i=1}^{N}\varepsilon_{i,j_i}^{(\mathrm{int})}+\sum_{i=1}^{N}\frac{\boldsymbol{p}_i^2}{2m}+\phi(\boldsymbol{r}_1,\boldsymbol{r}_2,\cdots,\boldsymbol{r}_N) \tag{7.3}$$

其中 $\varepsilon_{i,j_i}^{(\mathrm{int})}$ 表示第 i 个分子处于量子数为 j_i 的内部能级(包含核自旋、电子能级、分子振动与转动的贡献)，$\boldsymbol{p}_i$ 是分子的质心动量，$\boldsymbol{r}_i$ 是分子的质心位置。等号右边第二项代表分子平动的动能；而第三项是分子之间的相互作用势能，这里假设它只与分子质心位置有关。

利用第三章中量子态数目与状态空间体积之间的对应关系，可把分子质心运动$\{\boldsymbol{p}_i,\boldsymbol{r}_i\}$对配分函数的贡献从求和变成积分

$$Q=\sum_{\{j_i\}}\iint\frac{1}{N!\ h^{3N}}\mathrm{d}\boldsymbol{r}_1\mathrm{d}\boldsymbol{r}_2\cdots\mathrm{d}\boldsymbol{r}_N\mathrm{d}\boldsymbol{p}_1\mathrm{d}\boldsymbol{p}_2\cdots\mathrm{d}\boldsymbol{p}_N$$

$$\exp\left[-\frac{1}{k_\mathrm{B}T}\sum_{i=1}^{N}\varepsilon_{i,j_i}^{(\mathrm{int})}-\sum_{i=1}^{N}\frac{\boldsymbol{p}_i^2}{2mk_\mathrm{B}T}-\frac{\phi(\boldsymbol{r}_1,\boldsymbol{r}_2,\cdots,\boldsymbol{r}_N)}{k_\mathrm{B}T}\right] \tag{7.4}$$

不同分子的内部能级不会互相影响，对正则配分函数的贡献是独立的

$$Q_\mathrm{int}=\sum_{\{j_i\}}\exp\left[-\frac{1}{k_\mathrm{B}T}\sum_{i=1}^{N}\varepsilon_{i,j_i}^{(\mathrm{int})}\right]=\left[\sum_j\exp\left(-\frac{\varepsilon_j^{(\mathrm{int})}}{k_\mathrm{B}T}\right)\right]^N=(Z_\mathrm{int})^N \tag{7.5}$$

其中Z_int是分子内部运动模式对单分子配分函数的贡献，与理想气体中的结果相同（非理想气体与理想气体的差异体现在分子间相互作用上，不体现在分子内部能级上）。而分子平动动能的贡献也可以解析求出

$$\iint\mathrm{d}\boldsymbol{p}_1\mathrm{d}\boldsymbol{p}_2\cdots\mathrm{d}\boldsymbol{p}_N\exp\left[-\sum_{i=1}^{N}\frac{\boldsymbol{p}_i^2}{2mk_\mathrm{B}T}\right]=(2\pi mk_\mathrm{B}T)^{\frac{3N}{2}} \tag{7.6}$$

因此正则配分函数简化成

$$Q=\frac{1}{N!}(Z_\mathrm{int})^N\left(\frac{2\pi mk_\mathrm{B}T}{h^2}\right)^{\frac{3N}{2}}Z_\phi \tag{7.7}$$

其中位形积分

$$Z_\phi=\iint\mathrm{d}\boldsymbol{r}_1\mathrm{d}\boldsymbol{r}_2\cdots\mathrm{d}\boldsymbol{r}_N\exp\left[-\frac{\phi(\boldsymbol{r}_1,\boldsymbol{r}_2,\cdots,\boldsymbol{r}_N)}{k_\mathrm{B}T}\right] \tag{7.8}$$

非理想气体与理想气体的所有差异效应都包含在Z_ϕ里。只要求出Z_ϕ，就可进一步求得状态方程

$$p=k_\mathrm{B}T\left(\frac{\partial\ln Q}{\partial V}\right)_{T,N}=k_\mathrm{B}T\left(\frac{\partial\ln Z_\phi}{\partial V}\right)_{T,N} \tag{7.9}$$

它与内部自由度无关。从某种角度上讲，压强取决于与平动方式相关的作用力，因此与内部自由度无关。对于理想气体，$\phi(\boldsymbol{r}_1,\boldsymbol{r}_2,\cdots,\boldsymbol{r}_N)=0$，有

$$Z_\phi=V^N \tag{7.10}$$

$$p=k_\mathrm{B}T\ \frac{\partial\ln(V^N)}{\partial V}=\frac{N}{V}k_\mathrm{B}T \tag{7.11}$$

与理想气体状态方程一致。

7.1.3 位形积分的计算

上面的结果表明位形积分是统计热力学描述非理想气体的关键。但是，位形积分是个$3N$维积分，N通常很大，因此直接计算位形积分是不可能的。为了得到既简单又有效的公式，我们需要做出一系列简化和假设。

我们采用如下的简化假设：

- 分子之间的相互作用势能是两两相互作用之和

$$\phi(\boldsymbol{r}_1,\boldsymbol{r}_2,\cdots,\boldsymbol{r}_N)=\sum_{1\leqslant i<j\leqslant N}\phi_{ij}(\boldsymbol{r}_i,\boldsymbol{r}_j) \tag{7.12}$$

- 两个分子之间的相互作用势能只是它们之间距离的函数，与取向无关

$$\phi_{ij}(\boldsymbol{r}_i,\boldsymbol{r}_j)=\phi_{ij}(r_{ij}) \tag{7.13}$$

则位形积分变成

$$Z_{\phi}=\iint \mathrm{d}\boldsymbol{r}_1\mathrm{d}\boldsymbol{r}_2\cdots\mathrm{d}\boldsymbol{r}_N\prod_{1\leqslant i<j\leqslant N}\exp\left[-\frac{\phi_{ij}(r_{ij})}{k_{\mathrm{B}}T}\right] \tag{7.14}$$

定义迈耶(Mayer)函数

$$f_{ij}(r_{ij})=\exp\left[-\frac{\phi_{ij}(r_{ij})}{k_{\mathrm{B}}T}\right]-1 \tag{7.15}$$

则

$$Z_{\phi}=\iint \mathrm{d}\boldsymbol{r}_1\mathrm{d}\boldsymbol{r}_2\cdots\mathrm{d}\boldsymbol{r}_N\prod_{1\leqslant i<j\leqslant N}[1+f_{ij}(r_{ij})] \tag{7.16}$$

积分里面是很多$[1+f_{ij}(r_{ij})]$相乘，可以把它们展开。例如，对于$N=3$的简化例子，有

$$(1+f_{12})(1+f_{13})(1+f_{23})=1+f_{12}+f_{13}+f_{23}+f_{12}f_{13}+f_{12}f_{23}+f_{13}f_{23}+f_{12}f_{13}f_{23} \tag{7.17}$$

在一般情况下，将会得到一项是1(不包含任何f)，$N(N-1)/2$项只包含一个f，若干项包含两个f相乘，…。不过，在对分子坐标进行积分时，有很多项的贡献其实很小。其中的原因是两个分子只有在靠得很近(与系统体积相比)时才会有相互作用，距离稍远一些就会有$\phi_{ij}(r_{ij})\approx 0$。因此$f_{ij}$只有在分子$i$与分子$j$距离很近时才不等于0。而对于气体，三个或更多分子同时靠近的概率很小(图7.1)。因此，近似有[①]

$$\prod_{1\leqslant i<j\leqslant N}[1+f_{ij}(r_{ij})]\approx 1+\sum_{1\leqslant i<j\leqslant N}f_{ij}(r_{ij}) \tag{7.18}$$

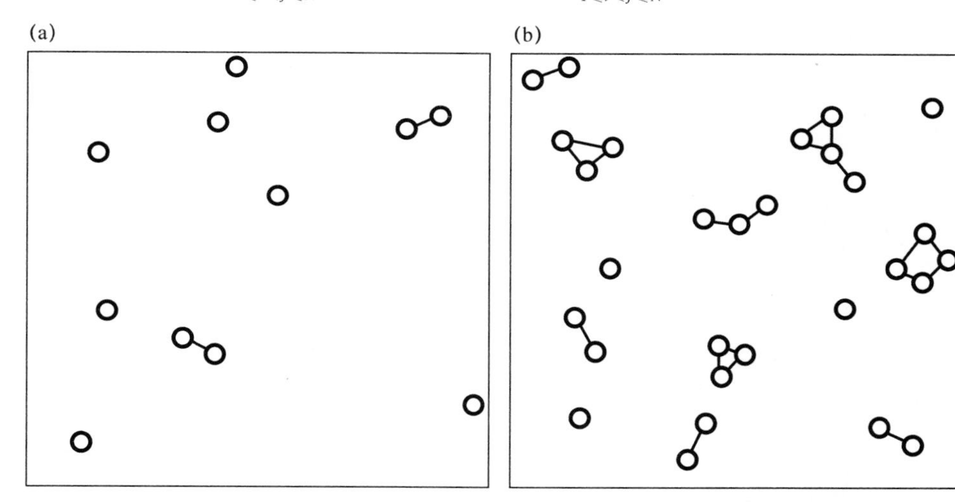

图7.1　(a)中等稠密气体与(b)稠密气体中的分子接触(靠近)情况。圆圈表示分子，靠近的分子之间(f_{ij}不为零)用连线表示。

代回式(7.16)，得

$$Z_{\phi}=V^N+\iint \mathrm{d}\boldsymbol{r}_1\mathrm{d}\boldsymbol{r}_2\cdots\mathrm{d}\boldsymbol{r}_N\sum_{1\leqslant i<j\leqslant N}f_{ij}(r_{ij}) \tag{7.19}$$

其中第一项即是理想气体的结果，第二项则反映了分子间相互作用的影响。上式中对某一$f_{ij}(r_{ij})$项的积分还可以进一步化简

① 更严格的做法是采用费曼图的思路，以考虑f_{12}与f_{34}同时存在时的贡献。可参考高执棣、郭国霖的《统计热力学导论》第10.19节。

$$\iint \mathrm{d}\boldsymbol{r}_1 \mathrm{d}\boldsymbol{r}_2 \cdots \mathrm{d}\boldsymbol{r}_N f_{ij}(r_{ij}) = V^{N-2} \iint f_{ij}(r_{ij}) \mathrm{d}\boldsymbol{r}_i \mathrm{d}\boldsymbol{r}_j = V^{N-1} \int f_{ij}(r) \mathrm{d}\boldsymbol{r}$$
$$= V^{N-1} \int_0^{+\infty} 4\pi r^2 f_{ij}(r) \mathrm{d}r \tag{7.20}$$

这样就可以得到 Z_ϕ 的简单结果

$$Z_\phi = V^N + \sum_{1 \leqslant i < j \leqslant N} V^{N-1} \int_0^{+\infty} 4\pi r^2 f_{ij}(r) \mathrm{d}r = V^N + \frac{N(N-1)}{2} V^{N-1} \int_0^{+\infty} 4\pi r^2 f_{ij}(r) \mathrm{d}r$$
$$\approx V^N + V^{N-1} 2\pi N^2 \int_0^{+\infty} r^2 f_{ij}(r) \mathrm{d}r \tag{7.21}$$

最后的约等号是在 $N \gg 1$ 的条件下所做的近似。通过这一系列的近似,我们就把很难求的 $3N$ 维积分变成数值计算上很容易处理的一维积分。上式可重写成

$$Z_\phi = V^N \left[1 - \frac{N^2 B(T)}{N_\mathrm{A} V}\right] \tag{7.22}$$

其中 N_A 是阿伏伽德罗常数,而

$$B(T) = -2\pi N_\mathrm{A} \int_0^{+\infty} r^2 f_{ij}(r) \mathrm{d}r = 2\pi N_\mathrm{A} \int_0^{+\infty} \left[1 - \exp\left(-\frac{\phi_{ij}}{k_\mathrm{B} T}\right)\right] r^2 \mathrm{d}r \tag{7.23}$$

其实就是第二维里系数。接下来将对此给出证明。

7.1.4 维里状态方程

由位形积分的公式(7.22)可求状态方程

$$p = k_\mathrm{B} T \left(\frac{\partial \ln Z_\phi}{\partial V}\right)_{T,N} = k_\mathrm{B} T \frac{\partial}{\partial V} \left\{ N \ln V + \ln\left[1 - \frac{N^2 B(T)}{N_\mathrm{A} V}\right] \right\}$$
$$\approx k_\mathrm{B} T \frac{\partial}{\partial V} \left\{ N \ln V - \frac{N^2 B(T)}{N_\mathrm{A} V} + \cdots \right\} = \frac{RT}{V_\mathrm{m}} \left[1 + \frac{B(T)}{V_\mathrm{m}} + \cdots\right] \tag{7.24}$$

其中 $V_\mathrm{m} = \dfrac{N_\mathrm{A} V}{N}$ 是气体的摩尔体积。上式的约等号是代表 $\ln\left[1 - \dfrac{N^2 B(T)}{N_\mathrm{A} V}\right]$ 进行了近似的泰勒展开。更严格的推导可参见高执棣、郭国霖的《统计热力学导论》第 10.19 节,最终的结论不变。比较式(7.24)与(7.1),可知式(7.24)其实就是维里方程,其中 $B(T)$ 是第二维里系数,具有体积的单位。

由上面的推导可知,第二维里系数来源于两个分子靠近时的展开项 f_{ij} 的积分贡献。类似地,如果我们考虑更高阶的展开项,例如三个分子靠近时的展开项 $f_{ij} f_{jk}$ 等的积分贡献,就能得到第三维里系数。此处不再赘述。

这样,通过统计热力学,我们就建立了真实气体的宏观热力学性质与微观相互作用之间的联系。根据分子之间的相互作用 $\phi_{ij}(r_{ij})$,就可以根据公式(7.23)计算任何温度下的描述宏观性质的第二维里系数。下节中将通过几个简单模型来考察这种联系。

第 2 节 非理想气体的分子模型

7.2.1 分子模型 1:硬球模型

硬球模型是最简单的一种分子模型,只考虑分子之间靠得过近时的排斥作用,把分子描

述成无内部结构的、具有无穷大刚性的硬球，发生弹性碰撞时，分子间除碰撞瞬间外无相互作用力。简单地说，就是假设分子为无相互作用的刚性球

$$\phi_{ij}(r_{ij}) = \begin{cases} +\infty, & (r \leqslant \sigma) \\ 0, & (r > \sigma) \end{cases} \tag{7.25}$$

其中 σ 是分子之间的排斥距离，约等于分子的直径。将 $\phi_{ij}(r_{ij})$ 代入式(7.23)，得

$$B(T) = 2\pi N_{\mathrm{A}} \int_0^{\sigma} r^2 \mathrm{d}r = \frac{2\pi}{3} N_{\mathrm{A}} \sigma^3 \tag{7.26}$$

σ 约等于分子直径，1 mol 分子的体积是 $\frac{4\pi}{3}N_{\mathrm{A}}\left(\frac{\sigma}{2}\right)^3$。因此，在硬球模型中 $B(T)$ 等于 1 mol 分子自身占据体积的 4 倍，而且与温度无关。

怎样理解"$B(T)$ 等于分子自身占据体积的 4 倍"这个结果呢？考虑图 7.2，一个直径为 σ 的分子将把另一个分子排斥在直径为 2σ 的球状空间之外，即 8 倍于自身体积之外。这个体积分摊给两个分子，每个分子由于另一分子存在而受到的等价排斥体积为 4 倍分子体积。更定量地，我们计算这两个分子的空间积分，有

$$\iint_{\text{允许空间}} \mathrm{d}\boldsymbol{r}_1 \mathrm{d}\boldsymbol{r}_2 = V(V - 8v_0) \approx (V - 4v_0)^2 \tag{7.27}$$

其中 v_0 是单个分子的体积，约等号是考虑到 $v_0 \ll V$。由结果可知，平均而言，每个分子由于另一分子的排斥而不能进入的空间体积为 $4v_0$，或者说，能够自由移动的空间体积为 $V-4v_0$。

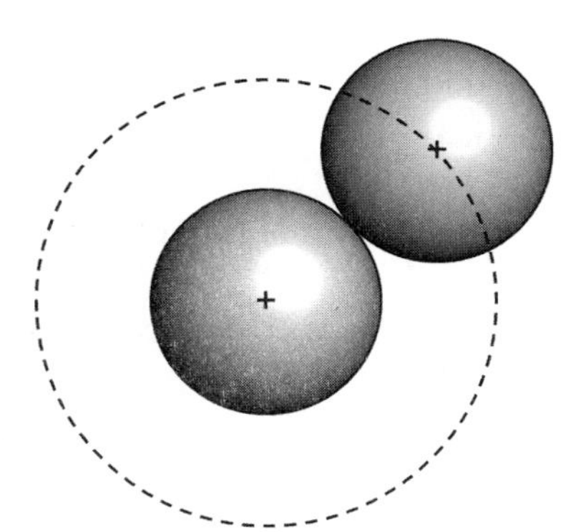

图 7.2　硬球模型中分子的排斥体积。

将式(7.26)代入式(7.24)，得到硬球模型下的状态方程

$$p = \frac{RT}{V_{\mathrm{m}}}\left(1 + \frac{2\pi}{3V_{\mathrm{m}}} N_{\mathrm{A}} \sigma^3\right) \tag{7.28}$$

即等价摩尔排斥体积为 $b = \frac{2\pi}{3} N_{\mathrm{A}} \sigma^3$，则

$$p = \frac{RT}{V_{\mathrm{m}}}\left(1 + \frac{b}{V_{\mathrm{m}}}\right) \approx \frac{RT}{V_{\mathrm{m}} - b} \tag{7.29}$$

因此

$$p(V_{\mathrm{m}} - b) = RT \tag{7.30}$$

这个形式和理想气体状态方程很类似，只是把原来的系统体积换成分子能够自由移动的体积，即把由于其他分子的排斥而不能进入的体积扣除掉。与理想气体相比，硬球模型中的分子由于相互排斥而导致向外扩张的趋势更强烈，在同样的 N 与 V 下压强比理想气体的更大。

7.2.2 分子模型 2：弱吸引的硬球

现在我们考虑分子之间吸引力的影响。考虑这样一种分子模型：与前面的硬球模型一样，分子之间存在一个排斥距离 σ，在这个距离之内有强烈的排斥作用；但不同的是，在排斥距离 σ 以外，分子之间存在微弱的吸引力。为推导方便，我们假设分子之间的势能由下式描述(图 7.3)

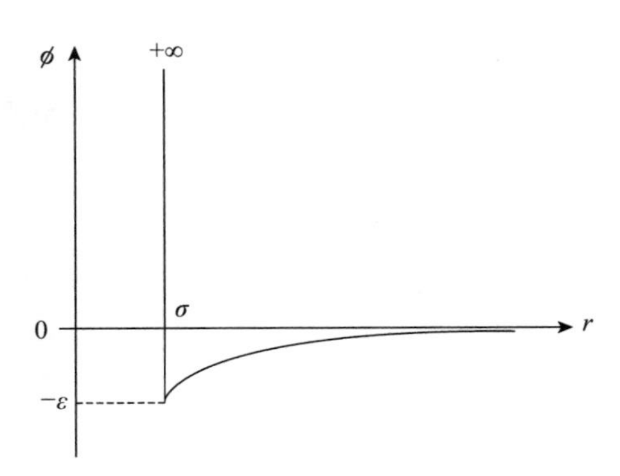

图 7.3 弱吸引的硬球模型：分子间势能。

$$\phi_{ij}(r_{ij})=\begin{cases}+\infty, & (r\leqslant\sigma)\\ -\dfrac{c}{r^{\gamma}}, & (r>\sigma)\end{cases} \tag{7.31}$$

其中 c 与 γ 是模型的参数。$\gamma>3$ 以保证积分的收敛性。将上式代入式(7.23)，得到维里系数

$$\begin{aligned}B(T)&=2\pi N_{\mathrm{A}}\left\{\int_0^{\sigma}r^2\mathrm{d}r+\int_{\sigma}^{+\infty}\left[1-\exp\left(\frac{c}{k_{\mathrm{B}}T}r^{-\gamma}\right)\right]r^2\mathrm{d}r\right\}\\&=\frac{2\pi}{3}N_{\mathrm{A}}\sigma^3+2\pi N_{\mathrm{A}}\int_{\sigma}^{+\infty}\left[1-\exp\left(\frac{c}{k_{\mathrm{B}}T}r^{-\gamma}\right)\right]r^2\mathrm{d}r\end{aligned} \tag{7.32}$$

假设 $\frac{c}{r^{\gamma}}\ll k_{\mathrm{B}}T$(这就是“弱吸引”的含义)，则 $\exp\left(\frac{c}{k_{\mathrm{B}}T}r^{-\gamma}\right)\approx1+\frac{c}{k_{\mathrm{B}}T}r^{-\gamma}$，上式中的积分可解析求出

$$B(T)\approx2\pi N_{\mathrm{A}}\left[\frac{\sigma^3}{3}-\frac{c}{k_{\mathrm{B}}T(\gamma-3)\sigma^{\gamma-3}}\right] \tag{7.33}$$

它包含两项：一项是正的，由排斥作用引起；一项是负的，由吸引作用引起。我们把 $B(T)$ 重新写成

$$B(T)\approx b-\frac{a}{RT} \tag{7.34}$$

其中 b 的定义同前，而 $a=\frac{2\pi}{(\gamma-3)}N_{\mathrm{A}}\frac{c}{\sigma^{\gamma}}N_{\mathrm{A}}\sigma^3$，具有能量乘以体积的单位。对于一般性的弱吸引作用[$\phi_{ij}(r)\ll k_{\mathrm{B}}T$]，有

$$a\approx-2\pi N_{\mathrm{A}}^2\int_{\sigma}^{+\infty}\phi_{ij}(r)r^2\mathrm{d}r \tag{7.35}$$

不依赖于温度。如果忽略排斥作用所导致的 b 的贡献，则状态方程变成

$$p=\frac{RT}{V_{\mathrm{m}}}\left(1-\frac{a}{RTV_{\mathrm{m}}}\right) \tag{7.36}$$

即

$$p+\frac{a}{V_{\mathrm{m}}^{2}}=\frac{RT}{V_{\mathrm{m}}} \tag{7.37}$$

这个形式和理想气体状态方程也很类似，只是把原来的 p 换成 $p+\frac{a}{V_{\mathrm{m}}^{2}}$，即分子间的弱吸引力降低了气体的压强（与理想气体相比）。

7.2.3　范德华方程

前面的两个简单模型揭示了非理想气体中的两种主要效应：分子间的体积排斥作用减小了自由体积，$p(V_{\mathrm{m}}-b)=RT$；分子间的吸引作用降低了系统的压强，$p+\frac{a}{V_{\mathrm{m}}^{2}}=\frac{RT}{V_{\mathrm{m}}}$。范德华(van der Waals)考虑了这两种效应，提出

$$p=\frac{RT}{V_{\mathrm{m}}-b}-\frac{a}{V_{\mathrm{m}}^{2}} \tag{7.38}$$

并将之推广到整个流体（气体与液体）范围。这被称为范德华方程，它在很多方面很好地描述了流体的性质，在工程学上得到广泛应用。

范德华方程的突出特点是在低温下能够描述气液两相及其共存，而在高温下则只有一个相存在（图 7.4）。中间有个临界点，满足条件

$$\frac{\partial p}{\partial V_{\mathrm{m}}}=0,\frac{\partial^{2} p}{\partial V_{\mathrm{m}}^{2}}=0 \tag{7.39}$$

其解为

$$V_{\mathrm{m,c}}=3b,p_{\mathrm{c}}=\frac{a}{27b^{2}},T_{\mathrm{c}}=\frac{8a}{27bR} \tag{7.40}$$

如果定义对比体积（压强、温度）

$$V_{r}=\frac{V_{\mathrm{m}}}{V_{\mathrm{m,c}}}=3b,p_{r}=\frac{p}{p_{\mathrm{c}}},T_{r}=\frac{T}{T_{\mathrm{c}}} \tag{7.41}$$

则范德华方程变成

$$p_{r}=\frac{8T_{r}}{3V_{r}-1}-\frac{3}{V_{r}^{2}} \tag{7.42}$$

不包含任何系统参数，即满足对比态原理。

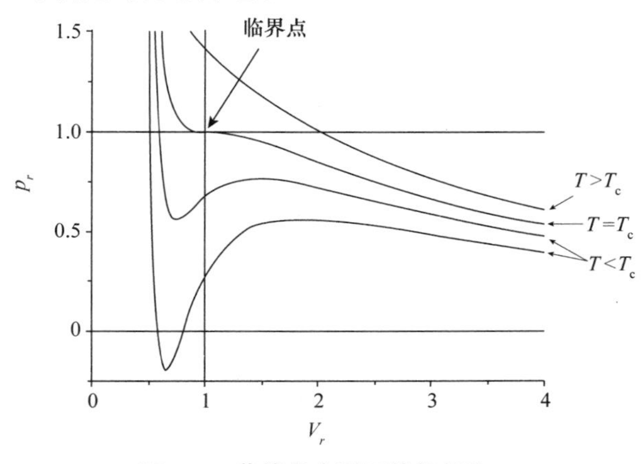

图 7.4　范德华方程下的相行为。

7.2.4 分子模型 3：范德华力与伦纳德-琼斯势

更加真实的分子间相互作用（范德华力）可用伦纳德-琼斯势（Lennard-Jones potential）描述（图 7.5）

$$\phi_{\mathrm{LJ}}(r)=4\varepsilon\left[\left(\frac{\sigma}{r}\right)^{12}-\left(\frac{\sigma}{r}\right)^{6}\right] \tag{7.43}$$

其中 ε 表示势阱深度；σ 是碰撞距离（在这个距离时相互作用势能为零），它与势阱位置 r_{m} 的关系是 $r_{\mathrm{m}}=2^{1/6}\sigma$。上式第一项可认为是对应于两个分子在近距离时的排斥作用，但不像硬球模型那样具有无穷大的刚性，而是体现为光滑的曲线；第二项对应于两个分子在远距离时以互相吸引（如通过范德华力）为主的作用。

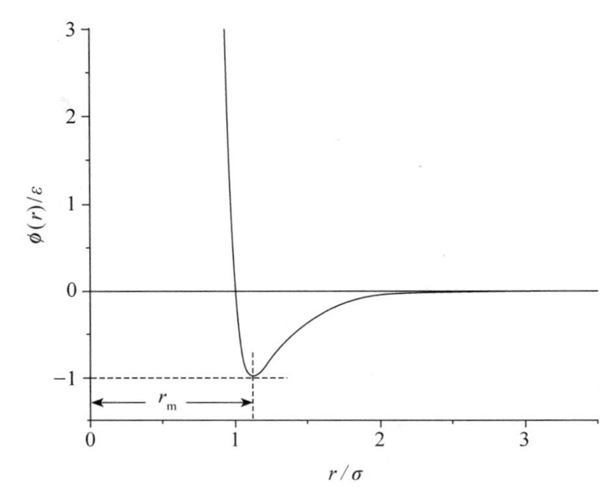

图 7.5 分子间的伦纳德-琼斯势。

将式（7.43）代入式（7.23），得到维里系数

$$B(T;\varepsilon,\sigma)=2\pi N_{\mathrm{A}}\sigma^{3}\int_{0}^{+\infty}\left(1-\exp\left\{-\frac{4\left[\left(\frac{\sigma}{r}\right)^{12}-\left(\frac{\sigma}{r}\right)^{6}\right]}{\frac{k_{\mathrm{B}}T}{\varepsilon}}\right\}\right)\left(\frac{r}{\sigma}\right)^{2}\mathrm{d}\left(\frac{r}{\sigma}\right) \tag{7.44}$$

引入约化变量

$$r^{*}\equiv\frac{r}{\sigma},T^{*}\equiv\frac{k_{\mathrm{B}}T}{\varepsilon} \tag{7.45}$$

则

$$B(T;\varepsilon,\sigma)=2\pi N_{\mathrm{A}}\sigma^{3}\int_{0}^{+\infty}\left(1-\exp\left\{-\frac{4\left[(r^{*})^{-12}-(r^{*})^{-6}\right]}{T^{*}}\right\}\right)(r^{*})^{2}\mathrm{d}r^{*}=b_{0}B^{*}(T^{*}) \tag{7.46}$$

其中 $b_{0}=\frac{2\pi}{3}N_{\mathrm{A}}\sigma^{3}$ 是硬球模型中的摩尔排斥体积；而

$$B^{*}(T^{*})=3\int_{0}^{+\infty}\left(1-\exp\left\{-\frac{4\left[(r^{*})^{-12}-(r^{*})^{-6}\right]}{T^{*}}\right\}\right)(r^{*})^{2}\mathrm{d}r^{*} \tag{7.47}$$

不包含任何模型参数。这样就将三元函数 $B(T;\varepsilon,\sigma)$ 用一元函数 $B^{*}(T^{*})$ 表示出来，计算

上更方便。在以前计算机不普及的日子里，$B^*(T^*)$一般用数值方法求出精确的值并列成表的形式以供实际应用(表 7-1)。

表 7-1　伦纳德-琼斯势模型下 $B^*(T^*)$的数值计算结果

T^*	B^*	T^*	B^*	T^*	B^*	T^*	B^*
0.3	−27.881	1.3	−1.5841	2.6	−0.26613	4.6	0.1999
0.4	−13.799	1.4	−1.3758	2.8	−0.18451	4.8	0.22268
0.5	−8.7202	1.5	−1.2009	3	−0.11523	5	0.24334
0.6	−6.198	1.6	−1.0519	3.2	−0.05579	6	0.3229
0.7	−4.71	1.7	−0.92362	3.4	−0.00428	7	0.37609
0.8	−3.7342	1.8	−0.81203	3.6	0.04072	8	0.41343
0.9	−3.0471	1.9	−0.71415	3.8	0.08033	9	0.4406
1	−2.5381	2	−0.62763	4	0.11542	10	0.46088
1.1	−2.1464	2.2	−0.48171	4.2	0.14668	20	0.52537
1.2	−1.8359	2.4	−0.36358	4.4	0.17469	30	0.52693

$B^*(T^*)$的性质如图 7.6(a)所示。在高温下，吸引势的$\frac{\phi_{ij}}{k_B T}$变得很小，$1-\exp\left(-\frac{\phi_{ij}}{k_B T}\right)$对积分的贡献可以忽略；而排斥势由于 ϕ_{ij} 可以任意大(r 减小时)，$1-\exp\left(-\frac{\phi_{ij}}{k_B T}\right)$对积分的贡献占主导，$B^*$为正值。在低温下，吸引势的$-\frac{\phi_{ij}}{k_B T}$变得很大，$1-\exp\left(-\frac{\phi_{ij}}{k_B T}\right)$对积分为负且绝对值可以一直变大(随着温度变小)，而排斥势对积分的贡献近似为常数，因此吸引效应占主导，B^*为负值。

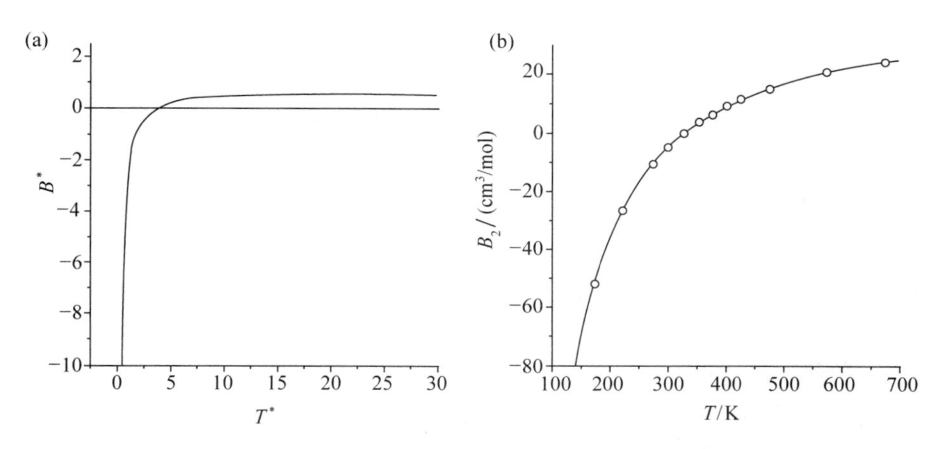

图 7.6　(a) 伦纳德-琼斯势模型下的 $B^*(T^*)$曲线。
(b) 氮气的 $B_2(T)$实验数据(离散点)及伦纳德-琼斯势模型的拟合结果(连续曲线)。

伦纳德-琼斯势模型的参数可以通过拟合维里系数的实验数据而得到。图 7.6(b)显示了对氮气的拟合结果。可以看出，伦纳德-琼斯势模型可以非常好地描述实验数据。虽然参数是拟合得到的，但伦纳德-琼斯势模型提供了 $B(T)$的解析形式，因此可以可靠地进行外推。它让我们更好地理解维里系数随温度变化的规律(低温下为负,高温下为正)的根源。而且更重要的是,微观相互作用决定了一切,因此经由维里系数实验数据拟合得到的伦纳德-琼斯势就可以用于计算其他各种性质,例如系统的输运性质(黏度、热导率等,参见第九章内容)。常见气体的伦纳德-琼斯势参数列在表 7-2 中。

表 7-2 常见气体的伦纳德-琼斯势参数

气体	ε/k_B(K)	σ (Å)	ε/k_B(K)	σ (Å)
	(拟合自维里系数)		(拟合自输运数据)	
Ne	35.8	2.75	35.7	2.79
Ar	119	3.41	124	3.42
Kr	173	3.59	190	3.61
Xe	225	4.07	229	4.06
H_2	36.7	2.96	38.0	2.92
N_2	95.1	3.70	91.5	3.68
O_2	118	3.58	113	3.43
CO	100	3.76	110	3.59
CO_2	188	4.47	190	4.00
NO	131	3.17	119	3.47
N_2O	193	4.54	220	3.88
CH_4	148	3.81	137	3.82
空气	101	3.67	97.0	3.62

在伦纳德-琼斯势模型下,不同气体的差别体现在它们的不同 ε,σ 参数上,而维里系数则由下式互相联系

$$B(T;\varepsilon,\sigma)=\frac{2\pi}{3}N_A\sigma^3B^*\left(\frac{k_BT}{\varepsilon}\right) \tag{7.48}$$

根据这个式子,对不同气体的 $B\sim T$ 曲线,只需要对图形的 x 轴与 y 轴进行适当的拉伸($B\to B/\sigma^3$,$T\to T/\varepsilon$),不同气体的曲线就会完全重合在一起。这其实反映了对应态定律。

伦纳德-琼斯势参数不但可以用于计算实际气体在任何温度下的维里系数(例 7.1),还可计算实际气体的其他热力学性质。我们知道,很多常见分子的性质可从手册(例如 JANAF 热力学手册)中查到。对于气体,性质是温度与压强的二元函数。对于理想气体,压强的影响通常有简单的公式可以计算,因此手册中只需要给出标准压强下的结果,而对于任何非标准压强的数值,读者可自行推算。而对于非理想气体,则没有这么简单的性质,但列出不同(温度、压强)组合下的性质又过于繁琐(那样手册将要厚几十倍)。因此,常见热力学手册其实只用列表的方法列出气体随温度变化的"理想气体极限"在标准压强下的性质(即先把压强变得非常小,使系统呈现出理想气体的性质,再假设系统在任何压强下都是理想气体,使压强变回标准压强),而其真实性质需要在此基础上加上维里系数的影响,而这往往也是通过伦纳德-琼斯势模型来进行的。

例 7.1 根据伦纳德-琼斯势模型计算甲烷在 $T=222$ K 时的第二维里系数。

解答: 由表 7-2,甲烷 CH_4 的伦纳德-琼斯势参数为

$$\frac{\varepsilon}{k_B}=148\ \mathrm{K},\quad \sigma=3.81\ \text{Å}$$

因此有

$$T^*=\frac{k_BT}{\varepsilon}=\frac{222}{148}=1.5$$

查表 7-1,知

$$B^*(T^*)=-1.20$$

因此甲烷在 $T=222$ K 时的第二维里系数为

$$B(T)=\frac{2\pi}{3}N_A\sigma^3B^*(T^*)=-83.7\ \mathrm{cm^3/mol}$$

另外,还可知道 $T=503$ K(即 $T^*=3.4$)时第二维里系数等于 0。因此,对于一个真实气体,不是温度越高越接近理想气体,也不是温度越低越接近理想气体,而是在某一个中间温度时最接近理想气体。原因是此时分子间的吸引势与排斥势所造成的效果互相抵消。

习　　题

7.1　请证明硬球模型下非理想气体的所有维里系数和温度无关。

7.2　如果分子离得很远时的势能不取为 0,而是 $\phi_{ij}(r_{ij}\to+\infty)=\phi_0$。那么迈耶函数应该怎样定义?

7.3　气体的压缩因子定义为$\frac{pV_m}{RT}$。(1) 求理想气体的压缩因子;(2) 求范德华流体在临界点处的压缩因子,并与实际体系(Ar, $p_c=48$ atm, $T_c=151$ K, $V_{m,c}=75.2\ \mathrm{cm^3/mol}$; H_2, $p_c=12.8$ atm, $T_c=33.3$ K, $V_{m,c}=65\ \mathrm{cm^3/mol}$)的结果比较。

7.4　假设分子间的势能函数如下(其中 $a>1$):

$$\phi_{ij}(r)=\begin{cases}+\infty, & (r<\sigma)\\ \dfrac{\varepsilon}{a-1}\left(\dfrac{4}{\sigma}-a\right), & (\sigma\leqslant r\leqslant a\sigma)\\ 0, & (r>a\sigma)\end{cases}$$

(a) 画出 $\phi_{ij}(r)$的大致曲线,并在图上标出 σ、$a\sigma$ 和 ε;

(b) 求出体系的第二维里系数 $B_2(T)$(注:不要假设 $\varepsilon\ll k_BT$)。

7.5　理想气体的比热与体积无关,且等于非理想气体在 $V_m\to+\infty$时对应的值。请推导出非理想气体等容比热的亏损(即与理想气体的差值 $\Delta C_V=C_V-C_V^{(\mathrm{ideal})}$)与 $B_2(T)$的关系。提示:利用$\left(\frac{\partial C_V}{\partial V}\right)_T=T\left(\frac{\partial^2P}{\partial T^2}\right)_V$。

7.6　对于非理想气体,逸度因子 γ可通过下式定义:$k_BT\ln\gamma=\mu-\mu^{(\mathrm{ideal})}$,其中 μ 为非理想气体的化学势,$\mu^{(\mathrm{ideal})}$为在类似条件(N,V,T)下忽略分子间相互作用后得到的相应的理想气体的化学势。对于非理想气体的硬球模型,请推导逸度因子的表达式。

第八章　固　　体

第1节　引言：固体的性质比理想气体还简单

气体的分子之间只有微弱的相互作用。而固体中分子之间有强烈的相互作用①。因此，初看起来固体比气体要复杂。但实际上，从某个角度上讲，固体的性质甚至比理想气体还要简单！

8.1.1　固体比热的杜隆-珀蒂定律

1819年，法国科学家杜隆与珀蒂发现（提出）了固体比热的简单性质：

固体的摩尔等容比热约等于 $3R$，与固体种类无关。

其中 R 是理想气体常数。这被称为杜隆-珀蒂定律。这个定律的形式极为简单，但对多数晶体在室温及高温下的描述却十分精确。例如，表8-1给出了部分金属在室温下的比热数据。虽然这些金属的比热以质量为单位来衡量时数值各不相同，但如果折算成以摩尔为单位（摩尔比热），则它们的数值非常接近，而且与 $3R=24.9$ J/(mol·K)基本吻合。更多的数据参见图8.1，可看出大量的固体单质的比热都落在 $3R$ 所给出的水平直线附近。当然，里面也有一些例外，例如，铍、石墨、金刚石的摩尔比热分别为16.4、8.53与6.115 J/(mol·K)，明显低于杜隆-珀蒂定律的预测结果。另外，比热与温度有关。根据热力学第三定律，当温度降低逼近0 K时，比热也将降低为零。图8.2清楚地显示了Cu与W的比热随温度降为零的性质。因此，在低温下杜隆-珀蒂定律不再成立。我们后面会看到，杜隆-珀蒂定律是在经典统计下考虑晶格振动得到的；而低温下由于量子效应逐渐明显，从而导致了杜隆-珀蒂定律的失效。

表8-1　部分金属固体在室温下的比热数据

固体	C_V/[J/(g·K)]	C_V/[J/(mol·K)]	固体	C_V/[J/(g·K)]	C_V/[J/(mol·K)]
Al	0.900	24.3	Fe	0.460	25.8
Bi	0.123	25.7	Ag	0.233	24.9
Cu	0.386	24.5	W	0.134	24.8
Au	0.126	25.6	Zn	0.387	25.2
Pt	0.128	26.4	Hg	0.140	28.3

① 严格地说，组成固体的小分子之间的相互作用是如此强烈，以至于通常不再把它们视为独立的分子。例如，我们不会把氯化钠晶体看作由NaCl分子构成的。

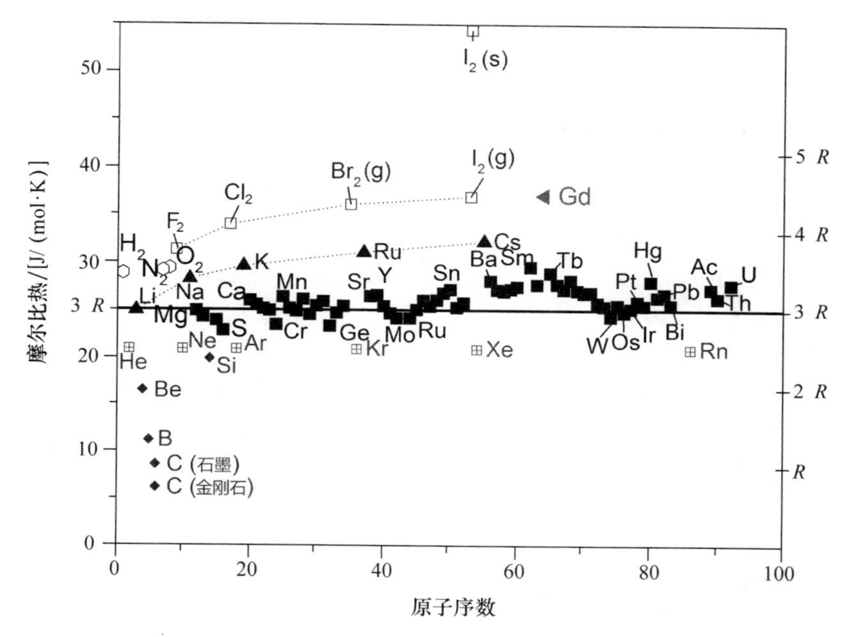

图 8.1　单质在室温下的摩尔等压比热(改自 wiki)。

注意气体的等压比热比等容比热大 R，因此惰性气体的等压比热为 $2.5R$，而非 $1.5R$。I_2 固体如果按原子摩尔数计算，其实满足 $3R$。

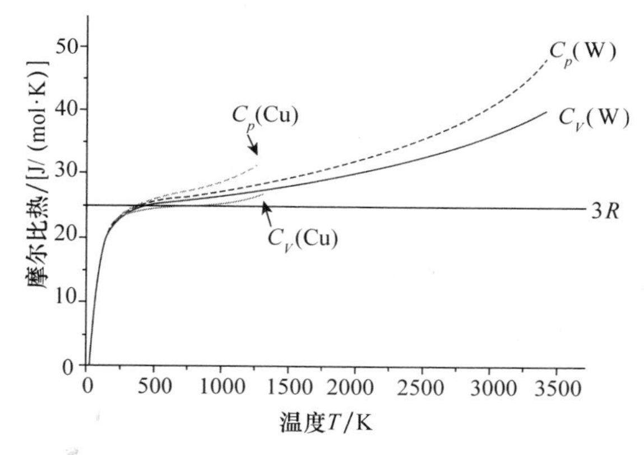

图 8.2　铜和钨的比热随温度的变化。

8.1.2　固体中各种运动模式的贡献

固体中相邻原子之间的相互作用很强，原子只能在平衡位置附近运动。因此，我们可以把固体近似看成一个巨大的分子(原子数 $N\approx10^{23}$)，它具有我们在第四章中分析过的理想气体分子的各种运动模式：平动、转动、振动、电子运动。它们对配分函数和热力学性质都有贡献，但在固体中的贡献大小却有很大不同

- 振动：具有 $3N-6$ 个正交模，振动配分函数 $Z_{\text{vib}}=\prod\limits_{i=1}^{3N-6}\dfrac{e^{-\frac{\theta_{\text{vib},i}}{2T}}}{1-e^{-\frac{\theta_{\text{vib},i}}{T}}}$；

- 平动：3 个自由度，平动配分函数 $Z_{\mathrm{tr}}=\dfrac{V}{h^{3}}(2\pi Nmk_{\mathrm{B}}T)^{3/2}$，其中 m 是原子质量；
- 转动：3 个自由度，转动配分函数 $Z_{\mathrm{rot}}=\dfrac{1}{\sigma}\sqrt{\dfrac{\pi T^{3}}{\theta_{aa}\theta_{bb}\theta_{cc}}}$，其中 σ 为对称数；
- 电子：电子态数目正比于 N，电子配分函数 $Z_{\mathrm{elec}}=\sum_{l}g_{l}\mathrm{e}^{-\frac{\varepsilon_{l}^{(\mathrm{elec})}}{k_{\mathrm{B}}T}}$。

由于 $N\gg 1$，我们只需要考虑振动与电子的贡献。对于绝缘体，与气体分子类似，电子能级的贡献通常只需要考虑基态。而对于金属，自由电子的贡献我们在第三章第 6.1 节中已经有过详细的分析，有简单的公式可以应用。因此，固体中对配分函数的贡献主要来自振动。就如下一节的分析所表明的，固体的性质比理想气体还简单。

第 2 节　固体的比热

8.2.1　晶体的振动

固体的配分函数主要来自振动的贡献。因此，我们先分析晶体的振动性质。

晶体的振动模的数目可能高达 10^{23} 量级，直接计算岂不是把人累死？幸运的是，晶体具有周期性，因此其振动模具有一些简单的特点，大大方便我们的分析。

为了大致了解周期性对晶体振动的影响，我们考虑一个简单模型：晶体的每一个原胞里只有一个原子。我们记晶格格点位置为 $\boldsymbol{R}$（共有 N 个）；格点上的原子只能在格点附近运动，记其偏离格点（平衡位置）的位移为 $\boldsymbol{r}_{\boldsymbol{R}}$（图 8.3），即原子的实际位置为 $\boldsymbol{R}+\boldsymbol{r}_{\boldsymbol{R}}$。系统的势能是所有原子的位置 $\{\boldsymbol{R}+\boldsymbol{r}_{\boldsymbol{R}}\}$ 的函数，可做泰勒展开至二阶项：

$$V(\{\boldsymbol{R}+\boldsymbol{r}_{\boldsymbol{R}}\})\approx V(\{\boldsymbol{R}\})+\sum_{\boldsymbol{R}}\frac{\partial V(\{\boldsymbol{R}\})}{\partial\boldsymbol{R}}\cdot\boldsymbol{r}_{\boldsymbol{R}}+\frac{1}{2}\sum_{\boldsymbol{R},\boldsymbol{R}'}\frac{\partial^{2}V(\{\boldsymbol{R}\})}{\partial\boldsymbol{R}\partial\boldsymbol{R}'}:\boldsymbol{r}_{\boldsymbol{R}}\boldsymbol{r}_{\boldsymbol{R}'}\qquad(8.1)$$

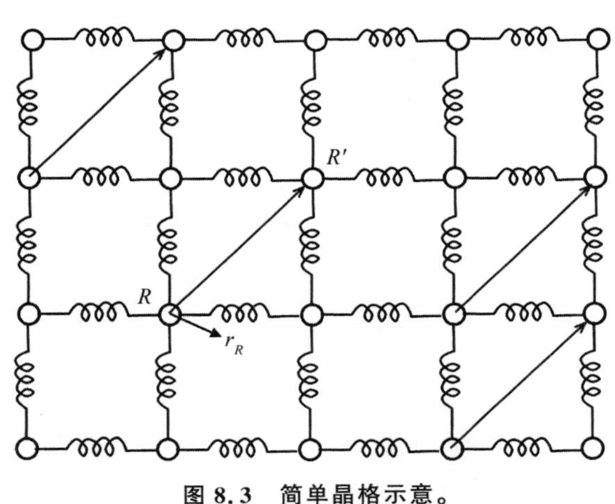

图 8.3　简单晶格示意。

其中点号（·）代表矢量的点乘，而双点号（:）代表双点乘，即对于矩阵 $\boldsymbol{M}$ 和向量 $\boldsymbol{x}$ 有 $\boldsymbol{M}:\boldsymbol{x}\boldsymbol{x}'=\sum_{i,j}M_{ij}x_{j}x'_{i}$。由于原子的受力为 $\boldsymbol{F}_{\boldsymbol{R}}(\{\boldsymbol{R}+\boldsymbol{r}_{\boldsymbol{R}}\})=-\dfrac{\partial V(\{\boldsymbol{R}+\boldsymbol{r}_{\boldsymbol{R}}\})}{\partial\boldsymbol{R}}$，而格点是原子的平衡位置（受力为零），因此上式中的一阶导数项 $\dfrac{\partial V(\{\boldsymbol{R}\})}{\partial\boldsymbol{R}}$ 为零，变成

$$V(\{\boldsymbol{R}+\boldsymbol{r}_{\boldsymbol{R}}\}) \approx V(\{\boldsymbol{R}\}) + \frac{1}{2}\sum_{\boldsymbol{R},\boldsymbol{R}'} \frac{\partial^2 V(\{\boldsymbol{R}\})}{\partial \boldsymbol{R} \partial \boldsymbol{R}'} : \boldsymbol{r}_{\boldsymbol{R}} \boldsymbol{r}_{\boldsymbol{R}'} \tag{8.2}$$

晶体具有周期性，因此$\frac{\partial^2 V(\{\boldsymbol{R}\})}{\partial \boldsymbol{R} \partial \boldsymbol{R}'}$只跟$\boldsymbol{R}$与$\boldsymbol{R}'$之间的相对位移有关。例如，图 8.3 中处于四方形对角位置的所有$\boldsymbol{R}$、$\boldsymbol{R}'$组合都将给出相同的$\frac{\partial^2 V(\{\boldsymbol{R}\})}{\partial \boldsymbol{R} \partial \boldsymbol{R}'}$数值。可将这个性质写成如下形式

$$\frac{\partial^2 V(\{\boldsymbol{R}\})}{\partial \boldsymbol{R} \partial \boldsymbol{R}'} = \boldsymbol{H}(\boldsymbol{R}'-\boldsymbol{R}) \tag{8.3}$$

原子的运动服从牛顿方程

$$m\frac{\mathrm{d}^2 \boldsymbol{r}_{\boldsymbol{R}}(t)}{\mathrm{d}t^2} = \boldsymbol{F}_{\boldsymbol{R}} = -\frac{\partial V(\{\boldsymbol{R}+\boldsymbol{r}_{\boldsymbol{R}}\})}{\partial \boldsymbol{r}_{\boldsymbol{R}}} = -\sum_{\boldsymbol{R}'} \frac{\partial^2 V(\{\boldsymbol{R}\})}{\partial \boldsymbol{R} \partial \boldsymbol{R}'} \cdot \boldsymbol{r}_{\boldsymbol{R}}' \tag{8.4}$$

考虑具有振动波形式的试探解

$$\boldsymbol{r}_{\boldsymbol{R}}(t) = \boldsymbol{r}^{(0)} \exp[i(\boldsymbol{k}\cdot\boldsymbol{R}-\omega t)] \tag{8.5}$$

其中ω是波的角频率；$\boldsymbol{k}$是波矢，其大小是角波数，与波长成反比$\left(|\boldsymbol{k}|=\frac{2\pi}{\lambda}\right)$，波矢的方向是平面波行进的方向。将试探解代入运动方程(8.4)，得

$$-m\omega^2 \boldsymbol{r}^{(0)} \exp[i(\boldsymbol{k}\cdot\boldsymbol{R}-\omega t)] = -\sum_{\boldsymbol{R}'} \boldsymbol{H}(\boldsymbol{R}'-\boldsymbol{R}) \cdot \boldsymbol{r}^{(0)} \exp[i(\boldsymbol{k}\cdot\boldsymbol{R}'-\omega t)] \tag{8.6}$$

对于每一个$\boldsymbol{R}$而言，上式是个矢量方程，包含了三个分量方程。$\boldsymbol{R}$共有N个，因此试探解一共有$3N$个分量方程需要满足。不过，利用周期性条件，式(8.6)可改写成

$$\omega^2 \boldsymbol{r}^{(0)} = \frac{1}{m}\sum_{\boldsymbol{R}'} \boldsymbol{H}(\boldsymbol{R}'-\boldsymbol{R}) \cdot \boldsymbol{r}^{(0)} \exp[i\boldsymbol{k}\cdot(\boldsymbol{R}'-\boldsymbol{R})] \tag{8.7}$$

做变量代换$\boldsymbol{R}''=\boldsymbol{R}'-\boldsymbol{R}$，上式变成

$$\omega^2 \boldsymbol{r}^{(0)} = \frac{1}{m}\sum_{\boldsymbol{R}''} \boldsymbol{H}(\boldsymbol{R}'') \exp[i\boldsymbol{k}\cdot\boldsymbol{R}''] \cdot \boldsymbol{r}^{(0)} \tag{8.8}$$

其中$\boldsymbol{R}''$求和遍及整个晶格。现在，上式与$\boldsymbol{R}$无关，或者说，不同的$\boldsymbol{R}$需要满足的方程都是一样的[式(8.8)]，问题大大简化。试探解只需要满足一个矢量方程(8.8)，其中$\boldsymbol{r}^{(0)}$是矢量，$\sum_{\boldsymbol{R}''} \boldsymbol{H}(\boldsymbol{R}'') \exp[i\boldsymbol{k}\cdot\boldsymbol{R}'']$是矩阵[与$\boldsymbol{k}$有关，记为$\widetilde{\boldsymbol{H}}(\boldsymbol{k})$]，其实是个本征方程

$$\omega^2(\boldsymbol{k}) \boldsymbol{r}^{(0)}(\boldsymbol{k}) = \frac{1}{m} \widetilde{\boldsymbol{H}}(\boldsymbol{k}) \boldsymbol{r}^{(0)}(\boldsymbol{k}) \tag{8.9}$$

其中本征值是$\omega^2(\boldsymbol{k})$，本征向量是$\boldsymbol{r}^{(0)}(\boldsymbol{k})$。当$\widetilde{\boldsymbol{H}}(\boldsymbol{k})$（依赖于$\boldsymbol{k}$）给定后，可利用线性代数中求解本征方程的通用方法求解出本征值和本征向量（它们自然也依赖于$\boldsymbol{k}$，因此上式中显式写成这种依赖关系）。当一个原胞中包含不止一个原子时，也可得出类似的方程。

下面以容易求解的一维情况为例来看求解出的晶体振动的一般性质。

考虑图 8.4 所示的一维简单晶格，相邻原子之间用弹性常数为C的弹簧连接，第n个原子偏离平衡位置的位移记为x_n，则系统的势能函数表示为

$$V = \cdots + \frac{1}{2}C(x_n - x_{n-1})^2 + \frac{1}{2}C(x_{n+1}-x_n)^2 + \cdots \tag{8.10}$$

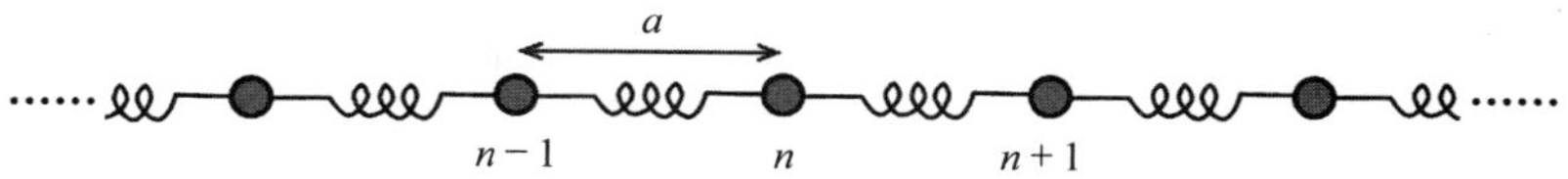

图 8.4　一维简单晶格示意。

运动方程

$$m\frac{\mathrm{d}^2x_n}{\mathrm{d}t^2}=-\frac{\partial V}{\partial x_n}=-2Cx_n+Cx_{n-1}+Cx_{n+1} \tag{8.11}$$

代入试探解 $x_n=x^{(0)}\mathrm{e}^{ikna-i\omega_k t}$，得

$$-m\omega_k^2\mathrm{e}^{ikna}=-2C\mathrm{e}^{ikna}+C\mathrm{e}^{ik(n-1)a}+C\mathrm{e}^{ik(n+1)a} \tag{8.12}$$

跟 e^{ikna} 有关的因子可消掉，因此上式其实与 n 无关，就是上面所提到的“不同的 $\boldsymbol{R}$ 需要满足的方程都是一样”。利用复数的欧拉公式 $\mathrm{e}^{ix}=\cos x+i\sin x$，方程(8.12)的解为

$$\omega_k=\sqrt{\frac{2C}{m}[1-\cos(ka)]} \tag{8.13}$$

结果如图 8.5 所示。进一步地，我们还可以讨论振动的波速问题。对于振动解 $x_n=x^{(0)}\mathrm{e}^{ikna-i\omega_k t}$，如果追踪不同时刻的波峰位置，其中有一个波峰出现在

$$kna-\omega_k t=0 \tag{8.14}$$

波峰出现的位置(na)随时间线性变化，因此可定义波峰移动的速度

$$v_{\text{phase}}=\frac{\Delta(na)}{\Delta t}=\frac{\omega_k}{k} \tag{8.15}$$

这其实是基于波的相位来定义速度的，因此也被称为相速度。此外，物理上还可以分析能量传播的速度，定义群速度(分析过程略)

$$v_{\text{group}}=\frac{\mathrm{d}\omega_k}{\mathrm{d}k} \tag{8.16}$$

当 k 很小(即波长很长)时，对于上述模型，相速度与群速度是一致的

$$v_{\text{phase}}=v_{\text{group}}=\sqrt{\frac{Ca^2}{m}} \tag{8.17}$$

而且与波矢(或频率)无关。但在其他一些情况下，相速度与群速度可以是不同的(超光速就与此相关，参见题外)。声音其实就是一种振动的传播，因此，与空气中的声音传播类似，固体中声音(波长远大于晶格常数)的传播速度不随频率变化。但如果波长与晶格常数可以比拟，则速度不再是常数，而是与振动频率有关，这被称为色散。从式(8.17)还可以知道，声速与 C(对应于材料的弹性常数)与 m(对应于材料的密度)有关。第一性原理计算经常根据这一点来计算声速。

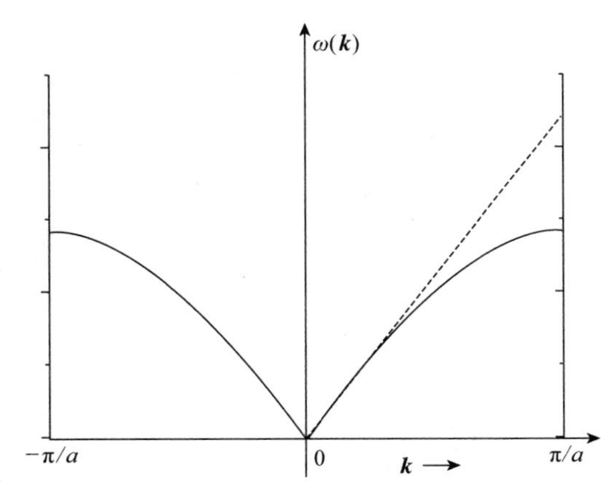

图 8.5　一维晶格振动的频率随波矢的变化。虚线是德拜模型对 ω(k) 的假设。

题外:超光速?

“光速不可超越”指的是宇宙中物质、能量、信息传递的最高速度是光速。相速度是指连续的正弦波(即信号已传播了足够长的时间,达到了稳定状态)的相位传播速度。单纯的正弦波是无法传递信息的。因此,相速度是可以超越光速的。事实上,光在某些介质中的相速度在某些频率下可以超过真空中的光速。要传递信息,需要把变化较慢的波包调制在正弦波上,这种波包的传播速度叫做群速度,群速度是小于光速的(索末菲和布里渊证明了有起始时间的信号在介质中的传播速度不可能超过光速)。另外,我们还可设想某种体育馆超光速“人浪”:前后排观众以约定的不同时间起立,造成人浪;由于这个时间差理论上可以无穷小,因此所造成的人浪的速度可以超过光速。但是,在这种"波"中并没有任何物质、信息、能量的即时传递,所有的信息在事前已经传递过了,因此并没有违反“光速不可超越”原则。

8.2.2 固体比热的正则系综分析

如前所言,固体中只需考虑振动(约 $3N$ 个)与电子运动的贡献。记 $3N$ 个独立振动的角频率为 $\{\omega_k\}$,对于每个振动,量子力学给出的谐振子能级为

$$\varepsilon_{k,n_k}=\left(n_k+\frac{1}{2}\right)\hbar\omega_k \tag{8.18}$$

其中 $n_k=0,1,2,\cdots$是振动模 $\boldsymbol{k}$ 的量子数。因此系统的能量(能级)为

$$E_{\text{elec},\{n_k\}}=E_{\text{elec}}+\sum_{\boldsymbol{k}}^{3N}\left(n_k+\frac{1}{2}\right)\hbar\omega_k \tag{8.19}$$

正则配分函数为

$$Q=\sum\nolimits_{\text{elec},\{n_k\}}\exp\left[-\frac{E_{\text{elec}}+\sum_{\boldsymbol{k}}^{3N}\left(n_k+\frac{1}{2}\right)\hbar\omega_k}{k_{\text{B}}T}\right]=Q_{\text{elec}}\prod_{\boldsymbol{k}}Z_k \tag{8.20}$$

其中 Z_k 是振动模 $\boldsymbol{k}$ 的配分函数

$$Z_k=\sum_{n_k}\exp\left[-\frac{\left(n_k+\frac{1}{2}\right)\hbar\omega_k}{k_{\text{B}}T}\right]=\frac{\exp\left(-\frac{\hbar\omega_k}{2k_{\text{B}}T}\right)}{1-\exp\left(-\frac{\hbar\omega_k}{k_{\text{B}}T}\right)} \tag{8.21}$$

因此

$$\ln Q=\ln Q_{\text{elec}}-\sum_{\boldsymbol{k}}\frac{\hbar\omega_k}{2k_{\text{B}}T}-\sum_{\boldsymbol{k}}\ln\left[1-\exp\left(-\frac{\hbar\omega_k}{k_{\text{B}}T}\right)\right] \tag{8.22}$$

当 $N\gg1$ 时,$\{\omega_k\}$几乎是连续变化的。记 $g(\omega)\mathrm{d}\omega$ 是 $\omega\to\omega+\mathrm{d}\omega$ 间隔内的振动模数目,则可以把求和变成积分

$$\ln Q=\ln Q_{\text{elec}}-\int_0^{+\infty}g(\omega)\frac{\hbar\omega}{2k_{\text{B}}T}\mathrm{d}\omega-\int_0^{+\infty}g(\omega)\ln\left[1-\exp\left(-\frac{\hbar\omega}{k_{\text{B}}T}\right)\right]\mathrm{d}\omega \tag{8.23}$$

其中 $g(\omega)$满足振动模总数为 $3N$ 的性质

$$\int_0^{+\infty}g(\omega)\mathrm{d}\omega=3N \tag{8.24}$$

从正则配分函数可以得到内能与比热

$$\langle U\rangle = k_B T^2\left(\frac{\partial \ln Q}{\partial T}\right)_{V,N} = U_{\text{elec}} + \int_0^{+\infty} g(\omega)\frac{\hbar\omega}{2}\mathrm{d}\omega + \int_0^{+\infty} g(\omega)\frac{\hbar\omega}{\exp\left(\frac{\hbar\omega}{k_B T}\right)-1}\mathrm{d}\omega \tag{8.25}$$

$$C_V = \left(\frac{\partial\langle U\rangle}{\partial T}\right)_{V,N} = C_{V,\text{elec}} + k_B\int_0^{+\infty} g(\omega)\frac{\left(\frac{\hbar\omega}{k_B T}\right)^2\exp\left(\frac{\hbar\omega}{k_B T}\right)}{\left[\exp\left(\frac{\hbar\omega}{k_B T}\right)-1\right]^2}\mathrm{d}\omega \tag{8.26}$$

利用这两个式子,只需知道振动模的频率分布 $g(\omega)$,就可求出振动的贡献。下面介绍的爱因斯坦模型与德拜模型,就对 $g(\omega)$给出不同的假设,从而对固体比热给出各自的描述。

8.2.3 爱因斯坦模型

爱因斯坦最早应用量子化能级(普朗克振子)的观点来解释固体比热(1907 年),第一次能够预言实验上所观察到的固体比热在低温下趋于零的趋势。这与光电效应一起成为需要量子化的最重要的证据之一。那时候还没有薛定谔方程,也不知道费米-狄拉克统计与玻色-爱因斯坦统计。因此这里我们使用完善的量子和统计理论来重新处理这一模型。

爱因斯坦模型假设所有振动的频率都是一样的,$\omega_k=\omega_E$,其中 ω_E 被称为爱因斯坦频率,是模型的唯一参数。因此,振动对固体比热的贡献为

$$C_V^{(\text{vib})} = 3Nk_B\frac{\left(\frac{\hbar\omega_E}{k_B T}\right)^2\exp\left(\frac{\hbar\omega_E}{k_B T}\right)}{\left[\exp\left(\frac{\hbar\omega_E}{k_B T}\right)-1\right]^2} \tag{8.27}$$

定义特征温度(爱因斯坦温度)

$$\theta_E = \frac{\hbar\omega_E}{k_B} \tag{8.28}$$

θ_E 可代替 ω_E 作为模型的唯一参数。则

$$C_V^{(\text{vib})} = 3nR\frac{\left(\frac{\theta_E}{T}\right)^2\exp\left(\frac{\theta_E}{T}\right)}{\left[\exp\left(\frac{\theta_E}{T}\right)-1\right]^2} \tag{8.29}$$

当 $T\gg\theta_E$ 时,$\frac{\theta_E}{T}$是个小量,公式(8.29)对$\frac{\theta_E}{T}$做小量展开并保留至非零最低阶,得

$$C_V^{(\text{vib})} \approx 3nR\frac{\left(\frac{\theta_E}{T}\right)^2\times 1}{\left(\frac{\theta_E}{T}\right)^2} = 3nR \tag{8.30}$$

因此,此时摩尔比热为 $3R$,与经典极限(杜隆-珀蒂定律)一致。

爱因斯坦模型只有一个参数 θ_E,可通过实验数据进行拟合。图 8.6 是利用爱因斯坦模型对金刚石的实验数据进行拟合所得到的结果。可以看出,在很大的温度范围里,爱因斯坦模型都能给出非常不错的效果[图 8.6(a)]。而且,温度趋向 0 K 时,模型预测的比热也趋向于零,这首次解释了比热在低温下趋于零的趋势,在量子力学的发展历史中也起到了重要的作用。不过,从定量上讲,$T\to 0$ K 时,爱因斯坦模型预测

$$C_{V,\mathrm{mol}}^{(\mathrm{vib})} \approx 3R\,\frac{\left(\frac{\theta_{\mathrm{E}}}{T}\right)^2 \exp\left(\frac{\theta_{\mathrm{E}}}{T}\right)}{\left[\exp\left(\frac{\theta_{\mathrm{E}}}{T}\right)\right]^2} = 3R\left(\frac{\theta_{\mathrm{E}}}{T}\right)^2 \exp\left(-\frac{\theta_{\mathrm{E}}}{T}\right) \tag{8.31}$$

以指数下降的速度趋近于零，这与实验里观察到的以幂函数 T^3 趋近于零的结果不符[图 8.6(b)]。这个缺陷后来由德拜模型所纠正。

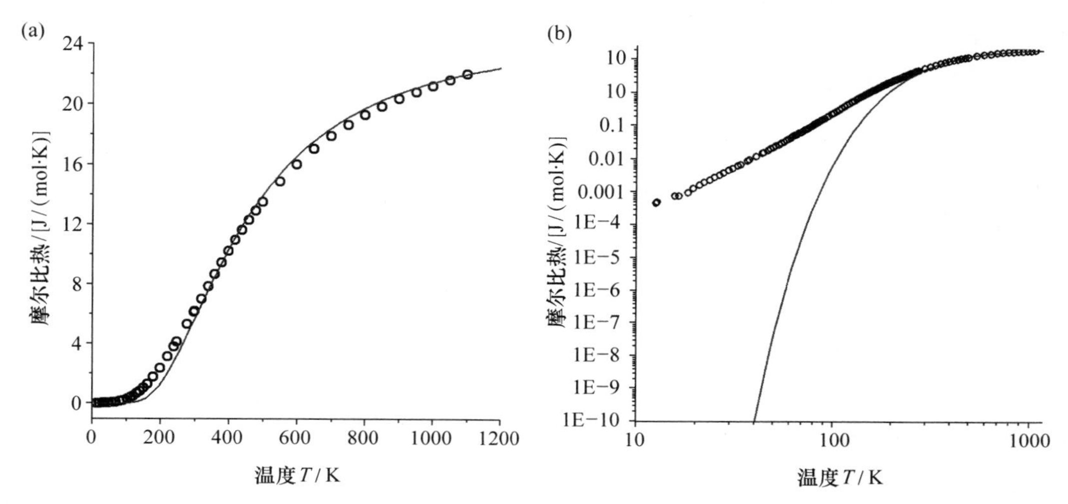

图 8.6　(a) 爱因斯坦模型(实线)对金刚石比热实验数据(离散点)的拟合。(b) 低温下爱因斯坦模型预测的比热下降过快。

8.2.4　德拜模型

德拜在 1912 年根据弹性介质的振动性质对爱因斯坦模型进行了改进，从而在高温下与低温下都得到固体比热的准确结果。

在 2.1 小节的简化模型中，我们发现波矢 k 较小时 ω_k 与 k 成正比(参见图 8.5)

$$\omega_k = vk \tag{8.32}$$

德拜模型假设这种正比关系在所有的 k 值下都是成立的，即图 8.5 中虚线所示。为了确定振动模 $\boldsymbol{k}$(或 ω_k)的分布，我们来进一步考察 8.2.1 小节中的简单一维系统。我们采取周期性边界条件，即

$$x_n + N = x_n \tag{8.33}$$

满足这个条件的振动只能取如下的 k 值

$$k = 0, \pm\frac{2\pi}{Na}, \pm 2\frac{2\pi}{Na}, \pm 3\frac{2\pi}{Na}, \cdots, \pm\frac{N}{2}\cdot\frac{2\pi}{Na} \tag{8.34}$$

注意振动本征解 $x_n(k) = x^{(0)}\mathrm{e}^{ikna - i\omega_k t}$ 及振动频率 ω_k 的公式(8.13)在 $k \to k + \frac{2\pi}{a}$ 或 $k \to k - \frac{2\pi}{a}$ 下是不变的，即 k 与 $k+\frac{2\pi}{a}$ 及 $k-\frac{2\pi}{a}$ 对应的是同一个解。换句话说，振动模对 $\boldsymbol{k}$ 有平移不变的对称性。因此，我们可以把一维系统允许的 k 值限制在 $\pm\frac{\pi}{a}$ 范围内，而且是均匀分布的，如公式(8.34)所示。在三维系统中，情况是类似的，允许的 $\boldsymbol{k}$ 值在一定的 $\boldsymbol{k}$ 空间之内是

均匀分布的。与第三章中平动量子化状态在(n_x, n_y, n_z)空间均匀分布的性质分析类似，某个 k 值附近允许的 $\boldsymbol{k}$ 值落在半径为 k 的球面上，个数与球面面积成正比，即与 k^2 成正比。由于 $\omega_{\boldsymbol{k}}$ 与 k 成正比，因此有

$$g(\omega) \propto k^2 \propto \omega^2 \tag{8.35}$$

德拜模型假设 $\omega_{\boldsymbol{k}}$ 存在一个最高频率（截止频率），记为 ω_{D}（被称为德拜频率）。也就是说，允许的 $\boldsymbol{k}$ 值必须满足 $\omega_{\boldsymbol{k}} \leqslant \omega_{\mathrm{D}}$，在 $\boldsymbol{k}$ 空间里被包围在一个球面之内。结合振动模数目为 $3N$ 的条件[见式(8.24)]，可得到

$$g(\omega) = \begin{cases} \dfrac{9N\omega^2}{\omega_{\mathrm{D}}^3} & (\omega_{\boldsymbol{k}} \leqslant \omega_{\mathrm{D}} \text{ 时}) \\ 0 & (\omega_{\boldsymbol{k}} > \omega_{\mathrm{D}} \text{ 时}) \end{cases} \tag{8.36}$$

将其代入式(8.26)，得到德拜模型下的固体比热

$$C_V^{(\mathrm{vib})} = k_{\mathrm{B}} \int_0^{\omega_{\mathrm{D}}} \frac{9N\omega^2}{\omega_{\mathrm{D}}^3} \frac{\left(\dfrac{\hbar\omega}{k_{\mathrm{B}}T}\right)^2 \exp\left(\dfrac{\hbar\omega}{k_{\mathrm{B}}T}\right)}{\left[\exp\left(\dfrac{\hbar\omega}{k_{\mathrm{B}}T}\right) - 1\right]^2} \mathrm{d}\omega = k_{\mathrm{B}} \int_0^{\frac{\hbar\omega_{\mathrm{D}}}{k_{\mathrm{B}}T}} \frac{9N\left(\dfrac{k_{\mathrm{B}}T}{\hbar}\right)^3}{\omega_{\mathrm{D}}^3} \frac{x^4 \mathrm{e}^x}{(\mathrm{e}^x - 1)^2} \mathrm{d}x \tag{8.37}$$

其中做了变量代换 $x = \dfrac{\hbar\omega}{k_{\mathrm{B}}T}$。通常定义德拜温度 $\theta_{\mathrm{D}} = \dfrac{\hbar\omega_{\mathrm{D}}}{k_{\mathrm{B}}}$ 作为模型的唯一参数，则

$$C_V^{(\mathrm{vib})} = 9Nk_{\mathrm{B}} \left(\frac{T}{\theta_{\mathrm{D}}}\right)^3 \int_0^{\frac{\theta_{\mathrm{D}}}{T}} \frac{x^4 \mathrm{e}^x}{(\mathrm{e}^x - 1)^2} \mathrm{d}x \tag{8.38}$$

当温度很高时，$x < \dfrac{\theta_{\mathrm{D}}}{T} \ll 1$，在式(8.38)中对 x 做小量展开，有

$$C_V^{(\mathrm{vib})} \approx 9Nk_{\mathrm{B}} \left(\frac{T}{\theta_{\mathrm{D}}}\right)^3 \int_0^{\frac{\theta_{\mathrm{D}}}{T}} \frac{x^4 \times 1}{x^2} \mathrm{d}x = 3Nk_{\mathrm{B}} \tag{8.39}$$

与经典极限（杜隆-珀蒂定律）一致。而当温度很低时，$\dfrac{\theta_{\mathrm{D}}}{T} \gg 1$，有

$$C_V^{(\mathrm{vib})} \approx 9Nk_{\mathrm{B}} \left(\frac{T}{\theta_{\mathrm{D}}}\right)^3 \int_0^{+\infty} \frac{x^4 \mathrm{e}^x}{(\mathrm{e}^x - 1)^2} \mathrm{d}x \tag{8.40}$$

其中的积分的结果是个常数，与 T 无关，因此比热与 T^3 成正比，与实验结果一致，纠正了爱因斯坦模型中的缺陷。更细致的数学分析（过程略）给出低温下的近似结果

$$C_V^{(\mathrm{vib})} \approx \frac{12\pi^4 Nk_{\mathrm{B}}}{5} \left(\frac{T}{\theta_{\mathrm{D}}}\right)^3 \tag{8.41}$$

为什么爱因斯坦模型在低温下的比热比德拜模型下降得更快呢？原因是爱因斯坦模型假设所有振动模都具有同样的频率 ω_{E}，因此，当温度很低时，$k_{\mathrm{B}}T \ll \omega_{\mathrm{E}}$，热运动能量远小于振动能级的能隙，不能激发振动能级，因此比热非常低；而德拜模型中的振动模的频率是从零开始连续分布的，不管温度多低，总有一些振动模的 ω 小于 $k_{\mathrm{B}}T$，可以被热运动能量所激发，因此能够保持一定的比热。

在一般温度下，可利用分部积分将比热改写成

$$C_V^{(\mathrm{vib})} = -9Nk_{\mathrm{B}} \left(\frac{T}{\theta_{\mathrm{D}}}\right)^3 \int_0^{\frac{\theta_{\mathrm{D}}}{T}} x^4 \mathrm{d} \frac{1}{\mathrm{e}^x - 1} = 3Nk_{\mathrm{B}} \left[12\left(\frac{T}{\theta_{\mathrm{D}}}\right)^3 \int_0^{\frac{\theta_{\mathrm{D}}}{T}} \frac{x^3}{\mathrm{e}^x - 1} \mathrm{d}x - \frac{3\theta_{\mathrm{D}}/T}{\mathrm{e}^{\theta_{\mathrm{D}}/T} - 1}\right] \tag{8.42}$$

通常定义德拜函数

$$D(x_{\mathrm{D}})=\frac{3}{x_{\mathrm{D}}^{3}}\int_{0}^{x_{\mathrm{D}}}\frac{x^{3}}{\mathrm{e}^{x}-1}\mathrm{d}x \tag{8.43}$$

它与振动对内能的贡献(扣除零点能以后)之间有简单的关系：$U^{(\mathrm{vib})}=3Nk_{\mathrm{B}}TD\left(\frac{\theta_{\mathrm{D}}}{T}\right)$。比热也可以利用德拜函数写成

$$C_{V}^{(\mathrm{vib})}=3Nk_{\mathrm{B}}\left[4D\left(\frac{\theta_{\mathrm{D}}}{T}\right)-\frac{3\theta_{\mathrm{D}}/T}{\mathrm{e}^{\theta_{\mathrm{D}}/T}-1}\right] \tag{8.44}$$

德拜函数可用数值计算的方法求出精确的结果，在以前计算机并不普及的时候一般以列表的形式给出，如表 8-2 所示。德拜模型可以很好地拟合不同固体的实验数据。而且，由式(8.44)可知，对于不同固体的比热-温度曲线，只需要对图形的 x 轴进行适当的拉伸($T\rightarrow T/\theta_{\mathrm{D}}$)，不同固体的曲线就会完全重合在一起[图 8.7(a)]。德拜模型对金刚石数据的拟合效果也比爱因斯坦模型好[比较图 8.7(b)与图 8.6]。采用德拜模型时，固体的比热随温度的变化只需要一个参数(德拜温度 θ_{D})就可以完全描述了，这在理想气体时是很难做到的。从这个角度讲，固体的性质比理想气体更简单！

表 8-2　德拜函数 $D(x_{\mathrm{D}})=\frac{3}{x_{\mathrm{D}}^{3}}\int_{0}^{x_{\mathrm{D}}}\frac{x^{3}}{\mathrm{e}^{x}-1}\mathrm{d}x$

x_{D}	0.0	0.1	0.2	0.3	0.4	0.5	0.6	0.7	0.8	0.9
0.0	1	0.963	0.927	0.892	0.858	0.825	0.7929	0.7619	0.7318	0.7026
1.0	0.6744	0.6471	0.6208	0.5954	0.5708	0.5471	0.5243	0.5023	0.4811	0.4607
2.0	0.4411	0.4223	0.4042	0.3868	0.3701	0.3541	0.3388	0.3241	0.31	0.2965
3.0	0.2836	0.2712	0.2594	0.2481	0.2373	0.2269	0.217	0.2076	0.1986	0.19
4.0	0.1817	0.1739	0.1664	0.1592	0.1524	0.1459	0.1397	0.1338	0.1281	0.1227
5.0	0.1176	0.1127	0.108	0.1036	0.0993	0.0952	0.0914	0.0877	0.0842	0.0808
6.0	0.0776	0.0745	0.0716	0.0688	0.0662	0.0636	0.0612	0.0589	0.0566	0.0545
7.0	0.0525	0.0506	0.0487	0.047	0.0453	0.0437	0.0421	0.0406	0.0392	0.0379
8.0	0.0366	0.0353	0.0341	0.033	0.0319	0.0308	0.0298	0.0289	0.0279	0.0271
9.0	0.0262	0.0254	0.0246	0.0238	0.0231	0.0224	0.0217	0.0211	0.0205	0.0199
10.0	0.0193	0.0187	0.0182	0.0177	0.0172	0.0167	0.0163	0.0158	0.0154	0.015
11.0	0.0146	0.0142	0.0138	0.0135	0.0131	0.0128	0.0125	0.0121	0.0118	0.0115
12.0	0.0113	0.011	0.0107	0.0105	0.0102	0.01	0.0097	0.0095	0.0093	0.0091
13.0	0.0089	0.0087	0.0085	0.0083	0.0081	0.0079	0.0077	0.0076	0.0074	0.0073
14.0	0.0071	0.007	0.0068	0.0067	0.0065	0.0064	0.0063	0.0061	0.006	0.0059
15.0	0.0058	0.0057	0.0056	0.0054	0.0053	0.0052	0.0051	0.005	0.0049	0.0048

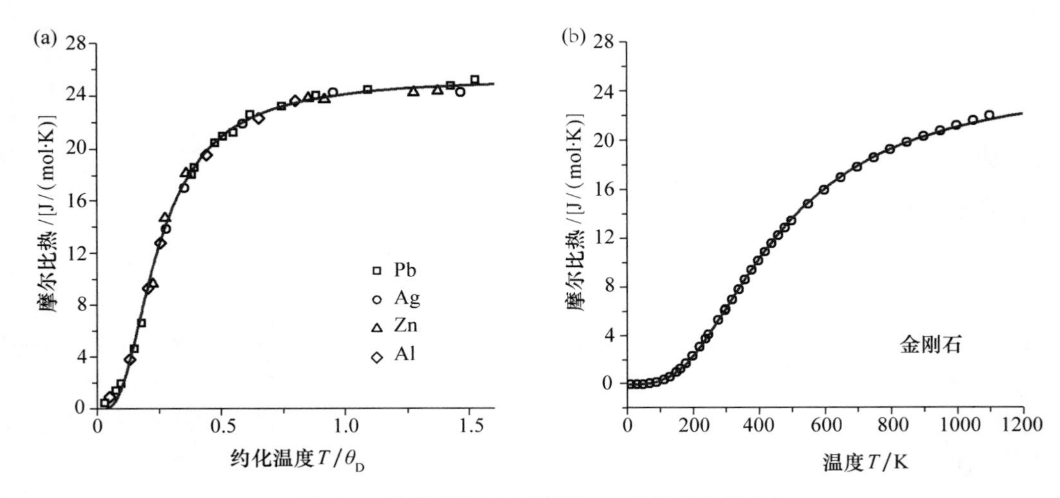

图 8.7　德拜模型对多种固体实验数据的拟合。

(a) 金属 Pb，Ag，Zn，Al。(b) 金刚石。

表 8-3　一些固体的德拜温度

固体	θ_D(K)	固体	θ_D(K)	固体	θ_D(K)
Pb	86	Zn	240	NaCl	320
K	99	Cu	308	KCl	230
Bi	111	Al	398	AgBr	150
Na	160	Cr	405	Si	645
Sn	165	Co	445	Al_2O_3	1047
Ag	215	Fe	453	金刚石	1860
Pt	225	Ni	456		
Ca	230	Be	980		

一些代表性系统的德拜温度如表 8-3 所示。金刚石的德拜温度最高，高达 1860 K，远高于室温，因此它在室温时的比热低于高温极限（杜隆-珀蒂定律）的结果。

前面介绍过，当波矢 k 很小时，ω_k 与 k 成正比关系，而且正比系数等于固体中的声速

$$\omega_k = v_s k \tag{8.45}$$

因此德拜频率与声速之间存在关系（过程略）

$$\omega_D = v_s \left(6\pi^2 \frac{N}{V}\right)^{\frac{1}{3}} \tag{8.46}$$

这样，固体的比热与声速这两个貌似没什么关系的性质就建立了密切的内在联系。例如，由声速可算出 NaCl 与 Ag 中的德拜温度为 308 K 与 225 K，与从比热数据得到的结果（320 K 与 215 K）很接近。

需要指出的是，德拜模型所假设的 ω_k 与 k 成正比的关系在频率较高时并不成立，因此德拜模型的比热计算结果在中等温度范围内存在一定的误差。另外，金属的比热在温度非常低时偏离德拜模型所预测的 T^3 结果，原因是此时自由电子气的贡献不能忽略（与 T 成正比，参见 3.6.1 节）。

德拜模型与爱因斯坦模型在温度较高时都能很好描述固体的比热性质，因此它们的参数(德拜温度与爱因斯坦温度)之间存在一定的关系。在温度较高时，对比热做展开，有(过程略)

$$\frac{C_V^{(\text{Einstein})}}{3Nk_{\text{B}}}=1-\frac{1}{12}\left(\frac{\theta_{\text{E}}}{T}\right)^2+\frac{1}{240}\left(\frac{\theta_{\text{E}}}{T}\right)^4+\cdots \tag{8.47}$$

$$\frac{C_V^{(\text{Debye})}}{3Nk_{\text{B}}}=1-\frac{1}{20}\left(\frac{\theta_{\text{D}}}{T}\right)^2+\frac{1}{560}\left(\frac{\theta_{\text{D}}}{T}\right)^4+\cdots \tag{8.48}$$

比较两者，近似有

$$\theta_{\text{E}}\approx\sqrt{\frac{3}{5}}\theta_{\text{D}} \tag{8.49}$$

8.2.5　固体的振动熵

根据正则系综理论，并结合前面对固体振动模式的分析，可得到固体的振动对熵的贡献(振动熵)：

$$S^{(\text{vib})}=k_{\text{B}}\int\left\{\frac{\frac{\hbar\omega}{k_{\text{B}}T}\exp\left(-\frac{\hbar\omega}{k_{\text{B}}T}\right)}{1-\exp\left(-\frac{\hbar\omega}{k_{\text{B}}T}\right)}-\ln\left[1-\exp\left(\frac{\hbar\omega}{k_{\text{B}}T}\right)\right]\right\}g(\omega)\text{d}\omega \tag{8.50}$$

振动的零点能对比热和熵都没有贡献，因为它不随温度变化，不影响热量。对于金属，只需要加上电子的贡献，就可得到总的熵。对于绝缘体，在一般的温度下电子的贡献可以忽略。

对于德拜模型，将其 $g(\omega)$ 代入，得

$$\begin{aligned}S^{(\text{vib})}&=k_{\text{B}}\int_0^{\omega_{\text{D}}}\frac{9N\omega^2}{\omega_{\text{D}}^3}\left\{\frac{\frac{\hbar\omega}{k_{\text{B}}T}\exp\left(-\frac{\hbar\omega}{k_{\text{B}}T}\right)}{1-\exp\left(-\frac{\hbar\omega}{k_{\text{B}}T}\right)}-\ln\left[1-\exp\left(-\frac{\hbar\omega}{k_{\text{B}}T}\right)\right]\right\}\text{d}\omega\\&=\cdots=Nk_{\text{B}}\left\{-3\ln\left[1-\exp\left(-\frac{\theta_{\text{D}}}{T}\right)\right]+4D\left(\frac{\theta_{\text{D}}}{T}\right)\right\}\end{aligned} \tag{8.51}$$

可由德拜函数计算得到。在低温下，近似有(过程略)

$$S^{(\text{vib})}\approx\frac{4\pi^4Nk_{\text{B}}}{5}\left(\frac{T}{\theta_{\text{D}}}\right)^3 \tag{8.52}$$

第3节　固体的状态方程

8.3.1　德拜状态方程

理想气体的压强、温度、体积之间满足简单的状态方程：$pV=Nk_{\text{B}}T$。那固体会满足什么样的状态方程呢？

在正则系综理论的应用中，正则配分函数 Q 是最核心的量。由于亥姆霍兹自由能与配分函数之间有简单的可逆关系，因此可以代替配分函数起到母函数的作用。对于固体，只有电子与振动的贡献，因此亥姆霍兹自由能

$$\langle A\rangle=-k_{\mathrm{B}}T\ln Q=U_{\mathrm{elec}}(V,N)+\int\frac{\hbar\omega}{2}g(\omega)\mathrm{d}\omega+k_{\mathrm{B}}T\int\ln\left[1-\exp\left(-\frac{\hbar\omega}{k_{\mathrm{B}}T}\right)\right]g(\omega)\mathrm{d}\omega$$

$$=U_0(V,N)+k_{\mathrm{B}}T\int\ln\left[1-\exp\left(-\frac{\hbar\omega}{k_{\mathrm{B}}T}\right)\right]g(\omega)\mathrm{d}\omega \tag{8.53}$$

此处把振动零点能放到系统的基态能量 U_0 里面了，并忽略电子部分对温度的依赖。

对于德拜模型，有

$$\langle A\rangle=U_0(V,N)+k_{\mathrm{B}}T\int_0^{\omega_{\mathrm{D}}}\ln\left[1-\exp\left(-\frac{\hbar\omega}{k_{\mathrm{B}}T}\right)\right]\frac{9N\omega^2}{\omega_{\mathrm{D}}^3}\mathrm{d}\omega$$

$$=\cdots=U_0(V,N)+3Nk_{\mathrm{B}}T\ln\left[1-\exp\left(-\frac{\theta_{\mathrm{D}}}{T}\right)\right]-Nk_{\mathrm{B}}TD\left(\frac{\theta_{\mathrm{D}}}{T}\right) \tag{8.54}$$

可写成如下形式

$$\langle A\rangle=U_0(V,N)+A_{\mathrm{D}}(T,V,N) \tag{8.55}$$

其中 $U_0(V,N)$ 是 $T=0$ K 时的内能，$A_{\mathrm{D}}(T,V,N)$ 是振动模被激发以后对自由能的贡献，与温度有关。如果只是一个一般性的函数 $A_{\mathrm{D}}(T,V,N)$，式(8.55)其实没有提供任何有用的信息，因为 $\langle A\rangle$ 本身是 (T,V,N) 的函数，把它写成另一个 (T,V,N) 函数并没有什么用。但是，我们发现在德拜模型下 $A_{\mathrm{D}}(T,V,N)$ 具有如下特性

$$A_{\mathrm{D}}=A_{\mathrm{D}}\left(T,\frac{\theta_{\mathrm{D}}}{T}\right)=Tf\left(\frac{\theta_{\mathrm{D}}}{T}\right) \tag{8.56}$$

θ_{D} 是与 T 相除后起作用的，因此体积改变(影响 θ_{D})与 T 改变之间必然存在某些内在联系，进而影响系统的性质(如状态方程)。

状态方程最重要的是压强，或者说，是在给定 (T,V,N) 下系统的压强。根据正则系统理论，有

$$p=k_{\mathrm{B}}T\left(\frac{\partial\ln Q}{\partial V}\right)_{N,T}=-\left(\frac{\partial\langle A\rangle}{\partial V}\right)_{N,T}=-\left(\frac{\partial U_0}{\partial V}\right)_N-\left(\frac{\partial A_{\mathrm{D}}}{\partial V}\right)_{N,T} \tag{8.57}$$

当系统的体积变化时，根据薛定谔方程解出的本征态能量就会变化(注意这些解与温度无关)。这反映在电子运动部分就是 U_{elec} 的变化。而反映在原子振动部分就是振动模的变化。如果我们假设德拜模型在系统体积变化时仍然成立，那体积变化的影响就反映在德拜模型的参数(即德拜温度 θ_{D})的变化上，然后它跟温度一起以式(8.56)和(8.57)的形式影响自由能和压强。因此

$$\left(\frac{\partial A_{\mathrm{D}}}{\partial V}\right)_{N,T}=\left(\frac{\partial A_{\mathrm{D}}}{\partial\theta_{\mathrm{D}}}\right)_{N,T}\left(\frac{\partial\theta_{\mathrm{D}}}{\partial V}\right)_N \tag{8.58}$$

而由式(8.56)，得

$$\left(\frac{\partial A_{\mathrm{D}}}{\partial\theta_{\mathrm{D}}}\right)_{N,T}=T\left(\frac{\partial f}{\partial\theta_{\mathrm{D}}}\right)_{N,T} \tag{8.59}$$

由于 f 只是 $\frac{\theta_{\mathrm{D}}}{T}$ 的函数，因此求 f 的导数时可在保持 T 不变的情况下改变 θ_{D}，或在保持 θ_{D} 不变的情况下改变 T，具有如下性质

$$f'=\frac{\mathrm{d}f\left(\frac{\theta_{\mathrm{D}}}{T}\right)}{\mathrm{d}\left(\frac{\theta_{\mathrm{D}}}{T}\right)}=T\left[\frac{\partial f\left(\frac{\theta_{\mathrm{D}}}{T}\right)}{\partial\theta_{\mathrm{D}}}\right]_T=\frac{1}{\theta_{\mathrm{D}}}\left[\frac{\partial f\left(\frac{\theta_{\mathrm{D}}}{T}\right)}{\partial\left(\frac{1}{T}\right)}\right]_{\theta_{\mathrm{D}}} \tag{8.60}$$

因此可把式(8.59)中对 θ_D 的偏导数转换成对$\dfrac{1}{T}$的偏导数：

$$\left(\frac{\partial A_D}{\partial \theta_D}\right)_{N,T}=\frac{1}{\theta_D}\left[\frac{\partial f}{\partial\left(\frac{1}{T}\right)}\right]_{N,\theta_D}=\frac{1}{\theta_D}\left[\frac{\partial\left(\frac{A_D}{T}\right)}{\partial\left(\frac{1}{T}\right)}\right]_{V,N} \tag{8.61}$$

根据热力学中的知识(或根据热力学量与正则配分函数的关系进行证明)，有 $\left[\dfrac{\partial\left(\frac{A}{T}\right)}{\partial\left(\frac{1}{T}\right)}\right]_{V,N}=$ $\langle U\rangle$，因此上式变成

$$\left(\frac{\partial A_D}{\partial \theta_D}\right)_{N,T}=\frac{U_D}{\theta_D} \tag{8.62}$$

其中 U_D 是德拜模型扣除零点能后的内能。因此，我们得到最终的压强的表达式

$$p=-\left(\frac{\partial U_0}{\partial V}\right)_N-\frac{U_D}{\theta_D}\left(\frac{\partial \theta_D}{\partial V}\right)_N \tag{8.63}$$

定义格留乃斯(Grüneisen)参数

$$\gamma\equiv-\left(\frac{\partial \ln\theta_D}{\partial \ln V}\right)_N \tag{8.64}$$

θ_D 只由 N/V 决定，因此 γ 与 T 无关。γ 是个没有单位的量。最后得到压强

$$p=-\left(\frac{\partial U_0}{\partial V}\right)_N+\gamma\frac{U_D}{V} \tag{8.65}$$

被称为德拜状态方程。这是一个固体压强、内能以及体积之间的比较简单的关系。在公式等号的右边，温度只出现在德拜内能项 U_D，或者说，第二项就是反映温度变化引起的贡献，即与零温时的差别。

德拜状态方程里面出现内能，形式并不为大家所熟知。因此，我们以理想气体来做类比，看把理想气体的状态方程与内能联系起来会是什么样子。对于理想气体，正则配分函数 $Q=\dfrac{Z^N}{N!}$，$Z=Z_{\mathrm{tr}}Z_{\mathrm{rot}}Z_{\mathrm{vib}}Z_{\mathrm{elec}}$。因此亥姆霍兹自由能

$$\langle A\rangle=-k_BT\ln Q=A_0(T,N)-k_BT\ln Z_{\mathrm{tr}}(T,V,N)=A_0(T,N)-k_BT\ln\left(\frac{\pi}{4}\frac{T}{\theta_{\mathrm{tr}}}\right)^{\frac{3}{2}} \tag{8.66}$$

其中 $\theta_{\mathrm{tr}}=\dfrac{h^2}{8mk_BV^{2/3}}$是平动特征温度。上式右边第二项与固体中的 $A_D=Tf\left(\dfrac{\theta_D}{T}\right)$形式上完全类似。因此我们可以类似定义理想气体中的“平动格留乃斯参数”

$$\gamma\equiv-\left(\frac{\partial \ln\theta_{\mathrm{tr}}}{\partial \ln V}\right)_N=\frac{2}{3} \tag{8.67}$$

类似于固体中的推导，最后我们可以得到

$$p=\gamma\frac{U_{\mathrm{tr}}}{V}=\frac{2U_{\mathrm{tr}}}{3V} \tag{8.68}$$

与德拜状态方程类似，只是这里$\dfrac{\partial U_0}{\partial V}=0$ 而且 $\gamma=\dfrac{2}{3}$。我们还可以从另一角度来看固体与理

想气体的状态方程之间的相似性。在温度较高时[①],固体的振动内能为 $U_D = 3Nk_BT$,因此德拜状态方程变成

$$p = -\left(\frac{\partial U_0}{\partial V}\right)_N + \gamma\frac{3Nk_BT}{V} \tag{8.69}$$

右边第二项其实与理想气体状态方程很类似。

8.3.2 格留乃斯关系式

某一个温度下的固体压强其实不是很重要,因为我们在标准压强与标准温度下很容易测量固体的体积,或者说,我们很容易找到一个(T,V,N)条件使固体的压强为标准压强值。更有用的其实是 p,V,T 的变化之间的关系。状态方程的意义更多体现在这一点上。

因此,我们来看 p,V,T 的变化之间的关系。

格留乃斯参数 γ 与 T 无关,因此温度变化所引起的压强变化为

$$\left(\frac{\partial p}{\partial T}\right)_{V,N} = \frac{\gamma}{V}\left(\frac{\partial U_D}{\partial T}\right)_{V,N} = \frac{\gamma C_V}{V} \tag{8.70}$$

这个式子有望在实验上用来测量 γ。但是体积不变的条件不容易实现,更方便的是压强不变。因此,我们通过变量偏微分之间的循环关系(cyclic relation)将 $\left(\frac{\partial p}{\partial T}\right)_{V,N}$ 变成容易测量的形式。p 是 V 与 T 的函数,对任意微小变化 ΔV 与 ΔT,有

$$\Delta p = \left(\frac{\partial p}{\partial V}\right)_{T,N}\Delta V + \left(\frac{\partial p}{\partial T}\right)_{V,N}\Delta T \tag{8.71}$$

我们可以选择适当的 ΔT、ΔV 使 $\Delta p = 0$,则在此条件下有

$$\left(\frac{\partial V}{\partial T}\right)_{p,N} = \frac{\Delta V}{\Delta T} = -\frac{\left(\frac{\partial p}{\partial T}\right)_{V,N}}{\left(\frac{\partial p}{\partial V}\right)_{T,N}} = -\left(\frac{\partial p}{\partial T}\right)_{T,N}\left(\frac{\partial V}{\partial p}\right)_{T,N} \tag{8.72}$$

将式(8.70)代入,得

$$\left(\frac{\partial V}{\partial T}\right)_{p,N} = -\frac{\gamma C_V}{V}\left(\frac{\partial V}{\partial p}\right)_{T,N} \tag{8.73}$$

定义体积压缩系数

$$\kappa \equiv -\frac{1}{V}\left(\frac{\partial V}{\partial p}\right)_{T,N} \tag{8.74}$$

定义长度的温度膨胀系数

$$\beta \equiv \frac{1}{L}\left(\frac{\partial L}{\partial T}\right)_{p,N} = \frac{1}{3L^3}\left(\frac{\partial L^3}{\partial T}\right)_{p,N} = \frac{1}{3V}\left(\frac{\partial V}{\partial T}\right)_{p,N} \tag{8.75}$$

则式(8.73)变成

$$\beta = \frac{\gamma C_V \kappa}{3V} \tag{8.76}$$

这被称为格留乃斯关系式。γ 从定义上讲是与温度无关的,在计算上可以通过第一性原理计算的方法得到,而在实验上则可通过上式进行测量。格留乃斯经过实验研究,发现很多金

① 与德拜温度相比而言,因此对很多系统,室温下就能成立。

属的 γ 在很宽的温度和密度范围内确实维持不变。一些固体的 γ 值如表 8-4 所示。另外，温度变化时，体积压缩系数 κ 基本不变(参见题外)，因此，温度膨胀系数 β 与等容比热 C_V 成正比。这被称为格留乃斯定律。金属在室温下的温度膨胀系数的量级约为 $10^{-5}\ \mathrm{K}^{-1}$(参见题外)。

表 8-4 测量得到的格留乃斯参数 γ

固体	$\gamma=\dfrac{3V\beta}{C_V\kappa}$	固体	$\gamma=\dfrac{3V\beta}{C_V\kappa}$
Na	1.25	Ag	2.40
K	1.34	Pt	2.54
Al	2.17	NaCl	1.63
Mn	2.42	KF	1.45
Fe	1.60	KCl	1.60
Co	1.87	KBr	1.68
Ni	1.88	KI	1.63
Cu	1.96		

题外：为什么体积压缩系数基本不随温度变化？

在温度较高时

$$\langle A\rangle\approx U_0(V,N)+3Nk_BT\ln\frac{\theta_D}{T}-Nk_BT$$

因此压强

$$p=-\left(\frac{\partial\langle A\rangle}{\partial V}\right)_{N,T}=p_0(V,N)+\frac{3Nk_BT}{V}\gamma$$

体积压缩系数的倒数[即体积模量(bulk modulus)，单位与压强相同]

$$\frac{1}{\kappa}=-V\left(\frac{\partial p}{\partial V}\right)_{N,T}=\frac{1}{\kappa_0}+\frac{3Nk_BT}{V}\gamma$$

固体的粒子数密度约为气体的 1000 倍，因此上式最后一项在室温下约为 1000 大气压(100 MPa，0.1 GPa)乘以 3γ。固体的体积模量比这个大得多，例如铁是 160 GPa，金刚石是 443 GPa。因此，上式第二项比第一项小得多，固体的体积压缩系数基本不随温度变化。

题外：温度膨胀系数有多大？

室温下金属的温度膨胀系数 β 的量级约为 $10^{-5}\ \mathrm{K}^{-1}$，例如，铜为 $1.75\times10^{-5}\ \mathrm{K}^{-1}$，银为 $1.95\times10^{-5}\ \mathrm{K}^{-1}$，铁 $1.22\times10^{-5}\ \mathrm{K}^{-1}$，铅 $2.93\times10^{-5}\ \mathrm{K}^{-1}$。液体为 $10^{-3}\sim10^{-4}\ \mathrm{K}^{-1}$，例如，水为 $2\times10^{-4}\ \mathrm{K}^{-1}$，乙醇 $1.1\times10^{-3}\ \mathrm{K}^{-1}$，苯 $1.25\times10^{-3}\ \mathrm{K}^{-1}$，乙醚 $1.6\times10^{-3}\ \mathrm{K}^{-1}$。对于理想气体，$\beta=1/T$，室温下约为 $3.3\times10^{-3}\ \mathrm{K}^{-1}$。从这个角度看很多液体的膨胀系数相当大，最高可达气体的一半左右。这也是易燃液体灌装时容器内应留有足够膨胀空间的原因。

格留乃斯关系式的一个用途是可以建立等容和等压比热之间的联系。在实验上，等压比热 C_p 比等容比热 C_V 更容易测量。根据热力学公式，有(过程略)

$$C_p - C_V = 9TV\frac{\beta^2}{\kappa} \tag{8.77}$$

体积压缩系数一般随温度变化不大，因此利用格留乃斯关系式，可消去随温度容易变化的温度膨胀系数 β，得到

$$C_p - C_V = \frac{\gamma^2 \kappa T C_V^2}{V} \tag{8.78}$$

8.3.3 热膨胀与非简谐近似

温度膨胀系数 β 与格留乃斯参数 γ 都与振动的非谐振效应有关。这里我们以一维系统的经典统计分析为例，大致了解一下其微观机制。

在简谐近似下，原子间伸长或缩短同样距离时所引起的能量增加值是相同的。这在距离变化比较大时是不准确的。例如，原子间距离不断缩短必然导致能量不断上升，但原子间距离伸长到一定程度后原子间的键将会断裂，因此能量不会无穷上升(图 8.8)。因此，真实系统中原子间势能存在非简谐性，使用泰勒展开可写成

$$\phi(x) = \phi_0 + \frac{1}{2!}k_2(x-x_0)^2 + \frac{1}{3!}k_3(x-x_0)^3 + \cdots \tag{8.79}$$

其中 x_0 为原子间的平衡距离。如果采用薛定谔方程求解本征解，则振动态激发能级的平均位置将偏离平衡位置 x_0(从图 8.8 可以看出，振动量子数 v 较大时，振动能级的运动范围中心偏离 x_0)，导致热膨胀现象。

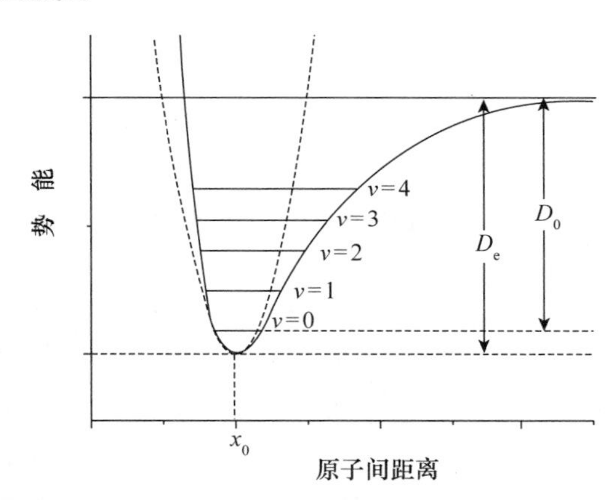

图 8.8 原子间势能曲线(粗实线)及简谐近似(虚线)。振动能级用水平细直线表示(量子数记为 v)，D_0 是考虑振动零点能以后的键断裂能(解离能)。

我们采用连续近似来简单了解一下热膨胀的微观原因。在经典统计的连续近似下

$$\langle x - x_0\rangle = \langle x\rangle - x_0 = \frac{\displaystyle\int (x-x_0)\exp\left[-\frac{\phi(x)}{k_B T}\right]\mathrm{d}x}{\displaystyle\int \exp\left[-\frac{\phi(x)}{k_B T}\right]\mathrm{d}x} \tag{8.80}$$

如果只有简谐项，则由高斯积分的性质，任何温度下都有 $\langle x\rangle = x_0$，不存在热膨胀。在有非谐 k_3 项存在时，经过一番演算，得

$$\langle x\rangle - x_0 = -\frac{k_B T}{2}\frac{k_3}{k_2^2} \tag{8.81}$$

原子间平均距离随温度升高而增大，即热膨胀现象。经典统计在这个简化模型中预测温度膨胀系数是个常数。在低温下，须考虑量子效应(略)，温度膨胀系数与 T^3 成正比，才能满足格留乃斯关系式。

第 4 节　半导体中电子和空穴的平衡分布

固体在实际研究中具有重要应用的一个统计热力学性质，是半导体中电子和空穴的平衡分布。

8.4.1　能带理论简介

固体中电子和空穴分布的基础是能带结构。因此，我们先大致了解一下能带结构的形成与性质。

从化学的角度，晶体的能带理论可基于分子轨道的图像来理解。这里以金属 Li 为例进行定性讨论。Li 原子的核外电子为 $1s^2 2s^1$。两个 Li 原子互相靠近可形成亚稳的 Li_2 分子。与氢分子的形成机制类似，两个 Li 原子的 1s 轨道发生相互作用而分裂成一个成键轨道 σ_{1s} 与一个反键轨道 σ_{1s^*}；类似地，两个 Li 原子的 2s 轨道发生相互作用而分裂成一个成键轨道 σ_{2s} 与一个反键轨道 σ_{2s^*}；电子占据能级较低的三个轨道，而能级最高的 σ_{2s^*} 是空的。如果两个 Li_2 分子互相靠近，它们就可形成 Li_4 分子，1s 相关的轨道进一步分裂成四个分子轨道，2s 相关的轨道也类似。这个过程可以不断重复。随着参与成键的 Li 原子越来越多，电子能级不断发生分裂，而且能级差也越来越小，能级越来越密，最终形成一个几乎是连成一片的且具有一定的上、下限的能级集合，这就是能带(图 8.9)。对于 Li，由于 1s 与 2s 之间能量差异较大，它们各自形成的能带互不重叠；能带间的空白区域被称为禁带；1s 能带被电子完全占满，而 2s 能带只有一半被电子占据；由于同一能带内的能级是连成一片的，因此 Li 的电子很容易从占据的 2s 能带的能级进入原来空着的 2s 能带能级，从而呈现出良好的导电性能(金属性)。类似的分析可以理解金属氢的机制(参见题外)。对于其他一些系统，则可能出现有些能带被完全占满而其余能带全部空着的情况，此时占据能带与未占据能带之间的最小能级差被称为能隙(energy gap)或带隙(band gap)，记为 E_g。如果带隙较大，电子不容易被激发，系统呈现为绝缘体(例如金刚石的带隙为 5.3 eV)；如果带隙较小，占据能带的电子可在热运动下被激发到未占据能带，从而可以自由移动，系统呈现为半导体(例如硅的带隙为 1.12 eV)。除了可以解释晶体的导电性以外，能带理论还可以解释晶体的光吸收：当入射光的光子能量小于带隙时，电子没法吸收光子从占据能带跃迁到未占据能带，因此入射光可自由通过晶体，晶体是透明的；当入射光的光子能量大于带隙时，入射光被电子吸收，晶体不透光。能带理论是理解各种固态器件(例如晶体三极管、太阳能电池)的基础。

题外:氢金属?

根据对金属 Li 的论述,类似地,H 固体应该也是金属。但在现实中,固态氢却是绝缘体,其中的原因是氢原子不会像在论证里那样保持均匀的距离,而是会两个两个聚在一起,即保持 H_2 分子内距离与分子间距离的明显差异。此时,需以氢分子(而非氢原子)为基元进行类似金属 Li 的论述,最终形成一个 σ_{1s} 能带与一个 σ_{1s}^* 能带,电子完全占满 σ_{1s} 能带,而 σ_{1s}^* 能带全空,系统是绝缘体。如果我们对系统施加很大的压强,就可能把氢分子间的距离压缩至与分子内距离接近的程度,此时就可能产生金属氢。这就是人们在高压下寻找金属氢的理论根据。

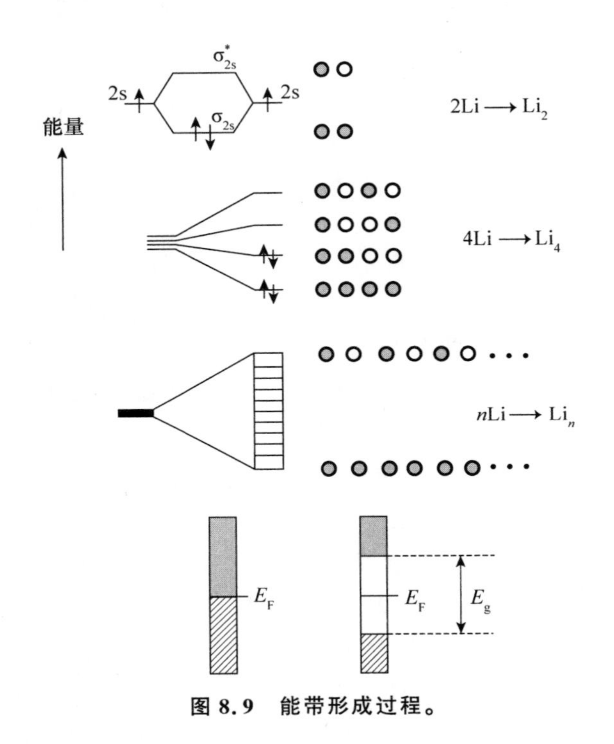

图 8.9　能带形成过程。

根据能带理论,电子是在整个晶体内运动的。因此,能带结构可以用图 8.10(a)来描述,横轴表示空间位置坐标,纵轴表示能量,填充(阴影)区域表示允许的状态。这与自由粒子有些类似,粒子可以在整个空间中运动;但又与自由粒子不同,这里有些能量区域(禁带)是不允许粒子占据的,而自由粒子的状态能量 $E=\dfrac{p^2}{2m}$ 可以占满整个 $E>0$ 的能量区域。但是,用坐标来描述能级其实不是很好的选择,因为能量更多地取决于动量,而非位置。例如,对于自由电子,$E=\dfrac{p^2}{2m}=\dfrac{\hbar^2k^2}{2m}$[其中 k 是对应于波函数 $\psi(\boldsymbol{r})=\dfrac{1}{\sqrt{V}}e^{i\boldsymbol{k}\cdot\boldsymbol{r}}$ 的波矢],如果在(E,p)平面或(E,k)平面描绘允许的状态,就会画出一条抛物线。类似地,我们也可以利用 k 来描述晶体中的能带结构[图 8.10(b)],也会出现一些 $E(k)$ 曲线(在能带文献中,一般采用 E 而非 ε 来表示单电子能级,我们在本节也采用这种记号)。这是更常用的能带图的表示方法。此时,由于每条能带都有有限的允许能量范围,因此它所对应的 $E(k)$ 曲线就会有极大值与极

小值出现。在极小值(能带底部)E_c 附近,可以对 $E(k)$进行泰勒展开,得到

$$E = E_c + \frac{\hbar^2 k^2}{2m_e^*} \tag{8.82}$$

而在极大值(能带顶部)E_v 附近,也可以做类似展开

$$E = E_v - \frac{\hbar^2 k^2}{2m_h^*} \tag{8.83}$$

这两个式子与自由电子的结果$\left(E=\frac{\hbar^2 k^2}{2m}\right)$很类似,其中的 m_e^* 与 m_h^* 起着与质量类似的作用,但它们的值来自对 $E(k)$曲线的拟合,与真空中的电子质量有所不同,因此被称为能带中电子(在能带底部或顶部附近)的有效质量。严格地讲,金属中的自由电子其实就是最高填充(部分填充)能带的底部附近的电子,因此就应该用这里的有效质量来描述,这就是第三章中金属热导率如果采用真空电子质量就会与实验有偏差的原因。

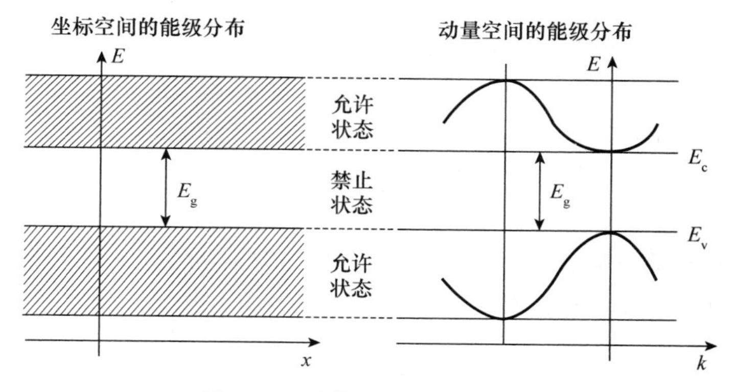

图 8.10 能带结构的不同表示。

类似于第三章中关于金属热导率部分的推导,可以得到固体中能带底部或顶部附近的电子能态密度

$$g_e(E) = \frac{\sqrt{2}\, m_e^{3/2} V (E - E_c)^{1/2}}{\pi^2 \hbar^3} \tag{8.84}$$

$$g_h(E) = \frac{\sqrt{2}\, m_h^{3/2} V (E_v - E)^{1/2}}{\pi^2 \hbar^3} \tag{8.85}$$

通常,我们只需要考虑最低未占据能带(导带,conduction band)底部附近以及最高占据能带(价带,valence band)顶部附近的电子能级的影响,上式中的 E_c 与 E_v 分别代表导带底与价带顶能级。能量更高的未占据能带或能量更低的占据能带一般对比热、电导等性质没什么贡献。

8.4.2 电子空穴浓度积

电子服从费米-狄拉克分布,能级 E 上的电子占据概率

$$f(E) = \frac{1}{e^{\frac{E-E_F}{k_B T}} + 1} \tag{8.86}$$

对于半导体,温度等于 0 K 时,价带完全填满,导带是完全空的。在有限温度时,费米能级(电子

的化学势)E_F 一般处于带隙中，且 $k_B T \ll E_g$。因此，对于导带能级，有 $E > E_c$（图 8.11)，电子占据概率

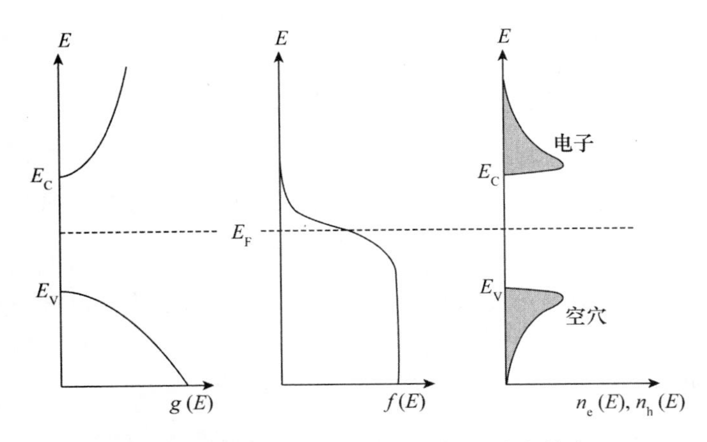

图 8.11　有限温度下能带上的电子/空穴填充。

$$f_e(E) \equiv f_c(E) = \frac{1}{e^{\frac{E-E_F}{k_B T}} + 1} \approx e^{-\frac{E-E_F}{k_B T}} \ll 1 \tag{8.87}$$

即导带中服从能级稀疏占据条件，可等价用麦克斯韦-玻尔兹曼分布来描述。满足这个条件的半导体被称为非简并半导体。对于价带能级，有 $E < E_v$，电子占据概率

$$f_v(E) = \frac{1}{e^{\frac{E-E_F}{k_B T}} + 1} \approx 1 \tag{8.88}$$

价带上电子几乎占满，直接讨论占据电子对各种性质(如电导率)的影响不是很方便。因此定义

$$f_h(E) \equiv 1 - f_v(E) = \frac{e^{\frac{E-E_F}{k_B T}}}{e^{\frac{E-E_F}{k_B T}} + 1} \approx e^{\frac{E-E_F}{k_B T}} \ll 1 \tag{8.89}$$

它描述了价带某一能级出现一个空位(即没有电子占据)的概率。通常把这种空位叫作空穴(hole)，并把它看作携带电荷与电子相反(即正电荷)的准粒子。价带上的能级 E 离价带顶 E_V 越远(即 E 越小)，则其上的空穴占据概率越小(图 8.11)，与电子的性质相反。这样，价带可看作由完全填满的电子与数量较少的空穴所组成的。完全填满的电子对各种性质(如电导、比热)的贡献都为零，因此只需要考虑空穴的性质。

结合式(8.84)与(8.87)，导带电子的浓度为

$$n_e = \int_{E_c} \frac{f_e(E) g_e(E)}{V} \mathrm{d}E = \int_{E_c} e^{-\frac{E-E_F}{k_B T}} \frac{\sqrt{2} m_e^{3/2} (E - E_c)^{1/2}}{\pi^2 \hbar^3} \mathrm{d}E = 2\left(\frac{m_e^* k_B T}{2\pi\hbar^2}\right)^{\frac{3}{2}} e^{-\frac{E_c-E_F}{k_B T}} \tag{8.90}$$

定义导带的有效能级密度

$$N_c = 2\left(\frac{m_e^* k_B T}{2\pi\hbar^2}\right)^{\frac{3}{2}} \tag{8.91}$$

它相当于把导带等价压缩到能级 E_c 上时的简并度，给出

$$n_e = N_c e^{-\frac{E_c - E_F}{k_B T}} \tag{8.92}$$

类似地，价带空穴的浓度为

$$n_h = 2\left(\frac{m_h^* k_B T}{2\pi\hbar^2}\right)^{\frac{3}{2}} e^{-\frac{E_F - E_v}{k_B T}} = N_v e^{-\frac{E_F - E_v}{k_B T}} \tag{8.93}$$

其中 $N_v = 2\left(\frac{m_h^* k_B T}{2\pi\hbar^2}\right)^{\frac{3}{2}}$。$N_c$ 与 N_v 随温度变化，但不受 E_F 的影响。

式(8.92)与(8.93)相乘，可消去 E_F，得

$$n_e n_h = N_c N_v e^{-\frac{E_c - E_v}{k_B T}} = N_c N_v e^{-\frac{E_g}{k_B T}} \tag{8.94}$$

这是热平衡条件下非简并半导体普遍适用的公式。它表明电子空穴浓度积 $n_e n_h$ 与 E_F（这在三极管中可通过栅压进行一定程度的调控）和杂质（如 n 掺杂或 p 掺杂）无关；任一半导体材料在温度一定时，如 n_e 上升，则 n_h 必然下降；反之亦然。如将有关常数代入，则得到一个很方便的公式

$$n_e n_h = 2.33 \times 10^{31} \left(\frac{m_e^* m_h^*}{m_0^2}\right)^{\frac{3}{2}} T^3 e^{-\frac{E_g}{k_B T}} \tag{8.95}$$

其中 n_e 与 n_h 的单位是 cm^{-3}，m_0 是真空电子质量。

8.4.3　本征半导体与掺杂半导体

前面的结果表明半导体的电子空穴浓度积 $n_e n_h$ 是个常数，不随费米能级变化。但 n_e 与 n_h 的值却需要额外的条件才能确定。

本征半导体是没有掺杂和缺陷的半导体。在有限温度下，每产生一个导带电子，必然产生一个价带空穴，因此 $n_e = n_h$，由式(8.94)得到

$$n_e = n_h = \sqrt{N_c N_v} e^{-\frac{E_g}{2k_B T}} = 2\left(\frac{k_B T}{2\pi\hbar^2}\right)^{\frac{3}{2}} (m_e^* m_h^*)^{\frac{3}{4}} e^{-\frac{E_g}{2k_B T}} \tag{8.96}$$

一些常见半导体与绝缘体在室温下的数据见表 8-5。而 Si 随温度的性质变化见图 8.12。本征半导体中的电子/空穴浓度很低，而且由于 $E_g \gg k_B T$，电子/空穴浓度随温度的变化非常敏感（指数下降）。实验上经常利用后一点来通过不同温度下的电导测量估计带隙 E_g 的大小。

表 8-5　一些材料的带隙与本征载流子浓度(室温)

固体	E_g/eV	$n_e = n_h/cm^{-3}$
Si	1.12	1.0×10^{10}
GaAs	1.43	1.8×10^{6}
GaP	2.26	2.7
SiC	3.1	9.3×10^{-23}
金刚石	5.5	4.8×10^{-63}

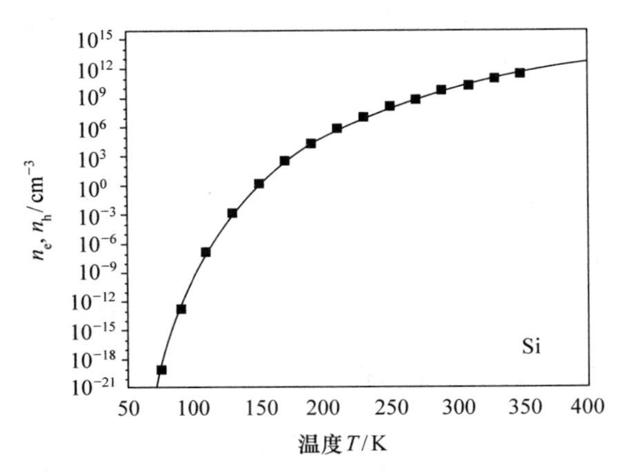

图 8.12　无掺杂 Si 中电子浓度随温度的变化情况。

本征半导体的电子/空穴浓度太低，在实际应用中往往需要进行掺杂以提高电子/空穴浓度。例如，Si 是最重要的半导体材料，几乎所有的元素都被尝试过用来对 Si 进行掺杂[图 8.13(a)]。以对 Si 的 As 掺杂为例[图 8.13(b)]，施主 As 比 Si 多一个价电子，当一个 As 原子掺杂到材料里代替原来的 Si 原子时，4 个价电子参与成键，剩下的 1 个多余电子可以与 As^+ 互相吸引形成施主类氢能级（基态简并度 2）（被束缚在局部，对电导没有贡献），或电离而跑到导带去，从而提高了 Si 中的导带电子浓度。

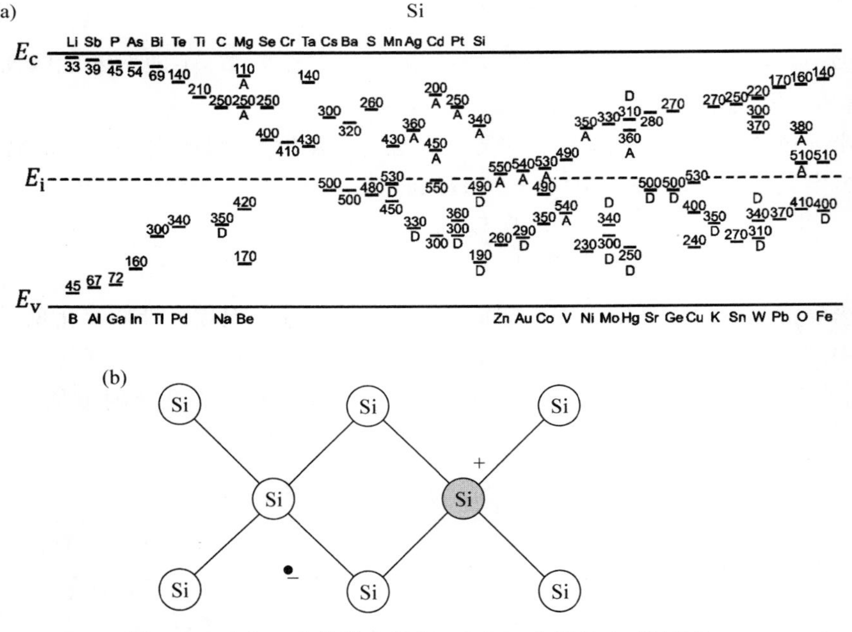

图 8.13　(a) Si 中的掺杂能级。(b) Si 中掺杂 As 的示意。

掺杂半导体中的载流子浓度可采用巨正则系综理论进行分析。对任意一个施主能级（假设由于自旋造成的简并度 $g_D=2$），其上的电子占据情况与概率如图 8.14 所示。其中自旋朝上的电子与自旋朝下的电子同时占据施主类氢能级时会互相排斥而导致系统能量太

高,因此出现概率很小,类似于 H^- 离子不稳定的情形。因此,杂质能级上没有电子占据(因此带电为正)的归一化概率为

$$f_{D^+}=\frac{1}{1+2e^{-\frac{E_D-E_F}{k_B T}}} \tag{8.97}$$

它看起来既不是玻尔兹曼分布,也不是费米分布或玻色分布。当材料中的施主掺杂浓度为 N_D 时,掺杂能级上由于没有电子占据而造成的带正电的数目为

$$N_{D^+}=N_D f_{D^+}=\frac{N_D}{1+g_D e^{-\frac{E_D-E_F}{k_B T}}} \tag{8.98}$$

系统的电中性条件给出

$$n_e=n_h+N_{D^+} \tag{8.99}$$

这两个式子与前面的式(8.92)、(8.94)结合,共四个方程联立,可以解出 n_e、n_h、N_{D^+} 与 E_F 四个未知量。Si 中掺入 P 时的结果如图 8.15 所示。可以看出,在 150 K 以上,几乎所有的掺杂能级上的电子都跑到导带中,电子浓度近似等于杂质浓度,比本征半导体中的浓度大大提高。原因是施主掺杂能级及其电子的加入把 E_F 拉升至 E_D 附近,从而大大提高了导带能级的占据概率。

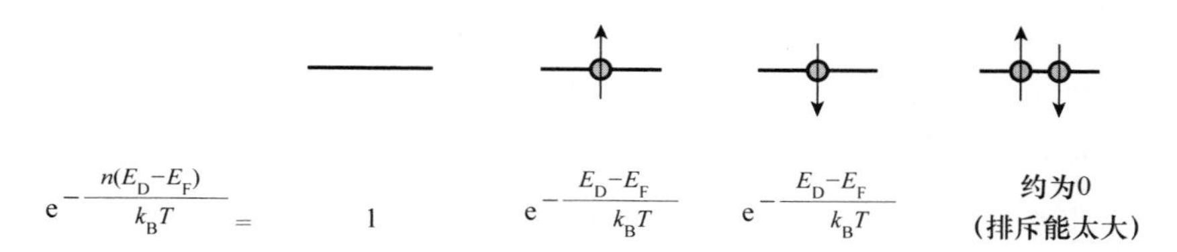

图 8.14 掺杂能级的巨正则系综分析。

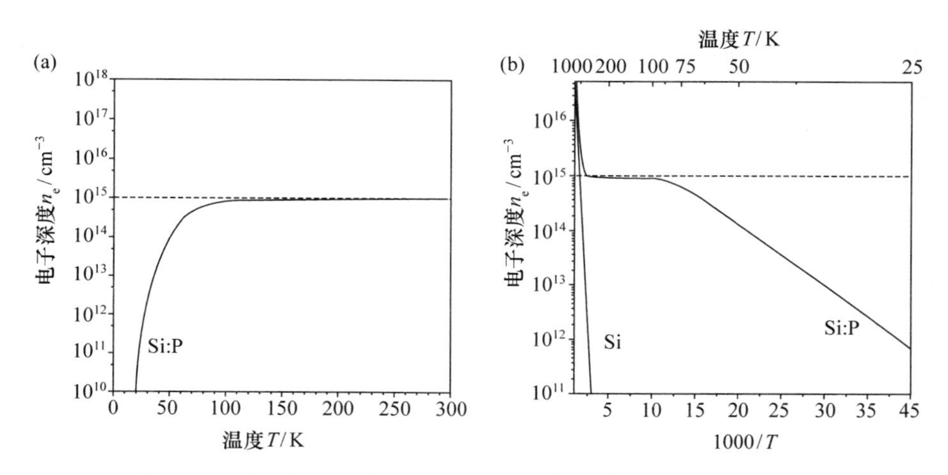

图 8.15 半导体 Si 中掺入 P(浓度为 10^{15} cm^{-3})后的载流子浓度。

在重掺杂时,可能破坏导带与价带的非简并条件,n_e 与 n_h 的公式不再适用,此处不再赘述,感兴趣的读者可参考高执棣、郭国霖的《统计热力学导论》。

习　　题

8.1　思考题：为什么振动一般对分子比热没有贡献，但对固体比热却有贡献？

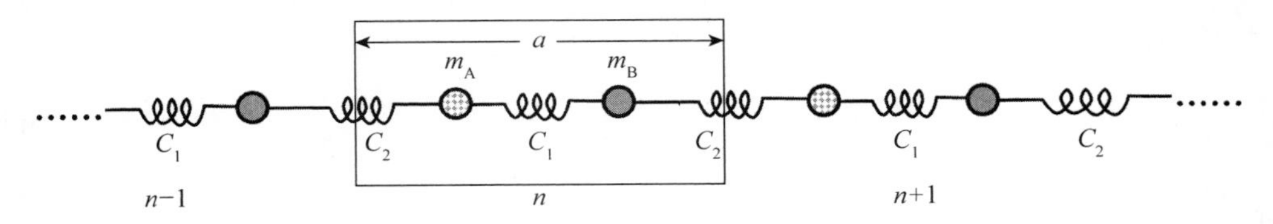

8.2　求解上图所示的具有双原子原胞的一维固体的振动。每个原胞包含一个质量为 m_A 的原子和另一个质量为 m_B 的原子，原胞内与原胞间的弹簧的弹性系数分别为 C_1 和 C_2。

8.3　证明公式(8.36)。

8.4　证明公式(8.81)。

8.5　证明德拜模型中有 $U^{(\mathrm{vib})}=3Nk_BTD\left(\frac{\theta_D}{T}\right)$。

8.6　计算电子与振动在室温下对 Ag 的熵的贡献(百分比)。

8.7　已知格留乃斯系数与德拜温度，推导任一温度下的热胀冷缩的计算公式。

8.8　计算理想气体的 C_p，C_V，β 与 κ，并验证公式(8.77)：$C_p-C_V=9TV\frac{\beta^2}{\kappa}$。

8.9　金属的振动比热在高温下占主导，电子比热在低温下占主导，请推导转折点(两者相等)所对应的温度。

8.10　Ag(密度 10.5 g/cm³，相对分子质量 108)在低温下的比热数据[单位：mJ/(mol·K)]可用下式拟合

$$C_V=0.6T+0.18T^3$$

请据此计算 Ag 的德拜温度、价电子数目以及费米能量。

8.11　结合第六章及本章内容，分别求出高温和低温极限下德拜固体(忽略振动的零点能以及电子的贡献)内能涨落 $\frac{\sigma_U}{\langle U\rangle}$ 的表达式。

8.12　科学家能从简单的一两个数据点看出很多东西。已知金刚石的摩尔质量是 12 g/mol，密度 3.5 g/cm³，$T=273$ K 时的比热为 $C_V=5.2$ J/(mol·K)。请计算(忽略电子的贡献)：

(1) 金刚石的德拜温度与德拜频率；

(2) 金刚石在 100 K 的比热；

(3) 金刚石分别在 100 K 与 298 K 时的熵；

(4) 声音在金刚石中传播的速度。

8.13　推导理想气体的体积压缩系数和温度膨胀系数的表达式(随 N，V，p 或 T 的关系)，并计算其在 $T=300$ K，$p=1$ atm 时的数值。

8.14　在 $T \gg \theta_D$ 条件下推导德拜固体的体积压缩系数 κ 随 $\kappa_0, \frac{N}{V}, T, \gamma$ 等的变化关系式[其中 κ_0 来自零温下内能 $U_0(V,N)$ 的贡献，与温度无关]。

8.15　体积压缩系数的倒数即体积模量。已知铁的密度为 7.86 g/cm^3，$\gamma=1.6$，零温（$T=0$ K）下的体积模量是 160 GPa，请计算铁在 $T=1000$ K 下的体积模量，并体会"温度变化时，体积压缩系数基本不变"的含义。

8.16　以石墨烯为代表的狄拉克材料可以看作二维体系，其近自由电子的能量 ε 与动量 $\boldsymbol{p}$ 之间的关系为（狄拉克锥）：$\varepsilon=v_F|\boldsymbol{p}|$，其中 v_F 是单位与速度相同的常量（$v_F>0$，在石墨烯中约为光速的 1/300）。样品面积记为 S。

（1）求体系中电子的能态密度（DOS）；

（2）假设电子服从 cMB 分布，求在温度 T 时每个电子的平均能量；

（3）假设电子服从 F-D 分布，并且通过栅压的方法把化学势（费米能级）钉扎为 μ，$\mu \gg k_B T$，求体系中电子的浓度（二维体系单位面积中的电子数目）。

第九章　输运性质

第1节　平均自由程

9.1.1　引言：统计热力学能够研究输运性质

如前面各章所示，统计热力学是研究平衡态性质的有力工具。输运现象则属于非平衡过程，例如，热从高温物体（区域）传到低温物体（区域），在这个过程中整个系统并不处于平衡状态。

不过，很多输运现象只是对平衡状态的微小改变，在局部可以假设系统仍近似处于平衡态，可以用平衡统计分布来描述。例如，当我们说热从高温区域传到低温区域时，其实已经隐含假定了我们可以用温度来描述局部区域的状态，或者说，如果我们把一个局部区域挖出来审视它的状态，会发现它基本上是处于平衡状态的，可以用玻尔兹曼分布来描述。因此，我们可以结合统计热力学与对微观过程的动力学描述来处理这些近平衡的输运现象。

对于远离平衡的系统及其输运过程，严格地说，温度、熵等概念的定义与衡量，都会有问题，需要另外的理论来处理。对此本书不做介绍。

9.1.2　平均自由程

描述输运性质的一个核心概念，是平均自由程（mean free path）。

在真实气体中，一个分子在其中飞行，会时不时碰撞上其他分子（图9.1(a)）。分子在两次碰撞之间所经过距离的平均值，就叫作平均自由程；而两次碰撞之间的平均时间，就叫作平均自由时间。

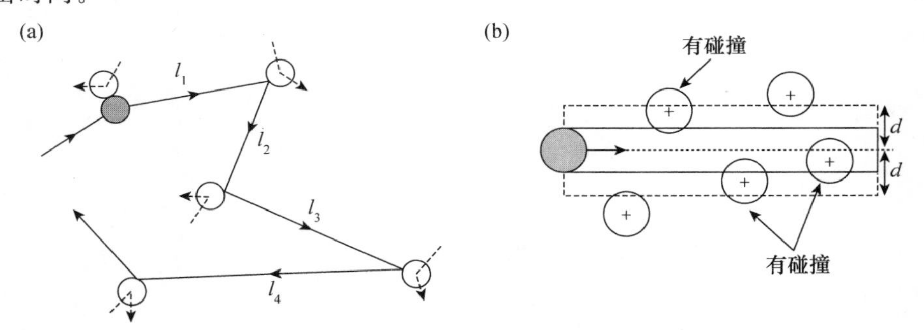

图9.1　硬球模型下气体中的分子碰撞与平均自由程。

我们以气体的硬球模型为例来做一个简化分析。假设气体分子是直径为 d 的硬球;一个分子以速度 v 运动,其他分子静止。则平均而言,在 $\mathrm{d}t$ 时间内,这个分子将会扫过半径为 d、轴长为 $v\mathrm{d}t$ 的圆柱体体积,任何落在这个体积内的分子都会与它相撞[图 9.1(b)]。因此,这个分子在 $\mathrm{d}t$ 时间内发生碰撞的次数为

$$\mathrm{d}N_{\mathrm{coll}}=\pi d^2\cdot v\mathrm{d}t\cdot\frac{N}{V}\tag{9.1}$$

其中 N 与 V 是系统的分子数与体积。这个分子发生一次碰撞的平均时间,即平均自由时间,为

$$\bar{t}=\frac{\mathrm{d}t}{\mathrm{d}N_{\mathrm{coll}}}=\frac{V}{\pi d^2vN}\tag{9.2}$$

它与速度 v 有关,v 越大,则平均自由时间越短。而平均自由程为

$$\bar{l}=v\bar{t}=\frac{V}{\pi d^2N}\tag{9.3}$$

与速度无关,但与粒子数密度 N/V 成反比。其中的 πd^2 是分子飞行时在空间中扫过的截面,被称为碰撞截面。

上面的简化分析中有个不合理的地方,即其他分子其实不是静止的。更合理的分析应该考虑两个分子之间的相对速度,即

$$\boldsymbol{v}_{\text{相对}}=\boldsymbol{v}-\boldsymbol{v}'\tag{9.4}$$

我们假设 $\boldsymbol{v}$ 与 $\boldsymbol{v}'$ 的大小都是 v,方向是完全随机的,则相对速度的平方的平均值

$$\langle|\boldsymbol{v}_{\text{相对}}|^2\rangle=\langle|\boldsymbol{v}|^2+|\boldsymbol{v}'|^2-2\boldsymbol{v}\cdot\boldsymbol{v}'\rangle=2v^2\tag{9.5}$$

因此,相对速度的大小约为 $\sqrt{2}v$,计算碰撞次数时应该用这个相对速度,有

$$\mathrm{d}N_{\mathrm{coll}}=\pi d^2\cdot\sqrt{2}v\mathrm{d}t\cdot\frac{N}{V}\tag{9.6}$$

平均自由时间与平均自由程为

$$\bar{t}=\frac{V}{\sqrt{2}\pi d^2vN}\tag{9.7}$$

$$\bar{l}=\frac{V}{\sqrt{2}\pi d^2N}\tag{9.8}$$

其中 $\sqrt{2}\pi d^2$ 被称为碰撞截面。更严格的分析(参见田长霖的《统计热力学》)表明式(9.7)与(9.8)对硬球模型是准确的。

当分子不是硬球时,情况会更加复杂。此时一个分子运动到另一个分子的力场中就会受到后者所施加的力而发生偏转,而且与入射的角度有关(图 9.2)。根据动量定理,$\Delta\boldsymbol{p}\equiv\boldsymbol{p}(t_2)-\boldsymbol{p}(t_1)=\int_{t_1}^{t_2}\boldsymbol{f}(t)\mathrm{d}t$(参见 2.4.2 节中的物理背景),因此,一个分子的速度越高,它经过另一个分子附近的时间就会越短,受到的冲量越小,动量的变化也越小,因此其有效碰撞截面越小。当能量很高的粒子射入一个介质中时,这种效果尤其明显。这种效应的一个典型例子是核反应中的慢中子(参见题外)。

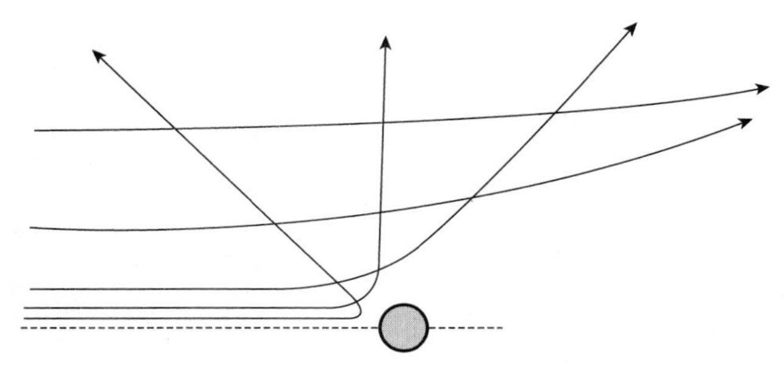

图 9.2　更真实的分子碰撞。

题外:慢中子

链式反应中需以裂变时释放出的中子再去撞击原子核引起新的核裂变。但如果中子速度太快,它的碰撞截面会减小,不容易撞击上原子核。因此,核反应堆中需使用慢化剂先将释放出的快中子减速变成慢中子,才能有较大的碰撞截面去撞击其他粒子和继续其裂变过程。这种效应最早是费米发现的。

为了对平均自由程的具体数值有个了解,我们考虑氢气的例子。氢气的分子直径 d 约为 2.7 Å,利用式(9.8),在标准大气压及 $T=273$ K 下有 $\frac{N}{V}=2.7\times10^{25}\ \mathrm{m}^{-3}$,平均自由程为 $\bar{l}\approx115$ nm。可与之做比较的,氢气分子间的平均距离大约为 $\left(\frac{V}{N}\right)^{\frac{1}{3}}\approx3$ nm。因此,气体的平均自由程要远大于气体分子之间的平均距离。平均自由程与气体的压强成反比。表 9-1 中列出室温下空气分子在不同真空度(气压)下的平均自由程。在标准大气压下,空气分子的平均自由程是 68 nm,会发生频繁的碰撞;而在实验室的高真空仪器中,平均自由程高达 10 cm 至 1 km,分子在仪器里已经很难发生相互碰撞了,只会跟容器壁发生碰撞。这其实就是高真空或超高真空仪器想要达到的效果。

表 9-1　空气分子在(室温)不同气压下的平均自由程

真空度	压强/Pa	$\frac{N}{V}/\mathrm{cm}^{-3}$	平均自由程 $\bar{l}$
标准大气压(Ambient pressure)	1.013×10^{5}	2.7×10^{19}	68 nm
低真空(Low vacuum)	$3\times10^{4}\sim100$	$10^{19}\sim10^{16}$	0.1～100 μm
中真空(Medium vacuum)	100～0.1	$10^{16}\sim10^{13}$	0.1～100 mm
高真空(High vacuum)	$0.1\sim10^{-5}$	$10^{13}\sim10^{9}$	10 cm～1 km
超高真空(Ultrahigh vacuum)	$10^{-5}\sim10^{-10}$	$10^{9}\sim10^{4}$	1 km～10^{5} km
极高真空(Extremely high vacuum)	$<10^{-10}$	$<10^{4}$	$>10^{5}$ km

表 9-2　常见气体在常温常压下的平均自由程

气体	平均速度/(m/s)	平均自由程 $\bar{l}$/nm	平均自由时间 $\bar{t}$/ps
H_2	1694	111	65
N_2	454	59	130
O_2	424	63	149
CO_2	362	39	108
CO	454	59	129
Cl_2	285	27	96
SO_2	300	27	91
He	1202	174	144
Ne	535	124	232
Ar	380	63	165
$C_6H_6^*$	272	148	545
氯仿*	220	161	732

* C_6H_6 与氯仿的数据是在它们的饱和蒸气压下得到的。

表 9-2 给出了常见气体在常温常压下的平均自由程数据。一般气体的平均自由程在几十纳米的量级，而平均自由时间则在 100 ps 的量级。

9.1.3　自由程的分布

除了平均值以外，分子碰撞自由程的分布也很重要。

我们来推导自由程的分布。假设最开始有 N_0 个分子以速度 v 向前运动，过了距离 l 时还有 $N(l)$ 个分子没有被碰撞，则在接下来的 $\mathrm{d}l$ 距离内，这些分子中的任一个都有一定的概率被碰撞[由式(9.1)描述]，因此减少的未被碰撞分子数为

$$\mathrm{d}N(l)\equiv N(l+\mathrm{d}l)-N(l)=-N(l)\times\pi d^2\cdot v\mathrm{d}t\cdot\frac{N}{V}=-\alpha N(l)\mathrm{d}l \tag{9.9}$$

其中 α 是与 $N(l)$ 无关的常数。上式两边除以 $\mathrm{d}l$，得到微分方程

$$\frac{\mathrm{d}N(l)}{\mathrm{d}l}=-\alpha N(l) \tag{9.10}$$

其解为

$$N(l)=N_0\mathrm{e}^{-\alpha l} \tag{9.11}$$

因此，自由程的分布等于一个分子在 l 被碰撞的概率密度

$$p(l)=-\frac{1}{N_0}\frac{\mathrm{d}N(l)}{\mathrm{d}l}=\alpha\mathrm{e}^{-\alpha l} \tag{9.12}$$

平均自由程等于 l 在概率分布 $p(l)$ 下的平均值，即 $\bar{l}=\int_0^{+\infty}lp(l)\mathrm{d}l$。利用这个性质(这是一个普适的性质，在分子速度具有任何分布下都是成立的) 可以把式(9.12) 中的 α 用 $\bar{l}$ 代替

$$p(l)=\frac{1}{\bar{l}}\mathrm{e}^{-l/\bar{l}} \tag{9.13}$$

这是一个指数函数，形状如图 9.3 所示。分子自由程在 l 以上(即经过距离 l 后还未遭遇碰

撞）的概率为$\int_{l}^{+\infty} l'p(l')\mathrm{d}l' = \mathrm{e}^{-l/\bar{l}}$。式(9.13)是一种无记忆性的分布。也就是说，不管一个分子在当前时刻之前已经无碰撞地运动了多长距离（例如记为 l_0），它从当前时刻（位置）算起的自由程的分布与原来的 $p(l)$ 一模一样

$$\frac{p(l_0 + l)}{\int_{l_0}^{+\infty} l'p(l')\mathrm{d}l'} = p(l) \tag{9.14}$$

也即是说，接下来的命运（概率分布）与之前的经历无关。对于无记忆性分布曲线，如果我们从左边开始截掉任意长度的一段，剩下的曲线经过 x 轴的平移和 y 轴的拉伸可以和原来的完整曲线完全重合。数学上可以证明，无记忆性连续分布只能是类似式(9.13)的指数分布。

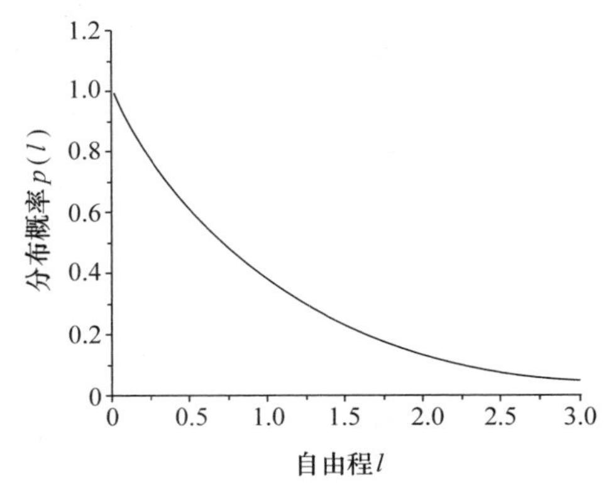

图 9.3　自由程分布。

无记忆性分布有很多例子。生活中的抛硬币或掷骰子的结果分布就是无记忆性分布。例如，飞行棋的规则是只有骰子抛到 6 点才能使棋子（飞机）起飞，而在实际掷骰子时下一把能否成功抛到 6 点，与之前是否已经倒霉地得到多次比 6 点小的结果无关。化学反应在微观上的分布也是无记忆性分布：某一状态下一个反应物分子还需要多长时间才会（与其他分子碰撞并发生反应而）变成产物分子，与这个分子已经处在这个状态下多久是没有关系的。另外，许多电子产品的寿命分布也服从无记忆性分布（参见题外：无记忆性分布的例子及反例子）。

题外：无记忆性分布的例子及反例子

(1) 许多高可靠性的复杂电子产品（如电脑、手机以及一些电子器件）的失效是偶然性的，其寿命分布服从指数分布。这被广泛用于半导体器件与产品的抽验方案设计。例如，如果 1000 件产品在一年内有 20 件失效，则根据无记忆性分布，产品的估计寿命为 50 年——你不需要跟踪几十年就能得出这个结果。

(2) 一些无衰老的生物，其寿命分布也是无记忆性分布。例如，在过去的几十年中，科学家一直在不间断地研究着瑞典的一片田地里的变豆菜(Sanicula)。变豆菜的预期寿命与人类差不多，但它却从不衰老。对人类来说，随着年龄的增长而逐渐变老，死亡的概率便会增长。而对变豆菜而言，每一年，75 株变豆菜中平均就有一株会死去，可这却与年龄无关，一株 75 岁的变豆菜的死亡率并不比一株 10 岁的更高，它们还剩下的寿命预期都是 75 年。按照这个概率，100 万株变豆菜中约有一株能活到 1000 岁。

(3) 反例子:人类的寿命分布并不是无记忆性分布。很年幼与很年老的人比起年轻人在接下来的相同时间里(如一年)都有较大的死亡概率。在古代,医疗技术不发达,婴儿的死亡率尤其突出,因此,人们会庆祝婴儿的百日,其中一个原因就是百日的婴儿已逃脱了最早的高死亡率时期。这种分布特性还会影响寿命的统计方法。

无记忆性分布有一个违反直觉的性质:对于某一时刻穿过某一参考平面的所有分子进行统计,统计它们在前一次的碰撞(即在这一时刻之前的最后一次碰撞)与后一次的碰撞(即在这一时刻之后的第一次碰撞)之间的距离(自由程),则它们的平均自由程是 $2\bar{l}$,而不是 $\bar{l}$。这种奇怪性质的原因如下:由于无记忆性,上述任一分子在指定时刻之后能够无碰撞运动的平均距离是 $\bar{l}$,在指定时刻之前已经无碰撞运动的平均距离也是 $\bar{l}$,因此在前后两次碰撞之间的平均距离是 $2\bar{l}$。类似地,如果我们统计它们在前后两次碰撞之间的(自由)时间,则其平均值是 $2\bar{t}$,而非 $\bar{t}$。

严格的数学分析如下。分布为 $p(l)$ 的(连接两次碰撞地点之间的)线段随机散落在空间各处。对于某一长度为 l 的线段,它与指定参考平面相交的概率与其长度成正比。因此,穿过某一参考平面的线段的概率分布是

$$p_2(l) \propto l p(l) \tag{9.15}$$

将 $p(l)$ 的表达式(9.13)代入,并利用 $p_2(l)$ 的归一化条件 $\left[\int_0^{+\infty} p_2(l)\mathrm{d}l = 1\right]$ 确定上式中的正比系数,得到

$$p_2(l) = \frac{l}{\bar{l}^2}\mathrm{e}^{-l/\bar{l}} \tag{9.16}$$

这个分布下的平均值

$$\langle l \rangle_{p2} = \int_0^{+\infty} l p_2(l)\mathrm{d}l = \int_0^{+\infty} \frac{l^2}{\bar{l}^2}\mathrm{e}^{-l/\bar{l}}\mathrm{d}l = \left[\left(-\frac{l^2}{\bar{l}^2} - 2l - 2\bar{l}\right)\mathrm{e}^{-l/\bar{l}}\right]\Bigg|_0^{+\infty} = 2\bar{l} \tag{9.17}$$

在上述的论证中,关键点是线段 l 与指定平面相交的概率与 l 成正比。因此,更长的自由程 l 有更多的可能性被所述过程统计到(被挑出),导致了这种悖论。即使不是无记忆性分布,这种效应也是存在的。在生活中,这种统计效应的一个例子是"我的朋友比我有更多的朋友"(参见题外:我的朋友比我有更多的朋友)。

题外:我的朋友比我有更多的朋友

在社交网络(如微信、Facebook)中,很容易统计一个人(用户)的好友数目。很多用户会有这种感觉,自己的好友比自己有更多的好友数,或者说,自己的很多好友都比自己更受欢迎。这怎么可能呢? 不是平均而言应该有一半好友比自己有更多好友吗? 事实上,"我的朋友比我有更多的(人均)朋友"是真实存在的效应,原因与正文中穿过某一参考平面的自由程具有更大的平均自由程的道理是类似的:平均而言,虽然所有用户中只有一半用户比你有更多好友,但好友数越多的用户越有可能是你的好友(这种效应不依赖于无记忆性分布,对任何随机分布都是成立的),因此对你的好友进行统计,他们的平均

好友数其实就会比所有用户的平均好友数高。例如，Facebook 中有 93%的用户，他们的好友的平均好友数比自己的好友数多。微信与 Facebook 的好友数分布并不是无记忆性分布。

与这种效应类似的，还有公交车“等待时间悖论”：当公交车的平均发车间隔是 10 分钟时，乘客平均等待公交车的时间会比 5 分钟更长。

第 2 节　气体的输运性质

9.2.1　几种输运性质

一旦确定了气体分子的平均自由程，就能进一步估计由已知的速度、温度或浓度梯度所造成的动量、热和质量的输运系数。

输运性质在微观上是怎样造成的呢？我们以导热为例来简单地看一下。假设恒定高温的一个壁面与恒定低温的一个壁面被气体所隔开，当分子撞击高温壁面时，它们被组成壁面的高温分子所碰撞而带着较高的平均能量离开。在每一次相继的碰撞中，平均而言，较热的分子会把其较大的能量(平动、转动等)传递给较冷的分子。当系统经过长时间演化达到稳态后，气体分子的微观状态分布函数 $f(\boldsymbol{r},\boldsymbol{v})$ 与时间无关，但与所在地点有关。

在利用平均自由程分析气体的输运性质之前，我们先来介绍几种输运性质的定义。

第一种输运性质是热传导。传热有三种方式：热传导、热对流、热辐射。化学实验室里最有效的传热方式是利用搅拌来实现热对流，涉及物质的宏观移动。而我们这里着重研究的是热传导，是指在物质无相对位移(如气体与液体的流动)的情况下，物体内部具有不同温度或者不同温度的物体直接接触时所发生的热传导过程。热传导最重要的规律是傅里叶(他最著名的工作是数学上的傅里叶变换)在 1822 年所提出的傅里叶定律：单位时间内通过单位截面的热量，正比于垂直于该截面方向上(设为 x 轴)的温度变化率

$$q=-\lambda\frac{\mathrm{d}T}{\mathrm{d}x}\tag{9.18}$$

即热流量 q 正比于温度梯度 $\frac{\mathrm{d}T}{\mathrm{d}x}$，其中系数 λ 被称为热导率(thermal conductivity)，国际单位为 W/(m·K)。欧姆定律其实是傅立叶定律的电学推广。

第二种输运性质是扩散。扩散是指在没有宏观的混合作用发生的情况下物质分子从高浓度区域向低浓度区域转移的传质现象。分子扩散过程主要由菲克扩散定律(Fick's diffusion law)描述

$$J=-D\frac{\mathrm{d}n}{\mathrm{d}x}\tag{9.19}$$

即某一成分的粒子流量 J 正比于其浓度梯度 $\frac{\mathrm{d}n}{\mathrm{d}x}$，系数 D 称为扩散系数(diffusion coefficient)。

题外：非牛顿流体

非牛顿流体的黏度会随着流速梯度的增加而增加。日常生活中最典型的非牛顿流体当属厨房里的淀粉溶液：使劲搅拌淀粉溶液是很费劲的。极端的非牛顿流体在受力剧烈时产生的阻力非常大，甚至表现出类似固体的形态，被形象地称为"吃软不吃硬"，在科普节目中可以用来表演"水上漂"或"口香糖破椰子"。

第三种输运性质是黏度。大家在生活里对液体的黏度有直观的认识，例如油比水黏，蜂蜜又比油更黏。黏度在涂料、墨水、粘着剂、食品（如酸奶）、油等方面具有广泛的应用。其实，黏度性质也适用于气体。在科学上，黏度是指流体对流动表现出阻力的现象。当流体（气体或液体）的一部分在另一部分上面流动时，就受到阻力，即内摩擦力。例如，一对平行板，面积为 A，相距 $\mathrm{d}y$，板间充满流体（与板浸润良好）（图 9.4）；下板固定，推动上板以速度 $\mathrm{d}u_x$ 匀速移动，则上板会带动最上层的水以速度 $\mathrm{d}u_x$ 移动，而最下层的水的速度被下板固定为 0，从而在层间产生流速梯度 $\frac{\mathrm{d}u_x}{\mathrm{d}y}$。由于液体摩擦力的存在，需要对上板施加推力 F（大小等于流体层间摩擦力）才能使其匀速移动，而下板也需要施加力 $-F$ 才能使其固定不动。因此，相当于通过上下表面对流体施加了切线力（剪切应力）$\tau = F/A$。对一般的流体，剪切应力与流速梯度成正比，即服从牛顿黏性定律（也称牛顿内摩擦定律）

$$\tau = -\mu\frac{\mathrm{d}u_x}{\mathrm{d}y} \tag{9.20}$$

其中系数 μ 被称为黏度(viscosity)。服从(9.20)的流体被称为牛顿流体，即黏度与流速及流速梯度无关；否则被称为非牛顿流体（参见题外：非牛顿流体）。在上面的热传导中，传递的是热量（能量）；在扩散中，传递的是粒子（或物质）。而在黏度现象中，传递的其实是动量：动量的变化等于力的时间积分，即 $\Delta \boldsymbol{p} \equiv \boldsymbol{p}(t_2) - \boldsymbol{p}(t_1) = \int_{t_1}^{t_2} \boldsymbol{f}(t)\mathrm{d}t$；层间相互作用力的大小相同，方向相反；上层流体（通过力）使下层流体增加了多少动量，下层流体就会使上层减少多少动量；因此，可看作动量从上层传递给了下层。

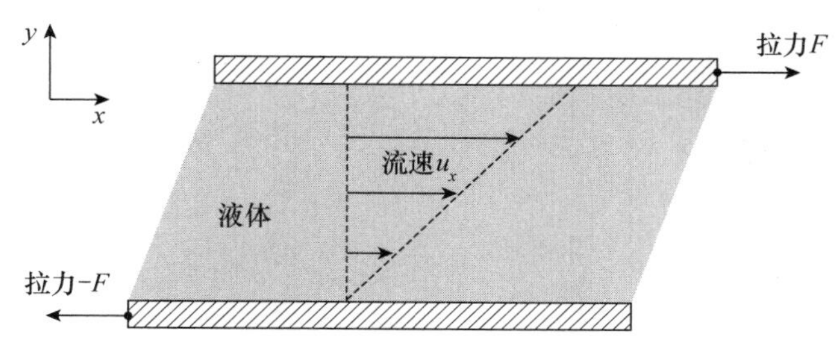

图 9.4　黏度现象：平板间的液体会阻滞平板的相对运动。

9.2.2　一个近似的普适分析

很多输运现象的内在微观机制其实是类似的。因此，这里我们给出一个针对输运现象的近似的普适分析。

考虑沿 z 方向的输运，即系统在 x 与 y 方向上是均匀的，但在 z 方向是不均匀的（如温度)。分子不断发生碰撞,假设分子碰撞以后完全丧失记忆,即碰撞后会变成碰撞所在地的分布。记分子碰撞自由程为 l,则以速度 $\boldsymbol{v}$ 穿过 $x-y$ 平面($z=0$)的分子来自(上一次碰撞发生于)$z=-l\cos\theta$ 平面(图 9.5),其中 θ 是分子运动方向与平面法向(即 z 轴)之间的夹角

$$\cos\theta=\frac{v_z}{v} \tag{9.21}$$

记平均粒子数密度为 $n(z)$(注意这里 n 不是摩尔数),粒子速度的分布为 $f(\boldsymbol{v};z)$$\left[满足归一化条件\int f(\boldsymbol{v};z)\mathrm{d}v_x\mathrm{d}v_y\mathrm{d}v_z=1\right]$,它们都依赖于 z。则通过 $z=0$ 平面传递的总的粒子流量为(假设 l 不变①)为

$$J_0=\int n(z)f(\boldsymbol{v};z)v_z\mathrm{d}v_x\mathrm{d}v_y\mathrm{d}v_z \tag{9.22}$$

当系统达到稳定的输运状态(如热传导与黏度)后,系统中不会有物质的宏观移动(如气体的流动),需满足条件

$$J_0=0 \tag{9.23}$$

例如,在气体或液体的热传导过程中,压强处处相等;即使初态有任何内部压强不均匀,也会通过膨胀或收缩过程(对应 $J_0\neq0$)很快达到压强均匀的状态,这个过程比热传导要快得多。

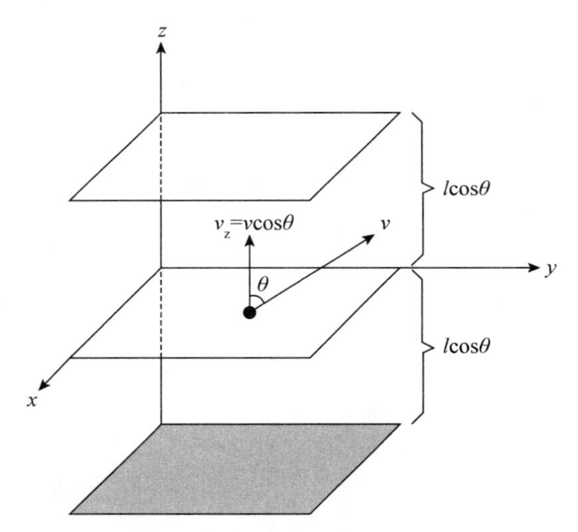

图 9.5 输运性质分析:穿过某一参考平面的分子。

假设分子携带着某种性质 P(如能量、动量),不同地点的 P 可能不同,即 $P(z)$。则通过 $z=0$ 平面所传递的性质 P 的流量(flux)为

$$F=\int n(z)f(\boldsymbol{v};z)P(z)v_z\mathrm{d}v_x\mathrm{d}v_y\mathrm{d}v_z \tag{9.24}$$

此处 $z=-l\cos\theta$ 是前面所述的以速度 $\boldsymbol{v}$ 穿过 $z=0$ 平面的分子上一次碰撞的发生地。z 的大小在自由程之内,与宏观尺度或 $P(z)$ 的变化尺度相比是个小量,因此,我们可以在 $z=0$ 附近对 $P(z)$ 做展开,得

① 本节推导假设 l 是个常数。如果 l 满足无记忆性分布,则最后还需要对 l 的分布求平均,结果中只需把 l 代替成 $\bar{l}$,结论不变。

$$P(z) \approx P(0) + \frac{\mathrm{d}P}{\mathrm{d}z}z \tag{9.25}$$

将其代入式(9.24)，得

$$F \approx P(0)\int n(z)f(\boldsymbol{v};z)v_z \mathrm{d}v_x \mathrm{d}v_y \mathrm{d}v_z + \frac{\mathrm{d}P}{\mathrm{d}z}\int n(z)f(\boldsymbol{v};z)zv_z \mathrm{d}v_x \mathrm{d}v_y \mathrm{d}v_z \tag{9.26}$$

第一项积分其实就是式(9.22)中的 J_0，满足式(9.23)所示的 $J_0=0$。第二项可继续展开至 z 的非零最低阶，并利用性质 $z=-l\cos\theta$ 及式(9.21)，有

$$\begin{aligned} F &\approx \frac{\mathrm{d}P}{\mathrm{d}z}\int n(0)f(\boldsymbol{v};0)zv_z \mathrm{d}v_x \mathrm{d}v_y \mathrm{d}v_z = -n(0)\frac{\mathrm{d}P}{\mathrm{d}z}\int f(\boldsymbol{v};0)l\cos\theta v_z \mathrm{d}v_x \mathrm{d}v_y \mathrm{d}v_z \\ &= -nl\frac{\mathrm{d}P}{\mathrm{d}z}\int f(\boldsymbol{v};0)\cos^2\theta v \mathrm{d}v_x \mathrm{d}v_y \mathrm{d}v_z \end{aligned} \tag{9.27}$$

其中 $n=n(0)$。转到球坐标系，有

$$F = -nl\frac{\mathrm{d}P}{\mathrm{d}z}\int f(\boldsymbol{v};0)\cos^2\theta v \cdot v^2 \sin\theta \mathrm{d}v \mathrm{d}\theta \mathrm{d}\phi \tag{9.28}$$

定义平均速度

$$\bar{v} = \int f(\boldsymbol{v})v \cdot v^2 \sin\theta \mathrm{d}v \mathrm{d}\theta \mathrm{d}\phi \tag{9.29}$$

气体分子服从麦克斯韦-玻尔兹曼分布，代入后得到

$$\bar{v} = \sqrt{\frac{8k_{\mathrm{B}}T}{\pi m}} \tag{9.30}$$

其中 m 是分子质量。将麦克斯韦-玻尔兹曼分布代入式(9.28)，最后得到

$$F = -\frac{1}{3}nl\bar{v}\frac{\mathrm{d}P}{\mathrm{d}z} \tag{9.31}$$

即性质 P 的流量与其梯度成正比。这个结果可用于对多种输运性质的分析。

9.2.3　气体的黏度

直接利用式(9.31)来考察气体的黏度问题，此时性质 P 代表 x 方向的平均动量，即

$$P(z) = mu_x(z) \tag{9.32}$$

则式(9.31)变成

$$F = -\frac{1}{3}nml\bar{v}\frac{\mathrm{d}u_x}{\mathrm{d}z} \tag{9.33}$$

对比黏度的定义公式(9.20)，得到黏度的微观表达式

$$\mu = \frac{1}{3}nml\bar{v} \tag{9.34}$$

将平均自由程的结果[式(9.8)]代入①，得

$$\mu = \frac{m\bar{v}}{3\sqrt{2}\pi d^2} \tag{9.35}$$

由于 l 与分子密度 $n=N/V$ 成反比，因此式(9.34)中分子密度的贡献互相抵消，最后的结果式(9.35)不包含 n。这表明气体的黏度与压强(密度)无关！麦克斯韦在历史上首先预言了

① 为简化分析，此处假设 $l=\bar{l}$。如果 l 满足无记忆性分布，则需要对 l 的分布求平均，结论不变。

这一结果,其后得到了实验验证。人们本来期望稠密的气体应该更粘一些,这一结果违反直觉,但却是真的。这一悖论的微观解释是:稠密的气体虽然有更多的粒子穿过 $z=0$ 平面,但由于其自由程较短,每个粒子的平均速度变化较小,所传递的动量变化较小,因此最后结果与气体分子密度无关。当然,这一效应在密度很小的时候是不成立的(否则密度趋向零而几乎消失的气体也能提供不变的黏度,显然是不对的),那时候利用式(9.8)计算的自由程大于装置尺寸,此时自由程的贡献有个上限而不会一直上升,因此黏度会随密度趋向零而下降。

结果式(9.35)还有助于我们了解气体黏度的一些性质。例如,式(9.35)中与温度有关的是 $\bar{v}(\propto\sqrt{T})$,最后黏度与 $\sqrt{T}$ 成正比。$\bar{v}$ 还与 $\sqrt{m}$ 成反比,因此 $m\bar{v}$ 与 $\sqrt{m}$ 成正比,但碰撞截面 πd^2 也随 m 变大而变大,两者效果部分抵消,导致黏度对 m 的依赖较弱。

常见气体的黏度如表 9-3 所示。大部分气体的黏度在 $1\times10^{-5}\sim2\times10^{-5}$ N·s/m^2 范围,变化范围不大。公式(9.34)也可以类比用于对液体黏度的近似分析,只是此时平均自由程不能沿用气体中的公式。常见液体的黏度如表 9-4 所示。常见的“不太黏”的液体的黏度大概是气体的 50～100 倍。而一些较黏的液体的黏度则要大得多。例如,血液是 $300\times10^{-5}\sim400\times10^{-5}$ N·s/m^2;而甘油的黏度高达 $95\,000\times10^{-5}$ N·s/m^2,但只有蜂蜜的三分之一。沥青的黏度是如前之高,以至于其滴落实验成为世界上耗时最长的实验(参见题外:世界上耗时最长的实验)。

表 9-3　常见气体的黏度(20℃)

气体	黏度/(10^{-5} N·s/m^2)	气体	黏度/(10^{-5} N·s/m^2)
空气	1.82	H_2O	0.97
H_2	0.88	CO	1.74
N_2	1.76	CO_2	1.47
O_2	2.04	SO_2	1.26
Cl_2	1.32	N_2O	1.47
CH_4	1.1	He	1.96
NH_3	0.99	Ne	3.13
C_2H_4	1.03	Ar	2.23
C_6H_6	0.75	Xe	2.28
氯仿	1.01		

表 9-4　常见液体的黏度(300 K)

液体	黏度/(10^{-5} N·s/m^2)	液体	黏度/(10^{-5} N·s/m^2)
H_2O	89	水银	150
C_6H_6	60	牛奶	300
甲醇	56	血液	300～400
氯仿	53	蓖麻油	65 000
乙醇	110	甘油	95 000
乙酸	116	蜂蜜	～300 000
丙烯	90		

题外:世界上耗时最长的实验

沥青看上去像是固体,但本质上是黏性极高的液体,在室温环境下流动速度极为缓慢,但最终会形成一滴。澳大利亚昆士兰大学的科学家于1927年开始沥青滴落实验,将沥青装在玻璃漏斗里,并记录其滴落事件,至今共有8滴沥青滴落。爱尔兰都柏林的圣三一学院也从1944年起开始类似实验,并在2013年用高速摄像机第一次捕捉到一滴沥青滴落的整个过程。根据实验结果估计,沥青比蜂蜜黏稠200万倍,比水黏稠200亿倍。

9.2.4 气体的热导率

利用式(9.31)来考察气体的热导率。此时性质 P 代表分子的内能(注意传热时所传导的不只是平动动能,还包括转动与振动等形式的能量),是温度的函数,而温度进一步依赖于 z

$$P(z)=\bar{\varepsilon}[T(z)] \tag{9.36}$$

因此式(9.31)变成

$$F=-\frac{1}{3}nl\bar{v}\frac{\mathrm{d}\bar{\varepsilon}[T(z)]}{\mathrm{d}z}=-\frac{1}{3}nl\bar{v}\frac{\mathrm{d}\bar{\varepsilon}}{\mathrm{d}T}\frac{\mathrm{d}T}{\mathrm{d}z} \tag{9.37}$$

对比热导率的定义公式(9.18),得到热导率的微观表达式

$$\lambda=\frac{1}{3}nl\bar{v}\frac{\mathrm{d}\bar{\varepsilon}}{\mathrm{d}T} \tag{9.38}$$

内能随温度的变化是与比热直接相关的,因此得

$$\lambda=\frac{1}{3}\frac{N_{\mathrm{A}}}{V_{\mathrm{mol}}}l\bar{v}\frac{\mathrm{d}\bar{\varepsilon}}{\mathrm{d}T}=\frac{1}{3}l\bar{v}\frac{C_{V,\mathrm{mol}}}{V_{\mathrm{mol}}} \tag{9.39}$$

将平均自由程的结果[式(9.8)]代入①,得到热导率

$$\lambda=\frac{\bar{v}C_{V,\mathrm{mol}}}{3\sqrt{2}\pi d^2N_{\mathrm{A}}} \tag{9.40}$$

它也与气体压强(密度)无关。另外,$\bar{v}$ 还与 $\sqrt{m}$ 成反比,碰撞截面 πd^2 也随 m 变大而变大,因此越小的分子热导率越高。

常见物质的热导率如表9-5所示。气体的热导率的数量级大约在 10^{-2} W/(m·K),而且分子越小,热导率越高,因此热导率最高的气体是氢气。气体、液体、非金属、金属的热导率依次增加大概一个量级,金属的热导率的数量级大概在10～100 W/(m·K)。不过有一个明显的例外,就是金刚石:它是非金属,但它的热导率比所有的金属都高,高达1000 W/(m·K)。

表9-5　常见物质的热导率(25℃)

气体		液体		固体	
系统	热导率/[W/(m·K)]	系统	热导率/[W/(m·K)]	系统	热导率/[W/(m·K)]
空气	0.024	H_2O	0.58	Al	205
NH_3	0.022	C_6H_6	0.16	石墨	168

① 为简化分析,此处假设 $l=\bar{l}$。如果 l 满足无记忆性分布,则需要对 l 的分布求平均,结论不变。

续表

气体		液体		固体	
系统	热导率/[W/(m·K)]	系统	热导率/[W/(m·K)]	系统	热导率/[W/(m·K)]
Ar	0.016	汽油	0.15	Cr	94
CH_4	0.03	乙醇	0.17	Co	69
CO_2	0.0146	蜂蜜	0.5	Cu	401
H_2O (125℃)	0.016	牛奶	0.53	金刚石	1000
O_2	0.024	润滑油	0.15	Au	310
N_2	0.024	丙酮	0.16	玻璃	1.05
He	0.142	水银	8.3	冰(0度)	2.18
H_2	0.168	橄榄油	0.17	Fe	80
		甘油	0.28	Ag	429

为了直观了解材料的导热性能究竟如何,我们想象把材料做成边长为1 m的立方体,两侧表面保持10 K的温度差,则通过这个立方体的热传导所传递热量的功率,等于热导率的10倍。对于空气,这个功率是0.24 W,相当于一个节能小夜灯所消耗的功率,是非常低的。因此,如果只考虑热传导,空气的传热性能是非常差的。对于水,这个功率是5.8 W,也是很低的。而对于金刚石,这个功率是10 kW,相当于一个大电炉所释放的热量,因此导热效果是非常高的。空气与水的这种低热导率是羽绒服、试管烧金鱼、气凝胶的神奇隔热等现象的基础(参见题外:羽绒服、试管中的金鱼、气凝胶)。

题外:羽绒服、试管中的金鱼、气凝胶

从热导率上讲,气体是热的不良导体。羽绒服能保暖不是因为它能隔离空气,而是因为羽绒服中间形成不易对流的空气,而空气的热传导性能又不好,自然就保暖。穿一层塑料保暖效果是不会好的,但中间充满气体或真空的两层塑料保暖效果就会好得多,不过这样会不透气,人穿着不舒服。要达到又透气又保暖的目的,就得控制气体的缓慢对流,在能透一点气的情况下尽量减少热量的流失。

水也是热的不良导体。在"试管烧金鱼"的科普实验中,试管中加水,底部装有一条小金鱼,将试管倾斜,用酒精灯对试管的水面进行加热,则水面沸腾时金鱼仍活得好好的。这里的原理就是上部的水加热密度变小,不会沉到下部,即没有对流;而水的热传导性能又很差,所以下面的水的温度并没有上升。

气凝胶的隔热性能也是同样的道理。气凝胶的固体含量非常低(密度含量可以比空气还低),而里面的气体又被凝胶结构限制在尺寸很小的孔隙结构中,不容易发生对流,因此相当于无对流的气体,隔热性能非常突出。用酒精喷灯隔着气凝胶对一朵鲜花进行加热,鲜花也不会枯萎。

9.2.5 黏度与热导率之间的联系:普朗特数

气体的黏度与热导率都可以用式(9.31)来描述,都受到平均自由程的影响。它们的结果,公式(9.35)与(9.40),看起来也非常像。因此,它们之间存在内在联系。

在工程学中求解流体(特别是液体)的运动时,经常出现黏度与密度的比值项,因此将其定义为运动黏度(kinematic viscosity)

$$v=\frac{\mu}{\rho} \tag{9.41}$$

在传热分析中,热导率只说明物体传导热量速度快慢,而升温的快慢还与物体的比热有关。例如,虽然水的热导率比空气大,但空气的比热比水小得多,因此,同体积的空气比水升温快得多。在传热分析中经常引入热扩散率(thermal diffusivity)(也称导温率)来反映这种性质

$$\alpha=\frac{\lambda}{\rho C_{p,\mathrm{mass}}} \tag{9.42}$$

即热导率与单位体积的比热之比。它反映了物质的传热能力与储热能力的比值。德国科学家路德维希·普朗特(Ludwig Prandtl)(参见题外)引入了一个无量纲的量

$$Pr\equiv\frac{v}{\alpha}=\frac{\mu C_{p,\mathrm{mass}}}{\lambda} \tag{9.43}$$

以反映流体的黏度与热导率之间的关系,或者说,反映流体中能量和动量迁移过程的相互影响。这个量后来被称为普朗特数。将式(9.35)与(9.40)代入上式,得

$$Pr=\frac{C_p}{C_V} \tag{9.44}$$

因此,这是一个量级为1的数。一些常见物质的普朗特数见表9-6。可以看出,很多气体的普朗特数在0.7左右①。液体的自由程性质与气体不同,因此普朗特数的变化范围大一些。另外值得注意的一点是水的黏度随温度变化很大。

表 9-6 标准大气压下一些常见物质的普朗特数

气体					液体				
系统	温度/K	运动黏度 v /(10^{-5} m²/s)	热扩散率 α /(10^{-5} m²/s)	普朗特数	系统	温度/K	运动黏度 v /(10^{-5} m²/s)	热扩散率 α /(10^{-5} m²/s)	普朗特数
He	255	9.55	13.68	0.70	H_2O	273	0.179	0.0131	13.7
Ar	273	11.75	17.47	0.67	H_2O	373	0.0294	0.0168	1.75
H_2	300	10.95	15.51	0.70	氨水	303	0.0349	0.0174	2.01
N_2	300	1.56	2.20	0.71	甘油	303	50.0	0.00929	5382
O_2	300	1.59	2.24	0.71	汞	293	0.0114	0.43	0.027
CO_2	300	0.83	1.06	0.77					
NH_3	273	1.18	1.31	0.90					
H_2O	373	2.17	2.25	0.96					
空气	300	1.57	2.22	0.71					

① 公式(9.44)预测气体的普朗特数大于1,与实际结果(小于1)不符。原因是我们采用了无记忆假设,它对黏度与热导率所造成的误差的程度有所不同(参见田长霖的《统计热力学》)。

题外:普朗特

在中国,普朗特这个音译容易与普朗克混淆,但二者并非同一人,前者是德国流体力学专家,后者是大家熟悉的量子力学创始人(也是德国人)。

普朗特是近代力学奠基人之一,他的边界层理论奠定了现代流体力学的基础。航空和航天领域的著名元老冯·卡门(他是钱伟长、钱学森、郭永怀的老师)是普朗特的学生。我国著名的流体力学家、北京航空学院(后改名北京航空航天大学)创建人之一陆士嘉教授也是普朗特的学生,而且是他唯一的一位女学生。

9.2.6 扩散

扩散系数的推导稍微不同,不能直接应用普适分析的结果(9.31)。

考虑两种分子组成的混合气体。通过 $z=0$ 平面传递的第一种分子的流量为

$$J_1=\int n_1(z)f_1(\boldsymbol{v})v_z\mathrm{d}v_x\mathrm{d}v_y\mathrm{d}v_z \tag{9.45}$$

此处 $f_1(\boldsymbol{v})$是第一种分子的速度分布。在 $z=0$ 附近对 $n_1(z)$做展开,得

$$n_1(z)\approx n_1(0)+\frac{\mathrm{d}n_1}{\mathrm{d}z}z \tag{9.46}$$

将其代入式(9.45),得

$$J_1\approx n_1(0)\int f_1(\boldsymbol{v})v_z\mathrm{d}v_x\mathrm{d}v_y\mathrm{d}v_z+\int\frac{\mathrm{d}n_1}{\mathrm{d}z}zf_1(\boldsymbol{v})v_z\mathrm{d}v_x\mathrm{d}v_y\mathrm{d}v_z \tag{9.47}$$

$f_1(\boldsymbol{v})$对 v_z 而言是正负对称的,因此第一项积分等于零。第二项可类似(2.2)进行分析,最后得

$$J_1=-\frac{1}{3}l_1\bar{v}_1\frac{\mathrm{d}n_1}{\mathrm{d}z} \tag{9.48}$$

对比菲克扩散定律 $J=-D\dfrac{\mathrm{d}n}{\mathrm{d}x}$,得

$$D_{12}=\frac{1}{3}l_1\bar{v}_1 \tag{9.49}$$

其中 l_1 是第一种分子的自由程。由于分子的碰撞可以发生在同种分子之间,也可以发生在不同种分子之间,因此 l_1 与两种分子的密度(n_1 和 n_2)都有关系。D_{12} 代表第一种分子在第二种分子存在时的扩散系数。当第一种分子的含量很低(例如低浓度示踪气体)时,它们遭遇的碰撞主要来自第二种分子,将平均自由程代入,得

$$D_{12}=\frac{\bar{v}_1V}{3\sqrt{2}\pi d_{12}^2N} \tag{9.50}$$

其中 d_{12} 是第一种分子与第二种分子碰撞时的距离,N 是第二种分子的数目(约等于总分子数目,因为第一种分子很少)。因此,扩散系数与气体的粒子数密度 N/V 成反比。由于分子平均速度 $\bar{v}_1$ 与分子质量的平方根成反比,因此,如果忽略 d_{12} 的变化,则可得到格拉罕姆(Graham)在 1831 年得到的气体扩散定律:同温同压下各种不同气体扩散速度与气体质量

密度的平方根成反比①。

各种分子在空气中的扩散系数如表 9-7 及图 9.6 所示。分子越小,扩散越快。扩散系数近似与相对分子质量的平方根成反比,近似满足格拉罕姆气体扩散定律。

表 9-7　空气中低浓度示踪气体的扩散系数(标准大气压,20℃)

气体	扩散系数 $D/(\mathrm{cm^2/s})$	气体	扩散系数 $D/(\mathrm{cm^2/s})$	气体	扩散系数 $D/(\mathrm{cm^2/s})$
H_2	0.669	CH_3OH	0.147	SO_2	0.114
He	0.535	Ar	0.200	Cl_2	0.103
CH_4	0.175	CO_2	0.153	C_5H_{12}	0.074
NH_3	0.241	C_3H_8	0.098	C_4H_9OH	0.078
H_2O	0.246	C_2H_5OH	0.113	C_6H_6	0.086
N_2	0.150	C_2H_6CO	0.092	C_8H_{18}	0.056
C_2H_6	0.121	C_4H_{10}	0.084	$C_{10}H_8$	0.057
O_2	0.199	C_3H_7OH	0.095	CCl_4	0.069

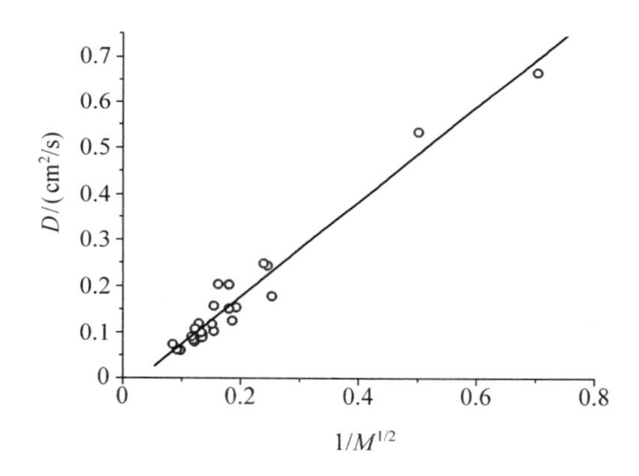

图 9.6　空气中示踪气体的扩散系数 D 与相对分子质量 M 的关系。

9.2.7　补充说明:更加严格的输运理论

前面的推导,基本是基于硬球模型的,而且假设分子碰撞以后完全丧失记忆。严格讲,这些假设都是不够真实的。更加严格的理论处理需要考虑粒子碰撞的轨迹分布(如图 9.2 所示)及"记忆"丧失的快慢,会给出一个额外的量级为 1 的修正因子。即使是硬球模型,考虑记忆丧失快慢后所得到的碰撞截面的结果与之前也有稍许不同,而且对不同性质(如热导率与黏度)的修正因子也会不一样。这些复杂的内容我们就不多做介绍了,感兴趣的读者可以参考其他的教材(如 Normand M. Laurendeau 的《Statistical Thermodynamics: Fundamentals and Applications》)。

① 格拉罕姆是通过测量气体通过多孔塞的速度来估计扩散速度的。此时有效碰撞距离比自由气体中的平均自由程小,因此 l_1 取决于多孔塞,不同气体的 l_1 是一样的。

第3节 固体的输运性质

9.3.1 热导率：声子与自由电子的贡献

计算气体输运性质的平均自由程方法可以通过类比近似应用于固体。在气体中，性质的传播（输运）由近独立的分子来承担。而在固体中，则是由近独立的晶格振动（声子）和电子来承担。例如，对于热输运，内能由下式给出

$$\langle U\rangle = U_{\text{elec}} + \int_0^{+\infty} g(\omega)\frac{\hbar\omega}{2}\mathrm{d}\omega + \int_0^{+\infty} g(\omega)\frac{\hbar\omega}{\exp\left(\frac{\hbar\omega}{k_{\mathrm{B}}T}\right)-1}\mathrm{d}\omega \tag{9.51}$$

不同地点的温度不同，即振动的能级或激烈程度不同。而振动是一种波，能以一定的速度在固体中传播，把能量从一个地方带到另一个地方。类似于气体分子之间的碰撞，不同振动模式的波之间也会互相干扰（来源于对谐振子近似的偏离，例如非谐效应），因此，一个振动模传播了一定距离（平均自由程）以后会因为各种原因（与其他波的碰撞、与固体中的杂质或缺陷碰撞，等等）转化为其他的振动模式。这样就能把一个地方的能量带到另一个地方，表现出导热的性质。

我们先来看声子对固体热导率的贡献。将气体的结果推广到固体，得到固体的热导率

$$\lambda = \frac{1}{3}\bar{l}\bar{v}\frac{C_{V,\text{mol}}M_{\text{mol}}}{V_{\text{mol}}M_{\text{mol}}} = \frac{1}{3}\rho C_{V,\text{mass}}\bar{l}\bar{v} \tag{9.52}$$

其中 M_{mol} 是摩尔质量。结果被表示成实验上更容易测量的固体密度 ρ 与单位质量的比热 $C_{V,\text{mass}}$。$\rho C_{V,\text{mass}}$ 代表单位体积的比热。$\bar{v}$ 是固体中的声速，量级大致在 5×10^3 m/s 左右。声子的平均自由程取决于两个过程：一个是晶粒边界和晶格缺陷所导致的散射，其平均自由程用 $\bar{l}_g$ 表示，一般与温度依赖不大；另一个是非谐效应导致的声子-声子散射，其平均自由程用 $\bar{l}_p$ 表示，一般与温度 T 成反比（温度越低，原子越在平衡位置附近运动，简谐近似越好，在前面的热膨胀内容中有介绍；或者理解为温度越高声子数目越多，越容易发生碰撞）。通过类似于1.3小节对散射随机过程的分析，可得到总体效应

$$\frac{1}{\bar{l}} = \frac{1}{\bar{l}_g} + \frac{1}{\bar{l}_p} \tag{9.53}$$

声子的平均自由程不能像气体的硬球模型那样给出简单的理论结果，一般只能通过实验或第一性原理计算来确定。在实验上，可利用不同散射过程对温度的不同依赖关系把它们的贡献区分开。典型固体的结果如表9-8所示，常温下声子的自由程在几个纳米的范围，大概是气体分子（几十个纳米）的十分之一左右。

表9-8 固体热导率及声子-声子散射平均自由程的代表性数据

晶体	温度 T(K)	$\rho C_{V,\text{mass}}$/[J/(cm^3·K)]	热导率 λ/[J/(cm·K·s)]	$\bar{l}_p$(nm)
石英	273	2.0	0.13	4
	83	0.54	0.50	54
NaCl	273	1.9	0.71	2.3
	83	1.0	0.27	10

硅的热导率随温度的变化如图 9.7 所示。可以看出，热导率在极低温下是很小的。随着温度的上升，热导率先是上升，后是下降，在中间温度达到一个热导率极大值。在其他固体中也有类似趋势。这种非单调变化可以通过公式(9.52)来解释：固体的密度与声速随温度变化不大，因此热导率主要由比热与声子平均自由程的乘积所决定；在低温下，声子-声子散射可以忽略，声子平均自由程由晶粒边界和晶格缺陷的散射所决定，近似是个参数[图 9.7(b)]，而由上一章内容我们知道声子比热在低温下与 T^3 成正比，因此在低温下热导率随温度下降而下降；在高温下，固体比热近似为常数，而声子-声子散射随温度升高而增强，声子平均自由程减小，因此在高温下热导率随温度上升而下降；综合起来，就会在中间温度出现热导率的极大值。

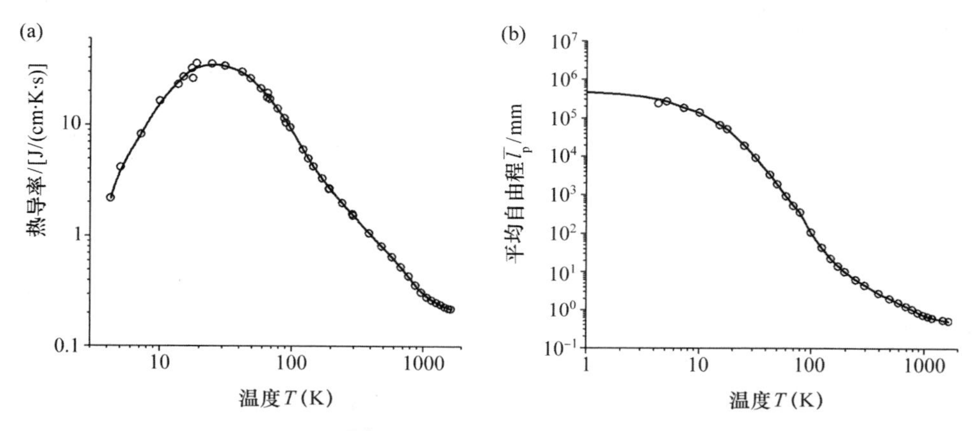

图 9.7　硅的热导率 λ 及声子平均自由 $\bar{l}_p$ 程随温度的变化。

现在我们来看金属中自由电子对热导率的贡献。将气体热导率的结果(9.39)推广到金属中自由电子的贡献，其中自由电子的比热与平均速度(这里用费米速度 v_F 代替)在 3.6.1 节中已经有具体的结果，将它们代入式(9.39)，得

$$\lambda=\frac{1}{3}\bar{l}\bar{v}\frac{C_V}{V}=\frac{1}{3}\bar{l}\cdot\frac{\hbar}{m_e}\left(\frac{3\pi^2 N}{V}\right)^{\frac{1}{3}}\cdot\frac{1}{V}\cdot\frac{\pi^2 Nk_B}{2}\cdot\frac{2m_e k_B}{\hbar^2}\left(\frac{V}{3\pi^2 N}\right)^{\frac{2}{3}}T=\frac{k_B^2}{9\hbar}\left(\frac{3\pi^2 N}{V}\right)^{\frac{2}{3}}T\bar{l} \tag{9.54}$$

其中 N 为自由电子的数目。在金属中，经常定义弛豫时间(即两次碰撞之间的平均自由时间)来代替平均自由程

$$\tau=\frac{\bar{l}}{v_F} \tag{9.55}$$

则自由电子所导致的热导率为

$$\lambda=\frac{\pi^2 k_B^2 N}{3m_e V}T\tau \tag{9.56}$$

弛豫时间 τ 可通过金属的电导率实验来测量，接下来介绍。

9.3.2　电导率

金属(以及半导体)具有一个前面内容中没有讨论过的输运性质：电导率。

对于材料的导电性能，大家一般比较熟悉的是欧姆定律，即通过某段导体(如图 9.8 所示的电阻器件)的电流跟这段导体两端的电压成正比

$$I = \frac{V}{R} \tag{9.57}$$

其中比例系数 R 被称为电阻。而且我们知道，如果增加图 9.8 中的面积 A（相当于并联效应），则电阻 R 减小；如果增加长度 L（相当于串联效应），则电阻 R 增大。因此，电阻 R 除了与材料本身的性质有关外，还与用这种材料制成的器件的形状有关。对于图 9.8 中的器件，电压可利用器件中的电场 E 表示如下

$$V = EL \tag{9.58}$$

而电流 I 则与器件中的电流密度 J 有如下关系

$$I = JA \tag{9.59}$$

将它们代入欧姆定律，得

$$J = \frac{L}{AR}E \tag{9.60}$$

引入 $\sigma = \frac{L}{AR}$，称为电导率，单位是西门子/米（S/m）（其中西门子是电阻单位欧姆的倒数）。则电流密度与电场之间有正比关系

$$J = \sigma E \tag{9.61}$$

容易验证，当 A 或 L 发生变化时，σ 并不变化。因此电导率 σ 与器件形状无关，只反映了材料的导电性质。

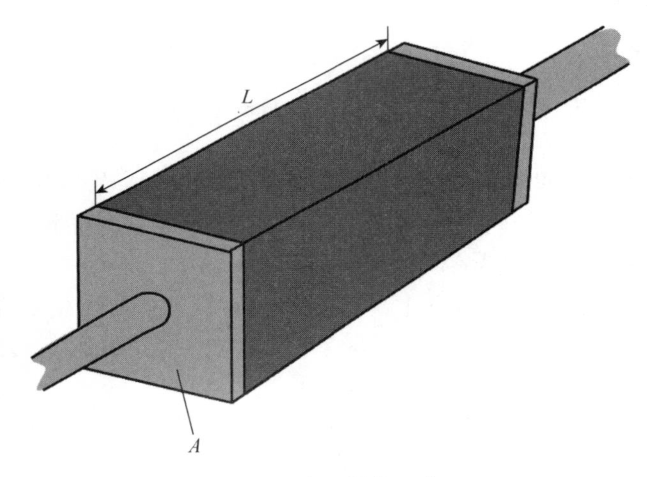

图 9.8　电阻器件示意。

电流其实是由电荷的移动造成的，有

$$\boldsymbol{J} = \sum_{\text{单位体积内}} q_i \boldsymbol{v}_i = -e \sum_{\text{单位体积内}} \boldsymbol{v}_i \tag{9.62}$$

其中 $-e$ 为电子电荷。当没有外加电场时，电子的速度 $\boldsymbol{v}_i$ 的分布是各个方向均匀的，平均（求和）后为零，$\boldsymbol{J}=0$。而加上电场后，电场力作用在电子上，会使电子速度发生变化，从而导致其平均值不再为零，产生电流。根据牛顿定律，有

$$\boldsymbol{F} = -e\boldsymbol{E} = m_e \frac{\mathrm{d}v}{\mathrm{d}t} \tag{9.63}$$

电子不断发生碰撞，假设电子碰撞后完全丧失记忆，碰撞后的速度记为 $\boldsymbol{v}_0$，服从平衡分布，因此 $\langle \boldsymbol{v}_0 \rangle = 0$。碰撞后继续在电场力的作用下加速，如式(9.63)所描述，因此，经过时间 t

后，有

$$\boldsymbol{v}(t)=\boldsymbol{v}_0-\frac{e\boldsymbol{E}}{m_e}t \tag{9.64}$$

在任何时刻进行统计，由于自由时间分布的无记忆性，平均而言，电子在这之前的无碰撞自由时间等于前面介绍过的平均自由时间 τ（在这之后还将有自由时间 τ），因此 $\langle\boldsymbol{v}\rangle=-\frac{e\boldsymbol{E}}{m_e}\tau$，电流密度

$$\boldsymbol{J}=-e\sum_{\text{单位体积内}}\boldsymbol{v}_i=-en\langle\boldsymbol{v}(t)\rangle=\frac{ne^2\tau}{m_e}\boldsymbol{E} \tag{9.65}$$

其中 $n=N/V$ 是电子数密度。因此，电流密度与电场成正比。对比式(9.61)，得到电导率

$$\sigma=\frac{ne^2\tau}{m_e} \tag{9.66}$$

实验上一般测量电导率很方便，由此可利用电导率测量来确定电子的弛豫时间 τ，进而利用前面的式(9.56)计算热导率。当然也可以反过来做，通过测量电导率来确定 τ 进而计算电导率。

一些典型金属的电导率与电子弛豫时间的数据如表 9-9 所示。电子的平均自由程在几十纳米量级，与气体分子大致相当，比声子的自由程大一个量级左右。但由于电子的速度很快，因此电子的弛豫时间很短，只有几十个飞秒。

表 9-9　一些金属的电导率相关数据(0℃)

金属	电子数密度 $n/10^{22}\ \text{cm}^{-3}$	电导率 $\sigma/(10^7\ \text{S/m})$	弛豫时间 $\tau/10^{-15}\ \text{s}$	平均自由程 $\bar{l}_p/\text{nm}$
Li	4.6	1.2	8.4	11
Na	2.5	2.3	32.7	35
K	1.3	1.6	43.5	37
Cu	8.5	6.4	22.7	42
Ag	5.8	6.8	40.7	57
Au	5.9	4.9	29.3	41

9.3.3　为什么金属的导热性能好？

金属的热导率一般比非金属好，是因为金属中有自由电子参与导热过程。声子在金属中对热导率的贡献其实与非金属中的大小类似，但金属中的自由电子贡献远远大于声子的贡献，这是非金属中缺乏的。不过，热导率的公式

$$\lambda=\frac{1}{3}\bar{l}\,\bar{v}\frac{C_V}{V} \tag{9.67}$$

对声子与电子参与的导热过程都是适用的，它们与比热成正比，而我们又知道，声子（固体中的振动）的比热远远大于电子的比热，那为什么电子对热导率的贡献又能超过声子的贡献呢？或者说，为什么金属中自由电子对比热的贡献很小，但对热导率的贡献很大？原因就在于式(9.67)中各项贡献的总体效果：自由电子的比热只有声子比热的百分之几；但其自由程（约几十纳米）高于声子（约几纳米）；更重要的，其速度（$\sim10^6$ m/s）远大于声子（约 5×10^3 m/s）。如果我们按三项倍数分别是 1%、10 倍、200 倍来估算，则电子的热导率约是声子热导率的

20 倍。因此，自由电子对热导率的贡献远大于声子的贡献。

当然，金刚石是例外。金刚石虽然是非金属，但它的导热性能比金属还好。这有两个原因：金刚石的声速较高(12×10^3 m/s)；更重要的是，金刚石非常纯净，声子不容易受到缺陷散射，平均自由程高达几百纳米，比一般的非金属高了约两个量级，比金属中的电子高一个量级。金刚石中散射很少，意味着其中的量子态可以更长时间地保持量子相干性，因此在量子计算中也有重要应用。

9.3.4 金属的热导率与电导率间的联系：洛伦兹数

金属中自由电子对热导率与电导率的贡献都是由电子的散射过程所决定的，因此热导率与电导率之间存在内在的联系。由公式(9.55)与(9.66)，得

$$\frac{\lambda}{\sigma}=\frac{\pi^2 k_B^2}{3e^2}T \tag{9.68}$$

是个常数。因此，金属的热导率与电导率成正比，比例系数仅依赖于温度，而与金属种类无关。这被称为维德曼-夫兰兹定律(1853 年)。一般定义洛伦兹数

$$L=\frac{\pi^2 k_B^2}{3e^2}\approx 2.44\times10^{-8}\ \mathrm{W\cdot\Omega/K^2} \tag{9.69}$$

图 9.9 给出了常见金属的热导率与电导率。可以看出，它们之间有很好的正比关系。

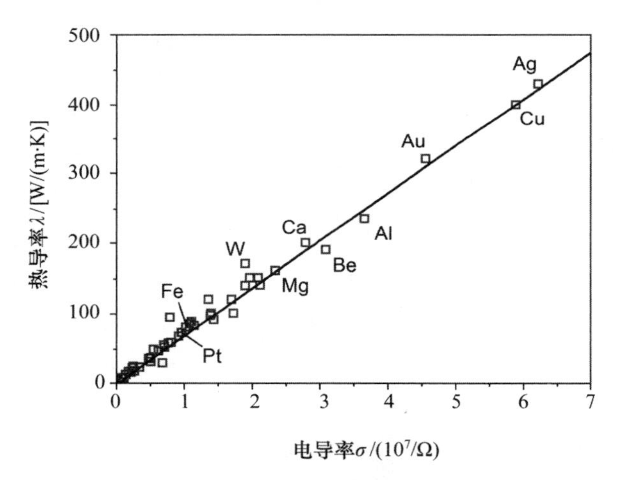

图 9.9 金属的热导率 λ 与电导率 σ 之间的正比关系。

电子对热导率与电导率的贡献之间的这种正比关系，对热电材料的性能提高构成了根本性的约束。热电材料是一种能将热能和电能相互转换的功能材料。例如，用金属铋线和锑线构成结点，当电流沿某一方向流过结点时，结点上的水就会凝固成冰；如果反转电流方向，结点上的冰又会立即融化成水。而且，这种效应是可逆的：把上述装置中的电源换成灯泡，当我们向结点供给热量，灯泡便会亮起来。热电效应涉及导热与导电过程，其效率通常利用品质因子(figure of merit)来评估

$$ZT=\frac{S^2\sigma T}{\lambda} \tag{9.70}$$

其中，S 为塞贝克系数。为了提高热电性能，材料必须有高的电导率与低的热导率。不幸的

是，电子所贡献的电导率与热导率成正比。如果忽略声子对热导率的贡献，将有 $ZT=\frac{S^2}{L}$，很难通过电导率与热导率来进一步提高材料的热电性能。

习　题

9.1　证明公式(9.14)。

9.2　证明式(9.30)。

9.3　证明式(9.31)。

9.4　思考题：为什么汞的普朗特数很小？

9.5　某个外星球上的奇怪生物的寿命 t 的分布为

$$p(t)=\frac{A}{t_0^2+t^2}$$

(a) 根据概率的归一化条件 $\int_0^{+\infty} p(t)\mathrm{d}t=1$ 求出 A 的值。

(b) 证明这种生物的平均寿命是无穷长，即 $\int_0^{+\infty} tp(t)\mathrm{d}t \to +\infty$。

9.6　气体分子的碰撞有助于我们理解其激光诱导荧光性质(laser-induced fluorescence，LIF)。当气体分子被激光激发至激发态后，可能发生自发辐射发出荧光而返回基态(速率为 A，被称为爱因斯坦系数)，也可能与其他分子发生碰撞而导致能量耗散而返回基态(碰撞截面 σ_e)，速率为 Q。

(a) 证明气体分子每吸收一个激光光子(从而激发至激发态)后发射的荧光光子数目平均值(量子效率)为 $\frac{A}{A+Q}$。

(b) 证明 $Q=\frac{4\sigma_e p}{\sqrt{\pi m k_B T}}$，其中 p 为气体压强，m 为分子质量。

9.7　假设有两种产品 A 与 B，寿命为 n 年($n=1,2,3,\cdots$)的概率分布为：(1) $\frac{\exp\left(-\frac{n-1}{\bar{n}}\right)}{\bar{n}}$；(2) $\frac{\bar{n}^{n-1}\exp(-\bar{n})}{(n-1)!}$。(注：$0!=1$。)其中 $\bar{n}$ 是平均寿命。在某次测试中，100 个(A 或 B)样品在第一年的报废个数为 5 个(即有 5 个实际寿命为 1 年)。请分别估计 A 与 B 的平均寿命。

9.8　假设对某社交网络的所有用户进行的统计表明他们的好友数 n(好友关系是双向定义的，如果 A 是 B 的好友，B 也是 A 的好友)满足无记忆分布

$$p_{好友}(n)=\frac{\exp\left(-\frac{n}{\bar{n}}\right)}{\bar{n}}$$

其中 $\bar{n}$ 是平均好友数。现在来考虑好友的好友数 n_2，假设好友的建立是随机的(在满足上述分布的前提下)。因此，某一用户与好友数为 n_2 的用户成为好友的概率正比于好友数为 n_2 的用户的总好友数目 $n_2 p_{好友}(n_2)$，即有

$$p_{\text{好友的好友}}(n_2)=\frac{n_2\exp\left(-\frac{n_2}{\bar{n}}\right)}{\bar{n}^2}$$

(1) 请计算“好友比我有更多好友”的用户比例。

(2) 对于好友数为 $\bar{n}$ 的用户，有多大比例的用户好友数少于他/她?

(3) 假设平均好友数为 20，请计算好友的平均好友数。

(注：所有计算假设好友数为连续值，即求和可用积分代替。)

9.9 纯金属的热导率一般随温度变化不大(温度很低或很高时除外)。

(1) 请推导电子的平均自由程及弛豫时间随温度的变化关系。

(2) 请推导在此条件下纯金属的电导率随温度的变化关系。

(3) 已知 Ag 的电子浓度为 $5.85\times10^{22}/\text{cm}^3$，室温下的热导率为 429 W/(m·K)，请估算 Ag 在 150 K，298 K，600 K 时的电导率。

(提示：利用金属的热导率与电导率间的联系。)

9.10 判断对错题：密度越大，气体的热导率越大。(　　)

第十章　化学动力学

第 1 节　化学动力学的简单碰撞理论

与上一章中介绍的输运现象类似，化学动力学也属于轻微偏离平衡分布的非平衡过程，可以结合统计热力学与对微观过程的动力学描述来处理。前面关于分子碰撞的模型，只要稍加修改就可应用于对气相反应的化学动力学的分析。例如，对于气相反应，可以认为反应物分子近似处于平衡统计分布，分子偶尔会发生碰撞（用上一章中的分子碰撞的硬球模型描述），这些碰撞大部分因为能量不足以跨过反应势垒而不会引发反应，但有少数能量足够高的碰撞能够引发反应，使反应物分子经过碰撞后变成产物分子。根据这种图像就可以近似计算化学反应速率。

10.1.1　化学反应的唯象描述

我们先温习一下对化学反应的唯象描述。它们是我们要用微观模型进行解释的目标。

考虑基元反应

$$\mathrm{A}+\mathrm{B}\longrightarrow \mathrm{C}+\mathrm{D} \tag{10.1}$$

质量作用定律给出反应速率

$$r=k[\mathrm{A}][\mathrm{B}] \tag{10.2}$$

此处[A]表示反应物 A 的浓度。k 是反应速率常数。阿伦尼乌斯公式（Arrhenius equation）给出

$$k=A\mathrm{e}^{-E_{\mathrm{a}}/RT} \tag{10.3}$$

其中 E_{a} 为活化能（activation energy），A 为指前因子（pre-exponential factor）。k 对温度 T 的依赖关系主要来自上式中的指数部分，即由 E_{a} 所决定。但 A 对温度 T 也有较弱的依赖关系，一般表示成 T 的幂函数

$$A=BT^{n} \tag{10.4}$$

其中 n 是温度因子，是个实数（不一定是整数）。

10.1.2　平均碰撞次数

假设气体系统中只有一种分子 A，上一章中给出一个分子在 $\mathrm{d}t$ 时间内所遭遇到的平均碰撞次数

$$\mathrm{d}N_{\mathrm{coll}}=\pi d_{\mathrm{AA}}^{2}\cdot\sqrt{2}\,v\,\mathrm{d}t\cdot\frac{N_{\mathrm{A}}}{V} \tag{10.5}$$

其中 N_A 是 A 分子的总数目。分子平均速度可从麦克斯韦-玻尔兹曼分布求出

$$\bar{v}=\int_0^{+\infty} v\cdot\left(\frac{m}{2\pi k_B T}\right)^{\frac{3}{2}}\exp\left(-\frac{mv^2}{2k_B T}\right)\cdot 4\pi v^2\,\mathrm{d}v=\sqrt{\frac{8k_B T}{\pi m}} \tag{10.6}$$

记粒子数密度(单位体积内的粒子数)$n_A=\frac{N_A}{V}$,则单位体积单位时间内的粒子碰撞的总数目为

$$Z_{AA}=\frac{1}{2}n_A\mathrm{d}N_{coll}=\frac{1}{2}\sqrt{2}\pi d_{AA}^2\bar{v}n_A^2=2n_A^2 d_{AA}^2\sqrt{\frac{\pi k_B T}{m}} \tag{10.7}$$

其中因子 1/2 是因为每次碰撞涉及两个 A 分子。

如果气体中有两种分子,则必须考虑它们的质量 m_A 与 m_B 差异的影响。根据物理知识(参见物理背景:质心运动与相对运动的分解),两个分子的运动可分解为质心运动与相对运动两种独立模式,而相对运动的有效质量为

$$\mu=\frac{m_A m_B}{m_A+m_B} \tag{10.8}$$

称为约化质量。只有相对运动才能引起碰撞。经过分析(过程略),可求得单位体积单位时间内的两种粒子之间碰撞的总数目

$$Z_{AB}=2n_A n_B d_{AB}^2\sqrt{\frac{2\pi k_B T}{\mu}} \tag{10.9}$$

其中 d_{AB} 是两种粒子碰撞时的最短距离,或平均直径。容易验证,当 A 与 B 其实是同一种分子时,式(10.9)与前面的结果(10.7)是一致的。

物理背景:质心运动与相对运动的分解

考虑两个粒子,质量为 m_1 与 m_2,位置为 $\boldsymbol{r}_1$ 与 $\boldsymbol{r}_2$。定义质心坐标及其速度

$$\boldsymbol{r}_c=\frac{m_1\boldsymbol{r}_1+m_2\boldsymbol{r}_2}{m_1+m_2},\ \boldsymbol{v}_c=\frac{\mathrm{d}\boldsymbol{r}_c}{\mathrm{d}t}=\frac{m_1\boldsymbol{v}_1+m_2\boldsymbol{v}_2}{m_1+m_2}$$

以及相对位移及其速度

$$\boldsymbol{r}_r=\boldsymbol{r}_2-\boldsymbol{r}_1,\ \boldsymbol{v}_r=\frac{\mathrm{d}\boldsymbol{r}_r}{\mathrm{d}t}=\boldsymbol{v}_2-\boldsymbol{v}_1$$

则可将变量 $\boldsymbol{r}_1$ 与 $\boldsymbol{r}_2$ 代换为 $\boldsymbol{r}_c$ 与 $\boldsymbol{r}_r$,这两个粒子的运动可分解为质心运动与相对运动两种独立模式。系统动能可分解为质心运动与相对运动的动能之和

$$E_K=\frac{1}{2}m_1|\boldsymbol{v}_1|^2+\frac{1}{2}m_2|\boldsymbol{v}_2|^2=\frac{1}{2}M|\boldsymbol{v}_c|^2+\frac{1}{2}\mu|\boldsymbol{v}_r|^2$$

其中 $M=m_1+m_2$ 是总质量,$\mu=\frac{m_1m_2}{m_1+m_2}$被称为约化质量。也就是说,对于相对运动而言,等价的质量是 μ。在求解氢原子的电子波函数时,其实就是先使用这种方法分解出一个独立的相对运动,即等价可看作原子核不动、电子在动,但应该使用 μ 代替电子质量,再去求解薛定谔方程。在分子的碰撞问题中,相当于分解出一个与碰撞无关的质心运动(有效质量 M)以及一个与碰撞有关的相对运动(有效质量 μ)。

10.1.3　能成功引发化学反应的碰撞

将分子看成硬球时，分子碰撞时只有沿着质心连线方向的相对运动动能才可能有效引发化学反应。假设引发化学反应的最低能量为 ε_0，根据速度分布的麦克斯韦-玻尔兹曼分布，一次碰撞能成功引发化学反应的概率为

$$p_{\text{react}} = \exp\left(-\frac{\varepsilon_0}{k_B T}\right) \tag{10.10}$$

下面对这个公式进行证明，对数学过程不感兴趣的读者可以跳过。

根据气体分子的硬球模型，一个分子 A 以速度 v 向前运动（假设气体分子静止，因此这里的运动相当于分子间的相对运动，等价质量为 μ），它在 $\mathrm{d}t$ 时间内将会与半径为 d_{AB}、轴长为 $v\mathrm{d}t$ 的圆柱体体积内的分子相撞（图 10.1），即碰撞数与 v 成正比。由于不同的 v 引发化学反应的概率 $p_{\text{react}}(v)$ 是不同的，因此我们对 v 的分布进行积分时应该求 $vp_{\text{react}}(v)$ 的平均值 $\langle vp_{\text{react}}(v)\rangle$。记被碰撞的分子离上述圆柱体轴线的距离是 r（图 10.1），则碰撞时分子中心连线的方向与圆柱体轴线（分子运动方向）的角度为 θ，则

$$\sin\theta = \frac{r}{d_{AB}} \tag{10.11}$$

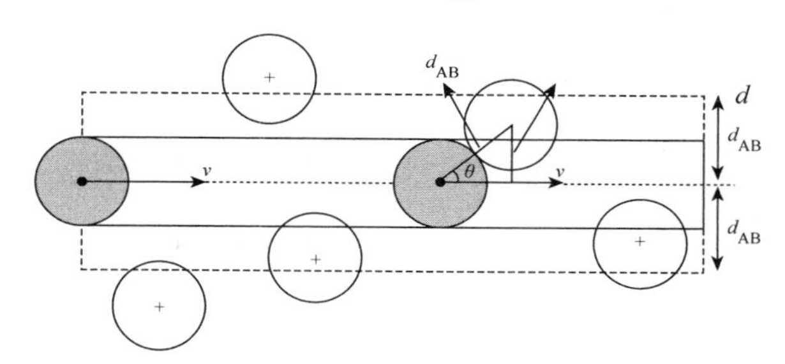

图 10.1　气体分子的碰撞示意。

沿碰撞时分子中心连线方向的速度分量（称为有效碰撞速度 v_{collide}）为

$$v_{\text{collide}} = v\cos\theta \tag{10.12}$$

只有这个速度分量的动能 $\left(\frac{1}{2}\mu v_{\text{collide}}^2\right)$ 才可能有效引发化学反应。因此速度与引发化学反应概率的乘积的平均值为

$$\langle vp_{\text{react}}(v)\rangle = \int_{\frac{1}{2}\mu v_{\text{collide}}^2 \geqslant \varepsilon_0}^{+\infty} \mathrm{d}v \int_0^{d_{AB}} \frac{2\pi r}{\pi d_{AB}^2}\mathrm{d}r \cdot v\left(\frac{\mu}{2\pi k_B T}\right)^{\frac{3}{2}} \exp\left(-\frac{\mu v^2}{2k_B T}\right) \cdot 4\pi v^2 \tag{10.13}$$

其中反应能够发生的条件是

$$\frac{1}{2}\mu v_{\text{collide}}^2 = \frac{1}{2}\mu v^2\cos^2\theta = \frac{1}{2}\mu v^2(1-\sin^2\theta) = \frac{1}{2}\mu v^2\left(1-\frac{r^2}{d_{AB}^2}\right) \geqslant \varepsilon_0 \tag{10.14}$$

即

$$r^2 \leqslant \left(1-\frac{2\varepsilon_0}{\mu v^2}\right) d_{AB}^2 \tag{10.15}$$

因此

$$\langle \upsilon p_{\text{react}}(\upsilon)\rangle = \int_{\frac{1}{2}\mu\upsilon^2 \geqslant \varepsilon_0}^{+\infty} \mathrm{d}\upsilon \int_{r^2 \leqslant \left(1-\frac{2\varepsilon_0}{\mu\upsilon^2}\right) d_{\text{AB}}^2} \frac{2\pi r}{\pi d_{\text{AB}}^2} \mathrm{d}r \cdot \upsilon \left(\frac{\mu}{2\pi k_{\text{B}} T}\right)^{\frac{3}{2}} \exp\left(-\frac{\mu\upsilon^2}{2k_{\text{B}}T}\right) \cdot 4\pi\upsilon^2$$

$$= \int_{\frac{1}{2}\mu\upsilon^2 \geqslant \varepsilon_0}^{+\infty} \mathrm{d}\upsilon \left(1-\frac{2\varepsilon_0}{\mu\upsilon^2}\right) \cdot \upsilon \left(\frac{\mu}{2\pi k_{\text{B}} T}\right)^{\frac{3}{2}} \exp\left(-\frac{\mu\upsilon^2}{2k_{\text{B}}T}\right) \cdot 4\pi\upsilon^2 = \sqrt{\frac{8k_{\text{B}}T}{\pi\mu}} \exp\left(-\frac{\varepsilon_0}{k_{\text{B}}T}\right) \tag{10.16}$$

根据式(10.6),相对运动的平均速度为

$$\bar{\upsilon} = \sqrt{\frac{8k_{\text{B}}T}{\pi\mu}} \tag{10.17}$$

因此,式(10.16)表明$\langle \upsilon p_{\text{react}}(\upsilon)\rangle = \bar{\upsilon} p_{\text{react}}$,而$p_{\text{react}}$就是式(10.10)给出的形式。或者说,如果我们认为引发化学反应的碰撞次数等于总碰撞次数[公式(10.9)]乘以一个引发概率,则这个引发概率由式(10.10)给出。

10.1.4 反应速率

由前面的结果,反应 A+B ⟶C+D 的速率为

$$r = Z_{\text{AB}} p_{\text{react}} = 2n_{\text{A}} n_{\text{B}} d_{\text{AB}}^2 \sqrt{\frac{2\pi k_{\text{B}} T}{\mu}} \exp\left(-\frac{\varepsilon_0}{k_{\text{B}}T}\right) \tag{10.18}$$

上式的 r 是以分子数为单位的。如果折算成与唯象定义一致的以 mol 为单位时,有

$$r = 2[\text{A}][\text{B}] N_{\text{A}} d_{\text{AB}}^2 \sqrt{\frac{2\pi k_{\text{B}} T}{\mu}} \exp\left(-\frac{\varepsilon_0}{k_{\text{B}}T}\right) \tag{10.19}$$

其中$[\text{A}] = n_{\text{A}}/N_{\text{A}}$,$[\text{B}] = n_{\text{B}}/N_{\text{A}}$ 也是以 mol 为单位。对比唯象结果(10.2),得到反应速率常数

$$k = 2N_{\text{A}} d_{\text{AB}}^2 \sqrt{\frac{2\pi k_{\text{B}} T}{\mu}} \exp\left(-\frac{\varepsilon_0}{k_{\text{B}}T}\right) \tag{10.20}$$

它符合阿伦尼乌斯公式,而且指前因子为

$$A = 2N_{\text{A}} d_{\text{AB}}^2 \sqrt{\frac{2\pi k_{\text{B}} T}{\mu}} \tag{10.21}$$

换句话说,我们利用硬球模型与统计热力学分布从微观上证明了质量作用定律与阿伦尼乌斯公式,而且还能给出指前因子的表达式。

下面,我们通过一个具体例子来看简单碰撞理论的效果。

例 10.1 实验上测得反应 $\text{O}+\text{H}_2 \longrightarrow \text{OH}+\text{H}$ 的活化能为$\frac{\varepsilon_0}{k_{\text{B}}} = 4480\ \text{K}$,$T = 500\ \text{K}$ 时指前因子为 $8.04\times10^5\ \text{m}^3/(\text{mol}\cdot\text{s})$。又知道 H_2 与 O 的直径分别为 2.92 Å 与 1.72 Å。请比较碰撞理论与实验是否一致。

解答: 由已知条件,得

$$d_{\text{AB}} = \frac{1}{2}\times(2.92+1.72) = 2.32\ \text{Å}$$

$$\mu = \frac{2\times16}{2+16}\times1.66\times10^{-27} = 2.95\times10^{-27}\ \text{kg}$$

根据(10.21),指前因子为

$$A = 2 \times 6.02 \times 10^{23} \times (2.32 \times 10^{-10})^2 \times \sqrt{\frac{2 \times 3.14 \times 1.38 \times 10^{-23} \times 500}{2.95 \times 10^{-27}}}$$

$$= 24.7 \times 10^7 \ \mathrm{m^3/mol \cdot s}$$

量级与实验结果大致相当,但具体数值差了约 300 倍。解答完毕。

在这个例子中,简单碰撞理论给出的指前因子比实验结果高了约 300 倍。不过,这并没有如表面上看上去那么糟,因为如果没有模型(微观认识),我们连大致的量级都理解不了(例如,指前因子为什么是 10^5 而不是 10^{-5} 呢?)当然,话说回来,碰撞理论虽然能够定性解释化学动力学的规律,但得到的指前因子确实往往比实验值高。这里的主要原因是它忽略了振动与旋转等内部自由度的影响。当发生碰撞时,相对运动的平动动能有可能转化为分子的振动或旋转能量,而非用于打开化学键;因此,能够引发化学反应的碰撞的概率比我们前面的分析要低。简单碰撞理论对原子反应也许描述得好,但对有分子参与的反应则会高估反应速率。如果要更准确地描述化学反应,需要用到过渡态理论。

第 2 节 过渡态理论

10.2.1 过渡态与反应速率

过渡态理论认为,从反应物分子变成产物分子的过程中,必然要经过高能量的过渡状态,根据这个过渡状态的性质,就可以确定反应速率。以反应 $O + H_2 \longrightarrow OH + H$ 为例,O 与一个 H 接近并产生一定的作用力,同时这个 H 与另一个 H 之间的键减弱,能量不断升高,形成不稳定的[O…H…H]过渡态;接下去随着 O 与 H 的不断接近以及 H 与 H 的不断远离,能量不断下降,最后形成能量稳定的产物,如图 10.2 所示。普适地讲,分子系统的能量是其构象(用多个变量描述,例如原子位置,或键长、键角、二面角等)的多元函数,在能量-构象的多维超空间中表现为能量曲面,反应物与产物坐落在曲面的两个不同的极小值(盆地);连接两盆地的能量上升最小的路径是过渡路径,其最高点(隘口)就是过渡态[图 10.2(b)]。从数学上讲,过渡态坐落在能量曲面的鞍点上,一阶导数为 0,二阶导数有一个主轴方向为负(偏离时能量下降,指向反应物和产物),其他主轴方向为正(偏离时能量上升)。由

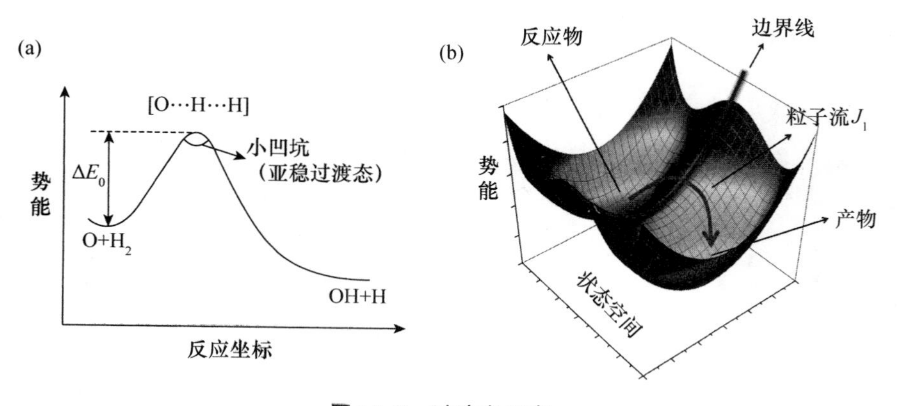

图 10.2 过渡态示意。

于过渡态能量的一阶导数为0，因此可对其进行正交模分析，解出来的一个振动模是很不稳定的(频率为虚数，即$\omega^2<0$)，沿此模振动时会演化成反应物或产物；但其他的振动模是稳定的。通过对过渡态性质的研究，可以确定反应的速率。

考虑基元反应

$$A+B\longleftrightarrow X^* \longrightarrow C+D \tag{10.22}$$

其中X^*代表过渡态。把X^*看作亚稳物种，并假设它与反应物之间达到一种平衡，则

$$[X^*]=K^*[A][B] \tag{10.23}$$

记过渡态结构的不稳定模的振动频率为ν_D，它的每一次振动都会把过渡态结构变成产物，因此反应速率为

$$r=\nu_D[X^*]=\nu_D K^*[A][B] \tag{10.24}$$

严格讲，沿不稳定振动方向微扰时能量是下降的，不稳定振动模的频率其实是个虚数。但我们可以人为在能量曲面(曲线)上过渡态所在位置砸一个小凹坑[如图10.2(a)所示]，使过渡态变成亚稳，此时ν_D就是个实数了。我们后面将证明结果与ν_D无关，因此我们可以使小凹坑不断缩小直至消失，恢复原样，得到原系统的解。由式(10.24)，可知速率常数为

$$k=\nu_D K^* \tag{10.25}$$

由于$A+B\longleftrightarrow X^*$是化学平衡，可以引用第五章中关于反应性理想气体化学平衡常数的结果，有

$$K^*=\frac{[X^*]}{[A][B]}=\frac{\dfrac{Z_{X^*}}{V}}{\dfrac{Z_A}{V}\cdot\dfrac{Z_B}{V}}\exp\left[\frac{\varepsilon_A^{(0)}+\varepsilon_B^{(0)}-\varepsilon_{X^*}^{(0)}}{k_B T}\right]=\frac{\phi_{X^*}}{\phi_A\phi_B}\exp\left(-\frac{\Delta E_0}{k_B T}\right) \tag{10.26}$$

其中$\varepsilon_i^{(0)}$是分子的基态能量，Z_i是分子配分函数。$\phi_i=Z_i/V$是单位体积的分子配分函数。$\Delta E_0=\varepsilon_{X^*}^{(0)}-[\varepsilon_A^{(0)}+\varepsilon_B^{(0)}]$是过渡态与反应物分子的基态能量之差。过渡态结构的不稳定振动模的频率很低，其对配分函数的贡献可采用高温近似

$$Z_D=\frac{\exp\left(-\dfrac{\hbar\omega_D}{2k_B T}\right)}{1-\exp\left(-\dfrac{\hbar\omega_D}{k_B T}\right)}\approx\frac{k_B T}{\hbar\omega_D} \tag{10.27}$$

因此

$$\phi_{X^*}=\phi^* Z_D \tag{10.28}$$

其中ϕ^*为不包含不稳定振动模贡献的单位体积配分函数。综合上述各个结果，有

$$k=\nu_D\frac{k_B T}{\hbar\omega_D}\frac{\phi^*}{\phi_A\phi_B}\exp\left(-\frac{\Delta E_0}{k_B T}\right)=\frac{k_B T}{h}\frac{\phi^*}{\phi_A\phi_B}\exp\left(-\frac{\Delta E_0}{k_B T}\right) \tag{10.29}$$

其中利用了$\omega_D=2\pi\nu_D$。结果式(10.29)与不稳定振动模的频率ν_D没有关系。因此，即使我们把上述的凹坑不断缩小直至消失，这个结果总保持成立。如果以mol为单位，则

$$k=N_A\frac{k_B T}{h}\frac{\phi^*}{\phi_A\phi_B}\exp\left(-\frac{\Delta E_0}{k_B T}\right) \tag{10.30}$$

因此阿伦尼乌斯公式成立，而且指前因子为

$$A=N_A\frac{k_B T}{h}\frac{\phi^*}{\phi_A\phi_B} \tag{10.31}$$

式(10.30)与(10.31)是过渡态理论的主要结果，它们可以进一步利用统计热力学的配分函

数进行计算。在有些应用中，把 k 重新写成

$$k = N_{\mathrm{A}} \frac{k_{\mathrm{B}} T}{h} \exp\left(-\frac{\Delta G^{*}}{k_{\mathrm{B}} T}\right) \tag{10.32}$$

其中 $\Delta G^{*} = \Delta E_0 - k_{\mathrm{B}} T \ln\left(\frac{\phi^{*}}{\phi_{\mathrm{A}}\phi_{\mathrm{B}}}\right)$ 被称为自由能势垒或活化自由能。

下面是过渡态理论的一个具体例子，结果与实验符合得非常好。虽然这种符合程度有偶然性的成分，不过过渡态理论得到的结果确实一般比碰撞理论得到的结果要好得多。

例 10.2　请利用过渡态理论估算反应 $O + H_2 \longrightarrow OH + H$ 在 500 K 时的指前因子，并与实验值[$8.04 \times 10^5\ \mathrm{m^3/(mol \cdot s)}$]比较。

解答： 对于 O 原子，没有振动与转动的贡献，有

$$\phi_{\mathrm{A}} = \frac{Z_{\mathrm{tr}}}{V} Z_{\mathrm{elec}} = \left(\frac{2\pi m_{\mathrm{O}} k_{\mathrm{B}} T}{h^2}\right)^{3/2} Z_{\mathrm{elec}}$$

O 原子的电子基态简并度为 9，因此

$$\phi_{\mathrm{A}} = \left[\frac{2 \times 3.14 \times 16 \times 1.66 \times 10^{-27} \times 1.38 \times 10^{-23} \times 500}{(6.63 \times 10^{-34})^2}\right]^{3/2} \times 9 = 1.21 \times 10^{33}\ \mathrm{m^{-3}}$$

对于 H_2 分子，查得 $Z_{\mathrm{elec}} = 1$，$\theta_{\mathrm{rot}} = 85.3$ K，$\theta_{\mathrm{vib}} = 6332$ K，因此

$$\phi_{\mathrm{B}} = \frac{Z_{\mathrm{tr}}}{V} Z_{\mathrm{rot}} Z_{\mathrm{vib}} Z_{\mathrm{elec}} \approx \left(\frac{2\pi m_{\mathrm{H_2}} k_{\mathrm{B}} T}{h^2}\right)^{\frac{3}{2}} \frac{T}{2\theta_{\mathrm{rot}}} \frac{1}{1 - \mathrm{e}^{-\frac{\theta_{\mathrm{vib}}}{T}}} Z_{\mathrm{elec}}$$

$$= \left[\frac{2 \times 3.14 \times 2 \times 1.66 \times 10^{-27} \times 1.38 \times 10^{-23} \times 500}{(6.63 \times 10^{-34})^2}\right]^{3/2}$$

$$\times \frac{500}{2 \times 85.3} \times \frac{1}{1 - \mathrm{e}^{-\frac{6332}{500}}} = 1.73 \times 10^{31}\ \mathrm{m^{-3}}$$

对于过渡态结构 O⋯H⋯H，其振动频率不容易测量，因此暂从水分子的结果估计（$\theta_{\mathrm{vib}} =$ 5260，2290 K）。振动特征温度较高，所以它们对结果的影响其实很小。旋转的特征温度从 OH 估计，有 $\theta_{\mathrm{rot}} = 27$ K。电子态从水分子估计，$Z_{\mathrm{elec}} = 1$。因此

$$\phi^{*} = \frac{Z_{\mathrm{tr}}}{V} Z_{\mathrm{rot}} Z_{\mathrm{vib}} Z_{\mathrm{elec}} \approx \left(\frac{2\pi m_{\mathrm{O\cdots H\cdots H}} k_{\mathrm{B}} T}{h^2}\right)^{\frac{3}{2}} \frac{T}{\theta_{\mathrm{rot}}} \prod \frac{1}{1 - \mathrm{e}^{-\frac{\theta_{\mathrm{vib}}}{T}}} Z_{\mathrm{elec}}$$

$$= \left[\frac{2 \times 3.14 \times 18 \times 1.66 \times 10^{-27} \times 1.38 \times 10^{-23} \times 500}{(6.63 \times 10^{-34})^2}\right]^{\frac{3}{2}}$$

$$\times \frac{500}{27} \times \frac{1}{1 - \mathrm{e}^{-\frac{5260}{500}}} \times \frac{1}{1 - \mathrm{e}^{-\frac{2290}{500}}} = 3.0 \times 10^{33}\ \mathrm{m^{-3}}$$

综合上述结果，最后得到指前因子

$$A = N_{\mathrm{A}} \frac{k_{\mathrm{B}} T}{h} \frac{\phi^{*}}{\phi_{\mathrm{A}} \phi_{\mathrm{B}}}$$

$$= 6.02 \times 10^{23} \times \frac{1.38 \times 10^{-23} \times 500}{6.63 \times 10^{-34}} \times \frac{3.0 \times 10^{33}}{1.21 \times 10^{33} \times 1.73 \times 10^{31}}$$

$$= 9.0 \times 10^5\ \mathrm{m^3/(mol \cdot s)}$$

与实验值（8.04×10^5）符合非常好。

另外，我们还可以采用一种更加近似的解答。假设我们没有任何光谱数据，忽略振动、转动、电子对配分函数的贡献，只考虑最容易计算的平动配分函数的贡献，则近似有

$$A \approx N_A \frac{k_B T}{h} \frac{\phi_{tr}^*}{\phi_{A,tr}\phi_{B,tr}} = \frac{N_A h^2}{\sqrt{k_B T}}\left(\frac{m_{O\cdots H\cdots H}}{2\pi m_O m_{H_2}}\right)^{\frac{3}{2}}$$

$$= \frac{6.02\times10^{23}\times(6.63\times10^{-34})^2}{\sqrt{1.38\times10^{-23}\times500}} \times \left(\frac{18}{2\times3.14\times2\times16\times1.66\times10^{-27}}\right)^{\frac{3}{2}}$$

$$= 1.3\times10^6\ \mathrm{m^3/(mol\cdot s)}$$

与实验值符合也很好。

10.2.2 过渡态理论的经典统计解读：平衡流与反应速率

过渡态理论还有一种更加形象易懂的解读。我们在经典统计下考虑图 10.2(b)所示的能量(势能)曲面，反应物与产物对应着状态空间的不同区域，即图中的两个能量盆地，而它们之间被一条边界线所分开，过渡态就对应着这条边界线的能量最低点。当系统达到平衡时(包括化学反应平衡)，可根据统计热力学原理确定状态空间不同地方的占据数(或概率)，例如，我们可以统计反应物的总数 P_1 与产物的总数 P_2。对于将反应物与产物隔开的边界线上的任一点(代表了系统所有原子的某个坐标组合状态)，系统所有原子的速度可以用麦克斯韦-玻尔兹曼分布来描述，其中有些速度将使系统状态向产物一侧移动，即变成产物，而另一些速度将使系统状态向反应物一侧移动。这样就会在状态空间中产生(平衡)粒子流。由于这些粒子流由平衡分布所决定，我们很容易计算它们的值。例如，我们可以求出平衡时从反应物一侧通过边界线流到产物一侧的总粒子流 J_1，及相反方向的粒子流 J_2。如果我们假设 J_1 来自反应物，而且不依赖于产物是否存在，则根据平衡时的 P_1 与 J_1，可计算出反应速率。

考虑基元反应 $A+B \longleftrightarrow X^* \longrightarrow C+D$。假设在系统中放进一个分子 A 与一个分子 B，让它们反应并达到平衡。根据正则系综理论，对任意状态 i(状态空间的任意一点，可以属于反应物 A+B 一侧，也可以是产物 C+D 一侧，或者位于其边界线上)，其概率

$$p_i = \frac{1}{Q}\exp\left(-\frac{E_i}{k_B T}\right) \tag{10.33}$$

其中 Q 为归一化因子。将反应物一侧状态的分布加和起来，就得到反应物的总数

$$P_1 = \frac{Z_A Z_B}{Q}\exp\left[-\frac{\varepsilon_A^{(0)}+\varepsilon_B^{(0)}}{k_B T}\right] \tag{10.34}$$

在反应物一侧系统能量近似为一个 A 分子的能量加一个 B 分子的能量，相当于近独立粒子系统，所以我们可以得到式(10.34)。为了计算从反应物一侧通过边界线流到产物一侧的总粒子流 J_1，我们先看一维系统[图 10.2(a)]，此时边界线就是过渡态。假设系统服从经典分布，则在 Δt 时间内，在过渡态左边 $\Delta x = v_x \Delta t$ 范围内的速度为 v_x 的粒子将向右越过过渡态进入产物区域。因此

$$J_1\Delta t = \int_0^{+\infty}\frac{1}{Q}\exp\left[-\frac{E(v_x,x)}{k_B T}\right]\frac{\Delta x\,dv_x}{h} = \int_0^{+\infty}\frac{1}{Q}\exp\left[-\frac{E(v_x,x)}{k_B T}\right]\frac{mv_x}{h}\Delta t\,dv_x$$

$$= \frac{1}{Q}\exp\left(-\frac{V^*}{k_B T}\right)\int_0^{+\infty}\exp\left(-\frac{mv_x^2}{2k_B T}\right)\frac{mv_x}{h}\Delta t\,dv_x$$

$$=\frac{1}{Q}\exp\left(-\frac{V^*}{k_B T}\right)\frac{k_B T}{h}\Delta t \tag{10.35}$$

其中 V^* 是过渡态的势能。对于一般情况，还需考虑不垂直于边界的其他方向的贡献，或者说，需要对整个边界进行积分。由于 $\exp\left(-\frac{E_i}{k_B T}\right)$ 的存在，能量越高的状态对积分的贡献越小，我们可以在边界的能量最低点（即过渡态）附近作展开进行正交模分析，积分的贡献为 $Z^*=\phi^* V$，此处不稳定的振动模对应与边界垂直的方向，积分时不需计入。因此有

$$J_1=\frac{Z^*}{Q}\exp\left(-\frac{V^*}{k_B T}\right)\frac{k_B T}{h} \tag{10.36}$$

因此单位时间内的反应数为

$$\frac{J_1}{P_1}=\exp\left[-\frac{V^*-\varepsilon_A^{(0)}-\varepsilon_B^{(0)}}{k_B T}\right]\frac{k_B T}{h}\frac{Z^*}{Z_A Z_B} \tag{10.37}$$

则反应速率

$$r=\frac{1}{V}\frac{J_1}{P_1}=\exp\left[-\frac{V^*-\varepsilon_A^{(0)}-\varepsilon_B^{(0)}}{k_B T}\right]\frac{k_B T}{h}\frac{\phi^*}{\phi_A\phi_B}\frac{1}{V}\frac{1}{V} \tag{10.38}$$

右边的两个 $\frac{1}{V}$ 相当于一个分子 A 与一个分子 B 所对应的浓度，因此，反应速率常数（未折算成 mol 单位）

$$k=\frac{k_B T}{h}\frac{\phi^*}{\phi_A\phi_B}\exp\left[-\frac{V^*-\varepsilon_A^{(0)}-\varepsilon_B^{(0)}}{k_B T}\right] \tag{10.39}$$

这就是经典统计解读下的过渡态理论的结果，与前面的结果一致。

这个分析还有助于我们理解过渡态理论的局限性。在这个理论中，我们假设 J_1 来自反应物，这其实不一定准确。因为有可能有这样一条动力学演化轨迹，系统的状态从产物出发，越过边界进入反应物一侧，但接下来并不是继续往前走掉到反应物盆地里，而是返过头来又进入产物一侧并掉到产物盆地里。这条轨迹确实有从边界左边进入右边的事件发生，但它并不是对应于从反应物到产物的转变，而是从产物到产物的变化。另外，我们也可以想象另一些轨迹，在从反应物出发后，会越过边界线多次，再演化成产物，这样它对 J_1 会有多次贡献，但其实只有一次从反应物到产物的转变。因此利用平衡流 J_1 来估计反应速率就会构成误差。

过渡态理论其实挺神奇的，因为它是从平衡分布找出过渡态并估计反应速率，也就是说动力学的部分信息是存在于热力学数据里的。因此它必然忽略了某些东西。

习　题

10.1　考虑两个粒子，质量为 m_1 与 m_2，位置为 $\boldsymbol{r}_1$ 与 $\boldsymbol{r}_2$。请证明系统动能可分解为质心运动与相对运动的动能之和。

10.2　证明公式(10.9)。

10.3　请验证：当 A 与 B 其实是同一种分子时，公式(10.9)与(10.7)是一致的。

10.4　思考：为什么以 mol 为单位时有公式(10.30)。

10.5　考虑如下反应：

$$O_2 + N_2 \longrightarrow O + O + N_2$$

已知 O_2 在 N_2 中的扩散系数是 $D_{12}=0.18\ \mathrm{cm^2/s}$(压强 1 atm,温度 273 K)。反应速率的唯象表达式是

$$r = BT^n e^{-E_a/RT}[O_2][N_2]\ \mathrm{mol/(cm^3 \cdot s)}$$

请利用简单碰撞理论确定式中 n 与 B 的值,并与实验结果[$BT^n = 1.9\times 10^{11} T^{1/2}\ \mathrm{cm^3/(mol \cdot s)}$]做比较。

10.6˙ 考虑基元反应

$$A \longleftrightarrow X^* \longrightarrow B + C + D$$

请推导其正向反应在过渡态理论下的指前因子的表达式,并分别讨论低温极限(即忽略振动的贡献)与高温极限下的结果。(背景:在高温极限下,量子力学的特征参数 h 将在结果中不出现,变成经典统计的结果)。

第十一章　液体的性质

第1节　液体的囚胞理论

11.1.1　引言：液体没有理想模型

与气体和固体相比，液体的理论描述要困难得多，主要原因是液体缺乏合适的理想模型。对于气体，最简单的模型就是我们所熟悉的理想气体模型，其中分子完全无序。它可看作气体模型的零级近似，真实气体的性质可在这个基础上考虑分子间相互作用的影响(通过类似于微扰论或级数展开的方法，如第七、九、十章中的做法)来处理。对于固体，理想模型就是晶体的谐振模型(例如德拜模型)，其中的原子是完全有序的。作为零级近似，它已经能够很好地给出固体的很多性质，而且可以很方便地引进各种非谐或非周期效应的影响。而对于液体，它的性质介乎气体与固体之间，既不是完全无序，也不是完全有序，很难建立理想模型。

在本章中，我们只考虑简单液体的性质。简单液体是指：液体分子的内部运动不干扰分子的质心运动；质心运动可按经典力学处理；分子间相互作用势只是分子间距离的函数。

11.1.2　囚胞理论与自由体积

液体的微观结构介乎固体与气体之间，分子排列在短程上是有序的，但在长程上是无序的(图11.1)。液体中每个分子周围的近邻分子的数目大致固定，但又具有平动自由度，不断动态地改变它的近邻。囚胞理论(cell theory)反映了液体的这些结构特点。它假设液体分子处在由邻近分子围成的囚胞(cell)或笼子(cave)中运动。囚胞相对固定，每个囚胞中有一个可以独立运动的分子。囚胞内的分子是在周围分子形成的势场中运动的。实际的势场很复杂，且随时间而变。因此囚胞理论用一个平均势场 $u(r)$ 来简化随时间变化的相互作用。系统的势能近似写成

$$U=U_0+\sum_{i=1}^{N}u(\boldsymbol{r}_i) \tag{11.1}$$

其中 $\boldsymbol{r}_i$ 是第 i 个囚胞中的分子偏离囚胞中心的位移，而 u 则是偏离中心时引起的平均势能变化，即有 $u(0)=0$。U_0 是所有分子都位于各自的囚胞中心时系统的总势能。

在势能[式(11.1)]下，系统的正则配分函数为

$$Q=\left[\left(\frac{2\pi mk_{\mathrm{B}}T}{h^2}\right)^{\frac{3}{2}}Z_{\mathrm{int}}\right]^N\exp\left(-\frac{U_0}{k_{\mathrm{B}}T}\right)\left[\int\exp\left(-\frac{u(\boldsymbol{r})}{k_{\mathrm{B}}T}\right)\mathrm{d}^3\boldsymbol{r}\right]^N \tag{11.2}$$

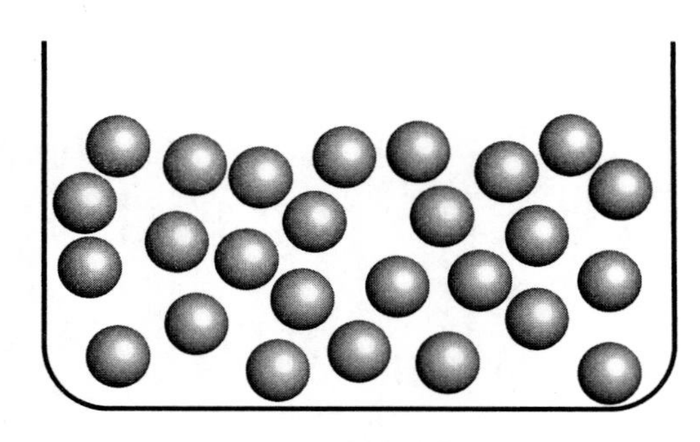

图 11.1　液体的结构示意。

其中$\left(\frac{2\pi mk_{\mathrm{B}}T}{h^2}\right)^{\frac{3}{2}}$是分子质心运动动能的贡献，$Z_{\mathrm{int}}$是分子内部运动模式对单分子配分函数的贡献，与理想气体中的结果相同。定义自由体积

$$v_{\mathrm{f}}=\int\exp\left[-\frac{u(\boldsymbol{r})}{k_{\mathrm{B}}T}\right]\mathrm{d}^3\boldsymbol{r} \tag{11.3}$$

它具有体积的单位，可看作一个液体分子在囚胞中移动时其中心可达到的等价体积，反映了分子间相互作用的影响。v_{f}是温度的函数，利用v_{f}，正则配分函数可写成

$$Q=\left[\left(\frac{2\pi mk_{\mathrm{B}}T}{h^2}\right)^{\frac{3}{2}}Z_{\mathrm{int}}\right]^N\exp\left(-\frac{U_0}{k_{\mathrm{B}}T}\right)v_{\mathrm{f}}^N \tag{11.4}$$

注意虽然液体分子是不可分辨粒子，但这里不需要除以$N!$。原因是囚胞是有位置差别、可分辨的，把N个分子分配进N个囚胞会贡献一个$N!$因子，刚好与不可分辨粒子所引起的$1/N!$抵消。

v_{f}是囚胞理论的一个重要参数，代表了一个液体分子的质心能够自由移动的空间的等价体积。例如，我们可以用分子硬球模型的相互作用势能来看一下v_{f}的结果(图 11.2)：假设相邻囚胞间的中心距离为a(与粒子数密度N/V有关)，分子的硬球直径为d(与N/V无关)，则分子质心能够自由移动的空间近似为球形，半径为$r=a-d$，因此

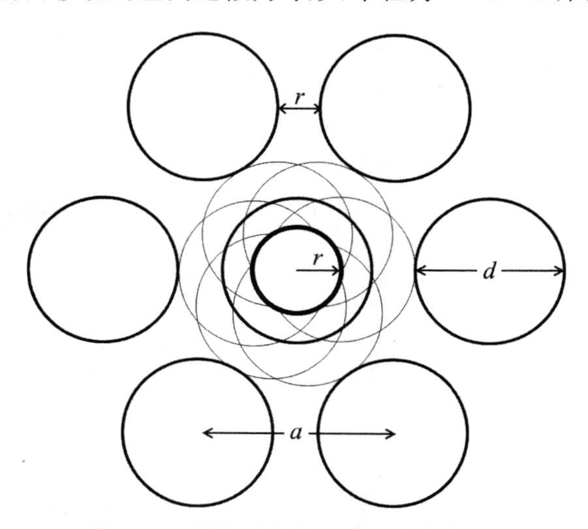

图 11.2　液体分子的囚胞与自由体积。

$$\upsilon_{\mathrm{f}} \approx \frac{4}{3}\pi(a-d)^3 \tag{11.5}$$

U_0 是囚胞理论的另一个重要参数，代表所有分子处于各自囚胞中心时系统的总势能，其绝对值就是点阵能。U_0 随 N/V 而变化，当粒子数密度很低时趋于零。

当粒子数密度 N/V 变得非常低时，有

$$U_0 \to 0,\ \upsilon_{\mathrm{f}} \to \frac{V}{N} \tag{11.6}$$

此时

$$Q \to \left[\left(\frac{2\pi m k_{\mathrm{B}} T}{h^2}\right)^{\frac{3}{2}} Z_{\mathrm{int}}\right]^N \left(\frac{V}{N}\right)^N \tag{11.7}$$

当粒子数密度非常低时，我们期望系统将变成理想气体。但是，对比理想气体的结果

$$Q(\text{理想气体}) = \left[\left(\frac{2\pi m k_{\mathrm{B}} T}{h^2}\right)^{\frac{3}{2}} Z_{\mathrm{int}}\right]^N \frac{V^N}{N!} \approx \left[\left(\frac{2\pi m k_{\mathrm{B}} T}{h^2}\right)^{\frac{3}{2}} Z_{\mathrm{int}}\right]^N \left(\frac{eV}{N}\right)^N \tag{11.8}$$

我们发现囚胞理论的结果(11.7)比理想气体少了因子 e^N。也就是说，囚胞模型给出的配分函数向低密度极限过渡时，少了因子 e^N。这将在熵函数上导致差值 Nk_{B}。这个差额被称为共有熵(communal entropy)。究其原因，是因为我们在囚胞理论中假定囚胞体积相等，且每个囚胞中有且仅有一个分子存在。这在低密度下显然是不对的。在气体与液体中，与其把 N 个分子看成分别囚禁在 N 个囚胞中(配分函数 υ_{f}^N)，不如看成 N 个不可分辨分子自由活动在空间 $N\upsilon_{\mathrm{f}}$ 中$\left[\text{配分函数}\dfrac{(N\upsilon_{\mathrm{f}})^N}{N!}\right]$。因此，一般将囚胞理论的配分函数修正为

$$Q = \left[\left(\frac{2\pi m k_{\mathrm{B}} T}{h^2}\right)^{\frac{3}{2}} Z_{\mathrm{int}}\right]^N \exp\left(-\frac{U_0}{k_{\mathrm{B}} T}\right)(e\upsilon_{\mathrm{f}})^N \tag{11.9}$$

11.1.3　液-气平衡

利用囚胞理论可描述液-气平衡，并可反过来利用液-气平衡的实验来确定囚胞理论里的参数 υ_{f} 与 U_0。

在囚胞理论下，液体的亥姆霍兹自由能为

$$A = -k_{\mathrm{B}} T \ln Q = -N k_{\mathrm{B}} T \ln\left[\left(\frac{2\pi m k_{\mathrm{B}} T}{h^2}\right)^{\frac{3}{2}} Z_{\mathrm{int}} e\right] + N\varepsilon_0 - N k_{\mathrm{B}} T \ln \upsilon_{\mathrm{f}} \tag{11.10}$$

其中 $\varepsilon_0 = \dfrac{U_0}{N}$。化学势为

$$\mu_{\mathrm{liquid}} = \frac{G}{N} = \frac{A + pV_{\mathrm{liquid}}}{N} = -k_{\mathrm{B}} T \ln\left[\left(\frac{2\pi m k_{\mathrm{B}} T}{h^2}\right)^{\frac{3}{2}} Z_{\mathrm{int}} e\right] + \varepsilon_0 - k_{\mathrm{B}} T \ln \upsilon_{\mathrm{f}} + p\frac{V_{\mathrm{liquid}}}{N} \tag{11.11}$$

设液体的蒸气为理想气体，有

$$\mu_{\mathrm{gas}} = -k_{\mathrm{B}} T \ln\left[\left(\frac{2\pi m k_{\mathrm{B}} T}{h^2}\right)^{\frac{3}{2}} Z_{\mathrm{int}} \frac{k_{\mathrm{B}} T}{p}\right] \tag{11.12}$$

液-气平衡时，液体与气体的化学势相等，压强为饱和蒸气压(记为 $p_{\text{饱和}}$)，因此得到

$$v_f = \frac{k_B T}{e p_{饱和}} \exp\left(\frac{\varepsilon_0 + p_{饱和} \frac{V_{liquid}}{N}}{k_B T}\right) \tag{11.13}$$

设液体的摩尔蒸发热为 ΔH_m，则

$$\begin{aligned}\Delta H_m &= \Delta(E_m + pV) = -N_A \varepsilon_0 + p_{饱和}(V_{m,gas} - V_{m,liquid}) \\ &= -N_A \varepsilon_0 + N_A k_B T - p_{饱和} N_A \frac{V_{liquid}}{N}\end{aligned} \tag{11.14}$$

可解出

$$\varepsilon_0 = -\frac{\Delta H_m}{N_A} + k_B T - p_{饱和} \frac{V_{liquid}}{N} \tag{11.15}$$

代回式(11.13)，得

$$v_f = \frac{k_B T}{p_{饱和}} \exp\left(-\frac{\Delta H_m}{RT}\right) \tag{11.16}$$

利用式(11.15)与(11.16)，从饱和蒸气压与蒸发热可求出 ε_0 与 v_f，或者从 v_f(可由液体的状态方程推出或由 X 射线衍射实验测定)与饱和蒸气压求蒸发热。在实际应用中，由于液体体积远小于气体体积，式(11.15)中最后一项远小于倒数第二项，可以忽略。

表 11-1 中列出了一些液体的性质。根据沸点、蒸发热与密度数据计算得到的自由体积大概占液体体积的千分之几到百分之几。里面水的性质是反常的，自由体积非常小，原因是水分子的极性很强，分子之间有氢键作用，严格讲并不适合用囚胞理论来描述。图 11.3 中给出了对几十种液体的自由体积与总体积的比例的统计结果。可以看出，液体的自由体积与总体积的平均比例在 1%左右。

表 11-1　一些液体的性质

液体	沸点/K	蒸发热/(kJ/kg)	密度/(kg/m^3)	自由体积 v_f/(cm^3/mol)	自由体积/液体体积
N_2	77	199	807	1.04	0.03
O_2	90	213	1142	0.82	0.03
H_2O	373	2257	999	0.06	0.003
CO_2	217	350	1180	3.48	0.09
SO_2	263	389	1455	0.24	0.005
NH_3	240	1357	697	0.18	0.007
C_6H_6	353	394	884	0.81	0.009
CH_4	112	510	423	1.4	0.04
C_2H_6	185	520	544	0.58	0.01
CCl_4	350	195	1590	0.96	0.01
Hg	630	301	13546	0.51	0.03

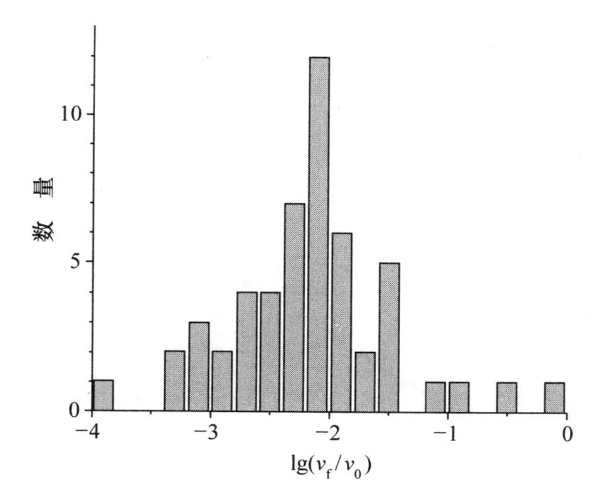

图 11.3　62 种液体的自由体积与总体积的比例的分布。

11.1.4　液相与气相中的反应动力学差别：熵的影响

为什么溶液反应一般比气相反应快？原因是多方面的，但其中一个原因就是囚胞模型所揭示的熵效应。

我们考虑相同体积与分子数的"理想气体"(即把所有分子间相互作用去掉)与液体的差别。根据囚胞模型，它们的差别主要体现在两个方面：一方面是内能的变化，即液体比气体多了 $U_0=N\varepsilon_0$；另一方面是熵的变化，即液体的熵比气体多了 $Nk_B\ln\left(\frac{Nv_f}{V}\right)$。后一效果很容易通过液体的自由体积来估计，即液体中分子能够自由移动的空间要比气体中的小。例如，对于上一章讨论过的反应 $A+B \longleftrightarrow X^* \longrightarrow C+D$，当应用到液相反应时，原公式里的活化能应改用活化自由能，即将溶质与溶剂的相互作用的影响考虑进去。根据上述的分析，如按 $\frac{Nv_f}{V}\approx 1\%$ 估算(不管是 A、B 还是 X^*)，则从气相进入液相后熵的变化给反应速率所带来的额外因子为

$$\exp\left(\frac{\Delta S_{X^*}-\Delta S_A-\Delta S_B}{k_B}\right)\approx 100 \tag{11.17}$$

即溶液的自由体积效应能使反应速率比相同粒子数密度下的"理想气体"提高约 100 倍。

对于液体与气体的熵的差别，一个很重要的经验性总结是特鲁顿规则(Trouton's rule)：在沸点下，正常液体的摩尔蒸发熵大约为 $10.5R$。图 11.4 给出了对不同液体的分析结果。虽然不同的液体具有很不相同的沸点与汽化热，但两者的比值(汽化熵)却大致是个常数，数据点落在一条直线(斜率为 $10.5R$)附近。对于特鲁顿规则，囚胞理论可提供一定的解释。感兴趣的读者可以参考唐有祺的《统计力学及其在物理化学中的应用》。

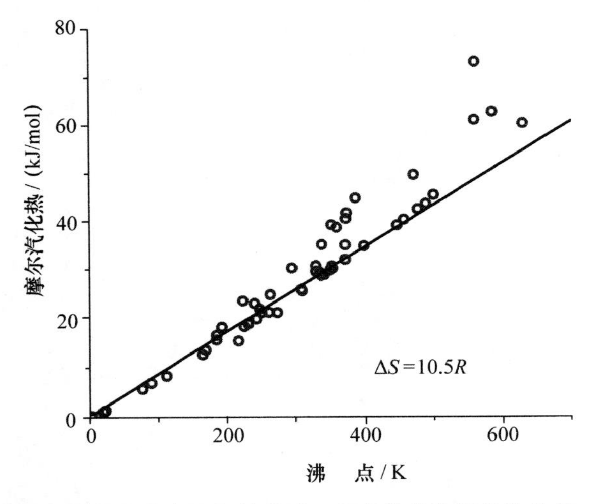

图 11.4 不同液体的摩尔汽化热和沸点之间的关联。两者的比值即为汽化熵。直线斜率等于 10.5R。

第 2 节 液体的分布函数方法

根据统计热力学的理论,液体的性质完全由所有粒子的位置分布函数描述。要给出所有粒子的完整的分布函数是很困难的。好在,在绝大多数情况下,其实只需要一个径向分布函数就可基本上解决液体的问题。这样,我们可以把液体的问题归结为对径向分布函数的计算。这就是液体的分布函数方法。

11.2.1 相关函数与径向分布函数

我们来看 n 阶分布函数、相关函数与径向分布函数的含义。

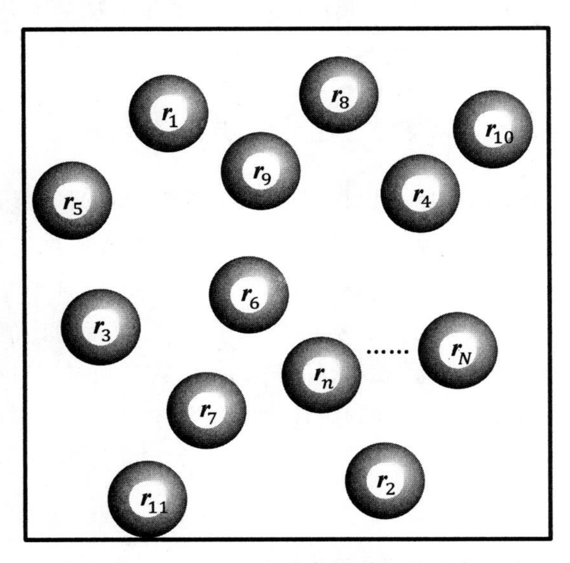

图 11.5 液体中所有粒子的位置分布。

在一般的情况下，类似于我们在非理想气体中的分析，液体的正则配分函数可写成

$$Q=\frac{1}{N!}\left[\left(\frac{2\pi mk_{\mathrm{B}}T}{h^{2}}\right)^{\frac{3}{2}}Z_{\mathrm{int}}\right]^{N}Z_{\phi} \tag{11.18}$$

其中 Z_{ϕ} 是位形积分，由分子间相互作用势能 $\phi(\boldsymbol{r}_1,\boldsymbol{r}_2,\cdots,\boldsymbol{r}_N)$ 所决定

$$Z_{\phi}=\iint\exp\left[-\frac{\phi(\boldsymbol{r}_1,\boldsymbol{r}_2,\cdots,\boldsymbol{r}_N)}{k_{\mathrm{B}}T}\right]\mathrm{d}\boldsymbol{r}_1\mathrm{d}\boldsymbol{r}_2\cdots\mathrm{d}\boldsymbol{r}_N \tag{11.19}$$

第 1 个分子出现在 $\boldsymbol{r}_1$ 处的体积元 $\mathrm{d}\boldsymbol{r}_1$ 内，第 2 个分子出现在 $\boldsymbol{r}_2$ 处的体积元 $\mathrm{d}\boldsymbol{r}_2$ 内，…，第 N 个分子出现在 $\boldsymbol{r}_N$ 处的体积元 $\mathrm{d}\boldsymbol{r}_N$ 内的概率为

$$P^{(N)}(\boldsymbol{r}_1,\boldsymbol{r}_2,\cdots,\boldsymbol{r}_N)\mathrm{d}\boldsymbol{r}_1\mathrm{d}\boldsymbol{r}_2\cdots\mathrm{d}\boldsymbol{r}_N=\frac{1}{Z_{\phi}}\exp\left[-\frac{\phi(\boldsymbol{r}_1,\boldsymbol{r}_2,\cdots,\boldsymbol{r}_N)}{k_{\mathrm{B}}T}\right]\mathrm{d}\boldsymbol{r}_1\mathrm{d}\boldsymbol{r}_2\cdots\mathrm{d}\boldsymbol{r}_N \tag{11.20}$$

$P^{(N)}(\boldsymbol{r}_1,\boldsymbol{r}_2,\cdots,\boldsymbol{r}_N)$ 是概率密度，被称为完整的 N 体分布函数。$\phi(\boldsymbol{r}_1,\boldsymbol{r}_2,\cdots,\boldsymbol{r}_N)$ 与 $P^{(N)}(\boldsymbol{r}_1,\boldsymbol{r}_2,\cdots,\boldsymbol{r}_N)$ 对任何两个粒子具有交换对称性。$P^{(N)}$ 包含了系统的最完整的信息。不过，在大多数应用中，系统性质的求解只需要较低阶次的分布函数。例如，第 1 个分子出现在 $\boldsymbol{r}_1$ 处，第 2 个分子出现在 $\boldsymbol{r}_2$ 处，…，第 n 个分子出现在 $\boldsymbol{r}_n$ 处（不管其他 $N-n$ 个分子的位置）的概率密度定义为

$$P^{(n)}(\boldsymbol{r}_1,\boldsymbol{r}_2,\cdots,\boldsymbol{r}_n)=\frac{1}{Z_{\phi}}\iint\exp\left[-\frac{\phi(\boldsymbol{r}_1,\boldsymbol{r}_2,\cdots,\boldsymbol{r}_N)}{k_{\mathrm{B}}T}\right]\mathrm{d}\boldsymbol{r}_{n+1}\mathrm{d}\boldsymbol{r}_{n+2}\cdots\mathrm{d}\boldsymbol{r}_N \tag{11.21}$$

更为有用的分布是不计分子的标号，即有任意 n 个分子处在 $\{\boldsymbol{r}_1,\boldsymbol{r}_2,\cdots,\boldsymbol{r}_n\}$（不管其他 $N-n$ 个分子的位置）的概率密度为

$$\begin{aligned}\rho^{(n)}(\boldsymbol{r}_1,\boldsymbol{r}_2,\cdots,\boldsymbol{r}_n)&=\frac{N!}{(N-n)!}\frac{1}{Z_{\phi}}\iint\exp\left[-\frac{\phi(\boldsymbol{r}_1,\boldsymbol{r}_2,\cdots,\boldsymbol{r}_N)}{k_{\mathrm{B}}T}\right]\mathrm{d}\boldsymbol{r}_{n+1}\mathrm{d}\boldsymbol{r}_{n+2}\cdots\mathrm{d}\boldsymbol{r}_N\\&=\frac{N!}{(N-n)!}P^{(n)}(\boldsymbol{r}_1,\boldsymbol{r}_2,\cdots,\boldsymbol{r}_n)\end{aligned} \tag{11.22}$$

称为 n 阶（n 粒子）分布函数，或 n 体密度函数。这里 $\frac{N!}{(N-n)!}$ 因子出现的原因，是 $\boldsymbol{r}_1$ 可以是 N 个分子中的任意一个（N 种可能），$\boldsymbol{r}_2$ 是剩下 $N-1$ 个分子中的任意一个（$N-1$ 种可能），…，即从 N 个分子取出 n 个并计其顺序的排列组合数。$\rho^{(n)}$ 的归一化条件为

$$\iint\rho^{(n)}(\boldsymbol{r}_1,\boldsymbol{r}_2,\cdots,\boldsymbol{r}_n)\mathrm{d}\boldsymbol{r}_1\mathrm{d}\boldsymbol{r}_2\cdots\mathrm{d}\boldsymbol{r}_n=\frac{N!}{(N-n)!} \tag{11.23}$$

经常使用的是一体、二体和三体密度函数

$$\rho^{(1)}(\boldsymbol{r}_1)=\frac{N}{Z_{\phi}}\iint\exp\left[-\frac{\phi(\boldsymbol{r}_1,\boldsymbol{r}_2,\cdots,\boldsymbol{r}_N)}{k_{\mathrm{B}}T}\right]\mathrm{d}\boldsymbol{r}_2\mathrm{d}\boldsymbol{r}_3\cdots\mathrm{d}\boldsymbol{r}_N \tag{11.24}$$

$$\rho^{(2)}(\boldsymbol{r}_1,\boldsymbol{r}_2)=\frac{N(N-1)}{Z_{\phi}}\iint\exp\left[-\frac{\phi(\boldsymbol{r}_1,\boldsymbol{r}_2,\cdots,\boldsymbol{r}_N)}{k_{\mathrm{B}}T}\right]\mathrm{d}\boldsymbol{r}_3\mathrm{d}\boldsymbol{r}_4\cdots\mathrm{d}\boldsymbol{r}_N \tag{11.25}$$

$$\rho^{(3)}(\boldsymbol{r}_1,\boldsymbol{r}_2,\boldsymbol{r}_3)=\frac{N(N-1)(N-2)}{Z_{\phi}}\iint\exp\left[-\frac{\phi(\boldsymbol{r}_1,\boldsymbol{r}_2,\cdots,\boldsymbol{r}_N)}{k_{\mathrm{B}}T}\right]\mathrm{d}\boldsymbol{r}_4\mathrm{d}\boldsymbol{r}_5\cdots\mathrm{d}\boldsymbol{r}_N \tag{11.26}$$

低阶函数可由高阶函数积分得到

$$\begin{aligned}\int\rho^{(n+1)}(\boldsymbol{r}_1,\boldsymbol{r}_2,\cdots,\boldsymbol{r}_{n+1})\mathrm{d}\boldsymbol{r}_{n+1}&=\frac{N!}{(N-n-1)!}\frac{1}{Z_{\phi}}\iint\exp\left[-\frac{\phi(\boldsymbol{r}_1,\boldsymbol{r}_2,\cdots,\boldsymbol{r}_N)}{k_{\mathrm{B}}T}\right]\mathrm{d}\boldsymbol{r}_{n+1}\mathrm{d}\boldsymbol{r}_{n+2}\cdots\mathrm{d}\boldsymbol{r}_N\\&=(N-n)\rho^{(n)}(\boldsymbol{r}_1,\boldsymbol{r}_2,\cdots,\boldsymbol{r}_n)\end{aligned} \tag{11.27}$$

对于均匀系统（没有外场，空间处处等价），有 $\rho^{(1)}(\boldsymbol{r}_1)=\text{const}$，结合其归一化条件 $\int\rho^{(1)}(\boldsymbol{r}_1)\mathrm{d}\boldsymbol{r}_1=N$，可得

$$\rho^{(1)}(\boldsymbol{r}_1)=\frac{N}{V}\equiv\rho \tag{11.28}$$

这里 ρ 是系统的粒子密度。如果粒子之间的相互作用可以忽略（理想气体），则粒子间的分布没有关联

$$\rho^{(n)}(\boldsymbol{r}_1,\boldsymbol{r}_2,\cdots,\boldsymbol{r}_n)=\frac{N!}{(N-n)!\ N^n}\rho^{(1)}(\boldsymbol{r}_1)\rho^{(1)}(\boldsymbol{r}_2)\cdots\rho^{(1)}(\boldsymbol{r}_n)\approx\prod_{i=1}^{n}\rho^{(1)}(\boldsymbol{r}_i) \tag{11.29}$$

其中的 N^n 因子是为了保证 $\rho^{(n)}$ 的归一化条件，约等号则是在 $n\ll N$ 条件下成立的。为了表征粒子分布间的关联效应，定义相关函数

$$g^{(n)}(\boldsymbol{r}_1,\boldsymbol{r}_2,\cdots,\boldsymbol{r}_n)=\frac{\rho^{(n)}(\boldsymbol{r}_1,\boldsymbol{r}_2,\cdots,\boldsymbol{r}_n)}{\rho^{(1)}(\boldsymbol{r}_1)\rho^{(1)}(\boldsymbol{r}_2)\cdots\rho^{(1)}(\boldsymbol{r}_n)}\equiv\frac{\rho^{(n)}(\boldsymbol{r}_1,\boldsymbol{r}_2,\cdots,\boldsymbol{r}_n)}{\rho^{(n)}_{\text{ideal}}(\boldsymbol{r}_1,\boldsymbol{r}_2,\cdots,\boldsymbol{r}_n)} \tag{11.30}$$

其中 $\rho^{(n)}_{\text{ideal}}(\boldsymbol{r}_1,\boldsymbol{r}_2,\cdots,\boldsymbol{r}_n)$ 是理想气体的 n 体密度函数，即式(11.29)。作为特例，$n=1$ 时总有

$$g^{(1)}(\boldsymbol{r}_1)=1 \tag{11.31}$$

对于均匀系统，二体关联函数只依赖于两个粒子之间的位移

$$g^{(2)}(\boldsymbol{r}_1,\boldsymbol{r}_2)=g^{(2)}(\boldsymbol{r}_2-\boldsymbol{r}_1) \tag{11.32}$$

进一步地，如果系统是各向同性的，则

$$g^{(2)}(\boldsymbol{r}_1,\boldsymbol{r}_2)=g^{(2)}(|\boldsymbol{r}_2-\boldsymbol{r}_1|)\equiv g^{(2)}(r) \tag{11.33}$$

称为径向分布函数。$g^{(2)}(r)$ 可从 X 射线散射或中子散射实验测量得到，也可以通过分子动力学模拟得到。

径向分布函数 $g^{(2)}(r)$ 代表了一个粒子固定在坐标原点时另一个粒子出现在与坐标原点距离为 r 的另一点的概率（不计一个常数因子）。图 11.6 是液体 Ar 的径向分布函数的结果。可以看出，在 r 很小时，分子之间有强烈的排斥作用，因此另一个粒子出现的概率近似为零；在 3.5 Å 附近，有一个很高的峰，来自最近邻层分子的贡献，某种短程有序；随着 r 增加还会出现第二、第三、……个峰。这些峰（与谷）反映了液体的近程有序结构。距离很大时，曲线变平，分子之间没有关联，$g^{(2)}$ 趋近于 1，反映了液体结构的远程无序。对于非理想气体，也可以类似定义径向分布函数，它一般只有一个峰，具有微弱的近程有序性质。而对于固体，则会出现很多峰，很长距离时仍能保持分子之间的关联。

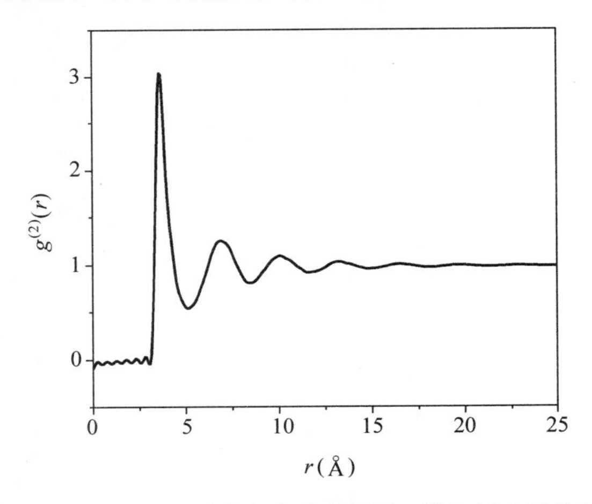

图 11.6　液体 Ar 在 $T=85$ K 时的径向分布函数 $g^{(2)}(r)$（中子散射实验结果）。

11.2.2　径向分布函数与流体热力学性质之间的关系

径向分布函数 $g^{(2)}(r)$ 在液体的统计理论中是很重要的，由它出发可得到很多热力学性质。

对于简单液体，相互作用势能 $\phi(\boldsymbol{r}_1,\boldsymbol{r}_2,\cdots,\boldsymbol{r}_N)$ 可写成两两相互作用之和，而且只是分子间距离的函数

$$\phi(\boldsymbol{r}_1,\boldsymbol{r}_2,\cdots,\boldsymbol{r}_N)=\sum_{1\leqslant i<j\leqslant N}u(r_{ij}) \tag{11.34}$$

因此位形势能

$$\begin{aligned}U_\phi&=\frac{1}{Z_\phi}\iint\Big[\sum_{1\leqslant i<j\leqslant N}u(r_{ij})\Big]\exp\left[-\frac{\phi(\boldsymbol{r}_1,\boldsymbol{r}_2,\cdots,\boldsymbol{r}_N)}{k_\mathrm{B}T}\right]\mathrm{d}\boldsymbol{r}_1\mathrm{d}\boldsymbol{r}_2\cdots\mathrm{d}\boldsymbol{r}_N\\&=\frac{N(N-1)}{2}\frac{1}{Z_\phi}\iint u(r_{12})\exp\left[-\frac{\phi(\boldsymbol{r}_1,\boldsymbol{r}_2,\cdots,\boldsymbol{r}_N)}{k_\mathrm{B}T}\right]\mathrm{d}\boldsymbol{r}_1\mathrm{d}\boldsymbol{r}_2\cdots\mathrm{d}\boldsymbol{r}_N\end{aligned} \tag{11.35}$$

其中对 $\mathrm{d}\boldsymbol{r}_3\cdots\mathrm{d}\boldsymbol{r}_N$ 的积分给出式(11.25)中的 $\rho^{(2)}(\boldsymbol{r}_1,\boldsymbol{r}_2)$

$$U_\phi=\frac{1}{2}\iint u(r_{12})\rho^{(2)}(\boldsymbol{r}_1,\boldsymbol{r}_2)\mathrm{d}\boldsymbol{r}_1\mathrm{d}\boldsymbol{r}_2 \tag{11.36}$$

利用系统各向同性的性质，得

$$\begin{aligned}U_\phi&=\frac{1}{2}\iint u(r_{12})\rho^2g^{(2)}(r_{12})\mathrm{d}\boldsymbol{r}_1\mathrm{d}\boldsymbol{r}_2=\frac{1}{2}\rho^2\int u(r_{12})g^{(2)}(r_{12})V\cdot4\pi r_{12}^2\mathrm{d}r_{12}\\&=2\pi N\rho\int u(r_{12})g^{(2)}(r_{12})r_{12}^2\mathrm{d}r_{12}\end{aligned} \tag{11.37}$$

这样，宏观系统的 N 体问题，现在就转化为只与 $g(r)$ 和 $u(r)$ 有关的少体问题。当然，这样做的前提是 $g(r)$ 可以设法得到。平均每个分子的位形势能为

$$\langle u\rangle=\frac{U_\phi}{N}=2\pi\rho\int u(r_{12})g^{(2)}(r_{12})r_{12}^2\mathrm{d}r_{12} \tag{11.38}$$

或者可写成物理含义更清楚的形式

$$\langle u\rangle=\int\frac{1}{2}u(r_{12})\cdot\rho g^{(2)}(r_{12})\cdot4\pi r_{12}^2\mathrm{d}r_{12} \tag{11.39}$$

(参考图 11.7)其中 $4\pi r_{12}^2\mathrm{d}r_{12}$ 代表离指定分子(位于坐标原点)距离为 r_{12}，厚度为 $\mathrm{d}r_{12}$ 的球壳体积；$\rho g^{(2)}(r_{12})$ 是其中的分子数密度，因此 $\rho g^{(2)}(r_{12})\cdot4\pi r_{12}^2\mathrm{d}r_{12}$ 这个球壳里的平均分子数；$\frac{1}{2}u(r_{12})$ 是指定分子与球壳中任一个分子的相互作用势能(每个分子承担一半)；对不同球壳进行积分就得到指定分子的平均位形势能。

径向分布函数还可以用来求压强。根据系综理论，压强

$$p=k_\mathrm{B}T\left(\frac{\partial\ln Q}{\partial V}\right)_{N,T}=k_\mathrm{B}T\left(\frac{\partial\ln Z_\phi}{\partial V}\right)_{N,T} \tag{11.40}$$

考虑一个边长为 L 的立方体盒子，则系统体积 $V=L^3$。定义分数坐标

$$\boldsymbol{r}_i^*=\frac{\boldsymbol{r}_i}{L}=\frac{\boldsymbol{r}_i}{V^{1/3}} \tag{11.41}$$

$\boldsymbol{r}_i^*$ 的每个分量的取值范围为[0,1]，不随 V 变化。利用 $\boldsymbol{r}_i^*$ 代替 $\boldsymbol{r}_i$，在相互作用势能[式(11.34)]下位形积分 Z_ϕ 的公式(11.19)可重新写成

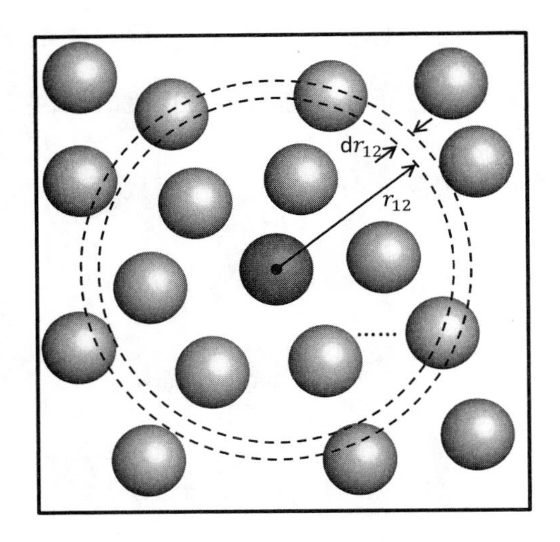

图 11.7　液体分子平均位形势能的分析，参见式(11.38)。

$$Z_{\phi}=V^{N}\iint\exp\left[-\frac{\sum\limits_{1\leqslant i<j\leqslant N}u(V^{1/3}r_{ij}^{*})}{k_{\mathrm{B}}T}\right]\mathrm{d}\boldsymbol{r}_{1}^{*}\,\mathrm{d}\boldsymbol{r}_{2}^{*}\cdots\mathrm{d}\boldsymbol{r}_{N}^{*} \tag{11.42}$$

因此

$$\begin{aligned}\left(\frac{\partial Z_{\phi}}{\partial V}\right)_{N,T}&=NV^{N-1}\iint\exp\left[-\frac{\sum\limits_{1\leqslant i<j\leqslant N}u(V^{1/3}r_{ij}^{*})}{k_{\mathrm{B}}T}\right]\mathrm{d}\boldsymbol{r}_{1}^{*}\,\mathrm{d}\boldsymbol{r}_{2}^{*}\cdots\mathrm{d}\boldsymbol{r}_{N}^{*}\\&\quad-V^{N}\iint\exp\left[-\frac{\sum\limits_{1\leqslant i<j\leqslant N}u(V^{\frac{1}{3}}r_{ij}^{*})}{k_{\mathrm{B}}T}\right]\frac{\sum\limits_{1\leqslant i<j\leqslant N}u'(V^{\frac{1}{3}}r_{ij}^{*})\cdot\frac{1}{3}V^{-\frac{2}{3}}r_{ij}^{*}}{k_{\mathrm{B}}T}\mathrm{d}\boldsymbol{r}_{1}^{*}\,\mathrm{d}\boldsymbol{r}_{2}^{*}\cdots\mathrm{d}\boldsymbol{r}_{N}^{*}\\&=\frac{N}{V}Z_{\phi}-\iint\exp\left[-\frac{\sum\limits_{1\leqslant i<j\leqslant N}u(r_{ij})}{k_{\mathrm{B}}T}\right]\frac{\sum\limits_{1\leqslant i<j\leqslant N}u'(r_{ij})\cdot\frac{1}{3}V^{-1}r_{ij}}{k_{\mathrm{B}}T}\mathrm{d}\boldsymbol{r}_{1}\mathrm{d}\boldsymbol{r}_{2}\cdots\mathrm{d}\boldsymbol{r}_{N}\end{aligned} \tag{11.43}$$

而$\frac{\partial\ln Z_{\phi}}{\partial V}$变成

$$\begin{aligned}\left(\frac{\partial\ln Z_{\phi}}{\partial V}\right)_{N,T}&=\frac{1}{Z_{\phi}}\left(\frac{\partial Z_{\phi}}{\partial V}\right)_{N,T}\\&=\frac{N}{V}-\frac{1}{Z_{\phi}}\iint\exp\left[-\frac{\sum\limits_{1\leqslant i<j\leqslant N}u(r_{ij})}{k_{\mathrm{B}}T}\right]\frac{\sum\limits_{1\leqslant i<j\leqslant N}u'(r_{ij})\cdot\frac{1}{3}V^{-1}r_{ij}}{k_{\mathrm{B}}T}\mathrm{d}\boldsymbol{r}_{1}\mathrm{d}\boldsymbol{r}_{2}\cdots\mathrm{d}\boldsymbol{r}_{N}\\&=\rho-\frac{1}{3Vk_{\mathrm{B}}T}\frac{1}{Z_{\phi}}\iint\exp\left[-\frac{\sum\limits_{1\leqslant i<j\leqslant N}u(r_{ij})}{k_{\mathrm{B}}T}\right]\frac{N(N-1)}{2}u'(r_{12})r_{12}\mathrm{d}\boldsymbol{r}_{1}\mathrm{d}\boldsymbol{r}_{2}\cdots\mathrm{d}\boldsymbol{r}_{N}\end{aligned} \tag{11.44}$$

其中对 $\mathrm{d}\boldsymbol{r}_{3}\mathrm{d}\boldsymbol{r}_{4}\cdots\mathrm{d}\boldsymbol{r}_{N}$ 积分将给出式(11.25)所定义的 $\rho^{(2)}(\boldsymbol{r}_{1},\boldsymbol{r}_{2})$

$$\left(\frac{\partial \ln Z_{\phi}}{\partial V}\right)_{N,T}=\rho-\frac{1}{6Vk_{\mathrm{B}}T}\iint\rho^{(2)}(\boldsymbol{r}_1,\boldsymbol{r}_2)u'(r_{12})r_{12}\mathrm{d}\boldsymbol{r}_1\mathrm{d}\boldsymbol{r}_2 \tag{11.45}$$

利用 $\rho^{(2)}(\boldsymbol{r}_1,\boldsymbol{r}_2)=\rho^2 g^{(2)}(r_{12})$，得

$$\begin{aligned}\left(\frac{\partial \ln Z_{\phi}}{\partial V}\right)_{N,T}&=\rho-\frac{1}{6Vk_{\mathrm{B}}T}\iint\rho^2 g^{(2)}(r_{12})u'(r_{12})r_{12}\mathrm{d}\boldsymbol{r}_1\mathrm{d}\boldsymbol{r}_2\\&=\rho-\frac{2\pi}{3k_{\mathrm{B}}T}\rho^2\int g^{(2)}(r_{12})u'(r_{12})r_{12}^3\mathrm{d}r_{12}\end{aligned} \tag{11.46}$$

因此压强

$$\begin{aligned}p&=\rho k_{\mathrm{B}}T-\frac{2\pi}{3}\rho^2\int g^{(2)}(r_{12})u'(r_{12})r_{12}^3\mathrm{d}r_{12}\\&=\frac{Nk_{\mathrm{B}}T}{V}\left[1-\frac{2\pi}{3k_{\mathrm{B}}T}\rho\int\frac{\mathrm{d}u(r)}{\mathrm{d}r}g^{(2)}(r)r^3\mathrm{d}r\right]\end{aligned} \tag{11.47}$$

这个式子建立了流体的压强与径向分布函数之间的联系，被称为压强方程式。当将 $g^{(2)}(r;\rho,T)$ 展开成密度 ρ 的级数时，可得到维里系数的表达式(略)。

11.2.3　径向分布函数的求解

液体的分布函数方法的关键是求解 $g^{(2)}(r)$。这主要有下面三种途径。

第一种途径是利用 X 射线或中子散射实验。散射实验中测得的结构因子 $S(k)$ 与 $g^{(2)}(r)$ 的傅里叶变换相关(过程略)

$$S(k)=1+\rho\int g^{(2)}(r)\mathrm{e}^{i\boldsymbol{k}\cdot\boldsymbol{r}}\mathrm{d}\boldsymbol{r} \tag{11.48}$$

因此，可利用实验测得的 $S(k)$ 来计算 $g^{(2)}(r)$。

第二种途径是利用计算机模拟。从相互作用势 $u(r)$(例如硬球模型或伦纳德-琼斯势模型)出发，进行分子动力学模拟或蒙特卡罗模拟，可以得到系统的构象采样，进而计算 $g^{(2)}(r)$。

第三种途径是积分方程方法。例如，Ornstein 与 Zernike 引入如下的总相关函数 $h(r)$

$$h(r)=g^{(2)}(r)-1 \tag{11.49}$$

并提出如下 Ornstein-Zernike 方程

$$h(r_{12})=c(r_{12})+\rho\int h(r_{13})c(r_{23})\mathrm{d}\boldsymbol{r}_3 \tag{11.50}$$

其中 $c(r)$ 被称为直接相关函数。这个方程可以这样理解：两个粒子之间的相关作用，是它们之间的直接相关作用加上通过第三个粒子的间接相关作用的和。这个方程并不能求得 $h(r)$ 或 $g^{(2)}(r)$，因为 $c(r)$ 并不知道。Percus 和 Yeviek 进一步提出了如下的近似

$$c(r)=g^{(2)}(r)\left[1-\mathrm{e}^{\frac{u(r)}{k_{\mathrm{B}}T}}\right] \tag{11.51}$$

结合式(11.49)、(11.50)与(11.51)就可以解出 $c(r)$ 与 $g^{(2)}(r)$。在硬球模型下，可解出解析解，而且在各种密度下都与计算机模拟结果符合得很好。

当粒子数密度特别小时，其实就是第七章中所描述的非理想气体，可忽略有三个分子同时发生相互作用的情况，有

$$g^{(2)}(r)=\mathrm{e}^{-\frac{u(r)}{k_{\mathrm{B}}T}} \tag{11.52}$$

当粒子数密度很大时，主要是 $u(r)$ 的排斥力部分在影响 $g^{(2)}(r)$，吸引力部分的影响不大。

例如，图 11.8 中，伦纳德-琼斯势模型（既有排斥势又有吸引势）与硬球模型（只有排斥势）下高密度液体的 $g^{(2)}(r)$ 是类似的。

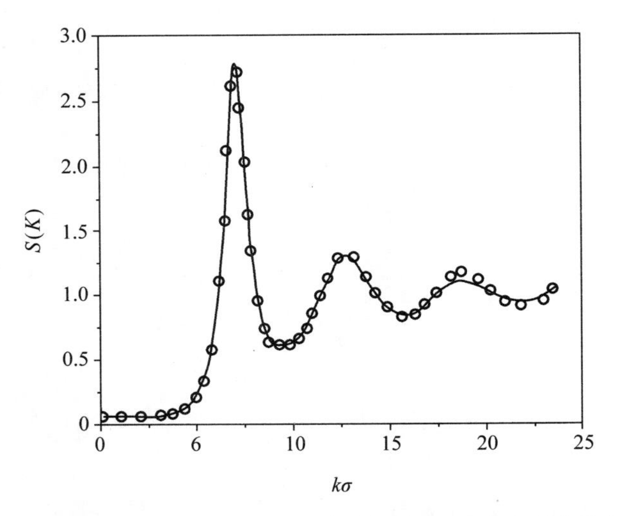

图 11.8　伦纳德-琼斯势模型（实线）与硬球模型（圆圈）下高密度液体的径向分布函数结果比较。$\rho^*=0.84, T^*=0.72$。

习　　题

11.1　对于基元 $A+B+C \longleftrightarrow X^* \longrightarrow D+E$，溶液的自由体积效应能使反应速率比相同粒子数密度下的"理想气体"大约提高多少倍？

11.2　利用公式(11.5)、表 11-1 数据以及第九章中的公式，估计 C_6H_6 液体中分子在室温下的平均自由程，并与气体中的结果比较。

11.3　水银(Hg)的沸点为 630 K、蒸发热 301 kJ/kg、密度 13.5 g/cm^3。请利用囚胞理论计算其自由体积 v_f、基态能量 ϵ_0，以及自由体积与液体体积的比值。

11.4　$S(k)$ 的定义是

$$S(k)=\frac{1}{N}\left\langle \sum_{i,j} e^{i\boldsymbol{k}\cdot(\boldsymbol{r}_i-\boldsymbol{r}_j)} \right\rangle$$

请证明公式(11.48)。

11.5　判断对错题：液体分子平动的量子化并不重要，可用 cMB 统计的连续近似来处理。　　(　　)

第十二章　相　　变

第1节　一维伊辛模型

12.1.1　引言：相变存在吗？

在统计热力学中，有个看似奇怪的问题：相变存在吗？或者更严格地说，统计热力学能描述相变吗？之所以有这个问题，是因为一方面我们知道在现实中相变当然是存在的，相变时系统的性质有不连续的变化（例如，H_2O 分子组成的系统从冰变成水或水蒸气）；而另一方面，统计热力学中“母函数”——配分函数——貌似具有很好的连续性，不应该有不连续的变化。例如，正则配分函数

$$Q(N,V,T)=\sum_i \mathrm{e}^{-\frac{E_i}{k_B T}} \tag{12.1}$$

数学上，指数函数具有非常好的解析性。指数函数 e^x 以及它的任意阶导数在整个复数域（更不用说实数了）都是连续、光滑、可导的。配分函数是一些指数函数的和，应该也是连续的，由它所导出的性质应该也是连续的。因此，是不是统计热力学并不能描述相变？

这个问题在统计热力学领域里困扰了科学家很多年。1937 年，荷兰举行纪念范德华诞生 100 周年的国际学术会议，会上对这个问题展开了激烈的争论。最后，会议主席 Kramers 将问题交付会议“表决”，结果是赞成和反对的意见参半。

当然，现在人们已经知道了这个问题的正确答案：统计热力学是能够描述相变的。状如式(12.1)的配分函数其实是可以不连续的，其中的关键在于粒子间的相互作用以及趋向无穷的粒子数 N。

本章中我们将以铁磁体相变的伊辛模型为例，简单介绍相变的统计热力学理论。

12.1.2　铁磁体相变与伊辛模型

生活中大家最熟悉的铁磁体例子就是磁铁，具有自发磁化（宏观的净磁矩）。如果对磁铁进行加热，温度升高到某个温度以上时，系统将失去磁性，变成顺磁体。这就是铁磁-顺磁相变。图 12.1 中给出了典型铁磁材料的磁化强度（magnetization）（单位体积的净磁矩）M 随温度的变化曲线。M 随温度升高而减小，在临界温度 T_c（也称居里温度）时变为零，发生相变成为顺磁体。而且，在临界点附近，比热、磁化率等热力学性质发散，呈现出特殊的标度行为（图 12.1）

$$M\propto (T_c-T)^{\beta} \tag{12.2}$$

$$C_H\propto |T_c-T|^{-\alpha} \tag{12.3}$$

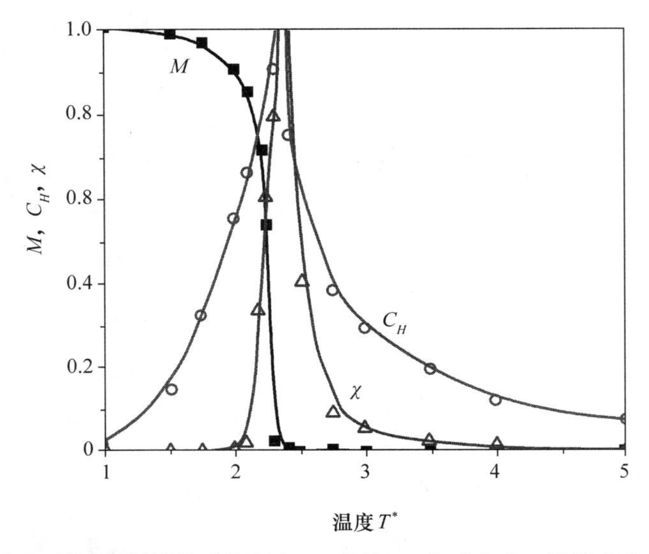

图 12.1　铁磁体材料的磁化强度 M、比热 C_H 与磁化率 χ 随温度的变化。

$$\chi \propto (T_c - T)^{-\gamma} \tag{12.4}$$

不同的铁磁材料所具有的正比系数各不相同,但它们的指数 $\beta(\approx 1/3)$、$\alpha(\approx 0.1)$、$\gamma(\approx 4/3)$ 却是相同的。这被称为相变临界指数的标度律,在其他相变里也是普适成立的。

从微观上讲,在铁和镍这些铁磁材料中,当温度低于 T_c 时,原子的自旋通过相互作用自发地倾向某个方向,从而产生宏观磁矩;温度高于 T_c 时,由于熵的影响,自旋的取向非常紊乱,因而不产生净磁矩。这就是铁磁体相变的微观图像。

铁磁体相变的伊辛模型(Ising model)正是基于这种图像提出的(图 12.2)。假设系统是由 N 个格点组成的点阵,每个格点上有一个自旋磁矩为 μ 的粒子(可以想象成组成磁铁的微小磁针),自旋具有两种取向,用自旋变量 σ_i 来描述,$\sigma_i=1$ 表示自旋朝上,$\sigma_i=-1$ 表示自旋朝下。假设只有最近邻的自旋磁矩之间才存在相互作用,则在有外磁场 H 存在时,系统的任意微观状态$\{\sigma_i\}$的总能量可写成

$$E(\{\sigma_i\}) = -J\sum_{\langle \text{n. n.} \rangle}\sigma_i\sigma_j - \mu H\sum_i \sigma_i \tag{12.5}$$

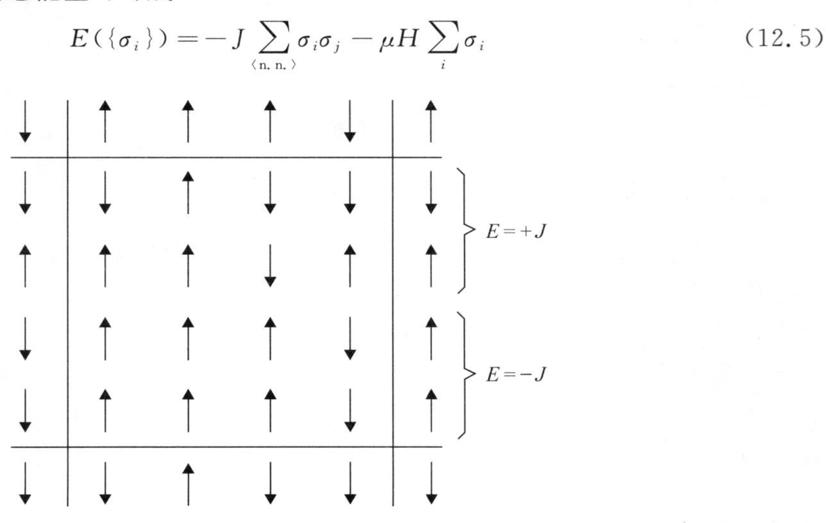

图 12.2　伊辛模型示意。

其中〈n. n.〉表示求和时只针对最近邻(nearest neighboring)的格点对 i 与 j。相互作用参数 $J>0$,因此,当自旋 i 与自旋 j 取向相同时,它们之间的相互作用能量是 $-J$,而当自旋取向相反时能量是 $+J$。这有点类似于两个小磁针倾向于处在首尾相连取向一致的状态。在量子力学上,相互作用参数 J 其实来源于电子的交换反对称性对波函数的影响,体现为交换能。基于式(12.5),系统的正则配分函数表示为

$$Q(N,H,T)=\sum_{\{\sigma_i=\pm1\}}\mathrm{e}^{-\frac{E(\{\sigma_i\})}{k_BT}} \tag{12.6}$$

系统随 H 或 T 变化的相行为完全取决于 $Q(N,H,T)$ 的结果。

伊辛模型是伊辛的博士论文工作,参见题外:一生只发表过一篇论文的著名科学家。

题外:一生只发表过一篇论文的著名科学家

1920 年,德国物理学家楞次(Wilhelm Lenz)(他是索末菲的学生,不是楞次定律的那个楞次,后者是 Heinrich Lenz,俄国物理学家)为了解释铁磁体的相变,提出一个简单的模型,并将此模型的研究交给他的学生伊辛做博士论文。伊辛完成了一维模型的解析求解,在 1925 年发表了题为《Report on the theory of ferromagnetism》的论文。这个模型被后人称为伊辛模型,成为描述铁磁体相变的最重要的模型(以 Ising model 为主题,可检索到近十万篇文章)。伊辛后来主要在大学从事教学工作,没有发表其他科研论文,但发表过教学论文,如《Goethe as a physicist》(作为物理学家的歌德)。

12.1.3　一维伊辛模型的求解

一维伊辛模型能够解析求解。

采用周期性边界条件,则一维伊辛模型描述的是由一维磁矩阵列首尾相连所组成的系统,有

$$\sigma_{N+1}=\sigma_1 \tag{12.7}$$

配分函数为

$$Q=\sum_{\{\sigma_i=\pm1\}}\exp\left[\frac{J}{k_BT}\sum_{i=1}^{N}\sigma_i\sigma_{i+1}+\frac{\mu H}{k_BT}\sum_{i=1}^{N}\sigma_i\right] \tag{12.8}$$

或写成对称的形式

$$\begin{aligned}Q&=\sum_{\sigma_1=\pm1}\sum_{\sigma_2=\pm1}\cdots\sum_{\sigma_N=\pm1}\exp\left[\frac{J}{k_BT}\sum_{i=1}^{N}\sigma_i\sigma_{i+1}+\frac{\mu H}{2k_BT}\sum_{i=1}^{N}(\sigma_i+\sigma_{i+1})\right]\\&=\sum_{\sigma_1=\pm1}\sum_{\sigma_2=\pm1}\cdots\sum_{\sigma_N=\pm1}\prod_{i=1}^{N}\exp\left[\frac{J}{k_BT}\sigma_i\sigma_{i+1}+\frac{\mu H}{2k_BT}(\sigma_i+\sigma_{i+1})\right]\end{aligned} \tag{12.9}$$

为了计算式(12.9)的最终结果,我们引入 2×2 矩阵 P_m,其矩阵元定义为

$$\langle\sigma_m|\mathrm{P}_m|\sigma_1\rangle=\sum_{\sigma_2=\pm1}\cdots\sum_{\sigma_{m-1}=\pm1}\prod_{i=1}^{m-1}\exp\left[\frac{J}{k_BT}\sigma_i\sigma_{i+1}+\frac{\mu H}{2k_BT}(\sigma_i+\sigma_{i+1})\right] \tag{12.10}$$

相当于把式(12.9)中与 $\sigma_1,\sigma_2,\cdots,\sigma_m$ 有关的项拿出来并对除 σ_1 与 σ_m 以外的 σ_i 进行求和。σ_1 与 σ_m 各有两个取值(±1),它们的组合就构成了矩阵 P_m 的 2×2 个矩阵元。例如,对于最简单的 $m=2$ 情况,有

$$\langle\sigma_2|\mathrm{P}_2|\sigma_1\rangle=\exp\left[\frac{J}{k_BT}\sigma_1\sigma_2+\frac{\mu H}{2k_BT}(\sigma_1+\sigma_2)\right] \tag{12.11}$$

因此矩阵 P_2 为

$$\mathrm{P}_2=\begin{bmatrix} e^{\frac{J}{k_BT}+\frac{\mu H}{k_BT}} & e^{-\frac{J}{k_BT}} \\ e^{-\frac{J}{k_BT}} & e^{\frac{J}{k_BT}-\frac{\mu H}{k_BT}} \end{bmatrix} \tag{12.12}$$

当 $m=3$ 时,有

$$\begin{aligned}\langle\sigma_3|\mathrm{P}_3|\sigma_1\rangle&=\sum_{\sigma_2}\exp\left[\frac{J}{k_BT}\sigma_2\sigma_3+\frac{\mu H}{2k_BT}(\sigma_2+\sigma_3)\right]\exp\left[\frac{J}{k_BT}\sigma_1\sigma_2+\frac{\mu H}{2k_BT}(\sigma_1+\sigma_2)\right]\\&=\sum_{\sigma_2}\langle\sigma_3|\mathrm{P}_2|\sigma_2\rangle\langle\sigma_2|\mathrm{P}_2|\sigma_1\rangle\end{aligned} \tag{12.13}$$

因此,矩阵 P_3 与 P_2 之间有如下简单关系

$$\mathrm{P}_3=\mathrm{P}_2\mathrm{P}_2=\mathrm{P}_2^2 \tag{12.14}$$

同理,有

$$\mathrm{P}_4=\mathrm{P}_2\mathrm{P}_3=\mathrm{P}_2^3,\cdots,\mathrm{P}_{N+1}=\mathrm{P}_2^N \tag{12.15}$$

对比 Q 的公式(12.9)与 P_{N+1} 的如下定义

$$\langle\sigma_{N+1}|\mathrm{P}_{N+1}|\sigma_1\rangle=\sum_{\sigma_2=\pm1}\cdots\sum_{\sigma_N=\pm1}\prod_{i=1}^{N}\exp\left[\frac{J}{k_BT}\sigma_i\sigma_{i+1}+\frac{\mu H}{2k_BT}(\sigma_i+\sigma_{i+1})\right] \tag{12.16}$$

并考虑到周期性边界条件[式(12.7)],有

$$Q=\sum_{\sigma_{N+1}=\sigma_1=\pm1}\langle\sigma_{N+1}|\mathrm{P}_{N+1}|\sigma_1\rangle=\mathrm{Tr}(\mathrm{P}_2^N) \tag{12.17}$$

其中 Tr 被称为“迹”(trace),是线性代数里的一种运算,即求矩阵的对角线矩阵元之和。因此,如果我们能求出矩阵 $\mathrm{P}_{N+1}=\mathrm{P}_2^N$,将其对角线求和就可得到配分函数 Q。但问题是怎样计算 P_2^N 呢?或者说,怎样求一个矩阵 P 的 N 次方(N 是个非常大的数,例如 10^{23})?这在线性代数里有成熟有效的方法,诀窍是寻找一个可逆矩阵 T,使得 $\mathrm{T}^{-1}\mathrm{PT}$ 变成一个对角矩阵,即

$$\mathrm{T}^{-1}\mathrm{PT}=\begin{bmatrix}\lambda_1 & 0\\ 0 & \lambda_2\end{bmatrix}=\Lambda \tag{12.18}$$

在这种条件下,$\mathrm{P}=\mathrm{T}\Lambda\mathrm{T}^{-1}$,很容易求出 P^N 的结果

$$\mathrm{P}^N=\underbrace{(\mathrm{T}\Lambda\mathrm{T}^{-1})(\mathrm{T}\Lambda\mathrm{T}^{-1})\cdots(\mathrm{T}\Lambda\mathrm{T}^{-1})}_{\text{共}N\text{项}}=\mathrm{T}\Lambda^N\mathrm{T}^{-1}=\mathrm{T}\begin{bmatrix}\lambda_1^N & 0\\ 0 & \lambda_2^N\end{bmatrix}\mathrm{T}^{-1} \tag{12.19}$$

将 $\mathrm{PT}=\mathrm{T}\Lambda$ 展开,容易看出 λ_1 与 λ_2 其实是矩阵 P 的两个本征值(而 T 则与其本征向量有关)。对于我们的 P_2,有

$$\begin{aligned}\lambda_{1,2}=\lambda_\pm&=\frac{e^{\frac{J}{k_BT}+\frac{\mu H}{k_BT}}+e^{\frac{J}{k_BT}-\frac{\mu H}{k_BT}}\pm\sqrt{(e^{\frac{J}{k_BT}+\frac{\mu H}{k_BT}}-e^{\frac{J}{k_BT}-\frac{\mu H}{k_BT}})^2+4e^{-\frac{2J}{k_BT}}}}{2}\\&=e^{\frac{J}{k_BT}}\left[\cosh\left(\frac{\mu H}{k_BT}\right)\pm\sqrt{\sinh^2\left(\frac{\mu H}{k_BT}\right)+e^{-\frac{4J}{k_BT}}}\right]\end{aligned} \tag{12.20}$$

其中 $\cosh(x)=\dfrac{e^{x}+e^{-x}}{2}$ 是双曲余弦函数，$\cosh(x)=\dfrac{e^{x}-e^{-x}}{2}$ 是双曲正弦函数。将其代入式(12.19)及(12.17)，得到配分函数的解析结果

$$Q=\lambda_{+}^{N}+\lambda_{-}^{N}\approx\lambda_{+}^{N}=e^{\frac{NJ}{k_{B}T}}\left[\cosh\left(\frac{\mu H}{k_{B}T}\right)\pm\sqrt{\sinh^{2}\left(\frac{\mu H}{k_{B}T}\right)+e^{-\frac{4J}{k_{B}T}}}\right]^{N} \tag{12.21}$$

由于 $\lambda_{-}<\lambda_{+}$，求 N 次方(假设 N 很大)后有 $\lambda_{-}^{N}\ll\lambda_{+}^{N}$，因此 λ_{-}^{N} 的贡献可忽略。

有了配分函数 Q，就可求系统的总磁矩

$$M=\langle\mu\sum_{i=1}^{N}\sigma_{i}\rangle=\sum_{\{\sigma_{i}=\pm 1\}}(\mu\sum_{i=1}^{N}\sigma_{i})\frac{1}{Q}\exp\left[\frac{J}{k_{B}T}\sum_{i=1}^{N}\sigma_{i}\sigma_{i+1}+\frac{\mu H}{k_{B}T}\sum_{i=1}^{N}\sigma_{i}\right]$$

$$=k_{B}T\frac{\partial\ln Q}{\partial H}=Nk_{B}T\frac{\partial\ln\lambda_{+}}{\partial H}=N\mu\frac{\sinh\left(\frac{\mu H}{k_{B}T}\right)}{\sqrt{\sinh^{2}\left(\frac{\mu H}{k_{B}T}\right)+e^{-\frac{4J}{k_{B}T}}}} \tag{12.22}$$

这是个连续可导的函数，在任何外磁场 H 和有限温度 $T>0$ K 下没有相变发生。图 12.3 给出磁矩与比热的变化曲线。可以看到，没有任何突变或发散发生。

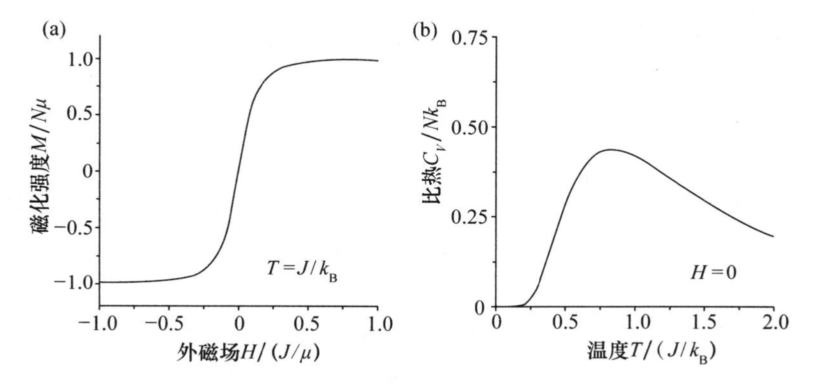

图 12.3　一维伊辛模型的磁矩与比热。

一维伊辛模型的解析解以及它没有相变的结论是伊辛在 1925 年得到的。更高维度的伊辛模型的解析解要困难得多。二维伊辛模型在 $H=0$ 时的配分函数解析解直到 1944 年才由昂萨格(Lars Onsager)解出(参见题外：二维伊辛模型的解析解)，而磁矩的解则由杨振宁在 1952 年给出，有相变存在。三维伊辛模型至今没有解析解。

题外：二维伊辛模型的解析解

1944 年，昂萨格给出二维正方形格点的伊辛模型在 $H=0$ 下的解：

$$Q=\left[2\cosh\left(\frac{2J}{k_{B}T}\right)+\frac{1}{2\pi}\int_{0}^{\pi}\ln\left(\frac{1+\sqrt{1-\delta^{2}\sin^{2}\varphi}}{2}\right)d\varphi\right]^{N}$$

其中 $\delta=\dfrac{2\sinh\left(\frac{2J}{k_{B}T}\right)}{\cosh^{2}\left(\frac{2J}{k_{B}T}\right)}$。式中的积分在 $\delta=1$ 时发散，对应于临界温度 $\tanh\left(\dfrac{J}{k_{B}T_{c}}\right)=\sqrt{2}-1$。

昂萨格的工作第一次清楚地证明从一个没有奇异性的系统哈密顿量出发，在热力学极限下能导致热力学函数在临界点附近的奇异行为。1952 年，杨振宁给出对应磁矩的解

$$\frac{M}{N}=\begin{cases}\left[1-\sinh^{-4}\left(\dfrac{2J}{k_{\mathrm{B}}T}\right)\right]^{\frac{1}{8}} & (T\leqslant T_{\mathrm{c}})\\ 0 & (T>T_{\mathrm{c}})\end{cases}$$

第 2 节　伊辛模型的平均场近似求解

12.2.1　平均场近似

上一节中的内容表明一维伊辛模型没有相变。事实上，一般情况下所有一维系统都不会发生平衡态相变，并不局限于伊辛模型。在二维及更高维的伊辛模型下有相变发生。不过，高维伊辛模型的严格求解很困难。因此，我们这里采用容易处理的平均场近似，来考察伊辛模型下相变的性质。

在存在粒子间相互作用的系统中，一个粒子所处的状态受到与之有相互作用的粒子状态的影响，而后者又受到其他一些粒子的影响，这样一层层扩展出去，最后导致一个粒子所处的状态其实要受到系统中所有粒子的影响。例如，对于伊辛模型，由于势能中 $-J\sigma_i\sigma_j$ 项的存在，自旋 i 的状态 σ_i 受到其所有近邻自旋 j 的状态 σ_j 的影响，σ_j 又受到其近邻 σ_k 的影响，最终，计算自旋 i 的状态 σ_i 出现的概率时需要考虑所有自旋的影响。这就给分析造成很大的困难。平均场近似的主要思想，是将一个自旋磁矩所受到的周围其他自旋磁矩的影响近似用平均效应来代表。也就是说，当我们考虑自旋 i 的状态 σ_i 时，把相互作用势能项 $-J\sigma_i\sigma_j$ 近似成 $-J\sigma_i\langle\sigma_j\rangle$，自旋 j 不再需要分别考虑其各种状态（$\sigma_j=\pm1$）的影响，而是以平均值 $\langle\sigma_j\rangle$ 的形式出现，可看作是某种等价的外场。这样，伊辛模型的微观态能量表达式(12.5)就近似成

$$E(\{\sigma_i\})\approx -J\sum_{\langle \mathrm{n.n.}\rangle}\sigma_i\langle\sigma_j\rangle-\mu H\sum_i\sigma_i \tag{12.23}$$

对于铁磁体，各个格点是等价的，每个自旋的平均值都是一样的

$$\langle\sigma_j\rangle=\bar{\sigma} \tag{12.24}$$

在很多情况下，我们用平均约化磁矩 m 来代替总磁矩 M 来表征系统的宏观状态，它等于平均自旋 $\bar{\sigma}$

$$m=\frac{M/\mu}{N}=\frac{1}{N}\sum_i\langle\sigma_i\rangle=\bar{\sigma} \tag{12.25}$$

因此，式(12.23)可改写成

$$E(\{\sigma_i\})\approx -zJm\sum_i\sigma_i-\mu H\sum_i\sigma_i \tag{12.26}$$

其中 z 是最近邻的数目(配位数)。把 m 看作固定的参数，上式描述的是独立粒子系统，很容易求解

$$Q(N,H,T)=\sum_{\{\sigma_i=\pm1\}}\exp\left[\frac{zJm}{k_BT}\sum_i\sigma_i+\frac{\mu H}{k_BT}\sum_i\sigma_i\right]$$
$$=\left[\exp\left(\frac{zJm+\mu H}{k_BT}\right)+\exp\left(-\frac{zJm+\mu H}{k_BT}\right)\right]^N$$
$$=\left[2\cosh\left(\frac{zJm+\mu H}{k_BT}\right)\right]^N \tag{12.27}$$

其中的 m 是未知的，但我们可以通过如下自洽条件来求解

$$m=\frac{M/\mu}{N}=\frac{k_BT}{N\mu}\frac{\partial\ln Q}{\partial H}=\tanh\left(\frac{zJm+\mu H}{k_BT}\right) \tag{12.28}$$

也就是说，我们先假设 m 是已知的，用它求出配分函数，再由配分函数求出平均约化磁矩 m，最后这个 m 应该与最先假设的 m 是相同的，从而给出自洽条件，完成简单的闭环。

12.2.2 相变与相变温度

方程(12.28)用于在平均场近似下求解平均磁矩 m 的值。它其实是曲线 $y=\tanh\left(\frac{zJm+\mu H}{k_BT}\right)$（这里 m 是自变量）与直线 $y=m$ 的交点。图 12.4(a)给出了在不同温度下的曲线。当温度比较高时，$y=\tanh\left(\frac{zJm+\mu H}{k_BT}\right)$ 与 $y=m$ 只在 $m=0$ 处有一个交点，意味着此时系统只能处于 $m=0$ 的顺磁态。温度较低时，$y=\tanh\left(\frac{zJm+\mu H}{k_BT}\right)$ 与 $y=m$ 除了在 $m=0$ 处有交点以外，还有两个额外的交点，一个具有正的 m 值，一个具有负的 m 值。此时 $m=0$ 的解对应的是不稳定的顺磁态（任何小的扰动都将导致系统状态离开 $m=0$），而 $m\neq0$ 的解对应的是稳定的铁磁态。图 12.4(b)给出 m 随温度变化的曲线。可以看到随着温度上升，m 下降并在临界温度处变成 0，系统发生铁磁-顺磁相变。

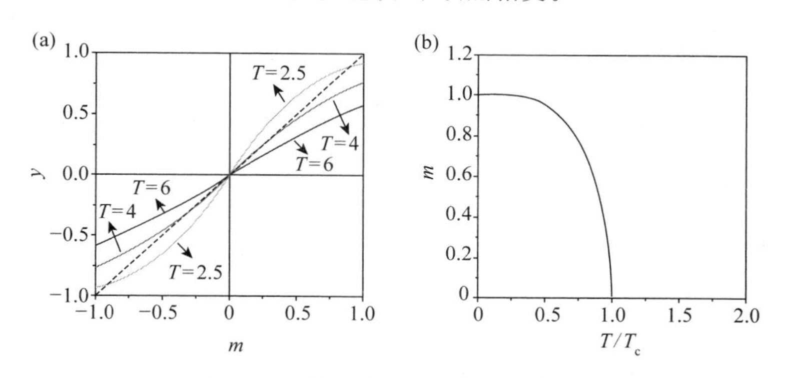

图 12.4 平均场近似下伊辛模型的解。

(a) 自洽方程(12.28)在不同温度下($T=2.5,4,6J/k_B$)的求解；(b) 平均约化磁矩 m 随温度 T 的变化，其中 $T_c=\frac{zJ}{k_B}$，$z=4$。

平均场近似下可以解析求出相变温度的简单式子。考虑 $H=0$，当 m 很小时，对方程(12.28)做 m 的一阶展开，得

$$m=\frac{zJm}{k_BT} \tag{12.29}$$

可以得到相变的临界温度

$$T_c = \frac{zJ}{k_B} \tag{12.30}$$

图 12.4(b)对 $z=4$ 情况下的数值解结果与上式一致。上式表明，在平均场近似下，相变总是存在；相变温度只与近邻数 z 和相互作用参数 J 有关，与系统的维度无关。对于一维伊辛模型，我们在前一节中已经通过严格的解析解得到系统没有相变的结论，因此平均场近似在一维时的结果与实际性质(没有相变存在)严重不符。在二维时，对于正方形晶格，$z=4$，平均场近似给出 $T_c=4J/k_B$，而昂萨格给出的配分函数解析解表明 $\tanh\left(\frac{J}{k_B T_c}\right)=\sqrt{2}-1$，即 $T_c\approx 2.269J/k_B$，因此平均场近似正确预测了相变的存在但高估 T_c 约 75%。在三维时，对于立方晶格，平均场近似给出 $T_c=6J/k_B$；解析解尚未有人解出，但蒙特卡罗模拟给出 $T_c\approx 4.51J/k_B$，因此平均场近似高估 T_c 约 30%。一般情况下，维数越高，平均场近似的效果越好。

平均场理论给出的临界指数也与实际结果不符。例如，它预测的磁化强度临界指数为 $\beta=1/2$，比实验值($\approx 1/3$)大。

12.2.3 铁磁体与对称性自发破缺

根据前面的结果，当 $H=0$ 时，在临界温度以下会出现 $m>0$ 及 $m<0$ 的铁磁体。但这样就会让人产生一个疑问：伊辛模型在 $H=0$ 时自旋朝上与朝下是对称的，所有 σ_i 乘上一个负号时能量 $E(\{\sigma_i\})$ 是不变的，宏观磁矩 $M=\frac{1}{Q}\sum_{\{\sigma_i=\pm 1\}}\left(\sum_i \mu\sigma_i\right)e^{-\frac{E(\{\sigma_i\})}{k_B T}}$ 中状态 $\{\sigma_i\}$ 与 $\{-\sigma_i\}$ 的贡献互相抵消，因此 M 不是应该严格为 0 吗？为什么会出现铁磁体呢？

原因就在于 $H=0$ 其实是位于两相的边界。不同温度下系统的磁矩 M 随外场 H 的变化如图 12.5(a)所示。当 $T<T_c$ 时，如果系统完全处于平衡态，则任一正 H 下(即使是无限小)都可得到正的 $M>M_c$；任一负 H 下都可得到负的 $M<-M_c$。$H=0$ 处的 M 曲线是不连续的，从正 H 方向逼近 $H=0$ 得到的是 $M=M_c$，而从负 H 方向逼近得到的是 $M=-M_c$。系统在 $H=0$ 时处于哪个宏观磁矩值依赖于先前的历史；此时即使加一个微小的反向磁场，由于势垒的存在磁矩也不容易翻转[如图 12.5(b)]。而在 $T>T_c$ 时，M 随 H 的变化是连续的，$H=0$ 时总有 $M=0$。

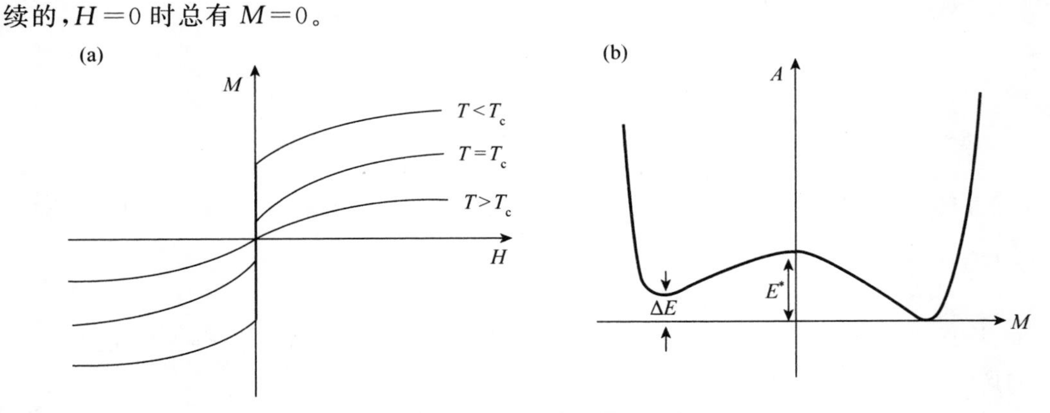

图 12.5 铁磁体中的对称性自发破缺。

(a) 不同温度下磁矩随外磁场的变化；(b) 系统自由能随磁矩变化的示意。

$T<T_c$ 下 $H=0$ 其实是两个相($M>0$ 与 $M<0$)之间的两相共存点(边界)。我们可以对比常见物质的气-液-固相图与铁磁-顺磁相图[如图 12.6(a)(b)],就可发现 $M>0$ 与 $M<0$ 可看作与液体和气体对应的相,M 起到类似于气液密度的作用,而 H 则起到类似于压强 p 的作用。在气液相变中,随着压强的增加,系统在临界压强处发生从气体到液体的相变,密度有不连续变化;在铁磁体中,随着 H 的增加,系统在临界磁场 H(总等于 0)处发生从 $M<0$ 的相到 $M<0$ 的相的相变,M 有不连续变化。对于气液相变,在临界点 T_c 以上,气液不再有区别,系统密度随压强连续变化,不再有跳变;对于铁磁体,在临界点 T_c 以上,系统的 M 随 H 连续变化,不再有跳变,不能区分 $M>0$ 与 $M<0$ 的相。气液相变与铁磁体相变之间的相似性还体现在密度-温度相图[图 12.6(c)]与 $M \sim T$ 相图[图 12.6(d)]的对比上。

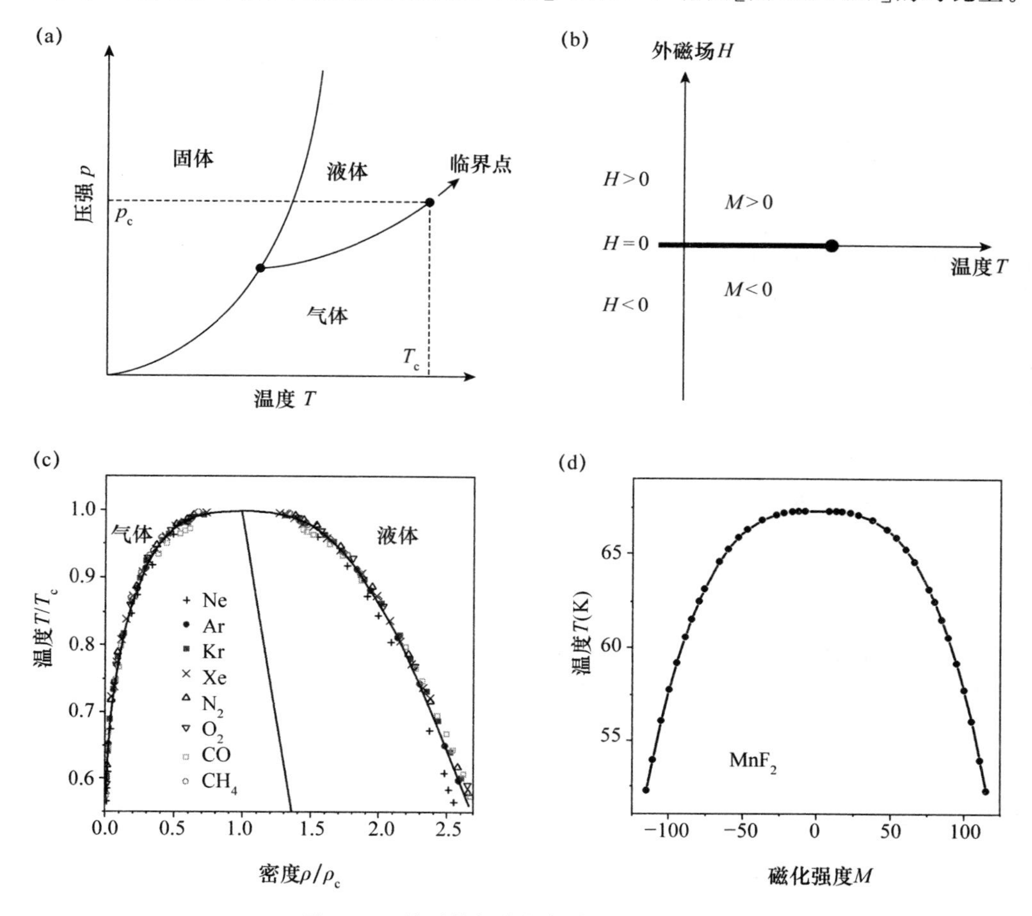

图 12.6 铁磁体相变与气液相变的比较。

(a) 气液固相图;(b) 铁磁体的相图;(c) 气液共存密度与温度的关系;(d) 铁磁体 $M>0$ 与 $M<0$ 两相共存的 M 值与温度的关系。

以上内容还蕴含了一个很重要的概念,叫对称性自发破缺(图 12.7)。对称性自发破缺是指在一个变化过程中(例如,从高温到低温,或者从高能级到基态的过程),系统从一个对称的状态自发变成不对称的状态。生活中一个对称性自发破缺的简单例子是桌面上的火柴棍:将一根火柴棍直立在桌上,这时系统具有以火柴棍为轴的旋转对称性;这个状态是很不稳定的,一个小小的扰动就会使火柴棍倒下,破坏先前的旋转对称性。由于扰动几乎可以无

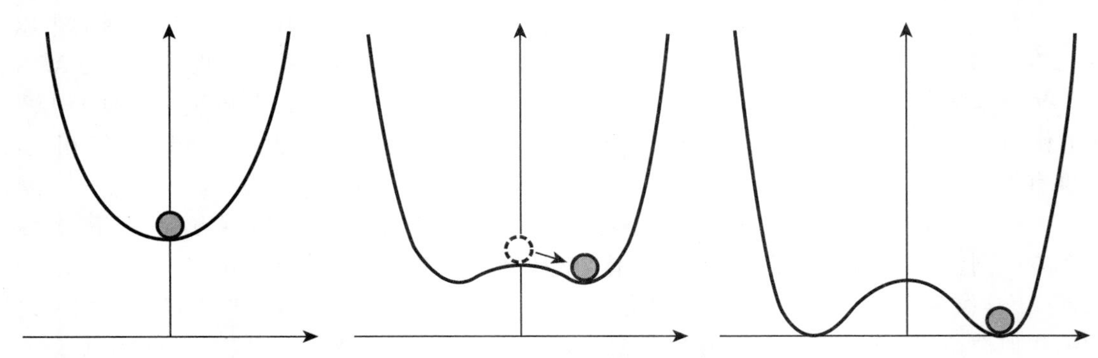

图 12.7 对称性自发破缺示意。

穷小,因此在这一过程中,对称性从有到无,自发地消失了。这就是对称性自发破缺。除了顺磁-铁磁转变以外,对称性自发破缺在科学上还有很多例子。例如,氨分子(NH_3)的结构是三角锥形,但其实包含了镜面对称的两种构型,它们的能量与稳定性是完全相同的,但一个氨分子进入其中一种构型后就很难自发转变到另一种构型,即发生了对称性自发破缺。氨基酸是另一个例子,L 型氨基酸与 D 型氨基酸是对称的,但构成天然蛋白质的氨基酸都是 L 型的。

第 3 节 关联长度与重整化群理论

平均场近似不能准确预测临界温度及其附近的临界行为,原因在于它忽略了相邻(或较近)自旋之间的关联。针对这一点,研究者提出了重整化群理论。本节简单介绍一下这方面的内容。

12.3.1 关联长度的发散

平均场近似[式(12.23)]的缺点是假设一个自旋 σ_i 周围的其他自旋 σ_j 都取平均值 $\langle\sigma_j\rangle$——无论此时 σ_i 的具体取值是什么以及 i 与 j 之间的距离大小如何。但事实上,不同位置的自旋之间存在关联。例如,对于一维伊辛模型,严格的解析解给出(过程略)

$$\langle\sigma_i\rangle=\langle\sigma_j\rangle=0 \tag{12.31}$$

$$\langle\sigma_i\sigma_j\rangle=\left[\tanh\left(\frac{J}{k_{\mathrm{B}}T}\right)\right]^{|j-i|}=\mathrm{e}^{-\frac{|j-i|}{\xi}} \tag{12.32}$$

其中 $\xi=-\dfrac{1}{\ln\left[\tanh\left(\dfrac{J}{k_{\mathrm{B}}T}\right)\right]}$ 被称为关联长度。式(12.31)表明两个自旋之间的相关系数 $\langle\sigma_i\sigma_j\rangle$ 随距离增加而指数下降。

自旋关联与磁化率之间存在内在联系。系统的磁化强度是

$$M=\frac{1}{Q}\sum_{\{\sigma_i=\pm1\}}\left(\sum_{i=1}^{N}\mu\sigma_i\right)\exp\left[\frac{J}{k_{\mathrm{B}}T}\sum_{\langle\mathrm{n.\,n.}\rangle}\sigma_i\sigma_j+\frac{\mu H}{k_{\mathrm{B}}T}\sum_{i=1}^{N}\sigma_i\right] \tag{12.33}$$

因此磁化率为

$$\chi=\frac{1}{N}\frac{\partial M}{\partial H}=\frac{1}{NQ}\sum_{\{\sigma_i=\pm1\}}\left(\sum_{i=1}^{N}\mu\sigma_i\right)\left(\frac{\mu}{k_\mathrm{B}T}\sum_{i=1}^{N}\sigma_i\right)\exp\left[\frac{J}{k_\mathrm{B}T}\sum_{\langle\mathrm{n.n.}\rangle}\sigma_i\sigma_j+\frac{\mu H}{k_\mathrm{B}T}\sum_{i=1}^{N}\sigma_i\right]$$
$$=\frac{\mu^2}{Nk_\mathrm{B}T}\left\langle\left(\sum_{i=1}^{N}\sigma_i\right)\left(\sum_{i=1}^{N}\sigma_i\right)\right\rangle=\frac{\mu^2}{Nk_\mathrm{B}T}\sum_{i,j=1}^{N}\langle\sigma_i\sigma_j\rangle \tag{12.34}$$

磁化率χ与$\sum_{j=1}^{N}\langle\sigma_i\sigma_j\rangle$成正比，即正比于任一自旋$i$与所有自旋的相关系数之和。我们知道，在临界点附近，磁化率、比热等发散。因此，如果我们假设相关系数与距离的关系满足类似于式(12.32)的指数关系，则根据式(12.34)，任何有限的关联长度ξ都会给出有限的χ；或者说，如果χ发散，关联长度ξ必然趋向无穷。因此，在临界点附近不同地点的涨落是高度相关的；这是一种由短程作用所造成的长程的关联。这是相变临界点的普适性质。平均场理论忽略了这种关联，因此其给出的临界指数与真实值不符。

12.3.2　重整化群理论

重整化群理论可以较好地揭示相变临界点附近的性质。不过，重整化群理论在数学上比较复杂，因此我们这里只简单介绍它的主要思想。

相变的一个重要性质，就是在临界点附近的关联长度ξ变得非常大。重整化群的主要想法，就是可以采用粗粒化技术把短距离内的细节平均掉。例如，把某一块区域内的自旋用一个单个自旋代替(图12.8)。当被粗粒化的距离小于关联长度ξ时，做这样的尺度变化不会改变系统的性质。粗粒化以后的系统应该与原来的系统之间满足某种变换性质(标度律)。例如，当我们把二维伊辛模型中的2×2个同向自旋用一个大自旋来代表时，大自旋之间的等价相互作用参数J'与原来的参数J之间应该满足$J'=2J$，而大自旋系统的关联长度将变成$\xi'=\xi/2$。而如果系统刚好处在临界点，关联长度ξ无穷大，变换后系统的关联长度仍然会是无穷大，必然满足某种变换不变性，或者说是自相似性。换句话说，此时用不同放大倍数的“放大镜”所观察到的系统性质都是一样(类似)的。重整化群理论就是利用这一点来确定临界点所在的位置，以及系统在临界点附近的性质。具体做法我们就不介绍了，有兴趣的读者可参考其他教材，例如高执棣、郭国霖的《统计热力学导论》。

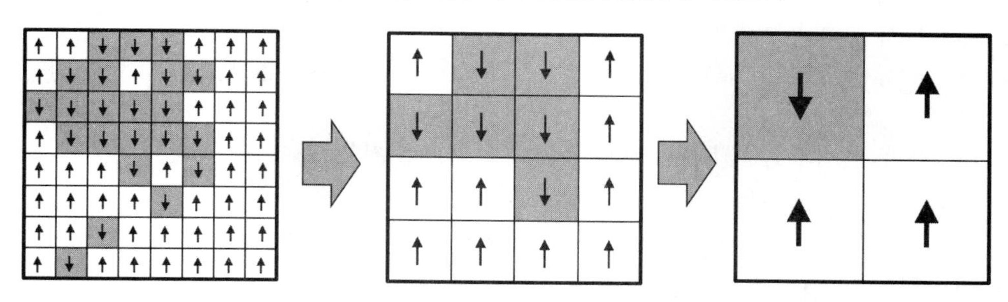

图12.8　重整化群理论的主要想法：通过粗粒化把细节平均掉。

重整化群理论不但给出更精确的相变温度，而且能准确描述临界行为。表12-1给出三维伊辛模型各种临界指数的结果。可以看出，重整化群所给出的结果非常准确，而平均场近似的结果就有较大的偏差。事实上，重整化群是一种非常重要的思想，甚至与人工智能与机器学习有内在的联系。(参见题外：重整化方法是识别猫和宇宙运行的通用逻辑吗？)

表 12-1　三维伊辛模型的临界指数

指数	平均场近似	级数解	重整化群理论	实验结果
α	0(跃变)	0.1096±0.0005	0.109±0.004	0.111
β	1/2	0.3265±0.0001	0.3258±0.0014	0.321～0.329
γ	1	1.2373±0.0002	1.2396±0.0013	1.23～1.28
ν	1/2	0.63012±0.00016	0.6304±0.0013	0.63
η	0	0.03639±0.00015	0.0335±0.0025	0.038～0.042

题外：重整化方法是识别猫和统治宇宙运行的通用逻辑吗？

由许多相互作用的粒子所形成的系统，常常会有令人惊奇的整体运动行为。这种整体行为所满足的规律，与组成系统的粒子所表现出来的规律非常不同。而且，由相同粒子所组成的不同的复杂系统，其整体行为甚至可以满足完全不同的规律，例如，H_2O 分子组成的系统可以表现出水、冰或蒸汽的性质。这是我们世界丰富多彩的起源。如何从粒子的简单规律推导出整体运动的完全不同的新规律，有一个很重要的方法，就是重整化方法。

在机器学习中，一个由众多简单神经元所形成的神经网络，也是一个复杂系统，它可以有惊人的图像识别能力。给一个神经网络输入一堆像素，它可以输出(识别)这是狗，还是猫，还是其他什么东西。这很像上面所讲的从粒子到相的性质变化。在这些网络中，信息的学习与提取是逐层进行的，即先训练每一层的连接，再将输出结果——相当于原始数据更为粗略的表征——作为后一层训练的输入数据，然后再度粗粒化……。这与重整化方法在本质上是一致的，即紧扣影响其大尺度行为的要素，并对其余要素进行平均化。

习　　题

12.1　名称解释：平均场近似、对称性自发破缺。

12.2　求解矩阵 P_2 的本征方程，以得到公式(12.20)。

12.3　推导一维伊辛模型的比热公式。

12.4　推导一维伊辛模型的内能表达式。在 $T\to 0^+$ 时，系统的内能是多少？对应什么样的构象(微观状态)？

12.5　求解平均场近似下磁矩在临界温度附近的临界指数。

12.6　编程以数值求解方程(12.28)。

12.7　对方程(12.28)做 m 的一阶展开并求解得到式(12.29)。

12.8　判断对错题：

(1) 严格地讲，一维伊辛模型在有限温度下($T>0$ K)不存在相变。(　　)

(2) 严格地讲，二维伊辛模型在有限温度下($T>0$ K)不存在相变。(　　)

12.9　忽略三维伊辛(Ising)模型中格点自旋之间的相互作用(即假定 $J=0$)，但考虑格点自旋与外磁场 H 之间的相互作用。请求解体系在任意温度 T 和外磁场 H 下的总磁矩 $M=\mu\sum_i\sigma_i$、磁化率 $\chi=\frac{1}{N}\frac{\partial M}{\partial H}$、内能 U、比热 C_V、熵 S。

第十三章　统计热力学方法在其他领域的应用

第1节　统计热力学应用到其他领域的可能性

通过前面内容的学习，我们深深体会到统计热力学理论的强大威力。那么，这种思路能够应用到其他领域吗？

回过头想想，统计热力学起作用需要满足几个条件：

- 大量个体（约 10^{23}）；
- 个体满足相同的微观动力学；
- 部分未知所导致的随机性。

此时，在大数定律的作用下，虽然个体的行为是高度随机、不可预测的，但大量个体却表现出可精确预测的平均行为与分布。分子体系很好地满足了这些条件，因此我们能得到很好的结果，例如，麦克斯韦-玻尔兹曼分布。那么，有哪些其他领域能满足这些条件呢？其中一个可能是股票市场，它具有如下特点：

- 大量的买家与卖家；
- 个体具有相同的愿望（驱动力），即收入最大化；
- 不可知因素与随机性的存在。

这些性质与上面的统计热力学条件有很好的契合。那么，统计热力学方法能应用于股票市场分析吗？当然，有人会辩驳说股票市场的个体数目远低于分子数目，而且人与人之间是不同的。这种辩驳当然是有道理的，但我们不妨把“大量相同个体”的假设作为对复杂现实的一种近似，应用统计热力学理论进行分析，再把分析结果与现实进行对比。这样也许会获得一些有价值的认识。抱着类似想法，研究者们将统计热力学方法应用于金融、经济、社会等领域的研究，做了很多有益的探索。作家们也以此为灵感（参见题外：阿西莫夫的《银河帝国》）。

题外：阿西莫夫的《银河帝国》

著名科幻作家阿西莫夫在其封神之作《银河帝国》中，设想了将统计热力学思想应用于人类社会的极致情形：

“第一银河帝国”已有上万年的历史，银河系每颗行星皆臣服于其中央集权统治之下。帝国的政体时而专制，时而开明，却总是井然有序。久而久之，人类便忘却了还有其他可能存在。

只有哈里·谢顿例外。

哈里·谢顿是“第一帝国”最后一位伟大的科学家，正是他，将心理史学发展到登峰造极之境。这门学问堪称社会科学的精华，能将人类行为化约成数学方程式。

个人的行为当然无法预测，可是谢顿发现，人类群体的反应却能以统计方法处理。人数越多，其精确度也就越高。谢顿的研究对象乃是银河系所有的人类，而在他那个时代，银河总人口数达到千兆之众。预测人类群体对于某些刺激的反应，精确度不逊于初等科学对撞球反弹轨迹的预测。

在钻研心理史学的过程中，谢顿发现一个与当时所有的常识，以及一般人的信念都恰恰相反的惊人事实：表面上强盛无比的帝国，实际上已病入膏肓，注定将崩溃衰亡。谢顿预见(他解出了自己的方程式，再解释其中的象征性意义)，假如放任情况自行发展，银河系将历经三万年悲惨的无政府时期，才会再出现另一个大一统的政府……周期性的危机一个接一个冲击这个“基地”，每个危机都蕴涵着当时人类集体行为的各种变数。它的行动自由被限制在一条特定的轨迹上，只要沿着这条轨迹不断前进，就必定会柳暗花明，进而得以开创新局。

(注：文学评论界认为阿西莫夫的心理史学是马克思的历史唯物主义学说的翻版，虽然他否认这种说法。)

一个成功的例子是1995年H. E. Stanley等人发表于*Nature*(《自然》)的一篇文章。他们对标准普尔500指数的涨落数据进行了详细的分析，发现指数在不同时间间隔内(从1分钟到1000分钟不等)的涨落分布呈现形状类似的稳定分布，通过坐标轴的适当拉伸后可以很好地重叠在一起，遵循尾部截断的Levy分布。我们对最新数据的分析也呈现类似的规律(图13.1)。这表明金融动力学系统具有时间方向的自相似性。Stanley等人在论文中正式提出了经济物理学(econophysics)的概念，后来成为一个重要的交叉学科方向。

第2节　个人收入与财富的分布

在本节中，我们以个人收入与财富的分布为例，来看统计热力学在其他领域的成功应用。

13.2.1　个人收入：指数分布

我们考虑如下的简化模型：

- 社会中所有个体(个人)是全同的，服从统一的微观动力学；
- 个体总数 N 恒定($N\gg1$)；
- 社会的总收入 R 恒定。

这与我们在第二章中所考虑的包含大量独立粒子且满足粒子数守恒与能量守恒条件的经典统计系统完全类似，因此可以用非常类似的方法来分析。记离散化的个体收入为$\{r_i\}$，收入为 r_i 的个体数目(人数)为 n_i，则收入分布应该满足如下约束条件：

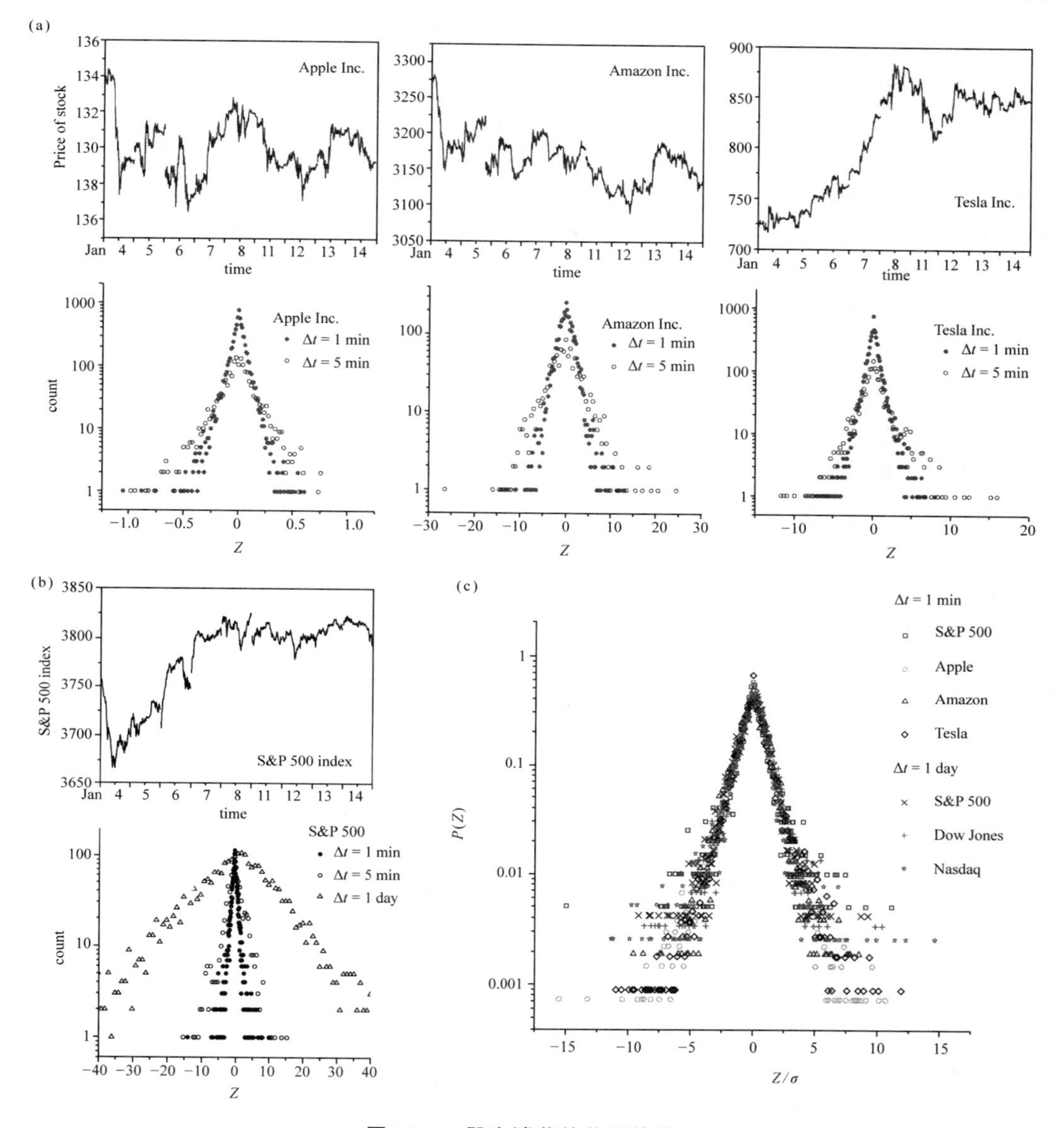

图 13.1　股市涨落的普适性质。

涨落定义为 $Z(t)=y(t+\Delta t)-y(t)$，其中 $y(t)$ 为 t 时刻的股价或指数。(a) 三个公司的股价变化(上)及其涨落分布(下)；(b) 标准普尔 500 指数的变化(上)及其涨落分布(下)；(c) 涨落分布的普适性质，其中横轴根据涨落的均方差 σ 进行了拉伸。股价变化与 $\Delta t=1$ min 的涨落分布的结果来自 2021 年 1 月 4—14 日的真实数据，而 $\Delta t=1$ day 的涨落分布的结果来自 2000—2013 年的真实数据。

$$\begin{cases}\sum_i n_i = N \\ \sum_i n_i r_i = R\end{cases} \tag{13.1}$$

应用我们在第二章中所采用的方法，很容易得到

$$n_i = \frac{N}{\sum_i \mathrm{e}^{-\beta r_i}} \sum_i \mathrm{e}^{-\beta r_i} \tag{13.2}$$

其中 β 是针对总收入 R 恒定的约束条件所引入的拉格朗日因子。对应到连续分布，将得到个人收入 r 的分布①

$$P(r)=\frac{1}{r_0}\mathrm{e}^{-\frac{r}{r_0}} \tag{13.3}$$

其中 r_0 是分布的唯一参数，等于平均收入，即 $r_0=R/N$。这是一个指数分布。它表明收入越高的人数越少，收入为零的人是最多的；而且，收入为 $2r_0$（两倍平均收入）的人数是 r_0（平均收入）人数的 0.368 倍（e^{-1}），收入为 $3r_0$ 的人数是 r_0 人数的 $0.368\times0.368=0.135$ 倍……。这会是真的吗？

A. Dragulescu 与 V. M. Yakovenko 在 2001 年对美国 1996 年的劳动者收入分布进行了分析（美国有严格的个人收入报税制度，因此能够得到可靠的数据进行分析），结果如图 13.2(a)所示，其中黑色曲线代表的就是指数分布公式（13.3）的拟合结果。可以看出，除了收入很低时指数分布预测结果不太准确以外（在超出画图范围的高收入值下预测也不准确，后面有介绍），在大多数收入下预测结果与实际数值是吻合得相当好的。这其实是相当惊人的结果，因为我们的模型非常粗糙，它假设所有人都是相同的，在天赋、教育、个人努力等各种方面没有任何不同，这似乎与真实情况相去甚远。这表明我们的模型虽然有明显的简化，却很可能是对现实的相当好的近似。

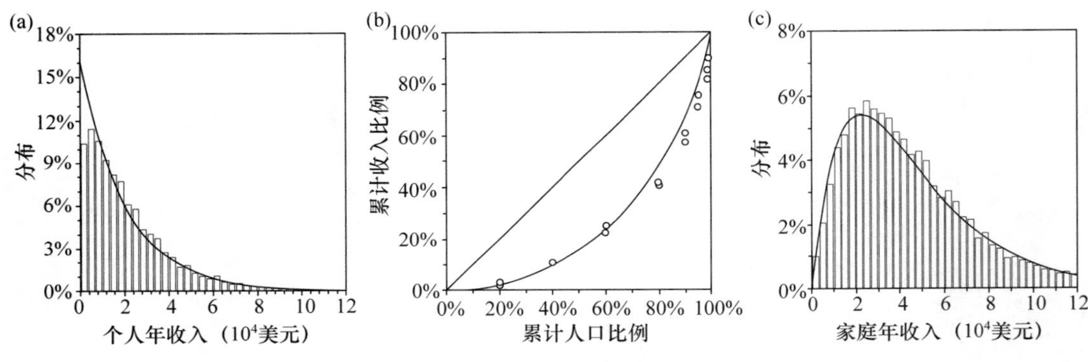

图 13.2 个人收入分布的实际数据。

(a) 美国 1996 年的劳动者收入分布。黑色曲线是公式（13.3）的结果，$r_0=20\ 286$ 美元。(b) 美国 1979—1997 年个人收入分布的洛伦兹曲线以及基尼系数。(c) 美国 1996 年具有两个成人的家庭的收入分布。数据来自文献[A. Dragulescu and V. M. Yakovenko, *Eur. Phys. J. B* 20,585(2001)].

收入分布还可以用基尼系数来分析。对于任一收入分布 $P(r)$，收入低于 r 的人群比例计算为

$$x(r)=\int_0^r P(r)\mathrm{d}r \tag{13.4}$$

个体收入低于 r 的收入在社会总收入中的比例计算为

$$y(r)=\frac{\int_0^r rP(r)\mathrm{d}r}{\int_0^{+\infty} rP(r)\mathrm{d}r} \tag{13.5}$$

① 这里其实是假设 $\{r_i\}$ 的分布是均匀的，类似于我们对粒子 $\{x,p_x\}$ 微观状态空间的假设。

将不同 r 下的 x 与 y 画成曲线 $y \sim x$，就得到经济学里的洛伦兹曲线(Lorenz curve)。它通过点(0,0)和点(1,1)，是在[0∶1]范围内的位于对角线下方的曲线。一个社会的贫富分化越严重，洛伦兹曲线就越低。最极端的贫富分化对应于一条从(0,0)到(1,0)再到(1,1)的折线，意味着世界上所有收入都归一个人所有；最平等的情况则对应于从(0,0)到(1,1)的折线(对角线)，意味着所有人的收入都是一样的；一般情况下则介乎这两者之间。基尼系数就定义为实际的洛伦兹曲线与对角线所夹的区域的面积的两倍，即

$$G = 2\int_0^1 (x - y)\mathrm{d}x \tag{13.6}$$

基尼系数的范围为 $0 \leqslant G \leqslant 1$。贫富分化越严重，基尼系数 G 就越大。最极端的贫富分化对应于 $G=1$；最平等的情况对应于 $G=0$。对于前面简化模型给出的收入分布(13.3)，洛伦兹曲线结果为

$$y(r) = x + (1-x)\ln(1-x) \tag{13.7}$$

其基尼系数则是个常数

$$G = \frac{1}{2} \tag{13.8}$$

他们都不依赖于分布式(13.3)的参数 r_0。图 13.2(b)是美国 1979—1997 年个人收入分布的分析结果。可以看出，实际数据和理论预测式(13.7)、(13.8)符合很好，只在高收入(x 值接近 1)区间有明显的偏离(原因后面有分析)。基尼系数在 0.5 附近，且有缓慢上升的趋势(参见题外)。

中国的基尼系数略小一些，但也在 0.5 附近：根据中国国家统计局的数据，2008—2015 年中国的基尼系数分别为 0.491、0.490、0.481、0.477、0.474、0.473、0.469、0.462。

题外：21 世纪的贫富分化

《21 世纪资本论》(Capital in the Twenty-First Century)是法国经济学家托马斯·皮凯蒂(Thomas Piketty)的著作。书中对自 18 世纪工业革命至今的财富分配数据进行分析，发现近几十年来贫富分化现象已经扩大，很快会变得更加严重；认为不加制约的资本主义导致了财富不平等的加剧，自由市场经济并不能解决财富分配不平等的问题；建议征收资本税，等等。

如果一个家庭具有两个劳动者(夫妇两人)，还可以分析他们的家庭收入。假设一个家庭的两个劳动者的收入分布是独立的，且都服从上面的简化模型结果(13.3)，则家庭收入的分布为

$$P_{\text{家庭}}(r) = \int_0^r P(r')P(r-r')\mathrm{d}r' = \frac{r}{r_0^2}\mathrm{e}^{-\frac{r}{r_0}} \tag{13.9}$$

这个预测结果与实际数据的比较如图 13.2(c)所示。与个人收入分布不同，家庭收入分布有个极值($\approx r_0$)，随着收入的上升，分布先上升后下降。实际数据再次与预测很好符合。

什么样的微观动力学会造成上述简化模型呢？这有很多种可能。其中一个微观模型如下：假设个体之间随机进行贸易，在贸易过程中总收入不变，即个体 i 赚了另一个个体 j 就会亏了，收入变化为 $(r_i, r_j) \to (r_i + \Delta r, r_j - \Delta r)$，其中 Δr 是个随机值。可以证明，此时的稳定分布就是指数分布。另外，我们可以考虑一个微信抢红包的游戏：有很多参与者；每次随机抽一个人来给大家发红包，大家抢红包时手是一样快的，抢到红包的概率相同；则很多轮游戏下来，大家的钱包余额分布就是式(13.3)所示的指数分布。

13.2.2 长尾现象

前面的指数分布其实会会低估高收入个体的比例。例如,按图 13.2(a)的拟合结果估计(r_0=20 286 美元),则年收入百万美元[注意这已经超出图 13.2(a)的 x 轴范围]的个体比例为 3.9×10^{-22},明显是不对的。图 13.2(b)其实也反映出这种偏离:指数分布高估了最低 99%个体的总收入,或者说,低估了最高 1%个体的收入。

对于高收入的分布,更准确的描述是如下的长尾(long tail)或肥尾(fat tail)分布

$$P(r)\propto r^{-\alpha} \tag{13.10}$$

这是一种幂律分布。与指数分布或高斯分布相比,长尾分布在自变量较大时的分布概率下降要慢得多,即分布曲线的尾部比较“肥”。这种现象在很多领域都可观察到,意味着极端情形发生的可能性比指数分布或高斯分布的预测要高得多。例如,每个金融市场每年都会出现一次或者多次 4 个标准差或者更大幅度的单日变动,在任何一年内通常至少有一个市场出现大于 10 个标准差的单日变动。对于我们感兴趣的个人收入与财产分布,实际数据的分析结果如图 13.3(a)所示。可以看出,财富不太多时确实服从指数分布,但财富很多时却服从长尾分布,拟合得到的 $\alpha=2.9$。对于超级多财富的情形,有一个方便的数据来源可供分析,就是福布斯美国 400 富豪榜,2019 年的数据分析见图 13.3(b),整组数据可以用长尾分布描述,拟合得到的 $\alpha=2.3$。

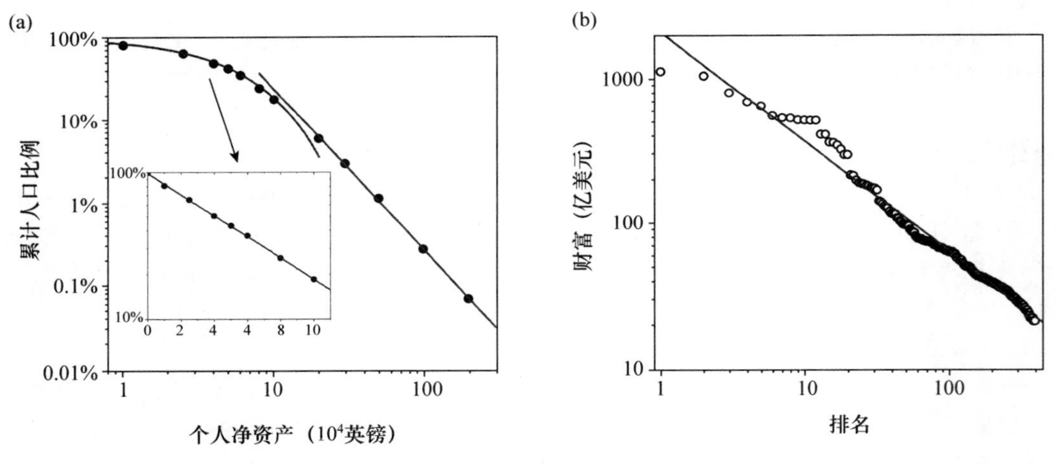

图 13.3 财富分布。

(a) 英国 1996 年的个人财产分布(净资产高于指定值的累计人口比例),其中右边的直线为长尾分布拟合结果,$\alpha=2.9$;左边的曲线为指数分布拟合。(b) 2019 年福布斯美国 400 富豪榜排名,其中的直线为长尾分布拟合结果,$\alpha=2.3$。

第 3 节 贫富不均的产生

近年来,贫富不均(wealth and income inequality)已成为学术界、政治界和社会各界普遍关注的问题。在第二次世界大战期间,世界贫富不均的程度急剧下降,但从 20 世纪 60 年

代末贫富不均逐渐增加,现在贫富不均的严重程度已经比二战前还要高。贫富不均的可能原因是多种多样的,对贫富不均根源的分析,有助于正确认识财富的正当性及制定恰当的应对政策。我们前面的内容表明即使是完全相同的个体,也会自然产生收入的差别(指数分布),但另一方面现实数据还存在贫富不均更严重的长尾分布,它们又是怎么产生的呢?最近的一个研究[①]为此提供了一些参考。

这个研究是通过构造微观动力学模型(agent-based model)直接进行计算机模拟,以得到系统的宏观性质。在模型中,数量巨大的个体在一个经济体中进行生产、分配、消费、投资,并自然而然地发生阶层分化。最初每个个体各有一块田地,但生产效率有一定差别(高斯分布,均值与方差都为 5000 美元/年),生产成果全部归自己所有。根据所获得的收入不同,个体的消费分成四个阶层:生存型(2500 美元/年)、温饱型(7500 美元/年)、满足型(200 000 美元/年)、奢侈型(1 000 000 美元/年)。不能保证生存的个体可以把自己的土地卖给出价最高的买主并成为后者的雇工获得稳定的工资收入,在后者的帮助下效率提升(等于雇工与雇主初始效率的平均值),但产出都归雇主。虽然能够生存但效率不是很高的个体也可以(自愿)被溢价收购以获得收入的提升。多次模拟所得到的个人生产效率与收入的分布如图 13.4 所示。可以看到,个体的生产效率的差别其实不是很大,在 10^8 个个体中,最高的生产效率也只有平均水平的 6 倍左右。但收入的差别却发生了很大的变化。在第 1 年,由于没有收购发生,所有人都是依赖自己的劳动收入,收入取决于自己的生产效率,具有高斯分布。而仅仅到了第 4 年,由于收购的发生以及由此带来的投资收入,个体的收入演化成指数分布[图 13.4(b)]。到了模拟结束时(100 年,但在 40 年左右时分布已经稳定),不同个体的收入有巨大的差别,有少数个体的年收入能超过 10^6 美元,成为奢侈型阶层。而且有意思的是,最后的收入分布在收入不太大时满足指数分布而在收入很大时满足长尾分布[图 13.4(c)],与现实世界真实数据的特征完全一致。

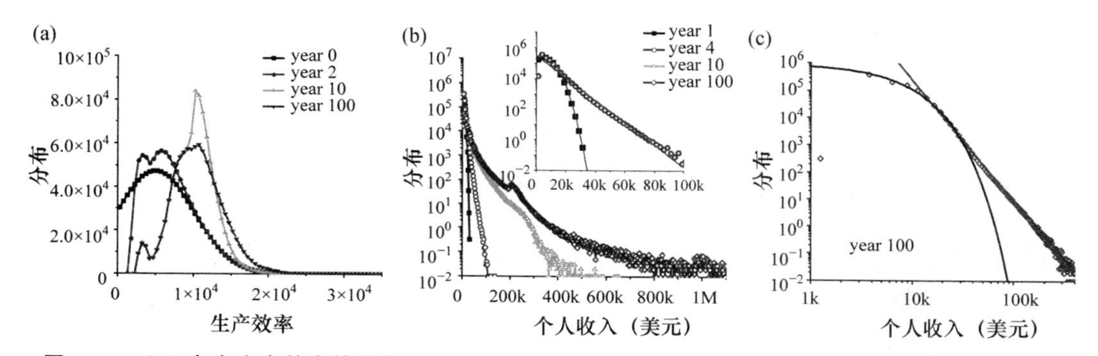

图 13.4 (a) 个人生产效率的分布;(b) 个人收入的分布,其中第 1 年与第 4 年的数据分别用高斯分布与指数分布拟合;(c) 个人收入的分布(双对数图),其中弯曲的曲线是指数分布拟合结果,直线是长尾分布拟合结果。

那么,模型中的这种贫富不均与阶层分化是怎么产生的呢?这主要是通过收购他人土地并雇佣雇工来实现的(图 13.5)。奢侈型阶层的每个个体用于投资(收购、雇佣)的金额非常巨大(上千万美元),雇佣几百个雇工,几乎全部收入都来自投资利润;而满足型个体的投

① Songtao Tian and Zhirong Liu. Emergence of income inequality: origin, distribution and possible policies(贫富不均的产生:根源、分布、以及可能的对策)。*Physica A* 537, 122767/1-14 (2020).

资额也有几十万美元，雇佣几十个雇工，约 90%的收入来自利润；温饱型个体的投资很少，生存型几乎没有投资。

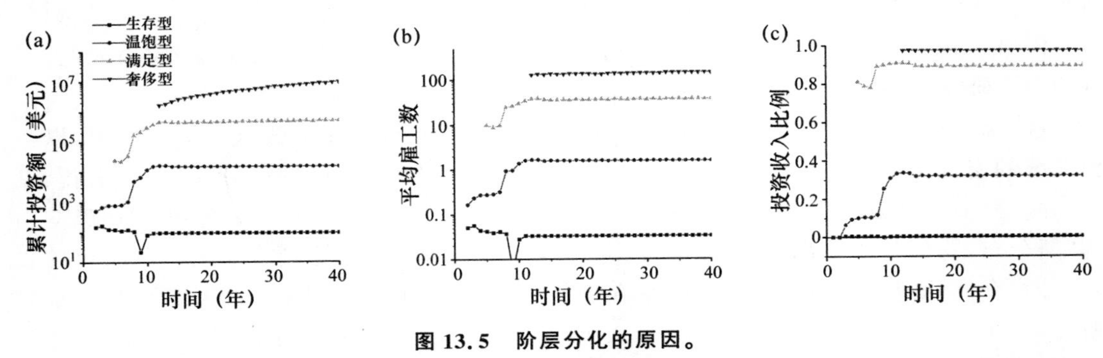

图 13.5 阶层分化的原因。

(a) 不同阶层的个体平均累计投资额。(b) 不同阶层个体的平均雇工数。(c) 不同阶层个体的投资收入在其总收入中的比例。

利用这个模型还可以模拟不同政策的可能影响。例如，提高法定最低工资水平，在短时间内对人均收入是不利的(更难通过收购来提高生产效率)，但长期是有助于提高人均收入的。过高的法定最低工资也是不利的，基尼系数与平均收入随最低工资的变化有极值现象，即存在最优的最低工资水平。

简单地说，这个模型表明小的个体差异能够通过个体间的相互作用最终导致大的阶层分化，并产生收入的指数分布与长尾分布共存的结果。

习　题

13.1 推导公式(13.2)。

13.2 利用公式(13.3)，证明公式(13.7)与(13.8)。

13.3 利用网络上的标准普尔 500 指数数据(https://firstratedata.com/i/index/SPX)计算 1 min 及 5 min 内的涨落的分布。

13.4 假设个体之间随机进行贸易，在贸易过程中总收入不变，即个体 i 赚了另一个个体 j 就会亏了，收入变化为$(r_i, r_j) \to (r_i+\Delta r, r_j-\Delta r)$，其中 Δr 是个随机值。证明收入的指数分布在这个微观动力学演化下不变。

13.5 编程模拟微信抢红包的游戏：有很多参与者，每次随机抽一个人来给大家发红包，大家抢红包时手是一样快的，抢到红包的概率相同。

附　　录

附录 A　概率论基础

A1　多变量的联合概率

将例 1.1 扩展一下：

例 A.1　袋子中有五个小球。其中三个是红球，上面有号码(数字)1，2，3；其余两个是蓝球，上面有号码 1，2。小球除了颜色与编号有差别以外其他性质都是一样的。现在从里面随机摸出一个小球，很显然小球有两种性质：小球颜色(记为 a)，可能取值为{红、蓝}；小球上的号码(记为 b)，可能取值为{1、2、3}。此时摸球结果可以用变量 a 与 b 的联合概率来表示，记为 $P(a,b)$。具体数值结果为：$P(a=\text{红},b=1)=P(a=\text{红},b=2)=P(a=\text{红},b=3)=P(a=\text{蓝},b=1)=P(a=\text{蓝},b=2)=20\%$，$P(a=\text{蓝},b=3)=0$。

联合概率满足归一化条件

$$\sum_{a,b} P(a,b)=1 \tag{A1}$$

其中 $\sum\limits_{a,b}$ 代表对所有可能的 a，b 进行求和。

如果此时只关心其中一个变量的概率，例如 a 的概率 $P_A(a)$(此处用 P_A 以特别表示这个函数与公式 A1 中的 P 不同)，则有

$$P_A(a)=\sum_{b} P(a,b) \tag{A2}$$

如果 a 与 b 的分布是独立的，则

$$P(a,b)=P_A(a)P_B(b) \tag{A3}$$

A2　条件概率

在 b 已经发生(确定)的条件下，a 发生的概率被称为 a 在 b 条件下的条件概率，记为 $P(a|b)$。下面是条件概率的摸球例子：

例 A.2　袋子中有五个小球。其中三个是红球，上面有号码(数字)1，2，3；其余两个是蓝球，上面有号码 1，2。小球除了颜色与编号有差别以外其他性质都是一样的。让一个色盲从袋子中随机挑一个编号为 2 的球出来，这个球是红色的概率是多少？

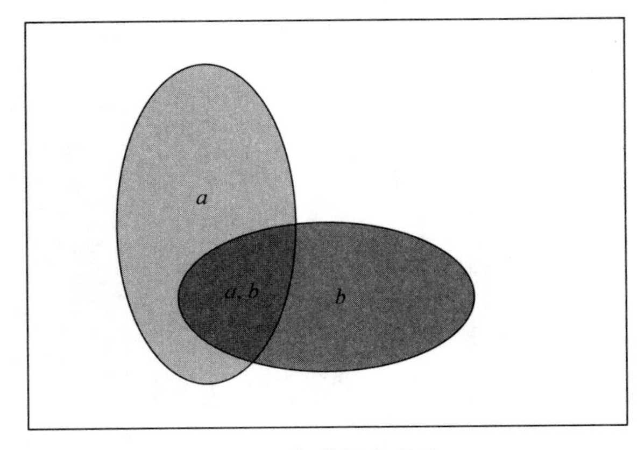

图 A1　条件概率示意。

方框面积为 1(归一化总概率)。两个椭圆的面积分别给出 $P_A(a)$ 与 $P_B(b)$ 的值,而它们的重合面积则给出 $P(a,b)$。因此在 b 条件下 a 的条件概率为 $P(a|b)=\dfrac{P(a,b)}{P_B(b)}$

联合概率 $P(a,b)$ 给出了随机变量 a 与 b 的分布的完整信息,可以从中计算条件概率(参见图 A1)

$$P(a|b)=\frac{P(a,b)}{P_B(b)}=\frac{P(a,b)}{\sum_a P(a,b)} \tag{A4}$$

类似地,有

$$P(b|a)=\frac{P(a,b)}{P_A(a)}=\frac{P(a,b)}{\sum_b P(a,b)} \tag{A5}$$

两式结合起来,可得到

$$P(a|b)=\frac{P(b|a)P_A(a)}{P_B(b)} \tag{A6}$$

这被称为贝叶斯公式。它在因果推断、人工智能等领域具有广泛的应用。

A3　连续变量的概率密度

前面介绍的摸球游戏例子中随机变量的取值是分立的。在统计热力学中,更重要的情形是取值连续的变量的概率分布。例如,粒子运动速度(v_x,v_y,v_z)的取值就是连续的。此时直接讨论概率是不方便的,需要引入概率密度的概念。考虑下面的简化例子:

例 A.3　坐标轴上有一条处于[0,2]区间的线段,用一把无穷薄的刀随机砍下去,砍中 $x=1$ 的点的概率是多少?

对于连续变量 x,一般而言,x 刚好取某一值 a 的概率 $P(x=a)$ 为 0,但取 a 附近一小段范围$[a,a+\Delta a]$的概率 $P(x\in[a,a+\Delta a])$则不为 0,而且在 Δa 很小的时候这个概率与 Δa 近似成正比,比例系数被定义为 x 在点 a 处的概率密度 $p(x=a)$,即

$$p(x=a)=\lim_{\Delta a\to 0}\frac{P(x\in[a,a+\Delta a])}{\Delta a} \tag{A7}$$

概率密度满足归一化条件

$$\int p(x)\mathrm{d}x = 1 \tag{A8}$$

x 落在任一范围$[a,b]$的概率可从概率密度计算：

$$P(x \in [a,b]) = \int_a^b p(x)\mathrm{d}x \tag{A9}$$

在例子 A3 中，$x=1$ 的概率为 0，但概率密度为 1/2。

A4　平均值、方差、标准偏差

假设 x 是随机变量，其分布的概率密度为 $p(x)$。系统的某个性质 A 是 x 的函数 $A(x)$，例如，粒子的动能 E_K 是速度(v_x,v_y,v_z)的函数：$E_K(v_x,v_y,v_z)=\frac{1}{2}m(v_x^2+v_y^2+v_z^2)$。性质 A 的平均值(mean)可利用下式计算：

$$\langle A \rangle = \int A(x)p(x)\mathrm{d}x \tag{A10}$$

这里我们用〈 * 〉来代表任一量 * 的统计平均值。而 A 的方差(variance)则为

$$\sigma^2 = \int [A(x) - \langle A \rangle]^2 p(x)\mathrm{d}x = \langle A^2 \rangle - \langle A \rangle^2 \tag{A11}$$

σ 被称为 A 的标准偏差(standard deviation)或均方差

$$\sigma = \sqrt{\sigma^2} = \sqrt{\langle A^2 \rangle - \langle A \rangle^2} \tag{A12}$$

对于经常用到的高斯分布

$$p(x) = \frac{1}{\sqrt{2\pi\sigma^2}}\mathrm{e}^{-\frac{(x-x_0)^2}{2\sigma^2}} \tag{A13}$$

其中参数 x_0 即为 x 的平均值，$\langle x \rangle = x_0$。

A5　变量代换

概率密度的变量代换的一个例子如下：

例 A.4　x 在[0,2]之间均匀分布，即 $p_X(x)=0.5$。则 $y=x^2$ 也是随机分布的。请问 y 的概率密度 $p_Y(y)$是多少？

假设 y 是 x 的函数，$y(x)=f(x)$[简记为 $y(x)$]，随 x 增大而增大。则 x 落在任一范围$[a,b]$的概率应该等于 y 落在$[f(a),f(b)]$的概率，即

$$\int_a^b p_X(x)\mathrm{d}x = \int_{f(a)}^{f(b)} p_Y(y)\mathrm{d}y \tag{A14}$$

利用积分的性质，有

$$\int_{f(a)}^{f(b)} p_Y(y)\mathrm{d}y = \int_{f(a)}^{f(b)} p_Y[f(x)]\mathrm{d}f = \int_a^b p_Y[f(x)]\frac{\mathrm{d}f(x)}{\mathrm{d}x}\mathrm{d}x \tag{A15}$$

结合两式，得

$$p_X(x) = p_Y[f(x)]\frac{\mathrm{d}f(x)}{\mathrm{d}x} = p_Y(y)\frac{\mathrm{d}y}{\mathrm{d}x} \tag{A16}$$

在一般情况下，有

$$p_Y(y)=\sum_{y=f(x)}\frac{p_X(x)}{\left|\frac{\mathrm{d}y}{\mathrm{d}x}\right|} \tag{A17}$$

其中 $\sum_{y=f(x)}$ 代表对所有满足 $y=f(x)$ 的 x 求和。注意一般情况下 $p_X(x)\neq p_Y[y(x)]$。

附录B 高斯积分

高斯函数与多项式乘积在[0,+∞]区间的定积分有如下解析解

$$I_n(a)\equiv\int_0^{+\infty}\mathrm{e}^{-ax^2}x^n\,\mathrm{d}x=\begin{cases}\dfrac{(n-1)!!}{2^{\frac{n}{2}+1}a^{\frac{n}{2}}}\sqrt{\dfrac{\pi}{a}} & (n\text{ 为偶数时})\\[2ex] \dfrac{\left(\dfrac{n-1}{2}\right)!}{2a^{\frac{n+1}{2}}} & (n\text{ 为奇数时})\end{cases}$$

其中 $n=0,1,2,\cdots$。“!!”表示双阶乘，即 $n!!=n(n-2)(n-4)\cdots$。前几项高斯积分的结果为

$$I_0=\int_0^{+\infty}\mathrm{e}^{-ax^2}\,\mathrm{d}x=\frac{1}{2}\sqrt{\frac{\pi}{a}}$$

$$I_1=\int_0^{+\infty}x\,\mathrm{e}^{-ax^2}\,\mathrm{d}x=\frac{1}{2a}$$

$$I_2=\int_0^{+\infty}x^2\mathrm{e}^{-ax^2}\,\mathrm{d}x=\frac{1}{4a}\sqrt{\frac{\pi}{a}}$$

$$I_3=\int_0^{+\infty}x^3\mathrm{e}^{-ax^2}\,\mathrm{d}x=\frac{1}{2a^2}$$

$$I_4=\int_0^{+\infty}x^4\mathrm{e}^{-ax^2}\,\mathrm{d}x=\frac{3}{8a^2}\sqrt{\frac{\pi}{a}}$$

$$I_5=\int_0^{+\infty}x^5\mathrm{e}^{-ax^2}\,\mathrm{d}x=\frac{1}{a^3}$$

$$I_6=\int_0^{+\infty}x^6\mathrm{e}^{-ax^2}\,\mathrm{d}x=\frac{15}{16a^3}\sqrt{\frac{\pi}{a}}$$

利用奇偶函数性质，基于上面结果可以很容易求得在[−∞,+∞]区间的积分，例如

$$\int_{-\infty}^{+\infty}\mathrm{e}^{-ax^2}\,\mathrm{d}x=\sqrt{\frac{\pi}{a}}$$

$$\int_{-\infty}^{+\infty}x\,\mathrm{e}^{-ax^2}\,\mathrm{d}x=0$$

$$\int_{-\infty}^{+\infty}x^2\mathrm{e}^{-ax^2}\,\mathrm{d}x=\frac{1}{2a}\sqrt{\frac{\pi}{a}}$$

附录 C　配分函数与热力学量之间的关系

	修正麦克斯韦-玻尔兹曼统计，单分子配分函数 $Z=\sum_i e^{-\frac{\varepsilon_i}{k_B T}}$	正则系综，正则配分函数 $Q=\sum_i e^{-\beta E_i}=\sum_i e^{-\frac{E_i}{k_B T}}$	巨正则系综，巨正则配分函数 $\Xi=\sum_{N,i} e^{-\alpha N-\beta E_{N,i}}$
内能 U	$U=Nk_B T^2\left(\frac{\partial \ln Z}{\partial T}\right)_V$	$\langle U\rangle=k_B T^2\left(\frac{\partial \ln Q}{\partial T}\right)_{N,V}$	$\langle U\rangle=-\left(\frac{\partial \ln \Xi}{\partial \beta}\right)_{V,\alpha}$
粒子数 N			$\langle N\rangle=-\left(\frac{\partial \ln \Xi}{\partial \alpha}\right)_{V,\beta}$
熵 S	$S=Nk_B\left[T\left(\frac{\partial \ln Z}{\partial T}\right)_V+\ln\frac{Z}{N}+1\right]$	$\langle S\rangle=k_B T\left(\frac{\partial \ln Q}{\partial T}\right)_{N,V}+k_B \ln Q$	$\langle S\rangle=k_B\left[\ln\Xi-\alpha\left(\frac{\partial \ln \Xi}{\partial \alpha}\right)_{V,\beta}-\beta\left(\frac{\partial \ln \Xi}{\partial \beta}\right)_{V,\alpha}\right]$
亥姆霍兹自由能 A	$A=-Nk_B T\left[\ln\frac{Z}{N}+1\right]$	$\langle A\rangle=-k_B T\ln Q$	$\langle A\rangle=\frac{\alpha}{\beta}\left(\frac{\partial \ln \Xi}{\partial \alpha}\right)_{V,\beta}-\frac{1}{\beta}\ln\Xi$
化学势 μ	$\mu=-k_B T\ln\frac{Z}{N}$	$\mu=-k_B T\left(\frac{\partial \ln Q}{\partial N}\right)_{T,V}$	
压强 p	$p=Nk_B T\left(\frac{\partial \ln Z}{\partial V}\right)_T$	$\langle p\rangle=k_B T\left(\frac{\partial \ln Q}{\partial V}\right)_{N,T}$	$\langle p\rangle=\frac{1}{\beta}\left(\frac{\partial \ln \Xi}{\partial V}\right)_{\alpha,\beta}$
焓 H	$H=Nk_B T\left[T\left(\frac{\partial \ln Z}{\partial T}\right)_V+V\left(\frac{\partial \ln Z}{\partial V}\right)_T\right]$	$\langle H\rangle=k_B T^2\left(\frac{\partial \ln Q}{\partial T}\right)_{N,V}+k_B TV\left(\frac{\partial \ln Q}{\partial V}\right)_{N,T}$	$\langle H\rangle=-\left(\frac{\partial \ln \Xi}{\partial \beta}\right)_{V,\alpha}+\frac{V}{\beta}\left(\frac{\partial \ln \Xi}{\partial V}\right)_{\alpha,\beta}$
吉布斯自由能 G	$G=Nk_B T\left[V\left(\frac{\partial \ln Z}{\partial V}\right)_T-\ln\frac{Z}{N}-1\right]$	$\langle G\rangle=-k_B T\ln Q+k_B TV\left(\frac{\partial \ln Q}{\partial V}\right)_{N,T}$	$\langle G\rangle=\langle N\rangle\mu-\frac{1}{\beta}\ln\Xi+\frac{V}{\beta}\left(\frac{\partial \ln \Xi}{\partial V}\right)_{\alpha,\beta}$
等容比热 C_V	$C_V=Nk_B\left\{\frac{\partial}{\partial T}\left[T^2\left(\frac{\partial \ln Z}{\partial T}\right)_V\right]\right\}_V$	$C_V=k_B\left\{\frac{\partial}{\partial T}\left[T^2\left(\frac{\partial \ln Q}{\partial T}\right)_{N,V}\right]\right\}_{N,V}$	
等压比热 C_p	$C_p=Nk_B\left\{\frac{\partial}{\partial T}\left[T^2\left(\frac{\partial \ln Z}{\partial T}\right)_V+VT\left(\frac{\partial \ln Z}{\partial V}\right)_T\right]\right\}_p=Nk_B\left\{\frac{\partial}{\partial T}\left[T^2\left(\frac{\partial \ln Z}{\partial T}\right)_V\right]\right\}_V-Nk_B\frac{\left\{\frac{\partial}{\partial T}\left[T\left(\frac{\partial \ln Z}{\partial V}\right)_T\right]\right\}_V^2}{\left(\frac{\partial^2 \ln Z}{\partial V^2}\right)_T}$		

索　　引

A　名词索引

a

爱因斯坦模型(Einstein model),146

b

白矮星(white dwarf),66

贝叶斯(Bayes),3

贝叶斯公式(Bayes formula),232

标度律(scaling law),212

玻尔兹曼熵公式(Boltzmann's entropic equation),28

玻色-爱因斯坦分布(Bose-Einstein distribution),60

玻色-爱因斯坦凝聚(Bose-Einstein Condensation),68

玻色子(boson),48

不可分辨性(indiscernibility),47

c

磁化强度(magnetization),211

掺杂(doping),161

长尾(long tail),228

重整化群(renormalization group),220

d

大数定律(law of large numbers),11

带隙(band gap),157

电子空穴浓度积(concentration product of electrons and holes),159

单原子分子气体(monoatomic gas),77

导带(conduction band),159

德拜模型(Debye model),147

德拜状态方程(Debye equation of state),151,153

等概率原理(principle of equal a priori probability),7

杜隆-珀蒂定律(Dulong-Petit law),140

对称数(symmetry factor),90

对称性自发破缺(spontaneous symmetry breaking),218

多原子分子(polyatomic molecules),89

f
范德华方程(van der Waals' equation),135
反应能(reaction energy),99
反应平衡常数(reaction equilibrium constant),101
肥尾(fat tail),228
非简并半导体(nondegenerate semiconductor),160
非理想气体(non-ideal gas),129
菲克扩散定律(Fick's law of diffusion),172
费米-狄拉克分布(Fermi-Dirac distribution),60
费米子(fermion),48
分布函数(distribution function),204
傅里叶定律(Fourier's law),172
g
高斯分布(Gaussian distribution),233
各态遍历假设(ergodic hypothesis),8,109
格留乃斯参数(Grüneisen parameter),153
格留乃斯定律(Grüneisen law),155
格留乃斯关系式(Grüneisen relation),154
功(work),23
共有熵(communal entropy),201
固体(solid),140
关联长度(correlation length),220
过渡态(transition state),193
过渡态理论(transition state theory),193
h
核自旋(nuclear spin),86
化学反应(chemical reaction),99
活化能(activation energy),189
混合熵(entropy of mixing),95
j
吉布斯佯谬(Gibbs paradox),96
基尼系数(Gini coefficient),227
价带(valence band),159
交换对称性(commutative symmetry),47
金属电子论(electron theory of metals),62
经济物理学(econophysics),224
晶体的振动(vibration of crystal),142
巨正则系综(grand canonical ensemble),110,118

k
空穴(hole),160
扩散(diffusion),172
l
拉格朗日乘子法(Lagrange multiplier method),14
莱特希尔方程(Lighthill equation),102
力(force),23
理想气体(ideal gas),73
粒子数的涨落(fluctuation of particle number),124
临界指数(critical exponent),212
零点能(zero-point energy),45,99
伦纳德-琼斯势(Lenard-Jones potential),136
洛伦兹数(Lorenz number),186
m
麦克斯韦-玻尔兹曼分布(Maxwell-Boltzmann distribution,简称 M-B 分布),20
迈耶函数(Mayer function),131
n
内能涨落(fluctuation in internal energy),116
黏度(viscosity),173
牛顿黏性定律(Newton's law of viscosity),173
能带理论(band theory),157
能量均分原理(equipartition theorem),30
能态密度(density of state,DOS),63
p
泡利不相容原理(Pauli exclusion principle),50
配分函数(partition function),74
配分函数的分解定理(decomposition theorem of partition function),79
碰撞截面(cross section for collision),167
贫富不均(inequality),228
平动(translation),43
平均场近似(mean-field approach),216
平均自由程(mean free path),166
平均自由时间(mean free time),167
普朗特数(Prandtl number),179
q
氢原子的电子能级(energy levels of hydrogen atom),46
囚胞理论(cell theory),199
全同粒子(identical particles),47

群速度(group velocity),144
r
热(heat),23
热传导(heat conduction),172
热电材料(thermoelectric materials),186
s
萨哈方程(Saha equation),103
斯特林公式(Stirling's approximation),14
沙克尔-特鲁德公式(Sackur-Tetrode equation),78
实际气体(real gas),129
收入(income),224
双原子分子(diatomic molecules),81
t
特鲁顿规则(Trouton's rule),203
体积压缩系数(volume compressibility),154
铁磁体相变(ferromagnetic phase transition),211
统计热力学(statistical thermodynamics),2
w
微观状态(microstate),2,7
维德曼-夫兰兹定律(the law of Wiedemann and Franz),186
维里系数(virial coefficient),129
位形积分(configuration integral),130
微正则系综(micro-canonical ensemble,又称 NVE 系综),110,126
温度膨胀系数(linear coefficient of thermal expansion),154,157
无记忆性分布(memoryless distribution),170
x
稀疏占据条件(the dilute limit),73
系综(ensemble),107
相变(phase transition),211
相关函数(correlation function),204
相速度(phase velocity),144
修正的麦克斯韦-玻尔兹曼统计(corrected Maxwell-Boltzmann statistics,简称 cMB 统计),58,60
薛定谔方程(Schrödinger equation),42
y
液体(liquid),199
伊辛模型(Ising model),211
硬球模型(rigid-sphere model),132

宇称(parity),46
运动粘度(kinematic viscosity),179
z
自由电子气(free electron gas),62
涨落(fluctuation),107,116,124
正则系综(canonical ensemble),110
质量作用定律(law of mass action),189
指前因子(pre-exponential factor),189
振动(vibration),44
转动(rotation),45

B 背景与扩展阅读框索引

扩展阅读：大数定律,11
扩展阅读：赌王的故事(虚拟),12

数学背景：排列组合 1,13
数学背景：排列组合 2,57
数学背景：拉格朗日乘子法,14
数学背景：斯特林(Stirling)公式,14

物理背景：动量定理,18
物理背景：完全弹性碰撞,24
物理背景：球体的万有引力势能,67
物理背景：核自旋的简并度与交换对称性,87
物理背景：三维转子的转动惯量,90
物理背景：对称情形下三维转子的量子能级,91
物理背景：质心运动与相对运动的分解,190

题外：没错的错误,50
题外：指导过最多诺贝尔奖获得者的人,62
题外：福勒,66
题外：莱特希尔——人工智能研究的凛冬召唤者,103
题外：萨哈以及他的同学,104
题外：恒星大气吸收光谱随温度变化的极值现象,105
题外：粒子数的涨落与蓝天、红日,125
题外：超光速？ 145
题外：为什么体积压缩系数基本不随温度变化？ 155
题外：温度膨胀系数有多大？ 155

题外：氢金属？ 158
题外：慢中子 168
题外：无记忆性分布的例子及反例子，170
题外：我的朋友比我有更多的朋友，171
题外：非牛顿流体，173
题外：世界上耗时最长的实验，177
题外：羽绒服、试管中的金鱼、气凝胶，178
题外：一生只发表过一篇论文的著名科学家，213
题外：二维伊辛模型的解析解，215
题外：重整化方法是识别猫和统治宇宙运行的通用逻辑吗？，222
题外：阿西莫夫的《银河帝国》，223
题外：21 世纪的贫富分化，227

参考文献

Ⅰ 教科书

[1] 高执棣，郭国霖，《统计热力学导论》（北京：北京大学出版社，2004 年）。ISBN-10：9787301071397

——北京大学化学与分子工程学院统计热力学课程使用多年的主要教科书。

[2] 田长霖(C. L. Tien)，林哈特(J. H. Lienhard)著，顾毓沁 译。《统计热力学》(北京：清华大学出版社，1987 年)。

——田长霖，美籍华裔著名的工程热物理科学家，曾担任加利福尼亚大学伯克利分校(UC Berkeley)校长，是美国历史上第一位担任知名大学校长的亚裔人士。

——此书是给工程类专业用的教科书，但是对化学、物理专业也很有参考价值。

[2′] Chang L. Tien and John H. Lienhard.《Statistical Thermodynamics》, revised and subsequent edition (Washington: Hemisphere Pub., 1985). ISBN-10：0891160485；ISBN-13：978-0891160489.

——文献[2]的英文原版。

[3] Normand M. Laurendeau.《Statistical Thermodynamics：Fundamental and Applications》(Cambridge：Cambridge University Press). ISBN-10：0521154197；ISBN-13：978-0521154192.

——普度大学力学系的统计热力学教科书。适用于力学、化学、化工及其他工程类专业。

——成书较晚，包含了一些较新的认识。对数学基础的要求比较适中。

[4] E. 薛定谔 著，徐锡申 译，《统计热力学》(北京：高等教育出版社，2014 年)。ISBN-13：9787040391411。

——此书最初是薛定谔(量子力学奠基人之一)1944 年在爱尔兰都柏林的研究班讲座上的讲演稿，迄今已 70 年。此书很薄，不是入门教材，其目的是发展一种简单而统一的标准方法，论述统计力学的基本问题。几十年来，统计力学有了巨大发展，但薛定谔的《统计热力学》所阐述的基本原理以及内容和方法仍然可以作为该门课程的牢靠基础。

——薛定谔在都柏林的另外一个讲演稿就是更为著名的《生命是什么?》。

[4′] Erwin Schrodinger.《Statistical Thermodynamics：A Course of Seminar Lectures》(Cambridge：Cambridge University Press, 1948). ISBN-10：0486661016

——文献[4]的英文原版。

[5] 唐有祺，《统计力学及其在物理化学中的应用》(北京：科学出版社，1964 年)。ISBN-13：9787030273499。

——国内化学专业的统计热力学中文经典教材。

——唐有祺，物理化学家，化学教育家，中国晶体化学和结构化学的主要奠基人。其妻子是“中国试管婴儿之母”张丽珠。

[6] James P. Sethna.《Statistical Mechanics：Entropy，Order Parameters，and Complexity》(Oxford：Clarendon press，2011). ISBN-13：978-0198865254；ISBN-10：0198865252.

——试图适合各种相关背景学生，淡化传统(热力学)内容、加进现代或有趣内容。康奈尔大学的统计力学教材。理论部分还是很数学化，习题部分有各种有趣的主题。

[7] A. M. Glazer and J. S. Wark.《Statistical Mechanics：A Survival Guide》(Oxford：Oxford University Press，2001). ISBN-10：0198508166；ISBN-13：978-0198508168.

——统计力学课程生存指南！

——篇幅较短(约 150 页)，认为可以在不涉及复杂数学的情况下把基本概念讲清楚。例如，通过抛硬币的例子来介绍微观态与宏观态。使用了玻尔兹曼熵公式，以及对功和热的不严格认定(不过比别的教材已经显得合理多了)。

[8] Benjamin Widom.《Statistical Mechanics：A Concise Introduction for Chemists》(Cambridge：Cambridge University Press，2002).

——面向化学系学生的简明统计热力学教科书。好像没有[7]讲得好。

[9] Robert H. Swendsen.《An Introduction to Statistical Mechanics and Thermodynamics》(Oxford：Oxford University Press，2012). ISBN-13：978-0199646944；ISBN-10：0199646945.

——很不错的教材，试图先讲统计力学再讲热力学(这是国际上物理化学课的体系改革方向)。突出概念的理解，以熵为中心，Introduction 部分写得很精彩。

[10] Ken A. Dill and Sarina Bromberg.《Molecular Driving Forces：Statistical Thermodynamics in Chemistry and Biology》，second edition (London：Garland Science，2010). ISBN-10：9780815344308；ISBN-13：978-0815344308.

——给化学与生物背景学生的统计热力学教科书，包含较多的化学、生物主题，内容较为现代化。

[11] F. 瑞夫(F. Reif)编著，周世勋，徐正惠，龚少明 译。《伯克利物理学教程(SI 版) 第 5 卷 统计物理学》(北京：机械工业出版社，2016 年)。ISBN-13：9787111504450。

[12] 梁希侠，班士良 编著，《统计热力学》，第三版(北京：科学出版社，2016 年)。ISBN-13：9787030483959。

[13] 王诚泰，《统计物理学》(北京：清华大学出版社，1991 年)。ISBN-10：7302008523。

——笔者上大学时所用的统计力学教科书。

Ⅱ 各章内容所参考的刊物论文

第一章

● https://baike.baidu.com/item/%E7%BB%9F%E8%AE%A1%E7%83%AD%E5%8A%9B%E5%AD%A6/1200200?fr=aladdin

——百度百科关于统计热力学的词条。

第二章

● Shannon，C. E. (1948). A mathematical theory of communication. *Bell System Technical Journal* 27，379-423.

——香农关于信息熵的原始论文。

- Braun, S., Ronzheimer, J. P., Schreiber, M., Hodgman, S. S., Rom, T., Bloch, I. & Schneider, U. (2013). Negative absolute temperature for motional degrees of freedom. *Science* 339, 52-55.

  ——关于负温度的实验工作。

第三章

- Bose. (1924). Planck's law and light quantum hypothesis. *Zeitschrift Fur Physik* 26, 178-181.

  ——玻色的文章。

- Anderson, M. H., Ensher, J. R., Matthews, M. R., Wieman, C. E. & Cornell, E. A. (1995). Observation of Bose-Einstein condensation in a dilute atomic vapor. *Science* 269, 198-201.

  ——最早的"真正"的玻色-爱因斯坦凝聚是康奈尔和威曼及其助手在于 1995 年 6 月 5 日制造成功的。他们使用激光冷却和磁阱中的蒸发冷却将约 2000 个稀薄的气态的铷-87 原子的温度降低到 170 nK 后获得了玻色-爱因斯坦凝聚。

- Davis, K. B., Mewes, M. O., Andrews, M. R., Vandruten, N. J., Durfee, D. S., Kurn, D. M. & Ketterle, W. (1995). Bose-Einstein condensation in a gas of sodium atoms. *Physical Review Letters* 75, 3969-3973.

  ——比康奈尔和威曼的工作晚了四个月，MIT 的克特勒等人使用钠 23 独立地获得了玻色-爱因斯坦凝聚。

第四章

- Giauque, W. F. & Johnston, H. L. (1929). An isotope of oxygen, mass 18. Interpretation of the atmospheric absorption bands. *Journal of the American Chemical Society* 51, 1436-1441.

  ——氧同位素的发现：转动光谱。

第八章

- https://upload.wikimedia.org/wikipedia/commons/5/52/GraphHeatCapacityOfTheElementsI2s.png

  ——单质在室温下的摩尔等压比热数据。

- White, G. K. & Collocott, S. J. (1984). Heat-capacity of reference materials-Cu and W. *Journal of Physical and Chemical Reference Data* 13, 1251-1257.

  ——铜和钨的比热随温度的变化(图 8.2 的数据来源)。

- Victor, A. C. (1962). Heat capacity of diamond at high temperatures. *Journal of Chemical Physics* 36, 1903-1911.

  ——金刚石比热实验数据(图 8.6 的数据来源之一)。

- Desnoyers, J. E. & Morrison, J. A. (1958). The heat capacity of diamond between 12.8 K and 277 K. *Philosophical Magazine* 3, 42-48.

  ——金刚石比热实验数据(图 8.6 的数据来源之二)。

- Einstein, A. (1907). Die Plancksche Theorie der Strahlung und die Theorie der spezifischen Wärme. *Annalen der Physik* 327, 180-190.

——爱因斯坦模型的原文。

- Debye, P. (1912). The theory of specific warmth. *Annalen der Physik* 39, 789-839.

  ——德拜模型的原始论文。

第九章

- http://en.wikipedia.org/wiki/Pitch_drop_experiment
- http://www.nature.com/news/world-s-slowest-moving-drop-caught-on-camera-at-last-1.13418
- https://baike.baidu.com/item/%E6%B2%A5%E9%9D%92%E6%BB%B4%E6%BC%8F%E5%AE%9E%E9%AA%8C/2558422?fr=aladdin

  ——沥青滴落实验的相关报导。

- Glassbrenner, C. J. & Slack, G. A. (1964). Thermal conductivity of silicon and germanium from 3 K to melting point. *Physical Review* 134, 1058-1069.

  ——硅的热导率 λ 及声子平均自由 $\bar{l}_p$ 程随温度的变化(图 9.7 的数据来源)。

- http://hyperphysics.phy-astr.gsu.edu/hbase/Tables/elecon.html#c1
- https://thermtest.com/materials-database
- https://material-properties.org/thermal-conductivity-of-chemical-elements/

  ——金属的热导率 λ 与电导率 σ 之间的正比关系(数据来源)。

第十一章

- http://webserver.dmt.upm.es/~isidoro/dat1/eLIQ.pdf

  ——液体性质(图 11.3 的数据来源)。

- Yarnell, J. L., Katz, M. J., Wenzel, R. G. & Koenig, S. H. (1973). Structure factor and radial-distribution function for liquid argon at 85 K. *Physical Review A* 7, 2130-2144.

  ——液体 Ar 在 $T=85$ K 时的径向分布函数 $g^{(2)}(r)$(中子散射实验结果)。图 11.6 的数据来源。

第十二章

- Ising, E. (1925). Report on the theory of ferromagnetism. *Zeitschrift Fur Physik* 31, 253-258.

  ——伊辛的论文。

- Onsager, L. (1944). Crystal statistics I A two-dimensional model with an order-disorder transition. *Physical Review* 65, 117-149.

  ——昂萨格 1944 年的关于二维伊辛模型解析解的论文。

- Yang, C. N. (1952). The spontaneous magnetization of a 2-dimensional Ising model. *Physical Review* 85, 808-815.

  ——杨振宁 1952 年给出二维伊辛模型对应磁矩的解析解。

- Guggenheim, E. A. (1945). The principle of corresponding states. *Journal of Chemical Physics* 13, 253-261.

  ——气液共存的对应态原理数据(图 12.6(c)数据来源)。

- Heller, P. & Benedek, G. B. (1962). Nuclear magnetic resonance in MnF_2 near critical point. *Physical Review Letters* 8, 428-&.

——MnF_2的核磁共振实验结果(图 12.6(d)数据来源)。

第十三章

- Mantegna, R. N. & Stanley, H. E. (1995). Scaling behavior in the dynamics of an economic index. *Nature* 376, 46-49.

  ——H. E. Stanley 对标准普尔 500 指数的涨落数据的分析。
- https://www.haoib.com/free-data/
- https://firstratedata.com/b/1/sp500-historical-intraday-stocks-bundle

  ——股票涨落数据(图 13.1)的数据来源。
- Dragulescu, A. & Yakovenko, V. M. (2001). Evidence for the exponential distribution of income in the USA. *European Physical Journal B* 20, 585-589.

  ——个人收入分布(图 13.2 的数据来源)。
- Dragulescu, A. & Yakovenko, V. M. (2000). Statistical mechanics of money. *European Physical Journal B* 17, 723-729.

  ——假设个体之间随机进行贸易的简化模型。
- Dragulescu, A. & Yakovenko, V. M. (2001). Exponential and power-law probability distributions of wealth and income in the United Kingdom and the United States. *Physica A* 299, 213-221.

  ——英国 1996 年的个人财产分布(图 13.3(a)的数据来源)。
- Tian, S. T. & Liu, Z. R. (2020). Emergence of income inequality: Origin, distribution and possible policies. *Physica A-Statistical Mechanics and Its Applications* 537, 122767/1-14.

  ——关于贫富不均的根源与分布的简化模型。